茶 叶 化 学

顾　谦　陆锦时　叶宝存　编著

U0321944

中国科学技术大学出版社

图书在版编目(CIP)数据

茶叶化学/顾谦等编著.—合肥：中国科学技术大学出版社，
2002.9(2023.3重印)

ISBN 978-7-312-01479-6

Ⅰ.茶… Ⅱ.顾… Ⅲ.茶叶—化学成分—高等学校—教材
Ⅳ. ① S571.1 ② TS272

中国版本图书馆 CIP 数据核字(2002)第 062907 号

出版	中国科学技术大学出版社
	安徽省合肥市金寨路 96 号,230026
	http://press.ustc.edu.cn
	https://zgkxjsdxcbs.tmall.com
印刷	安徽省瑞隆印务有限公司
发行	中国科学技术大学出版社
开本	850 mm×1168 mm　1/32
印张	12.125
字数	300 千
版次	2002 年 9 月第 1 版
印次	2023 年 3 月第 9 次印刷
定价	28.00 元

前　　言

编著《茶叶化学》是陈椽教授生前未能实现的心愿。他在创建"制茶学"、"茶树栽培学"、"茶叶检验学"、"茶史学"和"茶叶经济学"等五个独立茶叶学科后，一直在潜心积累资料，准备编著这本书。改革开放后，我国的科技事业突飞猛进，茶叶化学研究和实践亦发展很快，高新技术得到较为广泛的应用，陈先生认为极需总结和提高，以适应时代的发展和经济建设的要求，以利于进一步指导茶叶生产和科研，必须尽快编著出版这本教材。但是，在他步入九十高龄之后，感到年事已高，体力和精力有限，自己亲自编写这本书，深感力不从心。于是，在1998年他老人家把这一重任委托给我们，并亲自召集我们相聚合肥座谈讨论，制订编写大纲，帮助修改审定，倾注了大量的心血。然而，在初稿尚未完成时，陈先生与世长辞，和我们永别了！他老人家未能看到该书出版，我们感到非常的内疚和遗憾。经过我们的共同努力，在多方的支持帮助下，完成了写作，筹足了费用，本书终于出版了！这是我们对陈先生在天之灵的安慰，也了却了我们的一大心愿。

本书共分绪论、一到十章内容。其中绪论、第一、二、三、四、十章由安徽农业大学顾谦副教授负责编写；第五、八、九章由重庆市茶叶研究所所长陆锦时研究员编写；第六、七章由福建农业大学叶宝存副教授编写。安徽广播电视大学严洁副教授和顾谦副教授负责全书的编审校阅。全书内容紧密联系茶叶生产与研究，资料较为翔实，可供茶叶科技和生产工业者参考，亦可作为茶学专业教材使用，同时也是茶叶爱好者的良师益友。

I

本书在编写出版过程中，得到安徽农业大学副校长岳永德教授、副校长宛小春教授、安徽农业大学轻工业学院院长夏涛教授和深圳通远通讯技术有限公司李剑平先生的关心和支持；安徽农业大学的林鹤松教授、莫惠琴副教授给予了热情的帮助和指导；安徽省东至县农业局、洋湖镇的有关领导给予了热情支持，在此，我们表示衷心的谢意。

由于我们的水平有限，本书中疏漏之处在所难免，敬请广大读者批评指正。

编　者

2002 年 6 月

目　录

绪　　论

一、茶叶化学研究内容和任务

茶叶化学研究可以分为三大部分：一、探讨鲜叶中所含化学成分，研究各化学成分的分析方法，以及研究制茶和贮运过程中的化学问题，二、研究科学的制茶技术措施引起内在成分的转变，有利于品质提高，三、茶叶中重要化学成分的综合利用，满足人们生活的需要。

鲜叶质量的好坏是决定茶叶品质好坏的物质基础，在人们生活质量不断提高的今天，健康长寿是人们的渴求，无公害的绿色食品深受青睐。对鲜叶质量要求除了新鲜匀净以外，还要求无公害。农药残留、多环芳香烃类残留、重金属残留等都要符合国内国际允许残留标准。茶叶品质好坏还取决于制茶技术措施是否科学合理。制茶技术是外因条件引起鲜叶内在化学成分的转化，如果忽视研究制茶过程中化学变化规律，优良的鲜叶内质就不能发挥其有利的经济价值。故优良的鲜叶必须配以科学合理的制茶技术，以促使原料中各内含成分"合理协调"、"充分发挥"，才能制成各种品质不同的茶叶，红茶是"红汤红叶"、绿茶是"清汤绿叶"、青茶是"绿叶红边"、黄茶是"黄汤黄叶"、白茶是"绿叶红筋"。

随着改革开放的深入和市场经济的发展，人们的生活水平和生活质量有了很大的提高，保健意识不断增强，随之消费观念与消费行为也发生了很大的变化。对食品和饮料要求营养、保健、食味、外观俱佳。食品结构变化，必然引起农业结构变革，无论是种植业和加工业都必须向绿色、无公害方向发展。茶叶自古以来被人们誉为"有百利而无一害"的食品，然而，在科技不断进步的今天有些茶叶也越来越不安全了，面临着工业发展对环境带来污染的威胁，高农药残留、高重金属污染等也在危害着人们的健康。在新世纪里，茶树种植业应以保护生态环境为主要目标来精耕细作。茶园管理应以高产优质与结合保护茶园生态平衡为主要任务。茶叶加工、包装、运输、贮藏应有符合环保要求，使用无污染的器具和设备。大力发展有机茶、绿色食品茶、无公害茶，已成为当前茶叶出口和内销中重要工作，必须予以高度重视。

20 世纪 80 年代以来，高新科技深入到各行各业、各系统、各领域，茶业的生产、科技也不例外，大大地推动并促进了茶叶事业发展。不断总结成功的、先进的、科学的经验和方法，进一步提高茶叶的经济价值和社会效益、保护大自然生态平衡，提高人们的健康水平，这是研究茶叶的最终目的，也是茶叶科技工作者的最终目的。

二、茶叶化学与其他学科的关系

茶叶化学研究的对象是以茶叶为主体的化学问题。对它的研究离不开无机化学、有机化学、分析化学、生物化学和物理化学等学科，是一门多学科的交叉学科。

化学是研究物质的组成、结构、性质、化学变化及其变化过程中伴随的能量转化关系的科学。化学在工业、农业和国民经济中占有重要地位，尤其对高新技术的发展起着极为重要的作用。19 世纪，化学就分为无机化学、有机化学、分析化学和物理化学四大分支。随着生产和科技的发展，每个分支又形成相对独立的学科。

无机化学是化学学科中第一门化学基础课。主要研究化学元素的基本知识，化学反应的基本原理，物质结构的基础理论，系统地定量地讨论化学基本概念，从物质微观结构认识电子结构与原子性质之间的关系。它是后继各化学课程的必要基础课。有机化学是研究有机化合物的科学。有机化合物与我们生活息息相关，其种类比无机化合物多。有机化学主要研究有机化合物分类，分子结构的基本理论，理化性质及化学反应的机理和规律。是生物学、医学、农学、茶学、药学等学科的基础理论课。茶叶中含有94%以上干物质，6%以下水分。其中干物质中只有4%左右为无机化合物，其余均为有机化合物。茶叶中各种内含物质变化均是以有机化合物为中心而发生的，例如茶叶加工中淀粉水解、糖类转化、香气形成，多酚类物质氧化，维生素破坏等。因此，有机化学为学习和研究茶叶化学提供了理论依据。分析化学是研究一切化学物质的分析方法和剖析化学分析的有关理论科学，通过它，可以帮助和加深人们对大自然的认识，通过它，可以认识物质的变化规律。茶叶品质的检测，制茶过程和鲜叶中内在物质的变化规律和适制性的探索，运输、贮藏中的劣变防止，绿色食品茶的研制及农药和重金属残留的检测等都以分析化学的理论和方法为依据而进行的。物理化学是研究物质的化学形式和物理运动形式之间的相互关系，通过它进一步掌握化学变化的规律。化学反应的发生总与某种物理效应相联系，例如：热效应、力效应、光效应等。另一方面，某种物理因素的改变，如温度、压力、浓度等都能引起各种化学反应的形式和化学反应速度的改变。物质的物理运动形态和化学变化形式总是密切地相互联系在一起的，因此调节和控制外界因素是可以调节和影响化学反应速度的。在制茶过程中，温度和力的作用在每一个工序上都会发生，热物理作用导致一系列化学变化，例如加温失水而引起酶蛋白的变性、肽链展开而暴露出排斥水分子的疏水基，致使水分子在加热中气化，带走鲜叶中的青草气味等低沸点物质，使有利茶香的高沸点香气得以透露。同时，热物理作用，使水中 H^+ 和 OH^- 因 H_2O 离解加速而增多，且运动速度加快，大大加速了各种化学反应的进行。又如糖苷键的水解、糠醛类（新鲜的裸麦面包香）、吡嗪类（令人愉快的香气）物质的形成，多酚类的转化等都与热物理作用有关。热物理作用还能产生异构作用，形成带香物质顺-3-己烯醇异构为反-3-己烯醇等。制茶过程中的化学动力学是十分复杂的问题，属于复杂反应和连锁反应类型，迄今为止，完全弄清楚反应机理的为数甚少。近年，由于激光技术的应用，已经开始用实验数据来推动化学反应理论发展。现在，化学动力学正处在创新研究阶段，正处在运用量子化学成果来研究化学反应速度和机理的蓬勃发展阶段，可以预料，在不久的将来，人们完全可以根据自己的意愿来调节和控制化学反应速度。生物化学是研究生命的科学，主要研究和深入了解组成生物体的物质以及由生物体所产生的物质的化学组成、结构、性质、功能，研究这些物质在生物体内的合成和转化。鲜叶内含物质含量和组成状况，是构成茶叶品质的物质基础。学习并了解鲜叶内含物在茶树机体内代谢状况及栽培田间管理对这些物质形成的影响，是十分重要的。同时，只有对鲜叶中各重要物质的组成、结构、性质进行剖析、研究，才能采用科学合理的加工方法，制出色香味俱佳的优质茶叶。生物化学是学习茶叶化学的重要基础理论课。

茶学专业的专业课程主要分为栽培育种系统、茶叶初精加工系统和经济贸易系统三大部分。其中栽培育种系统主要是茶树生物学、茶园垦殖、良种选育和繁殖田间管理、病虫害防治，使茶园生态环境符合环保要求，产出无污染的高产优质鲜叶。茶叶初精制加工系统有制茶工艺、茶叶审评和检验，茶叶机械、茶叶深加工、茶叶包装和贮藏等，按不同鲜叶、原料制成各具特色、风格各异的茶类并提供深加工理论基础。在茶叶贸易过程中茶叶化学知识对茶叶按质论价、顺利促销，提高经济效益，起着非常重要的作用。

编写茶叶化学是总结和提高我国六大茶类的生产和科研水平，并上升到理论，以达到科学种茶、制茶，提高茶叶品质经济效益的目的。

第一章 茶叶物理性状与化学成分的关系

第一节 环境—形态结构—茶叶品质

生命从诞生起就依赖于环境，也不断地影响着环境。生物和环境之间互为复杂的交互作用，通过自然选择，相辅进化而逐步形成了一个相对稳定的生态系统，在这系统中，牵一发而动全身，任何不符合其规律的变化或干扰都会造成生态平衡的恶化，甚至威胁人类的生活和生存。可是在近代，随着人们开拓活动的急剧发展，在历史长河中建立起来的生态系统正在受到挑战，地球的一些地区生态平衡已开始受到破坏和恶化，这种趋势如不加以控制和调整，其结果将是灾难性的，因而对生态问题的研究，是今天受到人们日益关注的重要问题。

在特定的环境中，一种生物的存在和繁衍是受大自然环境的制约的。例如气候因素包括温度、光照、湿度和季节的变化；土壤因素包括植物从土壤中摄取所需要的矿质营养元素。同时，也面临着土壤中重金属，过度盐分和其他有害离子的威胁，也可能要经历矿质营养短缺而引起体内生化上的困境；人为因素包括环境排放的各种污染物、农药制剂、化肥等有毒物质的影响。生物体为了生存、就要力求使自己适应这种变化，即或者充分利用有利于本身的生长条件，或者生物体本身在形态结构或生理生化上产出一定变化，来增强抗御能力和抵抗不利条件，这称作为适应，亦即凡有利于维持生存的形态特征和结构、生理变化，能渐渐地遗传给后代，一代一代繁衍下来。对外界环境条件不适应的种种特征，则一齐淘汰，适应是自然选择的结果。

植物既受环境条件的制约，又影响和保护着生态环境，例如植物能阻拦和吸收地表径流、有效地降低径流的流速和流量，从而削弱了对土壤的侵蚀，有利于水土保持、防止水土流失。植物也能在干旱季节不断从地下和地被物中向河流输出泉水，使河流不致枯竭，防止土壤沙化。植物又能蓄积降水，防止山洪和河流暴涨、预防各种水灾害。成片森林能阻拦气流，降低风速，调节降水，固定河沙，改良土壤结构、增加土壤肥力等。植物对生态环境有着极重要的作用，是任何其他生物都不可替代的。故植物又是大自然生态环境的卫士。植物与生态环境之间的科学研究的深入将开辟人类对自然认识的新境界。

茶树生长发育需要一定的环境条件。环境中每个因子包括光照、温度、空气、水分、土壤等都影响着茶树生育。

茶树对环境因子的适应性，不但表现在树形、叶形和叶的柔软度等物理性状上，也表现在内含物质发生变化。例如抗干旱品种中脱落酸含量增加，耐湿潮性品种中的苹果酸和乳酸含量增加，耐低温品种中的甘油、山梨醇、甘露醇的增加，耐硒品种中的含硒非蛋白质氨基酸（含硒同型半胱氨酸）的增加等等。长期的自然选择，使茶树机体内含物质变化而产生适应性，这些物质是茶树机体内的次生化学物质，它是生命中的活性物质，代表其特征之一。对植物与周围环境因素所产生的形态结构上和生理生化上的适应的研究，近代已引起人们很大的关注，这种研究有助于抗逆品种和优良品种的选育，有助于环境污染的解决，有助于生态环境的改善，有助于作物的产量和品质的提高，有助于既控制了植物的病虫害、又不破坏生态平衡。

茶树长期受生态环境的影响，适应了热带、亚热带、温带的气候条件，喜雨量充沛、酸性土壤，是一种耐阴的阳生植物。它的叶子形态结构有了适应性，叶子是典型的腹背叶，叶片扁平，曝光面积大，适应充分光合作用，其枝叶浓密，枝条着生位置较低，叶片叶绿素含量较高，叶绿素 a∶叶绿 b 约为 1.5∶1，是长期以漫射光为主的荫蔽条件下光合作用的结果。

不同的地域（热带、亚热带、温带）有不同的光照时间、光照强度和光质，故形成了各种不同树形、叶形和内质。在热带和亚热带，都以大叶型叶为主，在温带，以中小叶型为主。大叶型叶子角质层厚度约为 2μm~4μm，通常只有一层栅栏细胞，其栅栏组织∶海绵组织约等于 1∶2。中小叶种叶子角质层厚度在 4μm ~8μm，其栅栏组织细胞有 2~3 层，栅栏组织∶海绵组织为 1∶1，表皮细胞的厚度与茶树的抗旱、抗寒等抗逆性有密切关系。茶树如若在遮阴条件下，就以增加叶绿素数量的形式来适应环境，充分进行光合作用；为了安置较大数量的叶绿素，叶绿体表面积就扩大，呈现比同体积的球形表面还要大的圆柱形，结果使细胞壁呈现褶状向外突出，于是各细胞周围大部分形成细胞间隙，茶树用此形式来增加与阳光和空气的接触面积，高效能地执行着光合作用，以适应荫蔽条件下生长发育所需要。这种形式安置叶绿素，呈现叶质柔软并有泡状隆起，且腹面比背面更加明显，茶树的这种适应性所表现出的物理性状，正是优质鲜叶的标志，于是遮阴便成了一项重要的栽培技术措施。

再视其环境与叶子结构和内含成分之间的关系：据严学成研究[1]，茶树叶片中的栅栏组织中主要含化学物质是色素（叶绿素）和类脂。海绵组织中主要含有较高量的多酚类物质。一般温带气候因其光照相对热带和亚热带弱，其茶树叶子是中小叶种，中小叶种叶子栅栏组织含有 2~3 层细胞，故其色素含量高，类脂含量也较高，多酚类物质含量较低，这种品种适宜制绿茶，品质特点为色绿、香高、味醇，是优质绿茶的标志。大叶型品种其栅栏组织只有一层细胞，海绵组织较厚，栅栏组织∶海绵组织为 1∶2，这种叶子叶绿素含量稍低，类脂物质较低，多酚类含量较高，适宜制红茶，达到红茶的浓、强、鲜标准。我国南方（海南、广东、云南）生产红茶，长江流域生产绿茶，乃是自然选择的结果。祁门红茶是由祁门楮叶种等中、小型叶子组成的，具有其独特的香气，深受世人青睐。不同气候条件形成不同茶种品种，不同品种茶树，其叶子物理性状和化学性状都有不同特点。研究茶树叶子的适制性，是提高茶叶品质的重要环节。

第二节　茶叶的吸水吸异作用和溶湿特性

　　茶叶的吸湿吸异性很强，在吸附空气中水分的同时，其他异味气体也随着水汽被茶叶吸附。单从茶叶吸湿现象来看，对茶叶品质不利，易造成因吸湿而产生的劣变和霉变，但究其机理，正是利用这一特性应用于茶叶深加工，大大提高茶叶的经济效益。在窨制花茶、加工其他速溶调饮茶，制除臭剂、除腥剂，治理污水过程中作重金属和废气吸附剂等。故茶叶的吸水吸异的机理及其应用已深受人们的关注。

　　物质表现有吸附能力，是由于两相边界的分子处在特殊状态。物质相内部分子间是具有强烈的吸引力的，其吸附能力的大小，是视其相邻原子间的化学键引力和分子之间范德华引力（所谓范德华引力，它包括极性分子的偶极矩间的引力，极性分子与非极性分子间的作用力，非极性分子间的吸引力。一般没有方向和饱和性的）的总和，而在两相边界上的分子所受的吸引力则不同，如果吸引相边界分子的吸引力的合力是向该相的内部，则相表面表现出收缩能力，便能吸引与它相接触的另一相中的分子，表现出有吸附能力，这是由于内聚力显现的结果。在吸附过程中，吸附质的数量随着吸附剂表面的增大而增大的。因此，为了达到更大的吸附效应，必须尽可能地增大吸附剂的表面，换句话说，具有极大表面积的物质，才能引起良好的吸附作用。物理吸附常可使吸附剂的表面被吸附质分子完全地多层地掩盖着。物理吸附的活化能很小，故吸附和解吸都在较短的时间内进行的。物理吸附是无选择的，其分子内部不起作用，完全是可逆的，受温度和压力的变化而变化的，即加热和减压可以解吸。一般情况下，在低温和常温下，以物理吸附占主要地位。

茶叶的吸水和吸异作用有以下三种形式：在低温和常温下是以物理吸附和渗透两种形式来进行，在较高温度下以化学吸附为主。茶叶的吸附能力决定于单位表面积的大小，而单位表面积的大小又决定于茶叶叶片的结构、孔隙性状与数量及其分布状况而定。凡表面不均匀的，孔隙多、孔隙率大的，其单位面积也大，吸附能力就强。孔隙的性状对吸附过程也有很大的影响，孔隙粗大的单位表面积小，在孔壁上吸附量也少，故粗大孔隙对被吸附质分子只起通导的作用。细小孔隙能使被吸附质在狭窄的孔隙中容易聚集，且孔隙愈小，液表面的凹度愈大，蒸汽压降低愈多，与平面蒸汽压相差愈大，其吸附作用就愈强。

茶叶表面因孔隙大小不一致，孔隙分布不均匀，孔隙率不等，而具有不同的吸附作用，这些因素都决定于叶质的老嫩和制茶的种类。一般来讲，叶质嫩的，其表面气孔和内部孔隙多而小，吸附能力就强。叶质老的，表面气孔和内部孔隙少而大，吸附力就弱。就其吸附速度来讲，嫩叶孔隙小而多，吸附速度慢。老叶孔隙大，吸附速度就快。制茶种类不同其吸附作用也不同，烘青茶叶（包括毛峰类），其吸附作用较强，炒青茶（包括龙井茶）吸附作用较弱，原因是炒青类茶叶在较长时间炒干过程中，茶灰末堵塞了孔隙，大大降低了炒青绿茶的吸附能力。故一般窨制花茶均取烘青茶叶为茶坯。除此以外，茶叶含水量高低也影响茶叶的吸附能力。一般来讲茶叶含水量多，其孔隙内被水充塞满，其孔隙率就降低，则吸附能力也降低，茶叶含水量以在 5%时，茶叶的吸附能力最强。当茶叶含水量达到 18%~20%时，其吸附作用等于零。茶叶在吸附水分的同时，其他异味气体也同时被吸附，因此，把茶叶作为吸附剂使用前必须先把含水量降低到4%。窨制花茶的茶坯，为保持茶坯本身的香气，含水量一般控制在4.5%~5%，过低含水量容易产生老火气味或焦味，过高含水量将会降低其吸附能力，影响花茶质量。茶叶在加工过程中，经常会吸附异味而使茶叶变质，最常见的有烟味、焦味、机油气味。烟味产生原因是烘干时因翻烘不当，把茶叶掉落到火中燃烧生烟被茶叶吸附或烘干时炭头生烟被茶叶吸附所致。焦味的产生原因，在于火温过高，致使茶叶外层烧焦，产生气味而被茶叶吸附。机油味产生原因是由于干燥室与机器房相近，机油分子扩散在空气中被茶叶吸附。茶叶加工中，任何不恰当的工艺，都会产生各种异味而被茶叶吸附，例如蛋白质酸败气味，烂叶气味，水闷气味等。此外茶叶在贮运过程中，也会因包装处理不当而发生吸水吸异现象，而导致茶叶变质。一般认为茶叶在贮运保管中的关键工作是保持茶叶的干燥，防止茶叶吸水受潮而导致茶叶劣变。茶叶在贮藏运输之前，其含水量要降低到4.5%~5%且密封充氮，或干燥冷藏。包装材料和器具均不能有异味，例如新木箱的松木味，塑料袋的漆气味，滑石粉气味等。防止茶叶被各种异气污染，也是提高茶叶品质的重要措施。

茶叶中除了物理吸附以外，还有因茶叶中含有含量较高的亲水胶体，如淀粉和多糖，可溶性蛋白质，如蛋白和多肽，不饱和脂肪酸，如棕榈酸和其他有机酸。它们在茶叶吸附水分和异气过程中，会产生因吸水而膨胀，并引起一些化学反应（取代反应和络合反应等），使与混在水里的异气相互作用，形成新的化合物，而产生新的异气，这种吸附也被称为化学吸附。

主要参考文献

[1] 严学成. 茶树形态结构与品质鉴定[M]. 北京:农业出版社，1990.

[2] 张玉麟，王镇奎. 生态生物化学导论[M]. 北京:农业出版社，1989.

[3] 王镇恒. 茶树生态学[M]. 北京:农业出版社，1995.

[4] 李正明，吕宁. 无公害安全食品生产技术[M]. 北京:中国轻工业出版社，1999.

[5] 北农大. 普通化学[M]. 上海:上海科技出版社，1980.

[6] 苏小云. 无机化学[M]. 北京:中央广播电视大学出版社，1993.

[7] 张洪渊. 生物化学教程[M]. 成都:四川大学出版社，1988.

[8] 杜宝山. 有机化学[M]. 北京:中央广播电视大学出版社，1989.

第二章 茶叶中主要内含物化学

第一节 酶 的 化 学

一、酶的概述

酶是具有催化能力的特殊蛋白质，它是由生物体活细胞产生的。酶是生物体内新陈代谢必不可少的物质。没有酶就不能代谢，也就没有生命。

酶的发展来自于实践。距今四千多年的夏朝、周朝已发明酿酒、制酱、制醋技术，唐朝已利用麦芽糖化淀粉制造饴糖，明朝已采用含蛋白酶的"鸡内金"来治疗消化不良症等。1814 年Kirchhoff 发现能把小麦淀粉变成糖的淀粉酶[1]。随着社会的发展，生产和科学的进步，酶已广泛应用于食品、酿造、医药、纺织、制革、造纸、建筑等行业中。近年，酶在生物工程、环保工程、能源工程等高新科技中，显示出重要的不可替代的作用和地位。关于酶的化学问题，近三十年来，由于 X 射线结晶学、瞬变动力学、化学催化学等科学的深入发展，特别是 20 世纪 80 年代重组 DNA 技术和酶克隆技术的发展，使酶学研究达到了空前活跃的时期。

（一）酶的化学本质

酶的化学本质是蛋白质，它随温度升高，蛋白质变性而失活。酶体本身分为单纯蛋白质和结合蛋白质两种类型，凡是酶的结构是由单纯蛋白质构成的，其活性决定于蛋白质的结构，这类酶称为单纯酶（Simple Enzyme），例如水解酶类中的淀粉酶和蛋白酶。另一种酶，其结构中除了含有蛋白质以外，还含有非蛋白质部分，酶活性必须由这两部分结合后才能产生，这种酶称为结合酶（Conjated Enzyme）。大多数氧化酶属于结合酶。如若非蛋白质部分与酶蛋白结合得非常牢固，用一般物理方法很难分开，与酶结合的非蛋白质部分，称为酶的辅基（Prosthetic group）。辅基是金属元素或小分子有机物。例如多酚氧化酶的辅基是铜（Cu^{2+}），过氧化物酶的辅基是铁（Fe^{2+}），醇脱氢酶的辅基是锌（Zn^{2+}）。另一种结合酶，它的非蛋白质部分与酶蛋白结合得比较疏松，容易分离，有的甚至用透析方法就能使其分开，导致全酶失活，这种非蛋白质部分称为辅酶（Coenzyme，简写 CO）。辅酶多数是维生素及其衍生物，例如黄酶的辅酶是核黄素，氨基酸转移酶的辅酶是磷酸吡醛类。

酶在催化化学反应时，也具有一般催化剂的特征，即在催化反应前后，酶本身没有量的变化。一切化学反应的进行，都需要一定能量，这种能量被列为活化能（Activation Energy），一般化学催化剂的作用是使某反应物分子被快速激活后而加速化学反应的。如果某分子被激活所需能量越大，则其活化能就越高，必须增加相当高温度后，才能有更多的分子得到足够的能量，才起反应。酶促反应中的生物催化剂酶，具有降低活化能的作用，使化学反应在较低的能级下进行（常温），反应物分子较易克服"能障"[8]，而起化学反应。例如催化蔗糖水解反应时其所需活化能为 107.1 千焦，而如用转化酶催化时活化能为 39.3 千焦。因而酶促化学反应是高效率的，其催化效率比一般催化剂高 $10^6 \sim 10^{13}$ 倍。酶的专一性（或特异性，Specificity），是指酶在催化生化反应时对底物的选择性，亦即一种酶只能对一类物质或一种物质作用。各种酶的专一性程度是不同的[10]。有的酶可作用于结构相似的一类物质，而有的酶则仅仅作用于一种物质。根据酶对底物要求的严格程度不同，酶的专一性一般分为结构专一性和立体异构专一性两类。结构专一性包括绝对专一性和相对专一性。立体异构专一性包括光学专一性和几何专一性等不同类型。

1. 绝对专一性（Absolute Specificity）

有的酶对底物要求非常严格，只能催化某一种物质反应，这种专一性称为绝对专一性，具有绝对专一性的酶在催化某一种物质的化学键时，不仅对键的性质有严格要求，而且对整个分子也有严格要求，只能作用于唯一的一种底物，任何其他物质，尽管化学结构相似，酶也对其不起作用，如脲酶只能催化分解尿素，精氨酸酶只能催化精氨酸水解为鸟氨酸。

2. 相对专一性（Relative Specificity）

这类酶对底物的专一性程度较低，能作用于和底物结构类似的一系列化合物。很多水解酶类属于这种情况。例如：脂肪酶（Lipase）能水解具有酯键的化合物，它不仅能水解三酰甘油，也能水解二酰甘油和单酰甘油。相对专一性又分为两种情况：（1）族专一性（Group Specificity），只要求底物的某一化学键和该化学键旁的原子基团，至于该化学键旁的另一个原子团是什么基团，并不要求。例如麦芽糖酶（Maltase）能水解麦芽糖，也能水解其他 α-葡萄糖苷。（2）键专一性（Bond Specificity），它只要求底物具有一定化学键，至于键两旁的基团性质如何，并不影响酶的催化作用。这类酶专一性最低。例如酯酶（Esaterase），只要求酯键 R—O—C—R′，酯键两旁的基团 R 和 R′都不要求，
$$\underset{\underset{O}{\|}}{}$$
因此它既可以水解甘油酯类，简单酯类，也能水解一元醇酯、乙酰胆碱及丁酰胆碱。

3. 立体化学专一性（Stereochemical Specificity）

酶对底物的催化作用不仅对化学基团和化学键有专一性，而且对底物分子的构型也有专一性，自然界很多物质具有旋光性，

或者属于 D 系，或者属于 L 系。生物体内的糖类的绝大多数属于 D 系，体内的氨基酸则多属于 L 系。与此相适应的生物体内用于糖类的酶都只能作用于 D 系，而不能作用于 L 系的糖，作用于氨基酸的酶都是作用于 L 系氨基酸，对 D 系异构体则无作用。此外，有些酶的底物具有双键，酶对双键旁的基团排列也有要求。这种对于底物的立体构型的要求，称为立体异构专一性，主要有两种类型：（1）光学专一性（Optical Specificity），底物具有旋光异构体时，酶只作用于其中的一种。这种对于旋光异构体底物的高度专一性，是立体异构专一性中的一种，称为光学专一性。例如 L-氨基酸氧化酶只能催化 L-氨基酸氧化，而对 D-氨基酸无作用。（2）几何专一性（Geometrical Specificity），即一种酶只作用于几何异构体中的一种。例如延胡索酸酶（Fumarase）只作用于反丁烯二酸（延胡索酸）水化生成苹果酸，而不作用于顺丁烯二酸。

（二）酶的热力学

像所有的化学反应一样，每一个酶促反应的进行，都需要一定的能量,阐明能量的变化将有助于对酶促反应机制的了解。可以从热力学的观点来研究反应的开始和终末时能量的变化，以及温度对反应速度的影响。酶的热变性是与热力学有密切关系的。酶促反应也是一种化学反应，在一定范围内，温度对一般化学反应的影响规律也适应酶促反应，即温度增加时，化学反应速度也随着增加。但酶促反应有它的特殊性，酶本身是蛋白质，蛋白质在温度升高到某一点时会发生变性，因此，当蛋白质开始变性时，其酶的活力就不断下降，酶促反应就减慢，直到酶完全变性时，反应速度即变为零。因此酶促反应有一个最适温度，在最适温度时，酶显示出最大的活力，反应进行得最快，这一温度，称作为该酶的"最适"温度（"Optimum" Temperature）。"最适"温度是两种过程的结果；即起始时，当温度开始升高，化学反应速度也随之加快，与一般化学反应一样，温度每增加 10℃，反应速度加倍或二倍，但当超过了"最适"温度（酶蛋白变性温度），反应速度开始下降。"最适"温度不是一成不变的，它因酶的种类，酶的纯度，底物的数量，激活剂和抑制剂的存在等因素不同而不同。一般来讲，植物体所含的酶，在 50℃ 以下，其酶促化学反应速度随温度上升而加快。绿茶杀青时所选择的锅温就是依据酶的这一特性和鲜叶的老嫩、数量及茶叶品质特点的要求而定的。

（三）酶的激活和抑制

凡是能提高酶的活性，加速酶促反应进行的物质，都称为酶的激活剂（或称活化剂）（Activator）。酶的激活和酶原的激活不同，酶的激活是使已具有活性的酶的活力增高，使活力由小变大。酶原激活（Zymogen Activation）是使本来无活性的酶原，在一定条件下转化成有活性的酶。激活剂的作用是相对的，一种酶的激活剂对另一种酶来说，也可能是抑制剂。不同浓度的激活剂对酶的活性影响也不同。酶的激活剂大多数是金属离子和某些小分子有机物，例如：锰（Mn^{2+}）是精氨酸酶及其酶原的激活剂，镁（Mg^{2+}）是茶氨酸酶及其酶原的激活剂，氯（Cl^-）是唾液淀粉酶的激活剂。此外，某些物理因子（例如压力）可能引起酶原存在形态的构象和构型的改变，发生激活作用[2]。

某些物质能够降低酶活性或使酶失活，使酶促反应速度减慢或丧失，这种物质称为酶的抑制剂。但不同的物质降低酶活性的机理是不同的，可分为以下三种情况：

1. 失活作用（Inactivation）：指酶蛋白分子受到一些物理或化学因素的影响，破坏了次级键，部分或全部改变了酶分子的空间构象，从而引起酶活性的降低或丧失，这是酶蛋白变性的结果。因此凡是蛋白质变性剂（Denaturant）均可使各种酶失活。变性剂对酶没有选择性。例如：1mM 氰化钾和 5mM 二乙基胺，完全可以抑制各种酶的活性，这种抑制是不可逆的，故称为不可逆抑制（或失活作用）。

2. 抑制作用（Inhibition）：是指酶的必要基团（包括辅因子）的性质受到某种化学物质的影响而发生阻断或改变，导致酶活性的降低或丧失，这时酶蛋白一般未变性，有时可能因物理或化学方法使酶恢复活性，这是抑制作用。能引起酶抑制作用的物质称为抑制剂（Inhibitor）。酶的抑制剂对酶有一定选择性，不像变性剂那样能使所有的酶都丧失活性。

3. 去激活作用（Deactivation）：某些酶只有在金属离子的存在下才能很好地表现其活性，如果用金属螯合剂去除金属离子，会引起这些酶活性的降低或丧失。常见的例子是用乙二胺四乙酸盐（EDTA）去除二价金属离子，如 Mn^{2+}、Mg^{2+} 等后，可降低某些肽酶或激酶的活性。但这并非是真正的抑制作用，而是通过去除金属离子间接地影响酶的活性。因为这些金属离子大多数是酶的激活剂。一旦有作为激活剂的金属离子存在时，酶的活性将恢复到原来程度。

（四）酶制剂的应用和展望：

1. 固定化酶（Fixed Enzymes）：

从地衣芽孢、微生物，真菌等里面提取并纯化精制成的纯酶体，称为胞外酶（或外源酶），它们作为优良的生物催化剂，在催化化学反应中有一系列优点，但在实际应用中又有一些不足之处。例如：酶促反应一般在水溶液中进行，但酶在水溶液中很不稳定，从理论上说酶作为催化剂可以连续使用一段时间，实际上往往用破坏酶的办法使酶促反应停止，酶不能被连续使用，加之，工业用的外源酶大多不纯，在反应液中带进不少杂蛋白及有色物质，造成产物分离纯化困难。为了克服这些缺点，近年来研究并发展较快的不溶性酶，即让酶与固体支持物相结合，既可保持酶的催化活性，又可以连续使用，这种形式的酶称为"水不溶酶"。这种酶是在被固定条件下作用于溶液中底物的，故又称为固定化酶。这种酶具有酶的高度专一性和温和条件下高效率催化的特性，还具有离子交换树脂那样的优点，有一定的机械强度。可以搅拌或装柱形式作用于底物溶液，使反应连续化、自动作、不带进杂质，产物容易精制，收效率高。反应结束后，固定化酶还可以回收，反复使用。且对于酸碱及温度等稳定性大大增加。

安农大茶业系研究运用研碎虾壳制成几丁质，再行处理制成壳聚糖。把纯化的多酚氧化酶（PPO）与其连接起来，制成固定化多酚氧化酶[48]，也有报导用纤维素，葡聚糖胶及聚丙烯酰胺凝胶和骨胶原等组成载体的。目前在茶叶科研上应用的固定化酶还有固定化单宁酶和固定化纤维素酶。固定化酶的研究和在实际中应用有巨大的潜力，将在工业、医药分析、临床、农业科学研究上有重要作用。

2. 同工酶（Isoenzyme）

同工酶又称为同功酶，指的是能催化相同的化学反应，其酶蛋白本身的分子结构组成不同的一组酶。同工酶的结构主要表现在非活性中心部分不同，或所含亚基组合情况不同。对整个酶分子而言，各同工酶与活性有关的部分结构是相同的。同工酶的存在并不表示酶分子的结构与功能无关，或结构与功能不统一。而只是表示同一组织或同一细胞所含的同一种酶可在结构上显示出器官特异性或细胞部位特异性，这种特异性在体内调节上有重要意义，能适应不同组织或不同细胞器在代谢上的不同需要。在机体代谢中，同一通路中的酶分子互相疏松地结合在一起而形成所谓"多同工酶复合体"（Polyisozyme Complex），成为代谢通路的催化单元。同工酶表达的变化，能引起机体代谢紊乱，故同工酶是比较广泛地参与了机体的代谢过程。

现在同工酶在农业上也应用于优势杂交组合的预测，从同工酶的差异来选育杂交优良品种，茶树育种上的辐射育种和杂交育种中利用此原理作为选育优良品种的一种依据。

二、茶鲜叶中的酶

茶树和其他植物一样，一生中经历着生长、发育、开花、结果。其间，茶树不断从外界环境中摄取各种有机和无机营养成分，进入机体后，经吸收、分解、氧化、合成，形成茶树机体的结构及其组织中的营养物质和能量代谢过程，及与外界环境适应等，都须要通过各种生物化学变化来实现的。这些变化都必须有特殊蛋白质-酶的催化作用才能完成的。茶树机体内，从种子萌发开始，细胞内就有一个连续的反应链，亦即前一个反应的产物恰好是后一个反应的底物。每一个反应均由酶参与。一旦第一个反应发生，以后的反应一个接一个地连续发生，直到终产物生成，这就是茶树机体代谢中的多酶体系（Multienzyme System）。它们有机地组合在一起，精巧地镶嵌成一定的结构，例如丙酮酸脱氢酶就是由丙酮酸脱羧酶，二氢硫辛酸转乙酰基酶和二氢硫辛酸脱氢酶等三种酶偶联成复合体后，才能完成丙酮酸的氧化脱羧过程。脂肪酸合成酶分酶系由七个酶组成等，它们在茶树新陈代谢中进行着有序的、错综复杂的化学变化，构成了茶树生命。这些多酶系一旦发生拆散或逆变，则茶树机体就失去活性。采摘后的茶鲜叶因正常代谢受阻，光合作用急剧下降，呼吸作用也随叶子离体的时间延长而下降，呼吸基质来源阻断，此时多酶体系也发生了逆变，酶的活性和方向发生了变化，特别是水解酶类，酶催化作用方向逐渐趋于水解。人们利用酶的这种变化，控制其变化程度，制出各种色、香、味俱佳的优质茶叶。绿茶制造中，较早终止酶的活性；红茶制造期间充分进行酶促氧化和降解等作用；半发酵茶是适当控制酶的作用程度；后发酵茶（如砖茶等）则利用微生物及其分泌的酶类（外源酶）。茶树机体中已研究发现的酶不下几十种，在茶叶深加工中应利用一些外源酶，如纤维素酶（Cellulase）用于速溶茶的工艺中解决茶饮料澄清度、可溶性和提高制茶率。现选择几种主要酶分述于后：

（一）氧化还原酶类（Oxide-Reductases）

鲜叶中的氧化还原酶主要有：多酚氧化酶、过氧化物酶、醇脱氢酶、亚麻酸氧化酶、过氧化氢酶、细胞色素氧化酶、茶金属蛋白酶和脂肪氧化酶，现介绍几种在制茶中对茶叶品质有举足轻重影响的酶。

1. 多酚氧化酶（简称 PPO）

多酚氧化酶是结合酶类的含 Cu 酶，Cu 是该酶的辅基，铜离子很容易连续地得到和失去一个电子而与亚铜离子互相转变，对于一当量氧化还原反应就是一个很有效的催化剂，故多酚氧化酶具有高度的催化功能，反应式如下：

$$4Cu^+—酶+O_2+4H^+ \longrightarrow 4Cu^{2+}—酶+2H_2O$$

多酚氧化酶主酶分子量为 144000±1600，含 Cu 量为 0.165%，当以儿茶素为底物时，其活性最适 pH 为 5.7，最适温度为 35℃。1966 年日本静冈农林试验场对多酚氧化酶进行研究：在鲜叶匀浆中加入吐温 80 或加入不溶性聚乙烯吡咯烷酮后，用它们吸附儿茶素类物质，除去它们对酶的干扰，而且还可以把与蛋白质相结合的多酚氧化酶变成可溶态。离心后，取其上清液，用 cm——纤维素粉进行层析处理，得到三个组分：①A-Ⅰ，②A-Ⅱ，③B，经测定 A-Ⅰ 和 A-Ⅱ 为碱性蛋白，B 为酸性蛋白，其中 A-Ⅰ 对具有邻苯二酚基儿茶素（例 L-EC、L-ECG、DL-C 等）有较强的作用，A-Ⅱ 对具有连苯三酚基儿茶素（例 L-EGC、L-EGCG、DL-GC 等）有较强的作用，对邻苯二酚基儿茶素也有氧化作用。目前多酚氧化酶分离纯化方法主要是丙酮粉法和匀浆法。丙酮粉法是将供试叶片洗净、除去病虫害杂物后，称取 10g，加入 150ml 冷丙酮，于组织捣碎机中捣碎 3 分钟后，经布氏漏斗抽滤，用 80%冷丙酮洗涤数次，至滤液无色为止，减压除去残留丙酮，即得丙酮粉。再取一克丙酮粉，加石英砂 3g～4g 和聚酰胺 2g 及少量（约 10ml）预冷的磷酸缓冲液（pH=7.0）冰浴研磨 15 分钟，再置 4℃冰箱中浸提 12 小时，以 4000rpm 离心 15 分钟，即得待测酶液，采用直立板聚丙烯酰胺凝胶电泳和染色显色后，显出清晰棕褐色的酶带进行扫描即得多酚氧化酶六种同工酶的定性和半定量分析。近年来，国内外学者对多酚氧化酶及其同工酶的研究更加深入，例如对不同季节、不同老嫩度鲜叶、干旱和洪涝、茶叶贮藏及红茶制造中对萎凋叶加压处理的研究[2、3、4]等。据安徽农业大学顾谦等研究测定，鲜叶中多酚氧化酶在鲜叶摊放或红茶萎凋中的一定时间内，其活力是增强的（见表2-1）[9]。

表2-1　多酚氧化酶活动在红茶萎凋中的变化

（酶单位/克丙酮粉）

时间（小时） 酶活	鲜叶（0）	2	3	4	5	6
OD460	0.265	0.280	0.425	0.450	0.575	0.185
酶活力	26.5	38.0	42.5	45.0	57.5	18.5

多酚氧化酶，是茶树代谢中重要的末端氧化酶，即将电子直接传递给生物氧化末端的电子受体——分子氧，形成水。如图2-1所示：

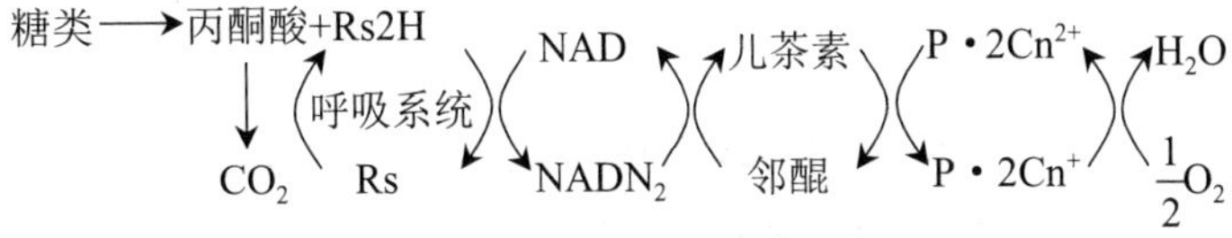

图 2-1

制茶中，多酚氧化酶对绿茶、红茶、青茶、白茶的品质都有着重要的影响，绿茶的"绿叶清汤"、红茶的"红汤红叶"、青茶的"绿叶红边"、白茶的"绿叶红筋"，都是由于制茶技术不同，使多酚氧化酶氧化还原作用中程度不同，而形成不同的茶叶品质特点。

多酚氧化酶在细胞内的定位是在1966年由日本学者竹尾忠一等通过实验证实，主要聚集在线粒体的膜状结构中，极少量存在于叶绿体的层状结构里。幼嫩芽叶和嫩茎内，多酚氧化酶含量高，活性强，随着芽叶逐渐老化，其酶活力逐渐降低，这是老叶不宜发酵的原因，从不同季节来看，夏季新梢中多酚氧化酶活性最强，春茶次之，秋茶稍低。

2. 过氧化物酶（简称 POD）

过氧化物酶是一个含铁的金属酶，属亚铁血红蛋白类物质[5]，Blumberg 用光谱方法证明在刚与 H_2O_2 反应时，酶中的铁离子（Fe^{3+}）首先氧化成为 Fe^{5+}，然后被底物 AH_2 以二步一个电子的还原作用所还原。见下式：

过氧化物酶 $Fe^{3+}+H_2O_2 \longrightarrow$ [过氧化物酶—$Fe^{5+} \cdot OOH$]+H^+
（化合物 I）
$\downarrow AH_2$
[过氧化物酶—$Fe^{4+} \cdot OH \cdot AH$]+$OH^- \longrightarrow A+H_2O+$过氧化物酶—$Fe^{+3}$

这一过程并不需要任何其他蛋白质的参与，羟高铁血红素是一个真正的辅基（化合物 I）。过氧化物酶在以 H_2O_2 作底物时，最适 pH 为 7.6。1971 年竹尾忠一在茶粗酶液中分离出 6 种同工酶。1986 年叶庆生等电泳扫描过氧化物酶有 8 条同工酶谱带，所有的同工酶活性在萎凋和发酵过程中都是下降的。该酶在茶树各器官中均有分布，以根内活性较高；在新梢中，主要定位于叶片的叶绿体和线粒体中。

过氧化物酶作用底物广泛，有单酚、邻苯二酚、连苯三酚、抗坏血酸、色氨酸、酪氨酸、组氨酸等，在红茶制造中对茶叶品质形成有良好的作用，顺-3-己烯醇的氧化，香叶醇等萜烯类芳香物质的氧化，环状芳香醇类的氧化，转化为红茶的香气物质与过氧化物酶的作用有关。

3. 醇脱氢酶（Alcohol Dehydrogenase）

醇脱氧酶是具有广泛专一性的含锌金属酶，它们用 NAD^+ 作为辅酶，能氧化各种各样的脂肪族醇和芳香族醇成为相应的醛和酮，例：

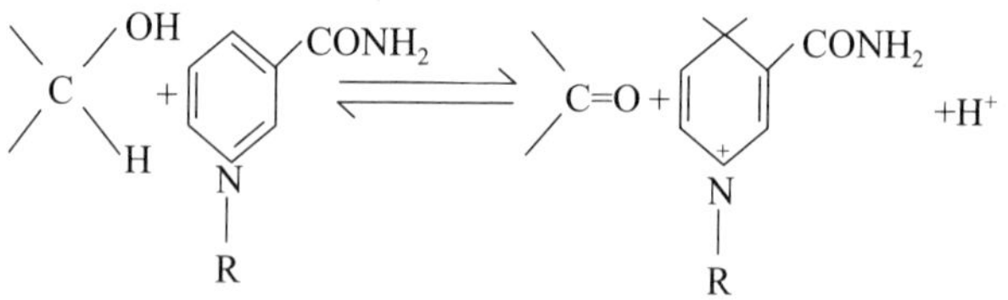

醇脱氢酶的酶分子是一个对称的二聚体,由二条肽链组成的,每条肽链结合一个 NAD^+ 和一个锌离子。醇脱氧酶的氧化作用是一种有序机制:首先是酶与辅酶结合成为全酶(酶—NADH),全酶显示出广泛的构象变化,它们的解离是限速进行的。全酶可以与许多种类醇形成复合物,这些物质的 Pka 值比原溶液中醇的 Pka 值大约低了 8～9 个单位,因而容易发生氢离子转移,酶和醇形成的复合物是限速解离,因而使形成的醛和酮的还原反应受到限制。在茶树的新梢和茶籽内均存在醇脱氢酶,特别是新梢中含量较多,对无环单萜烯类醇及乙烯醛有氧化还原反应,但对环式单萜烯类则很少或完全不起作用。在茶叶制造中,能氧化各种醇类成为醛和酮类。

4. 抗坏血酸过氧化物酶(Ascorbate Peroxidase)

能催化茶叶中 Vc 的氧化还原,由两种同工酶组成:其一为单聚体,相对分子量 34000,含血红素,不含糖蛋白。两种同工酶的分子量对基质的消耗,对电子供体的专一性和其他酶学性质均不相同。在茶叶中催化抗坏血酸的氧化。

5. 谷氨酸脱氢酶(Glutamate Dohydrogenase)

谷氨酸脱氢酶最适 pH 为 8.0。以 α-酮戊二酸为基质时,Km 为 0.42mM/L;以 NH^+_4 为基质时 Km 为 24mM/L。在金属离子中,Ca^{2+} 和 Mg^{2+} 有促进其作用;Zn^{2+},EDTA(乙二胺四乙酸)有抑制作用。在茶树机体内其作用是将根部吸收的铵态氮与叶部的光合产物 α-酮戊二酸结合形成谷氨酸。高浓度谷氨酸可抑制酶的活性,但在茶园中增施铵态氮后,茶根中并无谷氨酸的积累,而是将谷氨酸很快转化为茶氨酸或谷酰胺。

(二)转移酶类(Transferases)

转移酶类是催化化合物中某些基团的转移(即一种分子上的某一基团转移到另一个分子上去)的反应,其通式为

$$A \cdot X + B \Longleftrightarrow A + B \cdot X。$$

被转移的基团有多种,如醛基、酮基、糖基、氨基、磷酸基

等，转移这些基团的酶分别被称为醛基（或酮基）转移酶、糖基转移酶、氨基转移酶、磷酸基转移酶等。茶树生长发育中，根系在土壤中吸收氮肥以后，只能形成丙氨酸，天冬氨酸、谷氨酸三种初生氨基酸，通过转氨作用，再形成其他二十多种氨基酸，供生长发育所需。在制茶中，特别是红茶制造中，转移酶对香气物质形成有作用，例：

$$\text{亮氨酸}+\alpha\text{-酮戊二酸} \xrightarrow{\text{转移酶}} \text{谷氨酸}+\alpha\text{-异乙酮酸}$$

$$\downarrow \text{氧化还原作用}$$

$$\text{异戊醛（香气物质）}$$

（三）水解酶类（Hydroloses）

能催化某些物质加水分解成为这个物质的各个组成单位，水解酶所催化的化学反应可用以下通式表示：

$$\text{A—B}+\text{H}_2\text{O} \longrightarrow \text{A}\cdot\text{H}+\text{B}\cdot\text{OH}$$

水解酶类是数量较多的一类酶，按其水解的化学键，可以分为若干亚类：水解肽键的有蛋白酶类，水解脂健的有脂肪酶类，水解糖苷的有淀粉酶类，水解酰胺的有脲酶等。茶树生长发育中，各种水解酶都活跃存在，例如：叶绿素酶、酯酶、肽酶、果胶甲酯酶、茶氨酸合成酶。鲜叶被采摘后正常的代谢受阻，丧失光合作用能力，光合强度急剧下降，呼吸作用在一定时间内加剧，呼吸基质消耗匮缺，这时鲜叶内的分解作用远大于合成作用，各种水解酶活性增强，大分子有机物不断被水解为小分子可溶有机物，以满足呼吸作用的需要。对形成茶叶品质打下了基础。

1. 茶氨酸合成酶（Synthetase Theanine）

可催化由 L-谷氨酸和乙胺合成茶氨酸的反应，在茶氨酸底物浓度大于反应物浓度时，并有 K^+ 和 Mg^{2+} 存在的情况下，茶氨酸合成酶又能水解茶氨酸生成 L-谷氨酸和乙胺。茶氨酸合成酶有高度专一性，是属绝对专一性酶，对 D-谷氨酸和其他胺类如甲胺、丙氨酸和其他甲基胺都不起催化作用，酶的最适温度为35℃，最适 pH 为 7.5。茶氨酸合成酶在茶树根部有，叶子内也有。茶树根系吸收到高浓度的铵态氮后，并不是以 L-谷氨酸形态积累，而是在根中的茶氨酸合成酶的催化下与乙胺作用生成茶氨酸，通过输导组织转移到叶内，组成鲜叶中的游离氨基酸，贮存于叶内。当机体代谢中需要 N 素时（亦即缺氮时），茶氨酸合成酶以水解为主，把茶氨酸水解成为 L-谷氨酸和乙胺，其中 L-谷氨酸参与 N 代谢，合成蛋白质，乙胺定量地参与儿茶素的合成，所以茶氨酸合成酶对茶树的碳素和氮素代谢起了一定的调节作用，也是茶树喜氮和耐氮的关键酶，还是优良制茶品质形成的重要酶。

2. 糖苷酶（Glucosiclase）

水解糖苷的酶总称为糖苷酶。所谓糖苷是指单糖的半缩醛羟基与醇或酚的羟基结合，失水后通过氧原子形成糖苷（R-O-糖），R 为配糖体，由醇、酚等组成。一般按其所分解的糖苷键来命名：水解α-葡萄糖苷键的称为α-葡萄糖苷酶，水解β-葡萄糖苷键的酶称为β-葡萄糖苷酶，水解α-半乳糖苷键的称为α-半乳糖苷酶，水解β-半乳糖苷键的称为β-半乳糖苷酶。故凡是水解α-糖苷键的酶统称为α-糖苷酶，水解β-糖苷键的酶统称为β-糖苷酶，例：花青素酶是水解β-葡萄糖和花青素结合的糖苷键，生成葡萄糖和花青素，使花青素失去颜色，是食品上常用的脱色剂。花青素酶是β-糖苷酶[6]。花青素酶的最适 pH 为 5 左右，最适温度为 40℃～45℃，如若温度在 40℃时，其活力视为 100%，65℃时，酶活仍然很高，近达 100%，温度上升到 70℃时，残存活力降低为原来的 30%，是一种耐热的糖苷酶。又例脱苦酶，是α-鼠李糖苷酶和β-葡萄糖苷酶的混合物，是一种研究和应用得比较广的糖苷酶，能将柚苷分解为洋李苷，继续分解为柚配质。分解过程中，酶的分工如下：

其中R表示鼠李糖、　　　　G表示葡萄糖

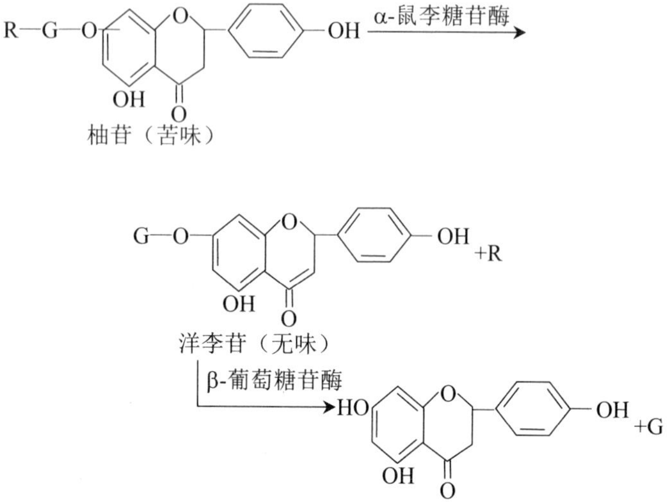

柚苷（苦味）　　$\xrightarrow{\alpha\text{-鼠李糖苷酶}}$

洋李苷（无味）　+R

$\xrightarrow{\beta\text{-葡萄糖苷酶}}$　+G

脱苦酶是两种酶的混合酶，故其适应pH范围广，约在PH为2.5～6范围内都有实用性的活性，最适pH为4.5，最适温度为50℃，是一种耐热和喜酸的糖苷酶。又如水解麦芽糖酶，曾经较为普遍的称为麦芽糖酶，实际上是α-葡萄糖苷酶和淀粉酶共存的混合酶。淀粉酶又分为α-淀粉酶和β-淀粉酶，α-淀粉酶是水解α-1,4糖苷键的酶，其作用是把α-1,4键水解，生成数个葡萄糖聚合寡糖和α-极限糊精（葡萄糖、麦芽糖、麦芽三糖等的混合物）。β-淀粉酶是将α-1,4键的葡萄糖直接聚合物从非还原性末端以麦芽糖为单位逐个分开的酶，经测定，α-淀粉酶是耐高温的。茶鲜叶中含有淀粉酶，安徽农业大学严景华测定，绿茶制造鲜叶摊放过程中，淀粉酶的活性随摊放时间延长而逐渐增加，但到5小时则下降。故制绿茶适度摊放，对茶叶品质有利。（见表2-2）：

表 2-2　鲜叶摊放中淀粉酶活加的变化

（葡萄糖毫克数/秒/克丙酮粉）

处 理	时间（小时）	0 鲜叶	1	2	3	4	5
OD520		0.240	0.288	0.310	0.325	0.450	0.182
酶活力		0.93	1.14	1.21	1.27	1.75	0.70

果胶酶：果胶酶是分解果胶物质的酶类的总称，它包括许多不同酶，总括起来可以分为以下二组：果胶酯酶和果胶裂解酶。果胶酯酶是使果胶脱醇生成甲醇和聚半乳糖醛酸（聚半乳糖醛酸又称为果胶酸）。果胶裂解酶是水解糖苷键的酶。果胶物质是由半乳糖醛酸以 α-1,4 糖苷键，聚合成为键状的聚半乳糖醛酸，以及它们的甲酯所组成。果胶裂解酶是将半乳糖醛酸的甲酯作底物，切断其 α-1,4 糖苷键，在非还原性末端的 C_4 和 C_5 位置生成含有不饱和键的半乳糖醛酸，用图 2-2 表示[7]：

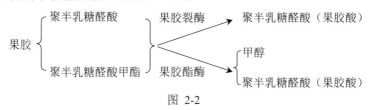

图 2-2

果胶物质存在于高等植物的细胞壁之间，将纤维素连接在一起形成一种坚硬的物质，是植物的结构多糖，属杂聚多糖类。根据 В・Т・ГozuЯ 和 М・А・bokyiaqa 的资料认为红茶制造中，水溶性果胶（果胶酸）含量增加，推理认为在红茶制造中这两种果胶酶的活力都有增加，1958 年 J・Lanb 在茶叶中发现果胶酯酶。

3. 蛋白酶（Protease）

又称为蛋白质分解酶，是分解所有蛋白质和多肽，催化肽键的酶的总称，这类酶包括动物蛋白酶、植物蛋白酶、细菌蛋白酶和霉菌蛋白酶等。蛋白酶不能系统分类和系统命名，一般用它的常用名，根据酶反应的最适 pH 分为，例酸性蛋白酶、中性蛋白酶、碱性蛋白酶。也有从肽键作用位置来分，例肽链内切酶和肽链端解酶。还有从酶蛋白本身活性类型来分，例如：胃蛋白酶、肽键端解酶、胰蛋白酶等。

植物组织中的蛋白酶分布很广，各种植物体内都含有。它们大部分是肽键端解酶和一部分必须要有金属离子 Mn^{2+}、Mg^{2+}、Zn^{2+}、Co^{2+}、Fe^{2+} 等激活的霉菌蛋白酶和细菌蛋白酶共同组成[85]。

目前研究得较多，并已应用于食品发酵工业的有木瓜蛋白酶、菠萝蛋白酶和无花果蛋白酶，它们都是-SH 基蛋白酶，（所谓 SH 酶是酶蛋白中含有半胱氨酸的残基、巯基（SH）的酶）。

茶树叶子中含有蛋白酶，这类酶在绿茶制造的鲜叶摊放中，随摊放时间延长，其活力也逐渐增强，安徽农业大学严景华测定绿茶制造的摊放过程中蛋白水解酶活力变化，结果如表 2-3：

表 2-3　绿茶摊放中蛋白水解酶活力变化

酶单位/每分钟/每克丙酮粉

时间（小时） 处理	0（鲜叶）	1	2	3	4	5
OD650	0.258	0.260	0.280	0.450	0.640	0.750
酶活力	232.2	234.0	252.0	405.0	603.0	675.0

因此，绿茶摊放过程有助于鲜叶内蛋白酶活力增强，促进蛋白质和肽类物质水解，对茶叶品质有积极作用。

4. 叶绿素酶（Chlorophyll enzyme）

又称为叶绿素酸酯水解酶，催化叶绿素中长链酯键的水解酶，此酶属脂肪酶类,作用如下：

叶绿素 $\xrightarrow{\text{叶绿素酶}}$ 叶绿酸甲酯（又称脱植基叶绿素）+叶绿醇

此酶最适 pH 值 5.5,茶鲜叶中叶绿素酶在 45℃时是呈现最大活性[25]，此酶在红茶制造中，对红茶叶底色泽有一定作用。

（四）异构酶类（Isomerases）

这类酶是催化同分异构物分子之间的相互转变，即促进分子内部基团重新排列，植物体内主要有以下几种类型：

1. 催化酮基和醛基的互变

$$\text{6-磷酸葡萄糖} \underset{}{\overset{\text{磷酸己糖异构酶}}{\rightleftharpoons}} \text{6-磷酸果糖}$$

2. 催化不对称碳原子基团易向

$$\text{α-D-葡萄糖} \underset{}{\overset{\text{易向酶}}{\rightleftharpoons}} \text{β-D-葡萄糖}$$

$$\text{顺-3-己烯醇} \underset{}{\overset{\text{易向酶}}{\rightleftharpoons}} \text{反-3-己烯醇}$$

3. 催化分子内基团的易位（变位酶）

$$\text{1-磷酸葡萄糖} \underset{}{\overset{\text{变位酶}}{\rightleftharpoons}} \text{6-磷酸葡萄糖}$$

$$\text{顺-3-己烯醛} \underset{}{\overset{\text{易向酶\quad变位酶}}{\rightleftharpoons}} \text{反-2-己烯醛}$$

4. 分子内裂解酶

$$\text{油酸（脂肪酸）} \xrightarrow{\text{β-碳位分子内裂解酶系}} \text{顺-3-己烯酸和}$$
$$\text{十二碳脂肪酸}$$

异构酶类是通过空间构象的改变调节酶的活力，这些酶类在生物体代谢中，有积极的调节作用，受到代谢产物的浓度的变化来调节代谢速度，对代谢速度的控制，具有十分重要的作用。鲜叶采摘后，由于正常代谢破坏和环境条件的改变，这部分酶类可能对促进茶叶香气和滋味形成起重要作用，尚待研究。

（五）裂解酶类（Lyases）

又称裂合酶，能催化一种化合物分裂为几种化合物，裂解酶种类很多，包括：碳-碳裂解酶；碳-氧裂解酶；碳-氮裂解酶；碳-硫裂解酶；碳-卤裂解酶；磷-氧裂解酶。这类酶的通式如下：

$$\text{A–B} \rightleftharpoons \text{A+B}$$

茶叶研究报导的有丙氨酸脱羧酶（属碳-碳裂解酶）和苯丙氨酸裂解酶（属碳-氮裂解酶），现分别介绍如下：

丙氨酸脱羧酶：是催化丙氨酸脱羧形成乙胺的酶。

$$\text{L-丙氨酸-U-}^{14}\text{C} \underset{}{\overset{\text{丙氨酸脱羧酸}}{\rightleftharpoons}} \text{乙胺-}^{14}\text{C+}^{14}\text{CO}_2$$

丙氨酸脱羧酶活性最适 pH 为 6.25，反应不需加入辅酶磷酸吡醛素，此酶只在茶树根中含有，故丙氨酸脱羧形成乙胺只能在根中进行，茶树根系中含有大量乙胺，乙胺是茶氨酸生物合成的先质。

苯丙氨酸裂解酶（简称 PAL）：是催化 L-苯丙氨酸脱氨形成苯丙烯酸（内桂酸）的酶，此反应是不可逆反应，苯丙烯酸是形成类黄酮和木素的前导物，据陈为钧报导[49]，苯丙氨酸裂解酶在茶树体内的基本特性如下：反应最适温度为 40℃左右，最适 pH 值为 8.5 附近，pH 稳定范围在 7～9。有较强的耐热性，温度达到 60℃条件下，处理 10 分钟，PAL 活性下降很小，温度必须达到 67℃时，处理 10 分钟，酶活力明显下降。放线菌 D 能抑制该酶的活性，但效果并不是很好，浓度达到 100 μg/ml 时也不能完全抑制。光照能提高 PAL 活性水平，且光质不同对 PAL 活力影响也不同；全波长光对 PAL 活性影响较滤除蓝绿光或滤除黄绿光有效，以滤除黄绿光效果最差。茶树 PAL 活性与酚性物质积累之间存在着显著的相关性，因为它在体内调节着酚类物质的生物合成。PAL 活性强，对酚类物质积累有增效作用，PAL 又受光照时间和光质呈正相关变化，因而，南方大叶种中多酚类物质含量比北方小叶种中多酚类物质含量高，夏茶中多酚类物质比春茶和秋茶中多酚类物质含量高，是有其理论依据的。

第二节 糖 的 化 学

一、概述

糖类是由碳、氢、氧三种元素组成的有机化合物。它们可由实验 $C_n(H_2O)_m$ 来表示。式中的氢与氧之比，往往是 2:1，与水的比例相同，习惯上称为碳水化合物（Carbohydrate），但这种称呼实际上是不恰当的，因为甲酸（CH_2O），醋酸（$C_2H_4O_2$）、乳酸（$C_3H_6O_3$）等物质中氢和氧之比也是 2:1，从理化性质上看，显然不属于糖类。另外还有些物质，在理化性质上属于糖类，但氢与氧之比又不是 2:1，鼠李糖（$C_6H_{12}O_5$）和脱氧核糖（$C_5H_{10}O_4$）等，故"碳水化合物"一名词用于糖类物质，是不够确切的，但因沿用已久，现仍采用。

糖类物质是一类多元醇的醛酮或者也可称为多羟醛或多羟酮的聚合物。葡萄糖是五个羟基一个醛基，称为多羟基醛，景天庚酮糖含有六个羟基和一个酮基，称为多羟基酮，故碳水化合物的较确切的定义是多羟基醛或多羟基酮以及水解后能够产生多羟基醛或多羟基酮的一类有机化合物[10、11、12、13]。在自然界中分布极广。

糖类物质在茶叶（包括鲜叶）中存在形态主要有三种，一种是游离态，是可溶性的，例如葡萄糖、蔗糖；第二种是结合态的，必须经过某些水解酶作用，可水解为可溶性的糖，例如黄酮醇类和花青素结合的葡萄糖和鼠李糖；第三种是不溶性的，例如纤维素、淀粉、木素、果胶等。糖类在茶叶中含量达 25%左右，其中可溶性的（包括在鲜叶的结合态存在的，经加工后水解出可溶性糖和糖基的）约占总干物质的 4%左右，其余部分均为不溶性的，不溶性糖类（果胶物质等结合多糖，纤维素、木素等）在茶叶中主要是构成细胞壁物质，起到支撑茶叶叶片有一定形状的作用，它们的含量多少决定了茶叶的老嫩程度，嫩叶低于老叶，实践证明，过高含量，将会对茶叶成型及其内质带来不良影响。可溶性糖类（包括结合态在制茶中水解后的部分）是茶汤滋味和香气的来源之一，它们是茶汤甜味的主要成分，对茶的苦味和涩味有一定的掩盖和协调作用，这部分糖含量越高，茶叶滋味越甘醇而不苦涩。可溶性糖类物质在茶叶加工过程中还能转变为香气物质，如糠醛，它对茶香带来良好的作用，红茶中的甜香也是由葡萄糖、半乳糖、甘露糖、蔗糖等转化及与氨基酸类结合生成。果糖在受热时产生焦糖香。在茶叶的可溶性糖中，还有一部分具有生理活性的糖类，例如脂多糖、粘多糖、糖酸、氨基糖等，对人体的健康起着有效的保健作用。茶叶中的糖类，根据其水解特点和水解产物，分别介绍如下：

（一）单糖

是最简单的糖，不能再被水解为更简单的物质的糖。按羰基在分子中的位置，可以分为醛糖和酮糖，茶叶中含量较多的葡萄糖是醛糖，果糖是酮糖。分子式如下：

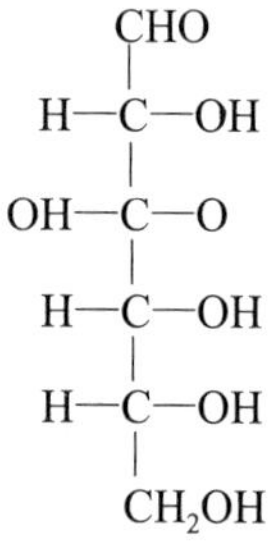

$$
\begin{array}{ccc}
\text{CHO} & & \text{CH}_2\text{OH} \\
\text{H---C---OH} & & \text{C=O} \\
\text{OH---C---O} & & \text{OH---C---O} \\
\text{H---C---OH} & & \text{H---C---OH} \\
\text{H---C---OH} & & \text{H---C---OH} \\
\text{CH}_2\text{OH} & & \text{CH}_2\text{OH}
\end{array}
$$

D-葡萄糖（醛型） 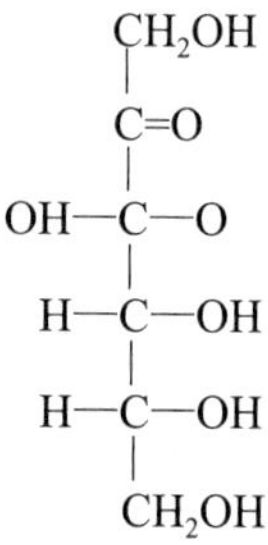　　　　　D-果糖（酮型）

按分子中碳原子数目的多少，茶叶中单糖又可分为丙糖（C_3）、丁糖（C_4）、戊糖（C_5）、己糖（C_6）、庚糖（C_7）。

1. 丙糖

凡糖分子中碳原子数=3 的单糖称为丙糖，因其含有不对称碳原子，故有 D 型和 L 型两种构型，天然存在的单糖大多数为D 型的。茶叶中的丙糖主要是甘油醛和二羟丙酮，是糖类代谢过程的重要的中间产物，甘油醛与二羟丙酮通过交叉羟醛缩合可形成果糖：

二羟丙酮

$$CH_2OH$$
$$C{=}O$$
$$CH_2OH$$

甘油醛

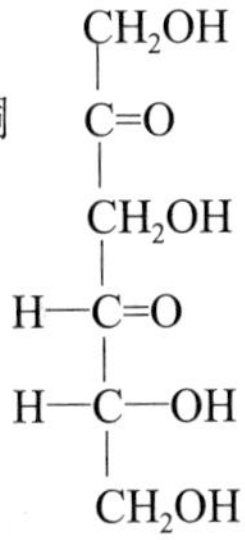

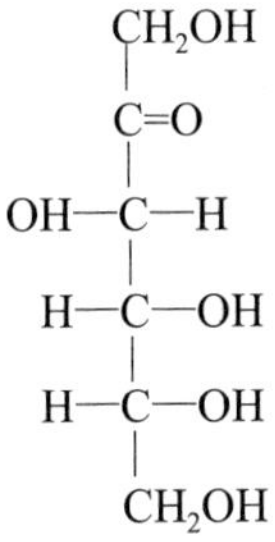

$$H{-}C{=}O$$
$$H{-}C{-}OH$$
$$CH_2OH$$

果糖

$$CH_2OH$$
$$C{=}O$$
$$OH{-}C{-}H$$
$$H{-}C{-}OH$$
$$H{-}C{-}OH$$
$$CH_2OH$$

二羟丙酮和甘油醛的磷酸酯是糖类代谢中重要的中间产物。都不以游离状态存在于茶叶中。

2. 丁糖

茶叶中的丁糖主要有赤癣糖。自然界中存在最多的是在藻类，地衣和丝状菌体中。它是茶树在碳代谢过程中的重要中间产物：赤癣糖（E_4P）与一分子磷酸二羟丙酮缩合，形成 1,7-二磷酸庚酮糖（SDP），再在磷酸酶作用下水解掉 C_1 上的磷酸盐生成 7-P-庚酮糖（S_7P），是儿茶素生物合成的重要先质。

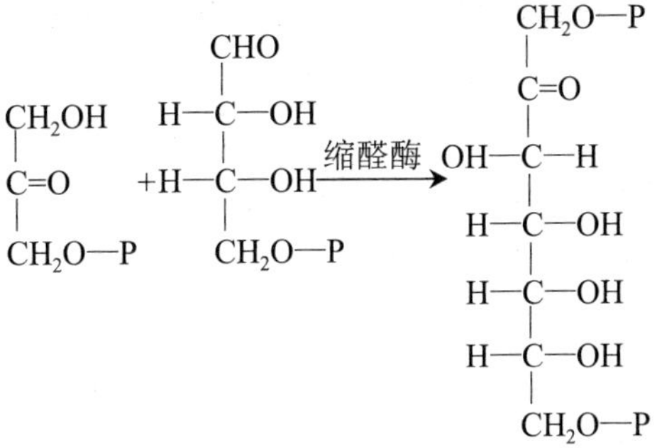

磷酸二羟丙酮　　　E_4P　　　　　　　SDP

$$
\begin{array}{c}
\xrightarrow[\text{+H}_2\text{O}]{\text{二磷酸庚酮糖磷酸酶}}
\end{array}
\begin{array}{c}
\text{CH}_2\text{OH} \\
| \\
\text{C=O} \\
| \\
\text{OH—C—H} \\
| \\
\text{H—C—OH} \\
| \\
\text{H—C—OH} \\
| \\
\text{H—C—OH} \\
| \\
\text{CH}_2\text{O—P}
\end{array}
$$

S$_7$P

　　赤癣糖在茶叶中未测出有游离态存在。S$_7$P在代谢过程中转化为鸡纳酸、莽草酸、预莽酸和肉桂酸，它们均是儿茶素和一些芳香环氨基酸，如色氨酸、酪氨酸、苯丙氨酸的合成先质，是多酚类物质代谢中的重要糖类。

　　3. 戊糖

　　茶叶中的戊糖主要有D-核糖、D-2-脱氧核糖、D-木糖、L-阿拉伯的糖属戊醛糖、D-核酮糖、D-木酮糖（属己酮糖）等。其中D-核糖和D-2-脱氨核糖是核酸的组成成分。D-木糖主要存在于木质化细胞的半纤维素中，L-阿拉伯糖是细胞黏质、树胶、半纤维素的组成成分、L-阿拉伯醛糖以多缩阿拉伯糖形式与果胶素结合成不溶性的原果胶素，也是果胶酸分子的侧链组成成分，茶叶中发现有游离的阿拉伯醛糖，含量约为干物质的0.4%。

$$
\begin{array}{c}
\text{CHO} \\
| \\
\text{H—C—OH} \\
| \\
\text{H—C—OH} \\
| \\
\text{H—C—OH} \\
| \\
\text{CH}_2\text{OH}
\end{array}
\qquad
\begin{array}{c}
\text{CHO} \\
| \\
\text{H—C—H} \\
| \\
\text{H—C—OH} \\
| \\
\text{H—C—OH} \\
| \\
\text{CH}_2\text{OH}
\end{array}
\qquad
\begin{array}{c}
\text{CHO} \\
| \\
\text{H—C—H} \\
| \\
\text{HO—C—H} \\
| \\
\text{H—C—OH} \\
| \\
\text{CH}_2\text{OH}
\end{array}
$$

D-核糖　　　　　D-2-脱氧核糖　　　　　D-木糖

```
    CHO              CH₂OH            CH₂OH
 H—C—OH              C=O              C=O
HO—C—H           H—C—OH           HO—C—H
HO—C—H           H—C—OH           H—C—OH
   CH₂OH             CH₂OH            CH₂OH
```

L-阿拉柏醛糖　　　　　D-核酮糖　　　　　D-木酮糖

4.己糖

茶叶中的己糖主要有 D-葡萄糖、D-半乳糖、D-甘露糖、D-山梨糖（属于己醛糖）、D-果糖（属于己酮糖类）、鼠李糖等。

（1）D-葡萄糖：是许多多糖的组成成分，它是无色结晶粉末，易溶于水、难溶于乙醇，甜度仅有蔗糖的 60%、酵母可使其发酵，D-葡萄糖经机体代谢，生成葡萄糖醛酸，是人体内一种解毒剂，在机体内可通过糖苷键与各种羟基化合物如苯酚类，固醇类等结合，结合后增加了它们在水中的溶解性，易于被身体排出，起到解毒作用。

葡萄糖分子中的醛基与它本身其他碳原子上的羟基能发生半缩醛反应，因此葡萄糖分子的结构既有开链的醛式也有环状的半缩醛式。例：

```
    CHO          H    OH          H    OH
                  \ C₁/            \ C₁/
 H—C—OH        H—C₂—OH          H—C₂—OH
HO—C—H        HO—C₃—H          HO—C₃—H
 H—C—OH         H—C₄—OH          H—C₄
 H—C—OH         H—C₅             H—C₅—OH
   CH₂OH           CH₂OH             CH₂OH
```

开链式 D-葡萄糖　　　吡喃式葡萄糖　　　吡喃式葡萄糖
（Glucose）　　（α-D-Glucopyranose）　（α-D-Glucofuranose）

葡萄糖在溶液状态时，至少有五种形式糖分子存在，它们都处于平衡状态之中：开链式、环状式（α型、β型，吡喃环型、呋喃环型等。）葡萄糖具有醛基，因而具有还原性，在碱性溶液中，能使两价金属铜离子（Cu^{2+}）还原成一价亚铜离子（Cu^+）而沉淀，本身被氧化成为葡萄糖酸。在非氧化性的强酸（H_2SO_4 和 HCl）作用下时，可以脱水，产生甲酸、CO_2、乙酸及丙酸以外，还产生羟甲基糠醛，且能与酚类化合物缩合成为有色物质。葡萄糖还能被溴水氧化成为糖酸、能被 HNO_3 氧化生成糖二酸。葡萄糖在弱碱条件下，易引起分子重排，形成中间产物烯醇体：如烯醇化作用在 C_1 上，形成甘露糖；如烯醇化作用在 C_2 上，则形成果糖。葡萄糖的磷酸酯（例：1-磷酸葡萄糖、6-磷酸葡萄糖和 1，6-二磷酸葡萄糖等）。在机体糖代谢中是极重要的中间产物。葡萄糖的半缩醛羟基（C_1 上的羟基），可以与其他含羟基的化合物（如醇类、酚类等），发生缩合形成糖苷，茶叶中的花青素类和黄酮醇类都可以与葡萄糖发生这种结合形式，例如 3-葡萄糖槲皮苷、3-葡萄糖山奈苷、皂草苷、花色苷等。

葡萄糖在茶树体内有以游离状态存在，也有以结合状态存在的。结合状态存在的葡萄糖，在茶叶加工过程中，特别是红茶加工过程中，在糖苷酶的作用下，也可以水解，参与香气和滋味的形成。茶叶中的葡萄糖含量也因品种、季节、气候和其他栽培技术措施的不同而不等，一般含量约占干物质的 0.5% 左右。

（2）D-半乳糖：它是葡萄糖的差向异构体，二者结构不同之处是 C_4 上的-H 和-OH 的空间位置不同。半乳糖是乳糖、蜜二糖、棉子糖、琼胶、粘多糖、半纤维素的组成成分，酵母可使其发酵。D-半乳糖纯品为晶体，极易溶于水，不溶于乙醚、苯、丙酮等有机溶剂，稍溶于乙醇。D-半乳糖在碱性溶液中是强还原剂，故是还原糖，能自动异构化而转变为同一级的另一种或二种糖。如：D-葡萄糖、D-塔罗糖、甘露糖等。D-半乳糖在酸性溶液中，醛基能氧化成羧基，成为糖酸。在生物体分解代谢中，在半乳糖激酶的催化下，由 ATP 提供磷酸基而生成 1-磷酸半乳糖，再在尿苷酰转移酶的作用下，形成二磷酸尿苷半乳糖，再转变成 6-磷酸葡萄糖，进入糖酵解过程。茶叶中的半乳糖主要以结合状态存在于细胞壁的半纤维素和果胶物质等里面，在鲜叶中未曾检测出游离态的 D-半乳糖。茶叶经加工以后，特别是乌龙茶、红茶，酶的活力在干燥工艺之前较强，故测出有一定量存在。

（3）D-甘露糖：它是 D-半乳糖在 C_2 和 C_4 位的差向异构体，是一些杂多糖（果胶）和半纤维素的组成成分，酵母可以使其发酵，它在茶叶中以缩合状态存在于果胶物质中，茶叶加工成品后，可能有微量以游离状态存在，D-甘露糖主要存在于茶籽果壳中，自然界中，甘露糖作为糖蛋白，存在于卵蛋白和清蛋白中。

（4）D-果糖：为白色粉末，果糖的环式结构是 C_2 上羰基与 C_6 上的羟基缩合，凡半缩酮碳原子（C_2）上的羟基与其决定直链构型（D 型和 L 型）的碳原子（C_5）上的羟基在同一边者为 α 型，不在同一边者为 β 型。果糖在溶液中，环状的 α-D-果糖和 β-D-果糖可通过互变异构开链结构，建立起动态平衡，果糖在游离状态时，其环状结构为吡喃型，（$C_2 \sim C_6$ 成环），在结合状态时（如与分子葡萄糖结合成蔗糖），C_2 上的羟基与 C_5 上的羟基成环构式五元环，相当于呋喃结构，称为呋喃果糖。（见结构式）

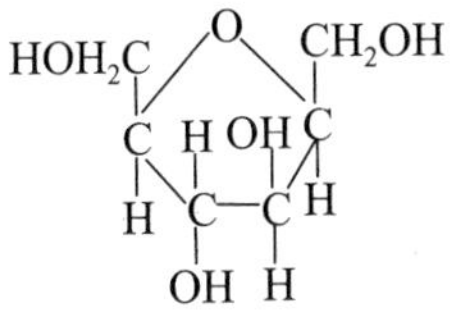

α-D-呋喃果糖 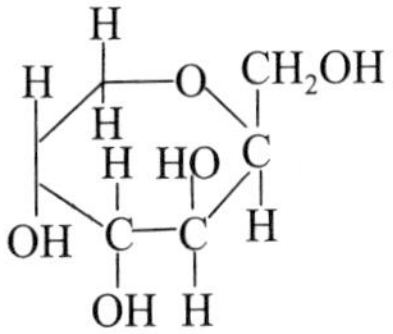　　　　　α-D-吡喃果糖

果糖甜度大，比蔗糖和葡萄糖都大。果糖在茶叶中有以结合态存在，果糖与葡萄糖结合形成蔗糖，可增强茶叶抗寒，在茶叶中含量约占干物质的 0.7% 左右，是以游离状态存在的。

（5）D-山梨糖：是合成维生素 C 的重要中间产物，工业上用葡萄糖在压力下加氢还原而得到的。

（6）鼠李糖：又名 6-脱氧-L-甘露糖，存在于糖苷中，它与茶叶黄酮醇类结合而形糖苷。如茶叶中芸香苷（槲皮素-3-鼠李糖葡萄糖苷），鼠李糖有环状和直链两种形态存在。

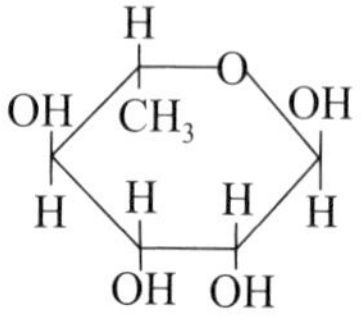

鼠李糖环状结构 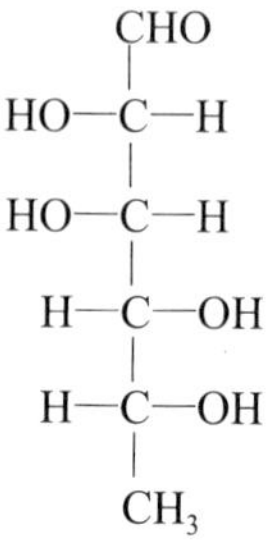   鼠李糖直链结构

芸香苷又名芦丁，由一个鼠李糖和一个葡萄糖分子与黄酮类物质结合而成的。其结构式如下：

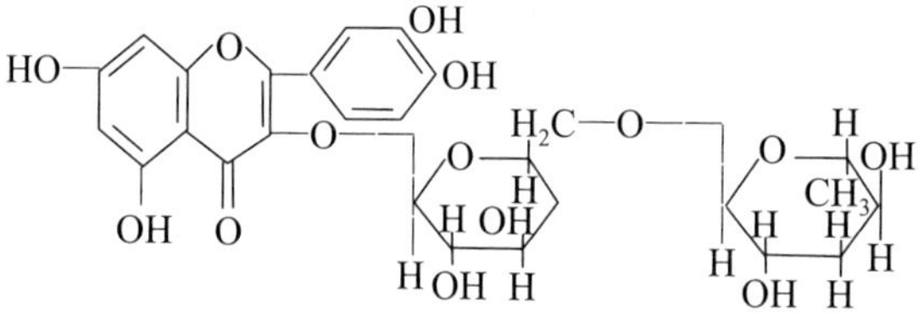

芸香苷结构式

5. 茶叶中的七碳糖

又称庚糖。庚糖是自然界中已知碳链最长的单糖，并且只发现 D-甘露庚糖和 D-景天庚糖。其中 D-景天庚糖大量存在于茶树中，是多酚类物质生物合成的中间产物。

6. 茶叶中除了以上的重要单糖以外，还有单糖的衍生物，比较重要的有：糖酸、脱氧糖、氨基糖和糖醇。

（1）糖酸：不同的氧化剂可将糖氧化成不同的酸类衍生物，如 C_1 上的醛基可被氧化成酸，形成糖酸，C_6 上的羟甲基被氧化，

C_1 或 C_6 上的基团同时被氧化，分别生成糖醛酸和糖二酸。这些化合物都有较强的酸性，它们的盐呈中性，可溶于水，如葡萄糖醛酸是人体一种重要的解毒剂。

（2）脱氧糖：糖的吡喃或呋喃环上的羟基（-OH）被脱去一个氧原子，即称为脱氧糖。如β-D-2-脱氧核糖是组成脱氧核糖核酸（DNA）成分。α-L-鼠李糖（6-脱氧-L-甘露糖）也是机体内某些糖蛋白的组成成分。

（3）氨基糖：糖的吡喃环碳原子（多数在 C_2）上，一个羟基被氨基取代时称为氨基糖。常见的氨基糖有 D-氨基葡萄糖（D-葡萄糖胺）和 D-氨基半乳糖（D-半乳糖胺），它们是茶叶中粘多糖和糖蛋白的组成成分。

（4）糖醇：是多元醇，溶于水和乙醇溶液中，较稳定，有甜味，不能还原 Fehling 试剂，由于它含有多个羟基，亲水性强，临床上常用 20% 或 25% 山梨醇溶液作脱水剂和渗透性的利尿剂，茶叶中存在较多的是环状六元醇，根据羟基在空间分布的位置不同有多种异构体，最常见的是肌醇（一种维生素），在人体的肌肉、心脏、肺脏、肝脏组织中也发现有游离态存在。

二、茶叶中单糖的重要性质及其应用

（一）物理性质

单糖都可以结晶，因含有多个羟基，具有吸湿性，极易溶于水，难溶于乙醇，不溶于乙醚，单糖都具有甜味，但各种糖的甜度不一样。

（二）化学性质

1. 经酸作用

在强无机酸作用下，戊糖及己糖皆可被脱水，戊糖与强酸共热产生糠醛，己糖与强酸共热则得到 5-甲基糠醛。

茶叶在初制过程中，其叶内的 pH 值会逐渐变小，工艺后期加热烘炒时，能使糖类物质脱水而形成香气物质，根据日本山西贞分析，茶鲜叶中没有检出糠醛类物质，而从绿茶中检出有多种糠醛类物质，这些物质都具有新鲜的裸麦面包香气，反应机理推测如下。

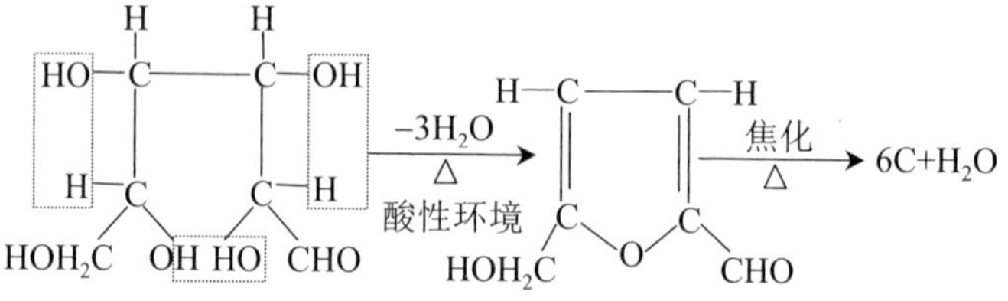

己糖 $\xrightarrow[\text{酸性环境}]{-3H_2O}$ 5-羟甲基糠醛 $\xrightarrow[\triangle]{\text{焦化}}$ 6C+H_2O

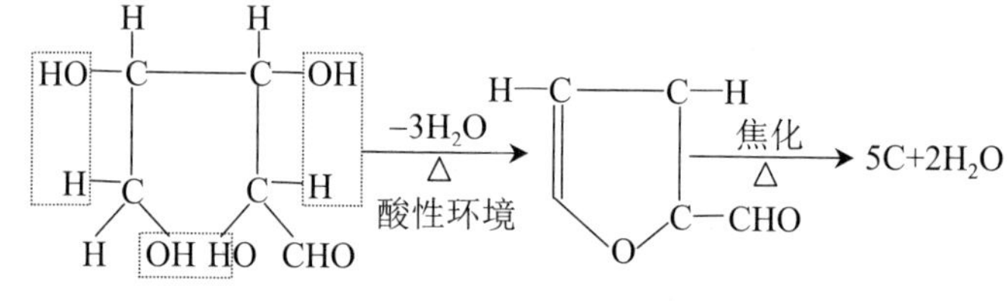

戊糖 $\xrightarrow[\text{酸性环境}]{-3H_2O}$ 糠醛 $\xrightarrow[\triangle]{\text{焦化}}$ 5C+2H_2O

糠醛和 5-甲基糠醛能与某些酚类生成有色的缩合物。

2. 成酯作用

单糖为多元醇，环状结构中所有羟基与酸作用都可以酯化，在茶树物质代谢中重要糖脂是磷酸酯。例 α-D-6-磷酸葡萄糖和 α-D-1-磷酸葡萄糖和 α-D-1,6-二磷酸葡萄糖所组成的磷酸酯。

红茶在初制过程中，随着萎凋时间增长，其细胞内 pH 值越来越小，各类酸性物质不断增加，它们与糖类化合物结构中的羟基相遇，就产生酯化作用，形成各种不同的带香物质，例如戊糖和己糖与苯丙氨酸混合能形成带有玫瑰花香的稻草黄色物质，对红茶的花香和甜香带来良好的效果。无论是哪一类茶叶，其特有香气的形成均在干燥阶段为主，绿茶初制过程中习惯上在茶叶干燥即将结束前，采用稍高温度烘或炒，称之为提香，其目的以促进糖类化合物的转化，利于香气形成。

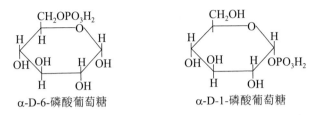

α-D-6-磷酸葡萄糖   α-D-1-磷酸葡萄糖

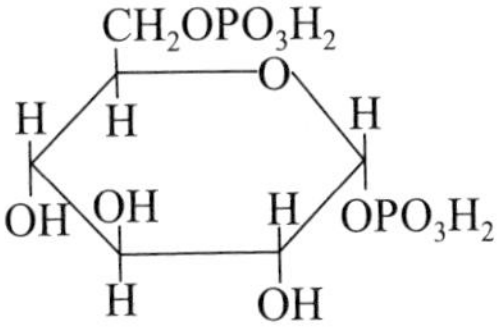

α-D-1,6-磷酸葡萄糖

3. 形成糖苷

单糖的半缩醛羟基比其他羟基活泼，很容易与醇和酚的羟基发生反应，失水后形成缩醛式的衍生物，亦即与醇及酚通过氧原子结合成糖苷，这种连接键称糖苷键，非糖部分（醇或酚）称为配糖体。茶叶中的花青苷和黄酮苷类化合物就是属于这种糖苷形式。

糖苷的化学性质与糖的化学性质完全不同。糖苷结构中有缩醛结构，没有半缩醛羟基，故不能通过互变异构产生醛基，因而糖苷没有还原性，也没有变旋现象。糖苷在中性或碱性溶液中比较稳定，但在酸性溶液中易被水解，糖苷在水解酶和酸性溶液中可被水解生成配糖体和糖。糖苷不与苯肼发生反应，也易氧化，无变旋现象。

4. 氧化作用

醛糖是强的还原剂，它对费林（Fehling）试剂的还原能力超过一个醛基的还原作用，说明在此条件下除了醛以外，还有其他基团参与作用。果糖因含有—$COCH_2OH$基团，故亦具有还原性，实验室内常利用糖的还原性作为糖的定性定量测定。

醛糖在弱氧化剂的作用下形成相应的糖酸，在强氧化剂作用下，除其醛基被氧化生成羧基以外，伯醇基也被氧化成羧基，生成糖二酸。酮糖不被弱氧化剂所氧化，在强氧化剂作用下，酮糖将在羰基处断裂形成二分子酸。

5. 还原作用

单糖有游离的羰基，所以易被还原，在某些无机还原剂（硼氢化钠）和酶的作用下，醛糖可被还原成糖醇，酮糖则被还原成两个具有同分异构的多羟基醇。

三、茶叶中的寡糖（Oligosaccharides）

又名低聚糖，为分子中含有若干个单糖残基的糖类。一般认为寡糖在水解后可产生 2～10 个单糖，寡糖和多糖之间没有严格的界限，分子量较高的寡糖和分子量较低的多糖性质是相类似的。自然存在的寡糖不多，茶叶中含量较多并已检测出的寡糖有蔗糖、麦芽糖、乳糖、纤维二糖。

（一）蔗糖（Sucrose）

为无色单斜晶体，易溶于水，熔点为 180℃，甜度仅次于果糖，蔗糖受烯酸和转化酶作用时可以水解成等量的葡萄糖和果糖混合物，蔗糖水溶液为右旋，比旋度为+66.4°，水解后得到的等量 D-葡萄糖和 D-果糖的混合物，其比旋光度为−19.75°，因为蔗糖在水解前为右旋，水解后的产物为左旋，因此把蔗糖水解过程称为转化，水解后生成的葡萄糖和果糖称为转化糖。茶树老叶和越冬叶蔗糖含量较高，新梢中的含量因品种、新梢成熟度和季节的不同而异，一般含量约为干物质的 1%左右。

（二）麦芽糖（Maltose）

麦芽糖主要存在于发芽的种子中，特别是麦芽中，故得名为麦芽糖。麦芽糖为无色片状晶体，易溶于水，熔点为 160℃～165℃，甜度次于蔗糖，它能吸收空气中的水分，形成稠厚的难以结晶的糖浆，是饴糖的主要成分。麦芽糖的分子式为 $C_{12}H_{22}O_{11}$，它是由二分子葡萄糖失水缩合而成的，连接方式是一分子葡萄糖的半缩醛羟基与另一分子葡萄糖 C_4 位上的羟基发生的缩合，生成α-1,4-糖苷键。

在麦芽糖分子中还存在一个半缩醛羟基,此羟基可转变为自由醛基,因此有还原性,能与苯肼成脎,故麦芽糖也是还原糖。茶树鲜叶中麦芽糖很少,但经过制茶加工,有少量存在,例如红茶中可检测麦芽糖约占干物质的0.45%,茶籽中发现含有麦芽糖,约占干物质重0.2%左右。茶花中未发现有麦芽糖存在。

（三）棉子糖（Raffinose）

是广泛存在于自然界中的重要三糖,首先发现于棉子中,故称为棉子糖。棉子糖具有旋光性,无还原性,熔点为80℃,可被酸及苦杏仁酶水解为各一分子的半乳糖、葡萄糖及果糖。茶叶中棉子糖含量较低,约为干物质的0.1%左右,茶籽的子叶中,棉子糖含量约为干物质的0.2%左右。

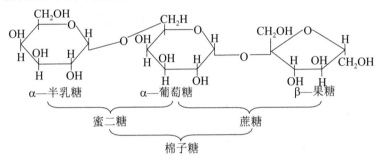

（四）水苏糖（Stachyose）

是自然界中存在较多的四糖,由两个半乳糖,一个葡萄糖及一个果糖分子所组成的,茶叶中的水苏糖含量约占干物质的0.1%左右,茶籽的子叶中水苏糖含量约占干物质的0.9%左右,花瓣及雄蕊中也发现有微量水苏糖存在,结构式如下:

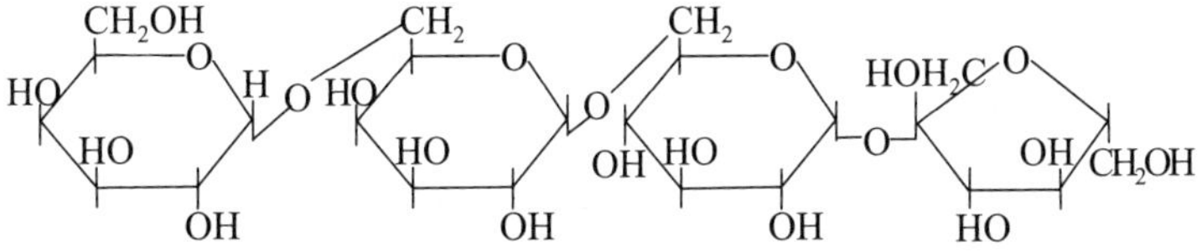

半乳糖-1-6-半乳糖-1-6-葡萄糖-1-2-果糖

水苏糖

四、茶叶中的多糖

是由多个单糖分子缩合而成的，分子结构庞大，广泛地存在于植物和动物中，多糖的分类可按其组分不同，分为同聚多糖（Homopolysaccharides）和杂聚多糖（Hetroplysaccharides），前者是由一种单糖组成的，后者是由一种以上的单糖或其衍生物所组成，其中还有些非糖物质。

多糖在性质上与单糖和寡糖不同。多糖一般不溶于水，有的即使能溶解，也只能形成胶体溶液。多糖无还原性，有旋光性，无变旋现象，在酸和酶作用下能水解成单糖。

（一）纤维素（Cellulose）

是植物界分布最广的一种多糖，是植物体起支持作用的物质，是植物细胞壁的主要成分，纤维素属于同聚多糖，分子是由许多 β-D-葡萄糖通过 β-1,4-苷键连接起来的、没有分支的长链，一个纤维素分子，有成千上万个葡萄糖单位，分子量约为 5 万至 40 万，甚至更大。纤维素不溶于水，也不溶于有机溶剂，但可溶于氢氧化铜的氨溶液，加酸后，又重新析出沉淀。纤维素很难水解，一般在稀酸条件下加压，纤维素分子逐渐变短，最后得到纤维二糖和葡萄糖。另外，纤维素在纤维素酶的作用下也能逐渐水解成为葡萄糖，纤维素过去被认为是人体不能消化、没有营养价值的成分，现已证明，纤维素在食品上已不再是惰性物质，应视为膳食中不可缺少的成分。天然纤维素经过适当的处理改变其原有性状，可作食品工业的增稠剂，能经受短时间高温不变质。微晶纤维素，在疗效食品中作为无热量的填充剂，近年研究报导茶叶中的粗纤维可以起到改善膳食纤维的作用，膳食纤维虽然不被人体消化吸收，没有什么营养成分但它含有糖蛋白、角质、蜡和多酚酯，一般被人们称之为"食用纤维"，它具有较强的持油、持水和膨胀能力及诱导微生物的作用，能螯合消化道中的胆固醇、卟啉、重金属等有毒物质排出体外，并促进肠蠕动，利于粪便排出，减少人体对有毒物质的吸收，有利于身体健康，一般红茶、绿茶和各种名茶纤维素的含量约为6%～7%，随品种、产地、季节、鲜叶等级不同，其含量不同。例如日本气温低，新梢生长期长，鲜叶纤维素含量较高，约为7.66%，印度气温高，新梢生长期短，鲜叶含纤维低，约6.16%，中国茶树新梢生长期在二者之间，其鲜叶含纤维素为7.03%。此外，纤维素含量高低还与茶叶级别和生长季节有关，见表2-4。

表2-4　制茶级别和茶季纤维素含量比较　　　干重%

级　别	七　月	八　月	九　月
一级茶	6.03	5.63	6.12
二级茶	6.15	6.07	7.65
三级茶	7.71	7.95	8.08

纤维素含量多少是茶叶老嫩的标志。一般，纤维素含量少，鲜叶嫩度好，制茶时易成条、易做形，能制出优质名茶。随叶内纤维素含量增高，叶质成熟，其可溶性内含物成分也会随之增加，新梢长到一芽三、四叶后，又随纤维素含量增加，其可溶性成分会逐渐减少。有些茶如乌龙茶、安徽名茶六安瓜片、黄大茶等，必须采摘比较成熟的新梢或"开面"叶（纤维素含量可高达12%）才能制出香高味浓的特殊品质。湖南安化需要"发金花"的黑茶原料都是采用5～6级毛茶，用高档茶为原料很难"发金花"。其原因是成熟叶或老叶内含多糖物质较多，对形成这些茶的特殊品质有利。

（二）半纤维素（Hemicellulose）

属于杂聚多糖，与纤维素共存于植物细胞壁，起着支持和保护植物的作用，植物在生命活动旺盛期（发芽期），它也可以像贮藏物质那样水解出单糖供植物生长发育之用。

半纤维素的分子量比纤维素小，它的组成和结构与纤维素完全不同，半纤维包括很多高分子多糖：多聚戊糖、己糖和少量的糖醛酸，如多聚木糖（Xylan）、多聚半乳糖（Galactan）、多聚甘露糖（Mannan）、多聚阿拉伯糖（Arabinan）等。它们的结构复杂，多以β-糖苷键方式相连。这些多聚糖都有共同的特征：不溶于水，但可溶于稀酸，比纤维素更易被酸所水解，水解产物是甘露糖、半乳糖、阿拉伯糖、木糖及糖醛酸等。半纤维素的含量随着鲜叶质量下降而增加，一级鲜叶含量约为2.96%。低级鲜叶为9.53%，半纤维素可在制茶过程中被酶水解。

（三）淀粉（Starch）

是植物体内重要贮藏物质之一，天然淀粉完全不溶于冷水，比重为1.5，在60℃～80℃时容易发生膨胀形成胶质。淀粉能与碘发生反应；直链淀粉遇碘产生蓝色，支链淀粉遇碘产生红色。淀粉与水一起加热，用无机酸为催化剂或在α-淀粉酶、β-淀粉酶、葡萄糖淀粉酶的作用下，发生水解反应，产生一系列分子大小不等的杂多糖，统称为糊精（Dextrin），继而生成麦芽糖，最终产物是葡萄糖。

在茶树器官中，淀粉含量以种籽中为最多，茶籽子叶中，淀粉的含量约为干物质的30%，是种子的萌发时重要养料，茶树木质部含淀粉15%，是初春芽叶萌发时能量的来源，在茶树新梢芽叶中，淀粉的含量为0.4%～0.7%，老叶含量高于嫩叶，晚上高于早上。淀粉在红茶制造中，由于水解酶作用，使淀粉水解，总量减少。格鲁吉亚品种鲜叶淀粉含量为0.9%，萎凋叶淀粉含量为0.77%，中国品种淀粉含量为0.40%，萎凋叶淀粉含量为0.25%，淀粉水解产物为糖类物质，能提高红茶的香气和滋味.。

（四）果胶物质（Pectic cubstances）

属于杂聚多糖，由一批多糖化合物组成，基本结构是D-吡喃半乳糖醛酸，以α-1,4-苷键结合的长链，通常以部分甲酯化状态存在。茶树体内的果胶物质有以下三种形式，（1）原果胶。与纤维素和半纤维素结合在一起的甲酯化聚半乳糖醛酸苷链，只存在于细胞壁中，不溶于水，在原果胶酶的作用下可水解生成可溶性果胶。（2）可溶性果胶（又称为水化果胶）。半乳糖醛酸的羧基，有一部分与甲醇形成的酯。主要存在于细胞汁液中。

（3）果胶酸。水溶性果胶在果胶甲酯酶或稀碱条件下水解能得到果胶酸，它包括以下物质：甲醇、半乳糖、阿拉伯糖、半乳糖醛酸等。

果胶物质在红茶萎凋过程中在原果胶酶的催化下，可生成一定量的水溶性果胶，再进一步在果胶甲酯酶的作用下，水解成为果胶酸，因此，红茶制造过程中，果胶物质产生了比较显著的变化（见表2-5）。

表2-5　红茶制造过程中果胶物质的变化　　干重%

种类＼工艺	鲜叶	萎凋	揉捻	发酵	干燥
总果胶物	11.3	10.2	10.2	10.1	9.4
水溶性果胶	1.8	2.5	稍减	未测	未测

原苏联Jokycala，把水溶性果胶含量高低作为与品质呈正相关的指标。她认为水溶性果胶在萎凋时上升是因为在原果胶酶作用下果胶物质水解之故。从揉捻以后有稍减趋势，是因为与其他物质结合，或甲醇被离解出来或继续水解成果胶酸之故，据有关资料报导水溶性果胶可增加茶汤的甜味，香味和厚度，可溶性果胶有稠黏性，能帮助揉捻卷曲成条。

果胶物质的含量也因地区、季节、茶叶的等级不同而不同，嫩叶中原果胶酶和果胶甲酯酶活性较高，因而水溶性果胶和果胶酸含量较高，老叶中含量较低，但从果胶物质的总量来看，是老叶大于嫩叶的，致使老叶质坚硬，揉捻难以成型。果胶物质是茶树各组织细胞壁的组成成分之一，茶鲜叶中果胶物质的总量约为11%左右，其中原果胶素含量约为干物质的2%左右，可溶性果胶含量约为干物质的2%左右，果胶物质在茶叶细胞中常与钙和镁相结合成为果胶酸钙和果胶酸镁形态存在。

（五）脂多糖（Lipoplysaccharide）[10]

是由类脂和多糖结合在一起的大分子化合物，在植物体内是构成植物细胞壁的重要成分，脂多糖种类很多，革兰氏阴性细胞壁含有十分复杂的脂多糖，有的脂多糖结构已弄清楚，茶叶脂多糖结构尚未探明，适量的脂多糖食入人体，可以增强机体非特异性的免疫能力，从而起到抗辐射和抗癌病作用。在茶叶中粗脂多糖含量约为 2%左右，提纯后约为 0.5%以下。

脂多糖可溶于热水、热的酸性乙醇，不溶于冷的稀醋酸和冷的酸性乙醇，在大多数有机溶剂中如丙酮、乙醇、乙醚、苯酚不溶解。脂多糖是含有一定蛋白质的大分子化合物，不能通过透析膜，故可用透析方法加以纯化。粗脂多糖为灰白色或灰褐色粉末（视其纯度不定），根据中国茶叶研究所资料，脂多糖中含类脂 36.7%，总糖 47.7%，总氮 1.02%，总磷 1.23%，蛋白质 6.38%。

脂多糖是属于复合糖类，是糖和非糖物质的结合物，非糖物质主要是蛋白质和脂类，分子结构一般由以下三部分组成：外层为专一性的低聚糖链，中心为多糖链，中间为脂质层，细菌的脂多糖和植物细胞壁的脂多糖结构不同，茶叶中脂多糖的结构、性质与生理功能都有待进一步探索。

第三节　多酚类物质化学

一、概述

19 世纪初期，中国的红茶、绿茶大量输出国外，引起了国外学者对茶叶品质形成的兴趣探索。1867 年哈斯惠知（H·Hlasiwetz）从红茶中分离出没食子酸、黄酮醇和槲皮素，1900 年后，南加宁（A·W·Nanninga）、德斯（J·J·B·Deuss）、柴田桂大、撒切尔（R·W·Tnatcher）[20]等人研究分析茶叶中主要化学成分时，发现它们是一些可氧化的物质，根据其具有涩味和收敛性的特点，称之为"单宁"，（是鞣质的译音），以后分析这种"单宁"没有鞣革作用，为区别于一般"单宁"，就称为假鞣质，日本提出改为"茶丹仁"、"拟单宁"。1926 年，日本辻村真等分析提纯出 L-表儿茶素（L-EC），便称这类物质为儿茶多酚类。1940 年后，学者们又陆续分离出这类物质是由三十多种化合物组成，称为多酚类物质。1962 年，劳伯茨（Rebess）从这类物质中分离出黄烷醇类和黄酮醇、黄酮苷类，就改名为类黄酮类，以后，又有人根据其化学物质的性质，称它们为多酚类衍生物，近年，中国茶叶研究所为区别其他植物中的酚类物质，就改用为茶多酚。本书沿用茶叶中的多酚类物质这一名词。

茶叶中的多酚类物质属于类黄酮（Flavonoids）化合物，这类物质是数目很多，广泛存在于自然界植物中（例蚕豆、马铃薯，茶叶、藕等），其基本结构有 C_6-C_3-C_6 碳架。多酚类物质在茶叶中含量很高，约占鲜叶干物质总量的三分之一，占茶汤水浸出物总量的四分之三，性质极其活泼，能在酶的作用下，发生酶促氧化作用，也能在湿热作用下发生氧化作用，还能在常温常压下发生缓慢氧化作用，这些发生氧化后的多酚类物质，会很快地聚合或发生其他一系列化学作用，生成一些新的化学物质，影响着各类茶叶的品质，故在制茶、贮运等各过程中这些是制定各种茶类技术指标的重要依据之一。

多酚类物质是茶叶中水溶性色素的主要部分，是茶汤色泽的主体，也参与茶叶干看色泽的组成，绿茶汤色浅黄绿色主体是黄酮类物质，红茶汤色是红艳明亮，是多酚类物质氧化聚合生成的茶黄素和茶红素。茶的滋味由涩、苦、鲜、甜、酸、咸六种味素组成，其中涩、苦、鲜三种味素构成了茶滋味的主体风格，茶汤中的涩味有别于其他一切食品和饮料，涩味是多酚类物质中儿茶素类，特别是酯型儿茶素，其组合和浓度，不仅构成涩味主体，也是茶汤浓淡、茶叶品质优劣的主体物。不仅如此，茶树中多酚类物质与其他植物一样，也是茶树新陈代谢的重要生理活性物质，在呼吸链中，作为呼吸色素原，互相串联，起着重要的递氢作用，在三羧酸循环和糖酵解中占有极重要的位置。因此，深入学习了解多酚类物质的性质，掌握其变化规律，可以有助于提高各类茶叶的品质。

二、茶叶中多酚类物质的组成、结构和性质[15]

（一）组成和结构

茶叶中的多酚类物质主要有以下四类物质组成：（1）儿茶素类；（2）黄酮类；（3）花色素类；（4）酚酸类。

1. 儿茶素类

18 世纪初在儿茶（Acacia catechu）和黑儿茶（Uncaria gambir）中提取 l-表儿茶素，d-儿茶素和 dl-儿茶素，18 世纪 30 年代，尼斯凡爱·生培克在德国的药学版中提出这类物质称为儿茶素类[16]，如同咖啡碱名称一样，因首先在咖啡中发现，称为咖啡碱。它们的基本结构经傅洛依登堡确定为 2-苯基苯骈吡喃环；A 环为苯环，C 环为吡喃环，二者合组成苯骈吡喃环；在吡喃环第二位碳原子上的氢原子被苯环取代，称为 2-苯基苯骈吡喃，又称为黄烷；在黄烷的第三位碳原子上的氢原子被羟基取代后的物质，称为黄烷醇：

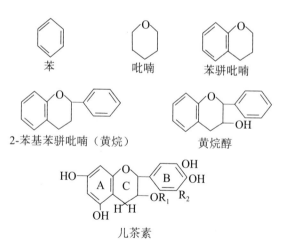

苯　　　吡喃　　　苯骈吡喃

2-苯基苯骈吡喃（黄烷）　　　黄烷醇

儿茶素

（1）当儿茶素结构中的 R_1=H，R_2=H 时，称为儿茶素，代号为 C，

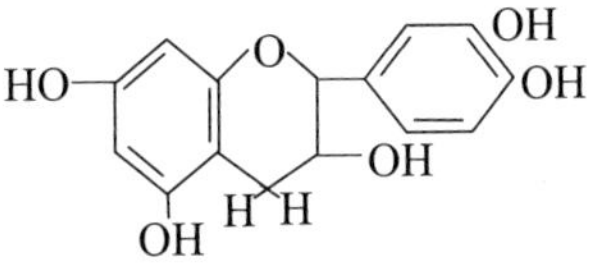

C

（2）当 $R_1=R_2=OH$ 时，称为食子儿茶素，代号为 GC，

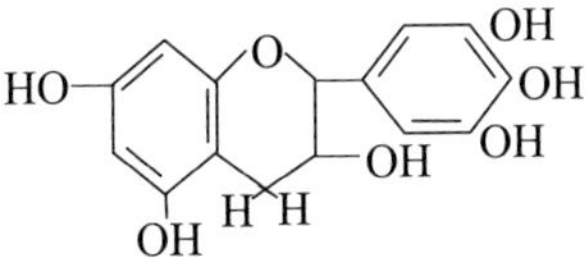

GC

（3）当 $R_1=$ 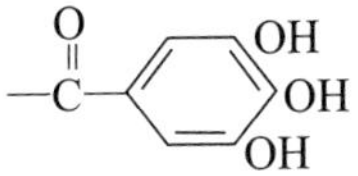 （没食子酰基），$R_2=H$ 时称为儿

茶素没食子酸酯，代号为 CG，例：

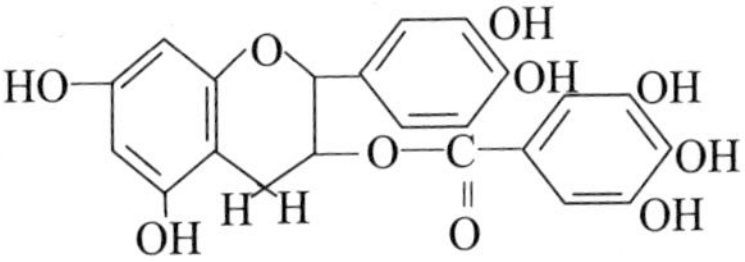

CG

（4）当 $R_1=$ 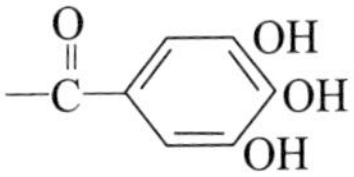 ，$R_2=OH$ 时，称为没食子儿茶

素没食子酸酯，代号为 GCG，例：

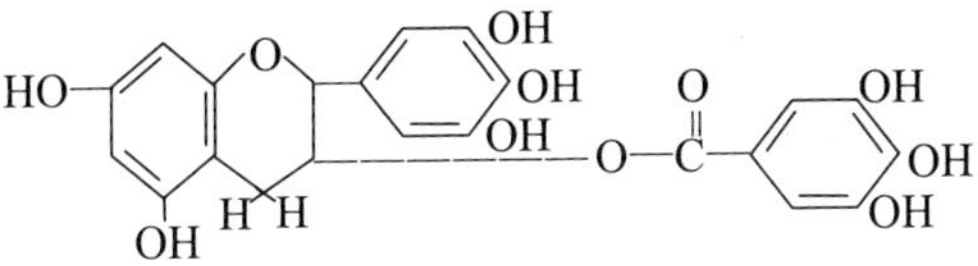

CGC

其中 C 和 GC 称为非酯型儿茶素，CG 与 GCG 称为酯型儿茶素。GC 和 GCG 称为没食子儿茶素，C 和 CG 称为非没食子儿茶素。儿茶素类占多酚类总量 70% 左右，是多酚类物质的主体部分。

2. 黄酮类

其基本结构为苯环和γ-吡喃酮组合成为色酮，在色酮的第二位碳原子上氢被苯环取代，形成黄酮，黄酮的第三位碳原子氢被羟基取代后称为黄酮醇：

苯 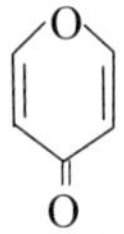　　　　γ—吡喃酮 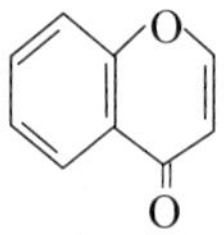　　　色酮

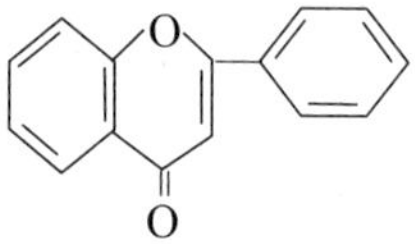

黄酮 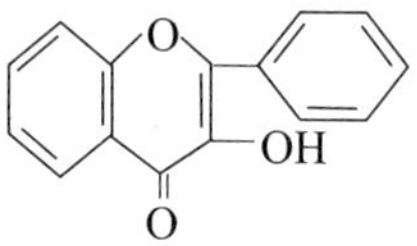　　　　　　　　黄酮醇

茶叶中的黄酮类物质由黄酮醇类和黄酮苷类组成，黄酮醇类物质在鲜叶中都是 C_3 位上结合葡萄糖、鼠李糖后，以糖苷形式存在，含量较多，约占干物质总量 2%~4%，黄酮苷类是在 C_6 和 C_8 位上形成糖苷物，现分别介绍如下：

（1）黄酮醇类：茶叶中的黄酮醇类主要是各种羟基衍生物在茶树中以 C_3 位上糖苷形式存在，主要有以下几种：

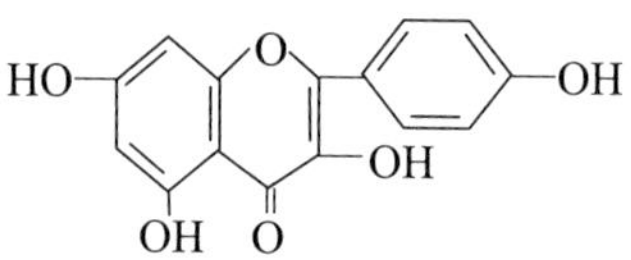

山奈素
（3,5,7,4′-四羟基黄酮）

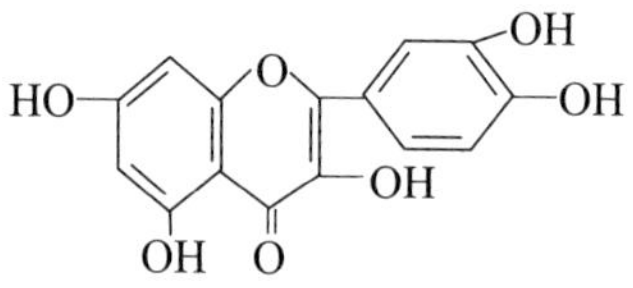

槲皮素
（3,5,7,3′,4′-五羟基黄酮）

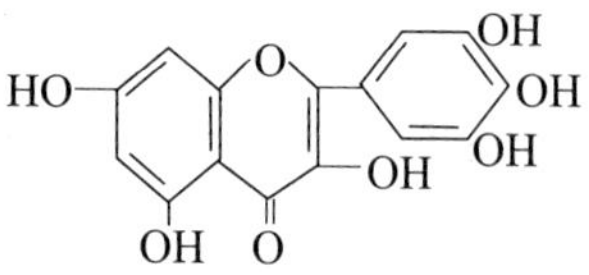

杨酶素
（3,5,7,3′,4′,5′-六羟基黄酮）

52

a．山奈素-3-葡萄糖苷（又称为紫云英苷）

b．山奈素-3-二葡萄糖苷

c．山奈素-3-葡萄糖鼠李糖苷

d．槲皮素-3-葡萄糖苷

e．槲皮素-3-葡萄糖鼠李糖苷（又称为芸香苷）

f．槲皮素-3-二葡萄糖鼠李糖苷

g．槲皮素-3-鼠李糖苷（又称为槲皮苷）

h．杨梅素-3-葡萄糖苷

i．杨梅素-3-葡萄糖粉鼠李糖苷

j．杨梅素-3-鼠李糖苷

（2）黄酮苷类：这类物质在鲜叶中含量较低，但对人体有较强的生理作用，鲜叶中分离出21种，其中有19种是属于旱芹素类物质，黄酮苷类物质主要有以下三种类型：

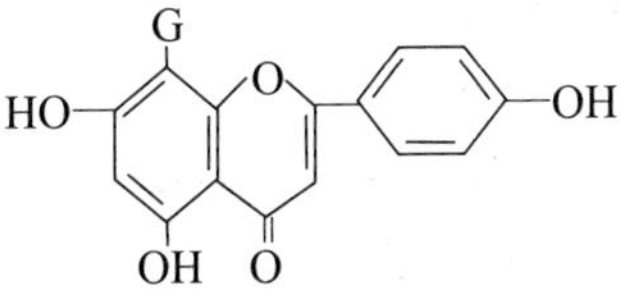

牡荆素

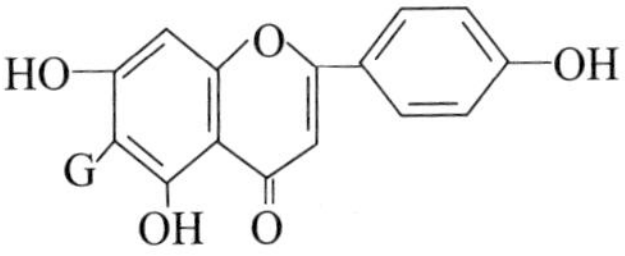

皂草素

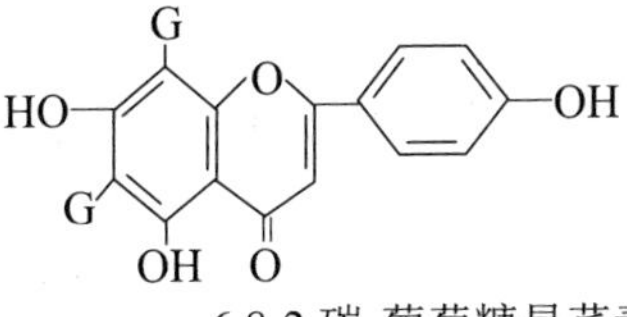

6,8-2 碳-葡萄糖旱芹素

黄酮类物质在鲜叶中含量约为干重2%~5%，以糖苷形式存在于鲜叶，制茶中在酶或热的作用下可以水解糖苷键释放出糖和黄酮醇。干态黄酮醇为黄色结晶物质，能溶于水、乙醇和碱，与重金属可生成不溶性的有色沉淀。

3. 花青素（Anthocyans）

包括花白素、花色苷及其苷元，是一大类主要的水溶性植物色素。水果、蔬菜、花卉的五彩缤纷的颜色大都与之有关。花青素的基本结构的母核是α-苯基苯并吡喃，也称为花色基元（Flavylium）。

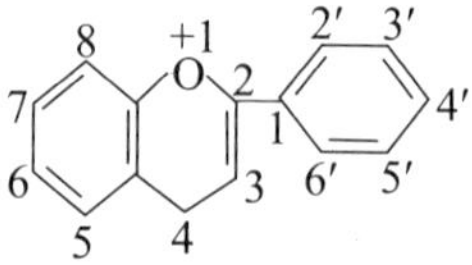

花色基元（苷元）

花色基元分子中的氧是四价的，所以它和它的衍生物有碱的性质能与酸成盐，并且因为环上有酚羟基，所以又有酸的性质，这就使这类物质具有随介质 pH 值改变结构从而改变颜色的可能性，在不同的酸碱度中能出现不同的红色、蓝色、紫色。茶树体内花青素主要有三种类型：

1）天竺葵花色苷元（Pelargonidin）$3,5,7,4'$-四羟基花色苷元

2）矢车菊花色苷元（Cyanidin）$3,5,7,3',4'$-五羟基花色苷元

3）飞燕草花色苷元（Delphinidin）$3,5,7,3',4',5'$-六羟基花色苷元

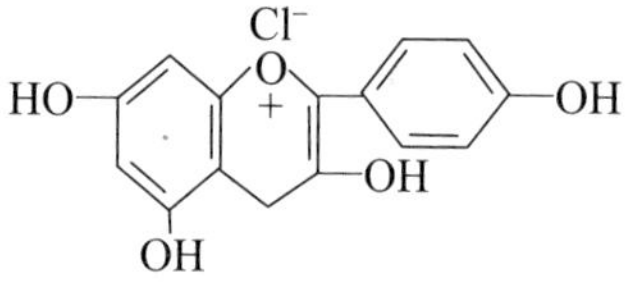

天竺葵花色苷元

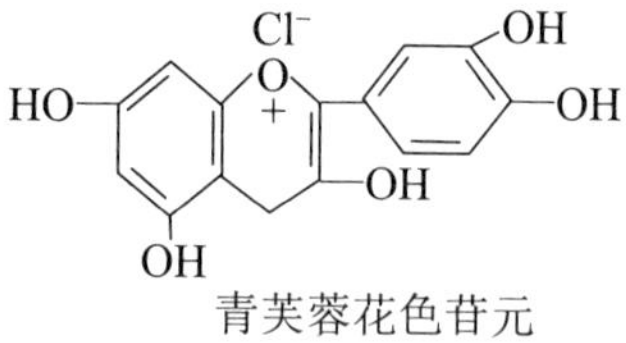

青芙蓉花色苷元
（矢车菊花色苷元）

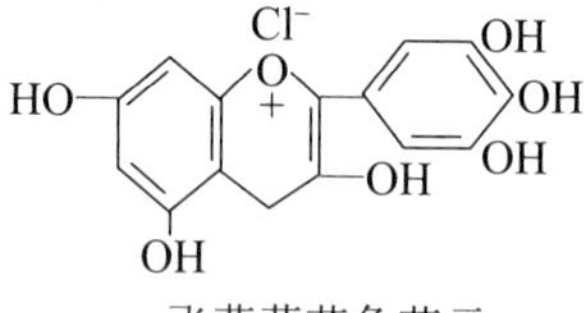

飞燕草花色苷元

这些苷元在茶树体内都以糖苷键形式与单糖类物质结合成为

各种花色苷，它们在不同 pH 下，显示不同颜色。

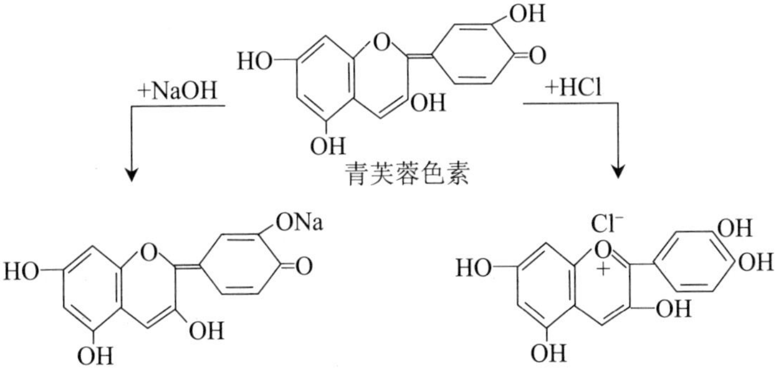

青芙蓉色素

+NaOH

+HCl

青芙蓉色素碱盐（蓝色）　　　　青芙蓉色素盐（红色）

　　花青素在自然状态下以糖苷形式存在，常与一至几个单糖成苷，成苷位置大多在 3-碳位和 5-碳位上，最常见的是 3,5-二β-葡萄糖苷。

　　花色素不是光合作用色素，但它能吸收透射到叶片上的光能[14]，如果光照过强，花色素能吸收部分光能，可减少因高能光照对代谢带来的不利影响。花青素具苦味，对制茶品质不利。

　　4. 酚酸类

　　鲜叶中的酚酸类物质主要有没食子酸，约占干物质总量的 0.5%~1.4%，没食素约占干物总量 1%。绿原酸约占干物总量 0.3%，此外还有对香豆酸、咖啡酸等。

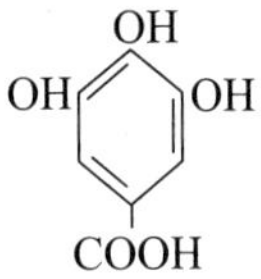

没食子酸 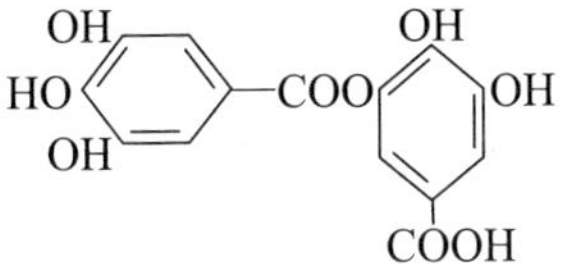　　　　　　　　双没食子素

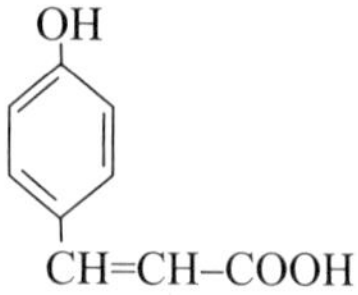

对香豆酸

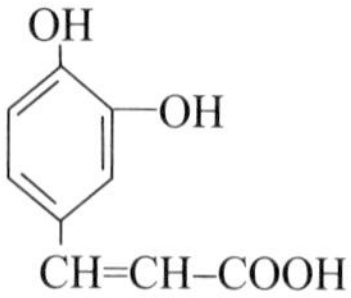

咖啡酸

酚酸类物质也是茶树生理代谢的次生物质，是合成酯型儿茶素必不可少的物质。在制茶过程中，酯型儿茶素不断水解下来的产物是参与茶汤滋味形成的一个因子，也是制茶中原料在制茶过程中 pH 降低的主要有机酸之一，酸度增大，有利于某些酶活力增强（如多酚氧化酶），有利于红茶发酵进行，有利于品质形成。

（二）多酚类物质的性质

茶叶中多酚类物质是由三十多种带酚性羟基物质组成的，其中 70%以上是儿茶素类物质，故对儿茶素的结构和性质的探讨和研究至关重要。

1. 儿茶素的几何异构（又称为顺反异构）

在有机化合物里，几何异构必须具备两个条件（1）分子中具有双键或分子中有环状结构，这样使相邻的原子或原子团自由旋转受到阻碍，（2）相邻碳原子上均有两个不同的取代基，这样的结构，便会产生几何异构现象。

从儿茶素 C 环来看，是一个闭合的吡喃环。闭合的六元杂环阻碍了原子和原子团的旋转作用；C 环的 C_2 和 C_3 上均有两个不同取代基，C_2 上有—H 和 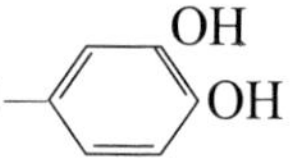 ，C_3 上有—H 和—OH，故儿茶素具备几何异构条件，有几何异构现象发生，其顺型和反型是依据两个氢（—H）在平面的同一侧还是平面的两侧，如氢原子在平面的同一侧为顺型儿茶素，称为表儿茶素，用 E 表示，在平面二侧为反型儿茶素，称为非表型，不写 E。鲜叶中，C、GC、CG、GCG 四种儿茶素经仪器测定，四种儿茶素均为顺型，

EC、EGC、ECG、EGCG 为儿茶素的顺反异构在平面书写结构式中表示法，人为规定，C_3 位置上的"—OH"以书写方向表示，若"—OH"位置写在 C_3 位置上方属于顺型，用 E 表示，如若—OH 位置写在 C_3 的下方，则为反型，不写 E。

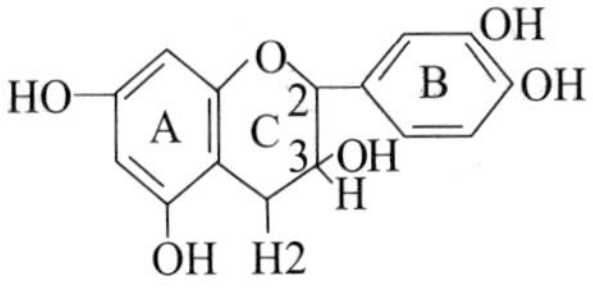

顺型（表型）EC

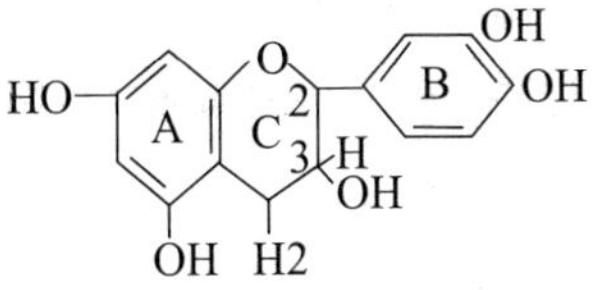

反型（不表型）C

鲜叶中四种几何异构体儿茶素如下：

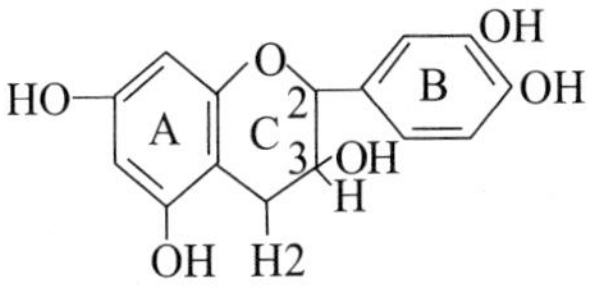

EC

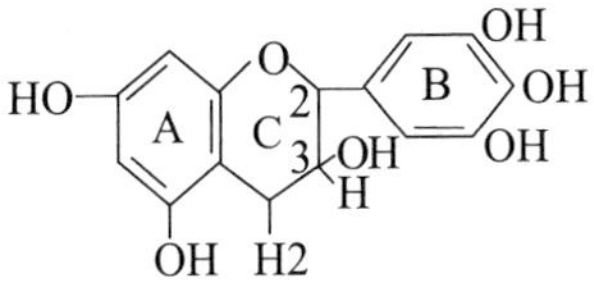

EGC

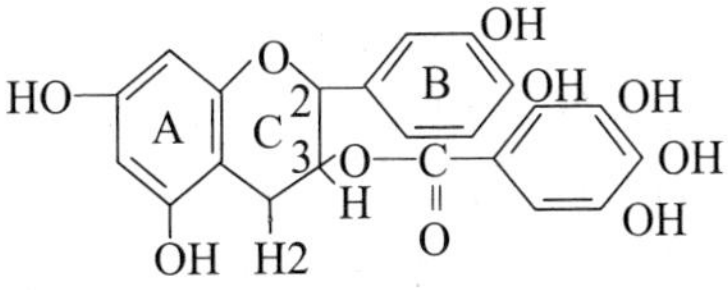

ECG

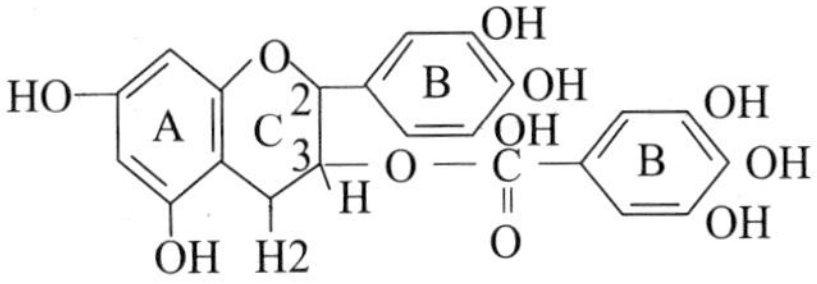

EGCG

顺式和反式结构相比较，一般认为反式结构比顺式结构稳定，因为顺式结构是两个氢在同一边，另两个分子量较大的原子和基团也在同一边，分子间内能较大，而不稳定。反式结构中两个氢在两边，另两个分子量较大的基团也在两边，相对顺式的距离要远一些，内能小些。故几何异构从顺式转变为反式较容易发生，从反式转变为顺式比较困难，在制茶中，由于热力的作用，顺式转变为反式的机会是极多的。

2. 儿茶素的旋光异构

旋光异构是另一种立体异构，主要表现在对偏振光的旋转性上有差异，故又可称为光学异构。引起旋光异构的原因是物质分子中各原子或原子团在空间排布得不对称。所谓分子的不对称，是在分子结构中的任意部位找不到一个对称面或对称中心。在有机物中，含有不对称碳原子而引起分子不对称的现象最普遍，所谓不对称碳原子是指分子中的某个碳原子，其四个价键连接四个不相同的原子或原子团，这个碳原子称为不对称碳原子，在一个分子中可以只含一个不对称碳原子，也可以含两个或多个不对碳原子。含有一个不对称碳原子的化合物，其原子团在不对称碳原子上有两种不同的排列方式，也就是有两种不同的旋光异构体，为了区别这两种不同的旋光异构体，常用左旋和右旋来表示。旋光性可以在旋光仪中测定，能使旋光仪中偏正样而向左旋转，则为左旋，用（−）或 l 表示；使旋光仪中偏正样而向右旋转，则为右旋，用（＋）或 d 表示，对映体的右旋和左旋等量混合，其旋光性相互抵消，不再是旋光性，称为消旋，用 dl 或（±）表示。

儿茶素 C 环上的 C_2 和 C_3，它们各自分别连有四个不同基团和原子，故均为不对碳原子，具有旋光活性，应该具有 2^n 个旋光异构体。经测定，鲜叶中儿茶素的旋光性分别为以下六种：

（1）dl-C 或 （±）-C　　　（2）l-EC 或（一）-EC

（3）dl-GC 或（±）-GC　　（4）l-EG（或（一）-EGC

（5）l-ECG 或（一）-ECG　（6）l-EGCG 或（一）-EGCG

儿茶素旋光异构体表示方法：也可用 C 环 C_2 上氢原子位置表示，氢原子写在 B 环上方，表示左旋，用 l 或（一）表示，氢原子出写在 B 环下方，表示右旋，用 d 或（＋）表示，如果是消旋，则氢原子写在 C 环 C_2 的右边，并用括号括上，用 dl 或（±）表示。

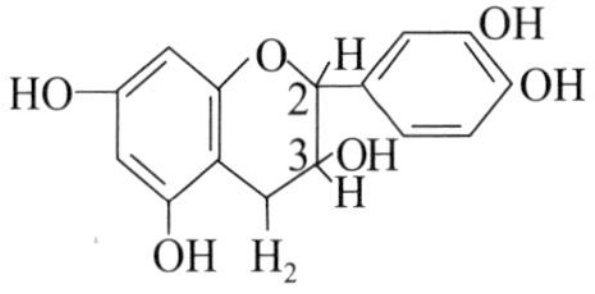

l—EC 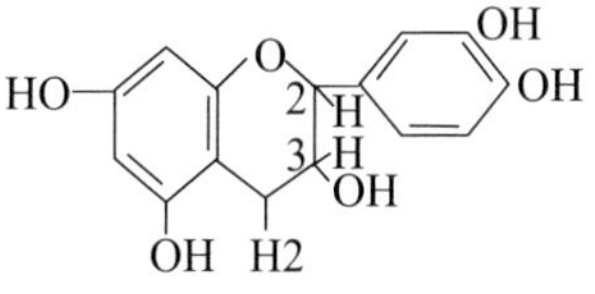   d—C

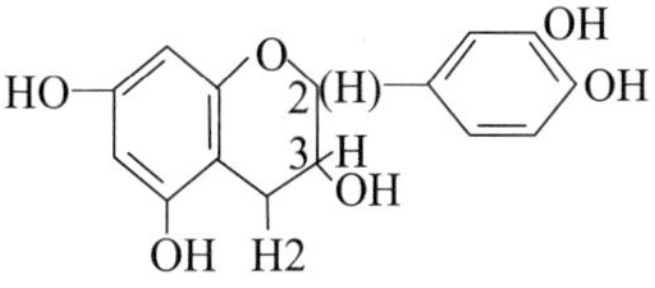

dl—C

3. 儿茶素的构型

分子中各原子或原子团在空间的排布顺序，称为构型，1951年以前，人们只是人为的选择一个简单而又具有旋光的甘油醛作为标准，确定其他旋光性物质的构型，这种方法确定的构型为相对构型，因为它们的旋光性与构型并无固定的联系。近年已有多种新的实验方法，可以直接测出左旋体或右旋体的真实构型，这种构型称为绝对构型。鲜叶中六种分别具有左旋、右旋和外消旋的儿茶素进行测定结果，十分巧合的发现：左旋体的儿茶素，均为 L 构型，右旋体的儿茶素均为 D 构型，所以书写时用"D"、"d"、"(+)"既代表儿茶素的右旋体，又代表 D 构型；书写时用"L"、"l""(−)"，既代表儿茶素左旋体，又代表 L 构型，儿茶素的旋光异构体和构型表示如下：

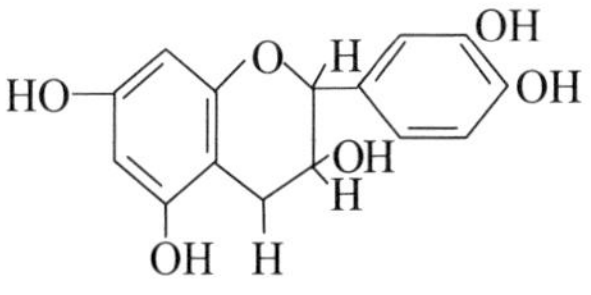

L-EC(或 l-EC、(−)-EC) 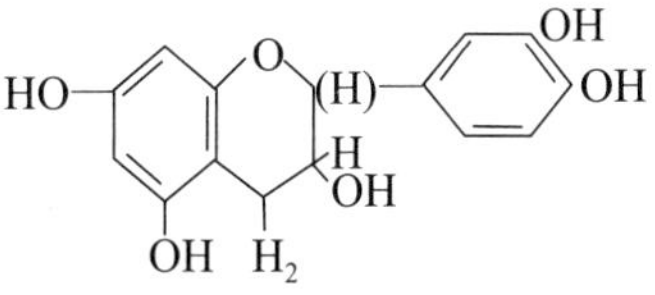   DL-C(或 dl-C、(±)-C)

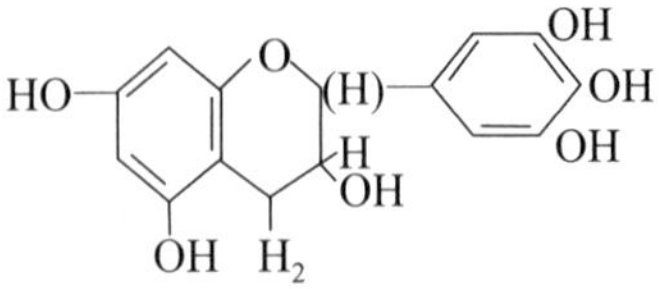

DL-C(或 dl-C、(±)-C) 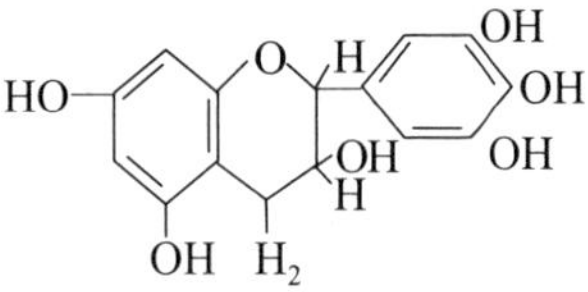　　　　L-EGC(或 l-EGC、(−)-EGC)

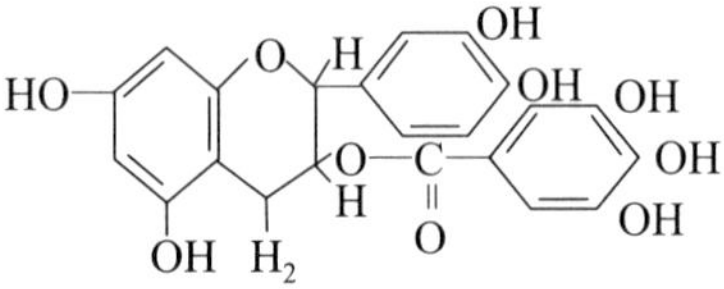

L-ECG(或 l-ECG、(−)-ECG)

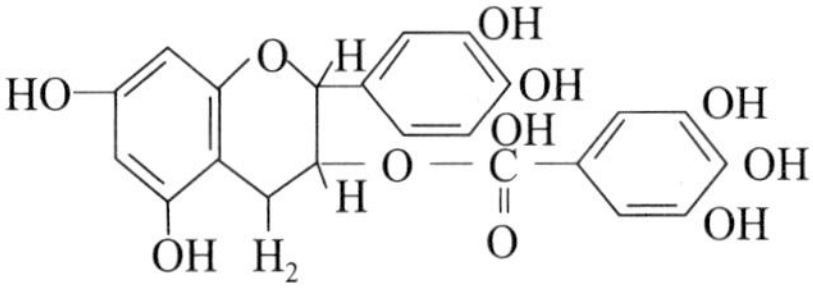

L-EGCG(或 l-EGCG、(−)-EGCG)

4. 儿茶素的构象

六元环（包括环己烷）在自然界中有椅式和船式两种构象。

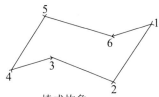
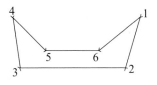

椅式构象　　　　　　　　　　　　船式构象

若将环己烷的椅式和船式构象中的 C_2-C_3，C_5-C_6 作纽曼投影式可表示如下：

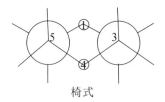
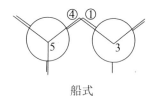

椅式　　　　　　　　　　　　　　船式

从以上两种构象中，不难看出在椅式构象中，每两个相邻的碳原子上的氢都处于交叉式状态，而在船式构象中，C_2-C_3 和 C_5-C_6 上的氢原子都处于完全重叠式的状态，由于重叠式构象比交叉式构象的势能大，不稳定，故自然界中的构象以椅式占优势。从儿茶素的 C 环来看，它是一个六元含氧杂环，在自然界中也是两种存在形式：椅式构象和船式构象，同样原理，在椅式构象中，环分子上的键与键之间是交叉式排列存在的，键之间距离是 2.5A；船式构象中，环分子上的键与键之间的排列是重叠式存在的，且原子上的键之间距离为 1.83A。因此，船式排列原子与原子团之间的相互影响结果静力斥力大，不稳定。经测定制茶原料中六种儿茶素均以椅式状态存在的制茶过程中，由于热力的作用，儿茶素构象有可能改变，有待于进一步的研究。

5. 氧化还原作用

儿茶素的氧化还原作用很强，有抗氧化剂的称呼。主要发生在 B 环的羟基上和 C 环 C_3 相连的没食子基的羟基上，它们能在酶（主要是多酚氧化酶）的作用下进行氧化还原作用（酶促、高电位带动低电位的偶联作用）；也可以在高温高湿条件下，在氢离子作用下，进行氧化还原作用；还可以在常温常压下发生缓慢的自动氧化还原作用。

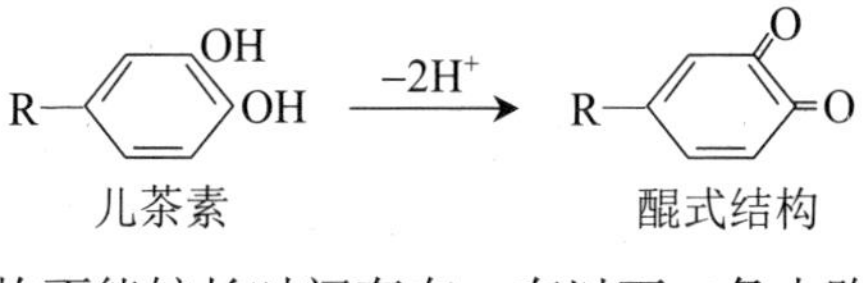

儿茶素　　　　　　　　　　　醌式结构

这种醌式结构不能较长时间存在，有以下二条去路：一条是缩合（或聚合）起来，形成高分子有色物质，另一条是夺取其他化合物上的氢，自己被还原，故酚类物质与醌类物质通过氧化还原反应可以互相转化[76]，如在其他食品中适量添加多酚类物质可以起到抗氧化作用，在食品添加剂中已被认定为天然抗氧化剂。

6. 水解作用

多酚类物质中的黄酮类，花青素和儿茶素中的酯型儿茶素，在它们的分子中都有以糖苷键和酯键结合的糖类和有机酸类，这些化学键可以在水解酶和稀酸 H^+ 存在下发生水解作用，水解产物是糖类（葡萄糖、鼠李糖等）和有机酸（没食子酸），这种作用在茶叶制造过程中具有特殊意义；花青素水解反应后，失去了原有颜色（紫色或红色）又增加了茶叶中的含糖量。酯型儿茶素水解反应后，生成了简单儿茶素，使原来的苦涩味转成醇和滋味，也增加了有机酸含量，促进其他香气物质的形成，故制茶中的水解作用，对茶叶品质的形成带来有利的影响。

7. 沉淀作用

（1）络合沉淀：多酚类物质遇铁盐生成墨绿色或紫色的酚铁络合物沉淀，这种作用是连位羟基最强，其呈色能力比邻位羟基强三倍，对位羟基和间位羟基不反应。此性质可对茶叶中多酚类物质进行定性和定量，含铁量偏高的水质泡茶会生成所谓"茶锈"的沉淀或漂浮状的酚铁络合物，对汤色带来不良的外观。酚铁络合物生成，可用下式概述：

$$Fe^{3+} + 6ArOH \longrightarrow [Fe(OAr)_6]^{3-} + 6H^+ \quad (Ar 表示酚类)$$

（2）重金属沉淀：酚类物质遇重金属离子铅（Pb）、银（Ag）、汞（Hg）、铬（Cr）等会产生沉淀。随着工业发展，重金属离子对人类污染和危害将逐渐增大，饮茶可沉淀部分水中重金属离子，有益于人类健康，提高了茶叶的药用和饮用价值，医学上可用茶叶中多酚类物质作为重金属离子解毒剂，其机理可能是多酚类物质的多个酚性羟基电子云密度特性，使多酚物质具有较强酸性，遇重金属离子后生成不溶性的有色沉淀。黄酮类物质也有此特性，人们还利用此性质，作天然染料用[17]。

（3）缔合沉淀：多酚类物质（主要是茶黄素 Theatlavishs 与茶红素 Tnearubigins）遇生物碱（其中绝大多数是咖啡碱 Catteine），通过氢键，互相缔合形成胶体不溶物，在低温（约40℃左右），氢键趋向于稳定，胶体絮凝聚沉，茶汤就会自然形成胶体浑浊，温度愈低，浑浊愈甚，如果再次升到70℃以上，浑浊又渐转溶于水，待温度上升接近于沸点时，浑浊完全消失，茶汤又返澄清，这种以氢键缔合形成的胶体不溶物，称为茶乳酪，茶业界习惯称为"冷后浑"。"冷后浑"的程度主要取决于茶叶品质、茶汤浓度和品温不同而异。茶叶品质越好，其有效成分茶黄素、茶红素含量和咖啡碱含量越高，茶乳酪也越多，所以，"冷后浑"可以说是红茶品质的指标。

（4）凝固沉淀：多酚类物质能与蛋白质产生凝结作用，生成多酚-蛋白复合物。众所周知的茶叶具有较强的杀菌和抑菌作用，其基本原理是多酚类物质能与蛋白质发生结合凝固作用，致使细菌蛋白变性，如多酚类中的儿茶素能抑杀消化道中的大肠杆菌、肠炎沙门氏菌，霍乱弧菌、伤寒沙门氏菌等杂菌，还能抑杀多种皮肤病真菌，例如白癣和顽癣等，提高了茶叶的饮用和药用价值。近年研究报导，多酚类类物质少量添加到食品中能起到杀菌防腐作用，故茶叶中的多酚类物质又被认定为新型的、纯天然的防腐剂，大大地拓宽了茶叶消费市场。

三、多酚类物质的重要氧化缩合物——茶黄素和茶红素

茶黄素（简称 **TF**）是含有没食子酚基的儿茶素与其他儿茶素氧化缩合而形成的较大分子的物质，结构中含有一个䓬酚酮（2-羟基环庚三烯-2,4,6-酮），䓬酚酮是含有共轭双键并具有芳香特性的七元环体系，有等长的碳—碳双键，性质稳定，不能被硝酸和其他氧化基氧化，但能被亚硝酸亚硝基化生成γ-硝基䓬酚酮，结构如下：

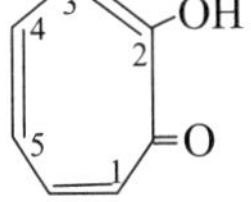

䓬酚酮 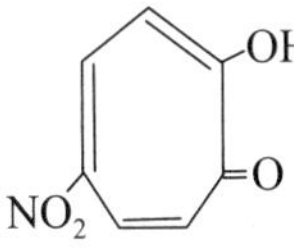　　　　　γ-硝基䓬酚酮 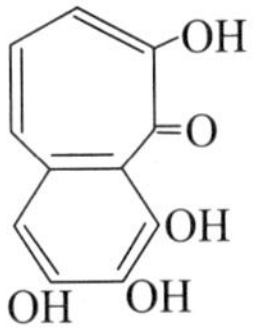　　　　三羟基苯骈α、β-䓬酚酮
　　　　　　　　　　　　　　　　　　　　　　（红紫精）

据齐齐巴宾资料报导[16]，苯骈草酚酮的衍生物具有杀真菌和抑制细菌的作用，这也解释了红茶发酵中随着发酵时间延长，细菌和真菌大量减少的原因。茶黄素与红茶品质关系密切，它们呈正相关，相关系数为0.89～0.91。

茶红素（简称TR）：因其是一种异源性的物质，结构十分复杂，故对它的研究进展较慢，主要有两部分组成，T_{RSI}型是用醋酸乙酯抽提红茶汤，进行减压浓缩和冷冻干燥后所得部分为亮红色的粉末。T_{RSII}型，在用醋酸乙酯抽提后的水层里用正丁醇抽提，经减压浓缩或冷冻干燥后所得部分，是暗红色或稍淡的褐红色粉末部分。

红茶汤色的"红"字，来源于茶红素（TR），"亮"字，来源于茶黄素（TF），中国红茶茶黄素含量（TF）0.7%左右，茶红素含量（TR）10%以上，两者比值在12～14左右，印度红茶茶黄素含量（TF）在1.38%左右，茶红素含量（TR）在12.37%以上，比值在12～14左右，一般TR/TF=10～15间，红茶品质为最好。

TR/TF比例协调、含量高，冲入牛奶，则乳色粉红明亮，既无奶腥味，又保持茶香，TF和TR与茶汤加奶的乳色亮度、红色色度及彩度呈正相关。

TF与咖啡因的螯合物是呈橙黄色泽，TR与咖啡因的螯合物是呈棕红色的，它们都溶于热水，随后，随茶汤温度下降，其络合物分子逐渐增大，称为冷后浑，它是茶汤鲜爽度和浓强度物质之一。

茶褐素：（TB）是多酚类物质氧化后的大分子可溶物质，呈褐色，它的含量与红茶品质呈负相关，与汤色、滋味和香气均呈负相关。TF、TR、TB三者与红茶品质关系大致是 $\dfrac{TF+TR}{TB}$ 比值越大，茶汤越红亮，红茶香气滋味越好，TB与茶汤加奶的乳色亮度呈明显的负相关。

四、茶树新梢伸育中多酚类物质的变化及其影响因素

茶树新梢是茶树生长发育最旺盛，最活跃的部分，光合和呼吸作用最强。多酚类是茶树呼吸过程中起递氢作用的，故呼吸作用强盛的部位，其含量也较多。从整个茶树植株来讲，多酚类含量最多的是新梢，其次是老叶、茎、根。根中含量较低，且只含非酯型儿茶素的 L-EC 和 DL-C。新梢中各儿茶素含量：L-EGCG 约占 50%左右，L-ECG 约占 20%左右，L-EGC+DL-GC 占 20%左右，L-EC+D.L-C 占 10%左右。一般适制绿茶和乌龙茶品种（龙井种、楮叶种、水仙种）都是这样，另外一些适制红茶的品种（云南大叶种，或红茶地区的群体种）其 L-EGCG 与 L-ECG 含量几乎相等。

从新梢中，各叶位儿茶素变化情况来看，芽梢低于第一叶，从第一叶开始，其含量随叶位增加而儿茶素含量降低。新梢中各种儿茶素含量也因叶位变化而不同的，例如 L-EGCG 是随叶位增加而降低的，L-EGC 是随叶位增加而增加的，其余变化不大。在一年四季中，芽梢内多酚类物质含量不同，春季含量最低，夏季最高、秋茶次之，这种变化规律是因气温高低、光照强度、光照时间等不同而变化的，一般气温高、光照强度较强或光照时间较长等条件，其多酚类含量会增加，相反，多酚类物质含量会降低。农业技术措施中采用遮阴方法以降低多酚类物质的含量。适制绿茶的品种应选多酚类含量稍低的品种，适制红茶的品种，应选多酚类含量较高的品种。

第四节　含氮化合物化学
——蛋白质、氨基酸、生物碱

一、蛋白质

（一）概述

就植物体内糖、脂肪、蛋白质三大物质而言，对植物生命活动起主导作用的是蛋白质，它具有多种多样的生物功能；如体内的酶、核酸、激素、生物膜、原生质、叶绿体等都是由蛋白质组成的。蛋白质含量在植物体内虽低于糖，但生命过程离不开蛋白质，因此研究蛋白质的结构和功能，也是探讨生命奥秘的必经之途。

蛋白质的组成特点是含有氮，蛋白质占生物组织含氮量物质的大部分，故可将生物组织的含氮量近似地作为蛋白质所含量。大多数蛋白质的含氮量相当接近，约为 15%～17%，平均为 16%，样品中每克氮的存在，大约表示该样品含有 $\frac{100}{16} = 6.25$ 克的蛋白质，因此如测出样品中的含氮量，就能计算出其蛋白质的大约含量。鲜叶中含氮量约在 4.5%～5%，蛋白质含量为 28%～31%，茶叶约含氮 3.5%～4.5%，蛋白质含量为 21%～28%。蛋白质中除了含有氮以外，还含有碳、氢、氧三种元素和硫、磷、铁、铜、锰、锌、钼等，有的蛋白质还含有碘、氯和硒，蛋白质的结构复杂，目前为止，我们对蛋白质的化学结构了解不多，因而不能采用化学结构来分类，也没有一个合理的统一的方法。如按其在不同的溶剂中的溶解状况，可以分为清蛋白、球蛋白、醇溶蛋白、谷蛋白。如按其功能来分，可以分为酶蛋白、结构蛋白、贮藏蛋白。如按其存在状态来分，可以分为单纯蛋白和结合蛋白两大类。

蛋白质是一种大分子物质，为了研究其结构和组成，可以用三种方法进行水解：

1. 酸水解

通常以 5～10 倍 20%HCl 煮沸回流 16～24 小时或加压于 120℃水解 12 小时，蛋白质可水解为氨基酸，加热蒸发除去 HCl。也可以用 20%H_2SO_4 水解，然后加 Ba^{2+} 或 Ca^{2+} 沉淀除去硫酸根。两种方法均能水解彻底，但色氨酸几乎全部被破坏。水解后的其他氨基酸均为 L-型氨基酸。

2. 碱水解

蛋白质用 6N NaOH 或 4N Ba(OH)$_2$ 煮沸 6 小时即可完全水解得到氨基酸，此法优点是不破坏色氨酸，水解液清亮。但其产物中有 D 型和 L 型两种氨基酸，D-氨基酸不能被人体分解利用。

3. 蛋白酶水解

蛋白质可以在一些蛋白酶的作用下发生水解，这种水解法优点是在常温常压下（36℃～60℃），PH 为 2～8 时，氨基酸完全不被破坏，也不发生异构现象，缺点是中间产物多，例：蛋白质 → 胨示 → 胨 → 多肽 → 二肽 → 氨基酸，蛋白质煮沸时会凝固，而䏡、胨、肽均不会因煮沸而凝固。蛋白质和䏡可被饱和硫酸铵或硫酸锌沉淀，而胨以下的产物均不发生这种沉淀反应。胨可被磷钨酸等复盐沉淀，肽和氨基酸均不能，借此性质，可将它们分开。

（二）茶叶蛋白质的分类组成

茶叶中蛋白质的结构复杂，目前分类多数是根据其组成成分的复杂程度和一般化学性质来分类：分为单纯蛋白质和结合蛋白质，现分别叙述如下：

1. 单纯蛋白质（Simple proteins）

蛋白质成分是由各种氨基酸组成的亦即此种蛋白质水解以后

产物只有氨基酸，别无其他物质。单纯蛋白在茶叶中主要是所有的储藏蛋白和一部分酶蛋白，它们主要有谷蛋白，醇溶谷蛋白，球蛋白，精蛋白，组蛋白，清蛋白等六种。

（1）谷蛋白类：不溶于水、稀盐酸溶液和酒精溶液中，只溶于稀硫酸和0.2%浓度的稀碱溶液中，大量存在于作物种子和绿色叶内。谷蛋白在茶鲜叶和茶叶中含量都较高，约占总蛋白量的80%左右。

（2）醇溶谷蛋白类：不溶于水及稀盐酸溶液，但溶于60%~80%的乙醇溶液，醇溶谷蛋白中含有大量脯氨酸。茶鲜叶中和茶叶中含量均较高，占总蛋白量的13.6%。

（3）球蛋白类：不溶于纯水而溶于 $NaCl$、$(NH_4)_2SO_4$ 等中性盐类的稀溶液中，植物球蛋白加热不全部凝固，主要存在于大豆种子、豌豆种子、胡桃、栗子、花生、马铃薯等里面，例如黄豆球蛋白，麻仁球蛋白等等。茶树种子（茶籽）中含量较高，茶鲜叶中含量较少，只有总蛋白量的0.87%。

（4）清蛋白类：能溶于水，加热即凝固，用 $NaCl$、$MgSO_4$、$(NH_4)_2SO_4$ 等中性盐类使之饱和时，清蛋白便从溶液中盐析出沉淀，植物中含量较多的有小麦、大麦种子胚中的麦清蛋白，豌豆、黄豆种子中的豆清蛋白等，茶鲜叶中含量较低，据测定，只占总蛋白量的3.47%。

（5）精蛋白和组蛋白：此二类蛋白质均属于碱性蛋白质，精蛋白比组蛋白碱性强。精蛋白因最初在鱼子中得到而获名，精蛋白的分子量不超过3000，其中含有14~20肽键，实际上是一个较大的多肽。加热不凝固，精蛋白的组成成分主要是精氨酸（约占80%）。茶鲜叶中含有，主要在细胞核中，是构成细胞核中核蛋白的基本成分。组蛋白不溶于水，而溶解于加稀酸的水中，组蛋白也是鲜叶细胞核中核蛋白的基本成分，这两种蛋白质在茶叶中只有微量存在。

2. 结合蛋白类（Conjugated proteins）

在结合蛋白中，除了氨基酸以外，还有糖、脂肪、核酸、磷酸、色素等非蛋白质部分共同组成，它们牢固地结合在一起。

（1）核蛋白类（Nucleoproteins）：由蛋白质与核酸结合的蛋白质，这类蛋白质在生命活动中和遗传上起着极为重要的作用。

（2）糖蛋白类（Glycoproteins）：是由简单蛋白质和糖或糖的衍生物相结合的物质，糖蛋白水解后可以得到甘露糖，半乳糖、氨基己糖，葡萄糖醛酸，醋酸等物质，植物组织细胞膜中大量存在着各类糖蛋白。

（3）脂蛋白类（Lipoproteins）：简单蛋白质与脂肪或类脂结合的物质，大量存在于植物的细胞核、细胞膜和原生质中。

（4）色蛋白类（Chromoproteins）：简单蛋白质与色素结合的物质，鲜叶中的叶绿蛋白量是叶绿素与蛋白质相结合的物质。

（三）蛋白质含量与制茶品质的关系

鲜叶中的蛋白质在制茶过程中，由于热的作用，绝大部分都凝固变性，有约占鲜叶蛋白质总量1%左右的蛋白质不因热作用而凝固，进入茶汤，对茶汤滋味有一定作用，也有增稠茶汤的效果，另外，凡是蛋白质含量高的制茶原料，从外形来看，叶色嫩绿，叶质柔软，具备制高档成型茶的基本条件，能制出各种形美的茶叶。从内质来看，凡是蛋白质含量高的鲜叶，其游离氨基酸咖啡碱和核酸的代谢旺盛，代谢过程中的中间产物和产物含量都高，对茶叶的滋味，香气带来良好的作用，据日本学者大关田纪和松村正弘报导[15]，茶叶全氮量和游离氨基酸总量可以作为绿茶品质指标。春茶的全氮量和游离氨基酸总量高于夏茶，高档茶的全氮量和游离氨基酸总量高于低档茶。从凯凡尼什维里的研究数据中也可以看出[18]。

表 2-6　鲜叶中各种类型含氮量的比较[20]

各种类型氮 mg/g	一级茶	二级茶
全　　氮	54.39	44.43
可 溶 性氮	20.75	14.11
可溶性蛋白质氮	3.23	2.45
可溶性非蛋白质氮	16.11	13.79
蛋白胨氮	0.911	0.70
氨基酸氮	3.79	2.11
酰胺态氮	3.01	2.72
咖啡碱氮	3.52	2.77

二、茶叶中的氨基酸

　　无论是鲜叶中还是茶叶中的氨基酸均有两种存在形态，一种是存在于蛋白质里，即组成蛋白质的氨基酸，另一种是以游离态存在于叶内，称为游离氨基酸。组成蛋白质的氨基酸，是维持茶树生长发育所必须蛋白质的基本组成单位，这部分氨基酸在种类，数量上都处于相对稳定状态，不会因外界环境条件改变而出现种类数量上的改变。茶叶中的游离氨基酸是指非组成蛋白质的氨基酸，在茶树体内是贮存氮的主要形式，常因环境因子、农业技术措施、品种和生育阶段等不同，其种类、数量有差异。茶叶中的氨基酸通过提取，纯化，分离，鉴定共有 26 种氨基酸（见表 2-7），其中 20 种是组成蛋白质的氨基酸，6 种是非蛋白氨基酸。数量较多的有茶氨酸（50%以上）、谷氨酸（9%）、精氨酸（7%）、丝氨酸（5%）、天冬氨酸（4%），其次是缬氨酸、苯丙氨酸、苏氨酸等。游离氨基酸在鲜叶和茶叶中都以嫩叶和嫩茎含量为最多，其次是种子的子叶和果皮，茎的木质部含量最低。游离氨基酸在茶树机体内起到氨基酸贮存库的调节作用，茶氨酸是库存里的主要氨基酸，含量高，对茶叶品质影响大，是多数植物没有的氨基酸，不参与蛋白质合成，全是以游离态存在的，游离氨基酸因茶类品种和季节变化而异（见表 2-8）。

表 2-7　六大茶类茎汤游离氨基酸的含量

摘自《茶叶生物化学》第二版

茶类 氨基酸 mg/100g	绿茶	黄茶	黑茶	白茶	青茶	红茶
茶氨酸	2651.18	1853.68	23.90	3007.83	355.65	1461.60
谷氨酸	405.10	242.98	/	49.01	72.24	130.29
天冬氨酸	256.99	219.47	/	111.33	34.61	122.35
精氨酸	409.53	28.01	7.12	28.04	49.67	163.39
丝氨酸	103.85	69.33	/	371.13	31.42	92.24
赖氨酸	35.99	18.49	10.00	101.05	15.03	42.44
胱氨酸	34.65	25.73	63.32	68.40	26.75	32.47
游离氨基酸容总量	4033.16	2599.40	161.52	4951.66	835.15	2355.32

表 2-8　不同季节游离氨基酸含量

《中国农科院茶研所 1974 年》

氨基酸 mg% 季节	茶氨酸	谷氨酸	精氨酸	丙氨酸	天冬氨酸	苏氨酸	丝氨酸	合计
春茶	1510.4	385.9	172.7	60.6	29.3	95.2	37.8	2291.9
夏茶	1107.2	226.8	75.8	53.6	28.0	33.3	20.0	1544.1
秋茶	838.4	322.6	126.4	3.6	47.9	23.8	23.1	1385.8
四茶	729.6	128.2	54.8	微	0	22.6	25.2	960.4

茶叶中另一种非蛋白质氨基酸γ-氨基丁酸（简称 GABA），近年来发现它与植物的环境应激有关，研究证明植物在过涝和缺乏水或缺某种矿物质等条件下，其体内含量会进一步升高，γ-氨基丁酸对一些昆虫有灭杀作用，对动物具有一定的毒性，据报道γ-氨基丁酸对高血压大鼠有明显的降压效果。

（一）氨基酸的几种重要的性质

1. 物理性质：

（1）氨基酸易溶于水和其他极性溶剂，例如乙醇、丙酮等，不溶于乙醚、苯等。（2）氨基酸熔点很高，一般在 200℃以上易

表 2-9 茶叶中的氨基酸

摘自《茶叶生物化第二版》

名　　称	结　　构	英　　文
甘氨酸	CH_2-COOH $\quad\mid$ $\quad NH_2$	Glycin
丙氨酸	$CH_3-CH-COOH$ $\qquad\quad\mid$ $\qquad\quad NH_2$	Alanine
缬氨酸	$CH_3-CH-CH-COOH$ $\qquad\quad\mid\qquad\mid$ $\qquad\quad CH_3\ \ NH_2$	Valine
亮氨酸	$CH_3-CH-CH_2-CH-COOH$ $\qquad\quad\mid\qquad\qquad\mid$ $\qquad\quad CH_3\qquad\ NH_2$	Leucine
异亮氨酸	$CH_3-CH_2-CH-CH-COOH$ $\qquad\qquad\quad\mid\quad\mid$ $\qquad\qquad\quad CH_3\ NH_2$	r-amino butyrie acid
丝氨酸	$CH_3-CH_2-CH-COOH$ $\qquad\qquad\quad\mid$ $\qquad\qquad\quad NH_2$	Serine
苏氨酸	$CH_3-CH-CH_2-COOH$ $\qquad\quad\mid\qquad\mid$ $\qquad\quad OH\quad NH_2$	Threonine
天冬氨酸	$HOOC-CH_2-CH-COOH$ $\qquad\qquad\qquad\mid$ $\qquad\qquad\qquad NH_2$	Aspartic acid
谷氨酸	$HOOC-CH_2-CH_2-CH-COOH$ $\qquad\qquad\qquad\qquad\mid$ $\qquad\qquad\qquad\qquad NH_2$	Glatamic acid
蛋氨酸	$CH_3-S-CH_2-CH_2-CH-COOH$ $\qquad\qquad\qquad\qquad\mid$ $\qquad\qquad\qquad\qquad NH_2$	Methionine
羧脯氨酸	HO $\quad\square-COOH$ $\quad NH_2$	Hydroxypoline
赖氨酸	$CH_2-CH_2-CH_2-CH_2-CH-COOH$ $\ \mid\qquad\qquad\qquad\qquad\mid$ $\ NH_2\qquad\qquad\qquad\ NH_2$	Lysine
精氨酸	$HN_2-C-NH-CH_2-CH_2-CH_2-CH-COOH$ $\qquad\ \parallel\qquad\qquad\qquad\qquad\mid$ $\qquad\ NH\qquad\qquad\qquad\qquad NH_2$	Arginine

名　称	结　构	英　文
组氨酸	(咪唑环)$CH_2-CH-COOH$，NH_2	Histidine
半胱氨酸	$HS-CH_2-CH-COOH$，NH_2	Cysteine
胱氨酸	$HOOC-CH-CH_2-S-S-CH_2-CH-COOH$，$NH$，$NH_2$	Cystine
脯氨酸	(吡咯烷环)$-COOH$，NH	Proline
苯丙氨酸	(苯环)$-CH_2-CH-COOH$，NH_2	Phenyl-alanine
酪氨酸	$HO-$(苯环)$-CH_2-CH-COOH$，NH_2	Tyrosine
色氨酸	(吲哚环)$CH_2-CH-COOH$，NH，NH_2	Tryptophane
茶氨酸	$CH_3-CH_2-NH-\underset{O}{\overset{\|}{C}}-CH_2-CH_2-CH-COOH$，$NH_2$	Theamine
豆叶氨酸	(环己烷)$-COOH$，NH_2	Pipecolic acid
谷氨酰胺	$H_2N-\underset{O}{\overset{\|}{C}}-CH_2-CH_2-CH-COOH$，$NH_2$	Glutamine
α—氨基丁酸	$CH_2-CH_2-CH_2-COOH$，NH_2	r-amino butyric acid
天冬酰胺	$H_2N-\underset{O}{\overset{\|}{C}}-CH_2-CH-COOH$，$NH_2$	Asparagine
β—丙氨酸	$H_2N-CH_2-CH-\underset{O}{\overset{\|}{C}}-COOH$	B-alanine

73

分解。（3）氨基酸有光学活性，有 D 型和 L 型两种，天然蛋白质酶促水解后均生成 L 型，能被人体吸收利用，D 型氨基酸不能被人体吸收利用。

2. 氨基酸有两性性质：

氨基酸在水中以两性离子形式存在，即在同一氨基酸分子中带有正负两种电荷，经过内部的酸碱反应，产生一个偶极离子，这偶极离子也称为两性离子，在 pH 值低的电解质中（即 H^+ 浓度增加），则 $-COO^-$ 与其结合，使氨基酸带阳离子，带正电，在 pH 值高的电解质中（即 H^+ 浓度减少），使氨基酸带有阴离子，带负电，以甘氨酸为例说明，在氨基酸水溶液中，外加酸时，会抑制羧基电离，外加碱时，会抑制氨基电离。对于不同的氨基酸，其溶液的 H^+ 浓度达到一定时，酸性基团产生的负电荷等于碱性基团产生的正电荷时，这时溶液的 pH 值，称为该氨基酸的等电点，不同氨基具有不同等电点，例如有二氨基一羧基的赖氨酸，其等电点为 9.74，有二羧基一氨基的谷氨酸其等电点为 3.22，有一氨基一羧基的甘氨酸等电点为 5.97。氨基酸在等电点时，溶解度最小，容易沉淀。

$$H_2N—CH_2—COOH$$
(中性甘氨酸)

$$NH_3^+—CH_2—COOH \underset{-H^+}{\overset{+H^+}{\rightleftharpoons}} N_3H^+—CH_2—COO^- \underset{+H^+}{\overset{-H^+}{\rightleftharpoons}} NH_2—CH_2—COO^-$$
（带正电）　　　　　（偶极离子）　　　　（带负电）

3. 氨基酸能与亚硝酸发生反应：

氨基酸分子中有自由的氨基，能与亚硝酸作用放出 N_2，除了脯氨酸和羟脯氨酸（都是亚氨基酸）以外，α-氨基酸都能发生此反应，定量的放出 N_2 气体。例：

$$R—CH—COOH + HNO_2 \xrightarrow{脱羧酶} R—CH—COOH + N_2\uparrow + H_2O$$
　　　|　　　　　　　　　　　　　　|
　　　NH_2　　　　　　　　　　　　OH
　　氨基酸　　　　　　　　　　羟基酸(有机酸)

4. 氨基酸与水合茚三酮反应：

茚三酮的水溶液与氨基酸共热产生深蓝色（或带紫色）反应，且反应灵敏度高，可作为氨基酸的定性定量分析方法：

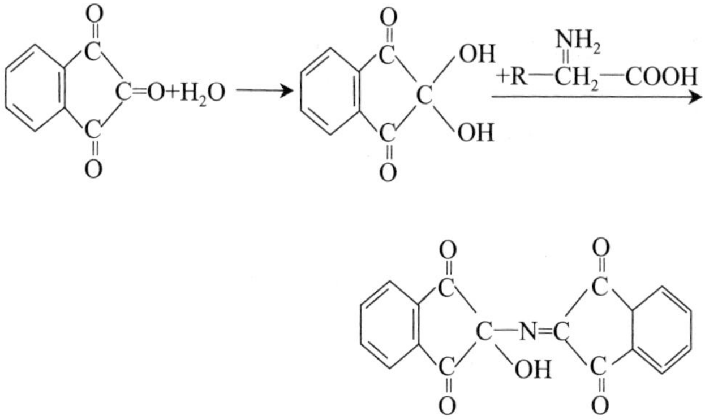

（二）茶氨酸

是茶叶中游离氨基酸的主体，是构成茶叶自然品质主要成分之一，又是茶叶特色成分，约占整个游离氨基酸的 50% 以上，春茶中含量可达 1.5%～2%，嫩茎中可高达 3%。从茶氨酸的分子结构看，属于酰胺类化合物，由一分子 L-谷氨酸和一分子乙胺在茶氨酸合成酶的作用下形成的，命名 N-乙基-γ-谷氨酰胺，分子式为 $C_7H_{14}O_3N_2$，结构式为

$$CH_3-CH_2-NH-\underset{\underset{C}{\parallel}}{C}-CH_2-CH_2-\underset{\underset{NH}{\mid}}{CH}-COOH$$，有以下特点：

均为 L 型的，纯品为白色针状结晶物，熔点为 217℃~218℃，易溶于水，而不溶于无水乙醇和乙醚，水溶液为微酸性。具有焦糖香和类似味精的鲜爽味，用 25% 硫酸或用 6N 盐酸及酶水解后，生成 L-谷氨酸和乙胺，被醋酸汞和碳酸沉淀，与碱式碳酸铜生成淡紫色的铜盐沉淀。

茶氨酸生物合成中有以下特点：

（1）丙氨酸脱羧酶是将丙氨酸脱去羧基，生成乙胺，此酶只存在于茶树根系中，特别细根中含量丰富，使乙胺只有在根中形成，导致茶氨酸只能在茶树根系中合成，输送到地上部分叶内。

（2）各种氨基酸在叶内，很快地被利用，合成或转化为蛋白质或其他含氮物质，而茶氨酸不参加蛋白质的合成，一定要先降解成为L-谷氨酸和乙胺以后，才可被利用，故其被利用速度低，会出现积累，所以茶氨酸的累积量高，占所有游离氨基酸总量的50%以上。

（3）形成谷氨酸的谷氨酸脱氢酶的活性受 NH_4^+ 浓度影响，NH_4^+ 离子浓度越大，此酶活性越强，故茶园施用大量的铵态氮肥，茶树根系可以高效率的合成谷氨酸，进而促进形成茶氨酸，致使叶内游离氨基酸总量增加。

（4）茶氨酸在叶子里经茶氨酸合成酶水解后，生成L-谷氨酸和乙胺，乙胺再在胺氧化酶的作用下生成醛类进入三羧酸循环，乙胺又能定量地参与儿茶素的合成，L-谷氨酸参与茶树体内氮代谢。

$$CH_3-CH_2-NH-\overset{O}{\overset{\|}{C}}-CH_2-CH_2-\overset{NH_2}{\overset{|}{CH}}-COOH$$

$$\xrightarrow[\text{(水解作用)}]{\text{茶氨酸}\atop\text{合成酶}} COOH-CH_2-CH_2-\overset{NH_2}{\overset{|}{C}}-COOH + CH_3-CH_2-NH_2$$

$$CH_3-CH_2-NH_2 \longrightarrow 定量地参与儿茶素的合成$$

$$\downarrow \text{胺氧化酶}$$

$$\longrightarrow CH_3-\overset{O}{\overset{\|}{C}}-H+NH_3$$

$$\downarrow \text{氧化}$$

$$\longrightarrow 乙酸 \longrightarrow 进入三羧循环$$

（三）游离氨基酸与茶叶品质的关系

从物理性状来看，鲜叶中游离氨基酸含量高，说明茶树的氮素代谢很旺盛，其叶子丰满，叶质柔软，持嫩性强，这样的原料，能制出条索紧细、色泽油润的形美茶叶，提高商品价值，从内质来看，很多游离氨基酸本身就是香气和滋味的因子，如茶氨酸具有类似味精的鲜爽滋味和焦糖香气，对茶汤的滋味和香气都有良好的作用，对味觉的阈值是 0.06%；谷氨酸具有味精的鲜味，阈值为 0.15%，精氨酸具有鲜甜滋味，在食品中视为风味增强剂；天门冬氨酸带鲜味，阈值为 0.16%。此外，苯丙氨酸、色氨酸和酪氨酸本身都具有芳香环带有香气。因此，这些氨基酸如在茶叶中有较高含量，均为茶叶香气和滋味的基础物质。此外，游离氨基酸在制茶过程中还可以转变为香气物质，Bokuchava(1954)曾报导谷氨酸、丙氨酸、苯丙氨酸、亮氨酸在红茶发酵期间可以形成有关香气，Wickremasinghe 和 Swain（1965）测出高香茶内的亮氨酸和异亮氨酸转化成为对高香茶香气有积极作用的丁醛有相关性。例：

$$\text{亮氨酸} \xrightarrow{\text{脱羧并异构}} \beta-\text{甲基丁醛}+CO_2+NH_3$$
$$\text{异亮氨酸} \xrightarrow{\text{脱羧并异构}} \alpha-\text{甲基丁醛}+CO_2+NH_3$$

日本学者西康了条，在实验室里，把几种单一的氨基酸放在试管里，加入 L-EC，再加入鲜叶压成的茶汁（含系列酶），放置一定时间后，得到以下新物质：甘氨酸→乙醛、甲醛，丙氨酸→乙醛，缬氨酸→2-甲基丁醛，亮氨酸→2-甲基戊醛，蛋氨酸→甲硫丙醛，这些物质都是低沸点芳香物质，在制茶中均为形成香气的前体物。多酚类化合物及其氧化物醌类物质在制茶中也能与半胱氨酸和谷胱甘肽中的巯基相结合，生成带香气物质，故游离氨基酸含量高低与茶叶的色、香、味，都有着十分密切关系。

从成品茶的分析表明，芽叶嫩度好、级别高的，其茶氨酸含量也高，相反老叶和级别低的，其茶氨酸含量相对就低。同时也随季节推迟，等级下降，茶氨酸含量也逐渐减小，例我国杭炒青茶氨酸量一级茶为七级茶的三倍（见表 2-10）。

表 2-10　杭炒青各级茶氨酸含量

项目＼等级	一级二等	二级四等	三级六等	四级八等	五级十等	六级十二等	七级十四等
茶氨酸含量 mg%	1396.4	1188.6	965.5	767.0	735.3	477.7	424.4
各级茶与七级茶之比较	329.03	280.07	227.50	180.7	173.26	112.55	100

茶氨酸还会因品种，施肥状况，遮阴条件等不同而含量不同。茶氨酸在茶汤中的泡出率为 81%，它与绿茶滋味优劣的相关系数为 $0.787\sim0.876$。

三、茶叶中的生物碱

生物碱是指植物体内的碱性含氮化合物，因其氮都含在杂环内，因此有机化学上把它归类于杂环化合物，它们不是蛋白质的直接水解产物，它们具有复杂的组成和很强的生理作用。生物碱在古希腊时就被认为是能治疗一些疾病的物质，是最古老的药物之一。近年来，从低等植物和真菌中能提取抗菌素，例如从观赏植物——长春花、娃儿藤、玫瑰树等里面提取能阻止肿瘤发展的生物碱药物，现在在实验室里进行生物合成途径的研究，例如从氨基酸→生物碱，从维生素→生物碱，从异戊二烯→生物碱。目前已证明能够参与生物碱合成的氨基酸有赖氨酸、色氨酸、酪氨酸、苯丙氨酸、天冬氨酸等。

在自然界中，生物碱大多数情况下是以有机酸盐的形态存在的，常与生物碱结合的有机酸有苹果酸，柠檬酸、草酸、琥珀酸和酚类物质中的五倍子酸等，形成生物碱盐的混合物。植物中如含有数种生物碱，一般具有很相似的结构，茶叶中生物碱就含咖啡碱、可可碱、茶碱、黄嘌呤、乌便嘌呤等，都以嘌呤环为母核，所不同的是甲基的数目和位置上的差异。生物碱在植物体内所含部位，因不同植物而异，如茶树中生物碱主要含在叶子中，金鸡纳碱主要含在树皮中，蓖麻碱主要含在籽中，鸦片主要含在罂粟种子中等。生物碱的命名一般不采用系统命名法，而常采有：（1）来源命名法，按其生长植物的名称来命名，如咖啡碱、贝母碱、可可碱、奎宁碱等；（2）以生理功能来命名，如麻醉碱；（3）以外文译音来命名，如咖啡碱、阿托品；（4）以结构命名，如嘌呤碱、嘧啶碱等。

（一）茶叶生物碱的种类结构组成和性质

茶叶中生物碱主要分为嘌呤碱和嘧啶碱两种类型。

嘌呤碱：包括咖啡碱、可可碱、茶碱、黄嘌呤、次黄嘌呤、拟黄嘌呤、腺嘌呤、鸟便嘌呤等八种。含量最多的是咖啡碱，含量约为总量的 2%～4%，其次是可可碱，约占总量的 0.05%，再其次是茶碱，约占 0.002%，其他嘌呤碱含量更低。故有些资料把咖啡碱作为茶叶中生物碱的代称。

嘧啶碱：包括尿嘧啶（2,4-二羟嘧啶）、胸腺嘧啶（5-甲基-2,4-二氧嘧啶）、胞嘧啶（2-羟基-4-氨基嘧啶）等三种：

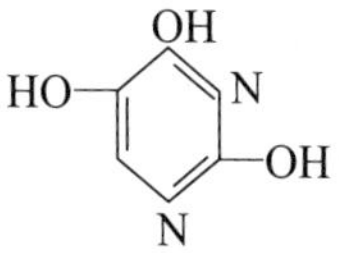

| 尿嘧啶 | 胸腺嘧啶 | 胞嘧啶 |

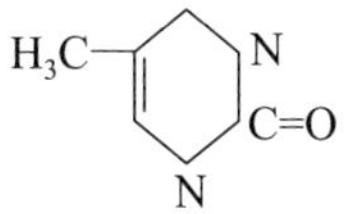

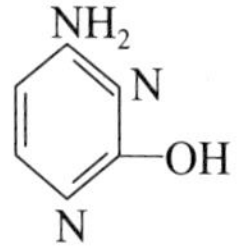

嘧啶类主要存在于茶树体内 DNA 核苷酸的碱基，微量或痕量。

茶叶中的咖啡碱、可可碱、茶碱三种生物碱的基本结构是嘌呤环。嘌呤环是由两个母核环——嘧啶和咪唑缩合而得来的杂环体系（见下图），嘌呤本身不能单独存在于自然界中，但它的羧基、氨基、甲基衍生物都是植物机体中有重要意义的天然产物。茶叶中的八种嘌呤类物质均为此类物质。

| 嘧啶 | 咪唑 | 嘌呤 |

嘌呤环的第 2 位和第 6 位碳原子上的氢被羟基取代，所得化合物称为 2,6-二羟基嘌呤，又称为黄嘌呤，黄嘌呤为烯醇式，很不稳定，易发生异构现象，可以互变为酮式。

烯醇式黄嘌呤　　　　　　　　　酮式黄嘌呤

以酮式黄嘌呤为母体，其环的 1,3,7 位上三个氢原子均被甲基取代，所得化合物命名为 1,3,7-三甲基黄嘌呤，因为最先在咖啡中被发现并鉴定（1819 年）所以被称为咖啡碱。若在 3,7 位上两个氢被甲基取代，则命名为 3,7-二甲基黄嘌呤，被称为可可碱，若在 1,3 位置上两个氢被甲基取代则命名为 1,3-二甲基黄嘌呤，被称为茶碱。其结构分别如下：

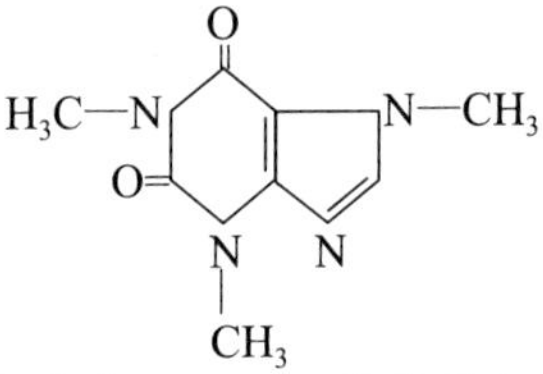

咖啡碱(1,3,7-三甲基黄嘌呤) 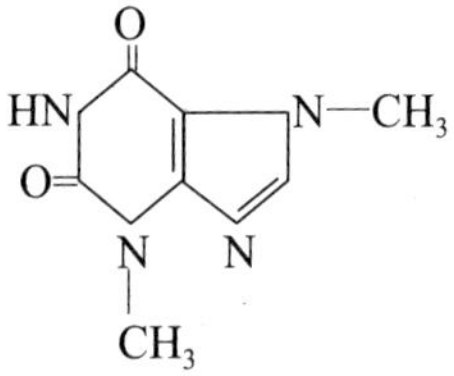　　　　可可碱(3,7-二甲基黄嘌呤)

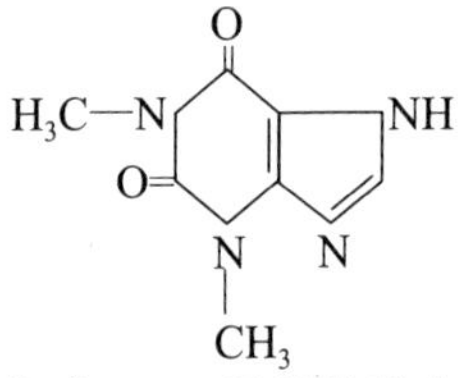

茶碱(1,3-二甲基黄嘌呤)

咖啡碱：咖啡碱与水结晶成为含一分子水的结晶水合物时，具有绢丝光泽针状晶体，无水咖啡碱为白色粉末，无水咖啡碱在 236℃时熔融，在谨慎加热下，120℃可以升华，180℃大量升华，咖啡碱易溶于热水和氯仿，能溶于乙醇和丙酮，较难溶于乙醚和苯，其水溶液呈中性反应，但它能与酸生成盐。茶叶中咖啡碱含量比咖啡豆（含1.0%）、柯拉子（含3%）等植物均高。咖啡碱是Runge于1819年在咖啡豆中首是发现的，1827年在茶叶中分离出来，故命名为咖啡碱。

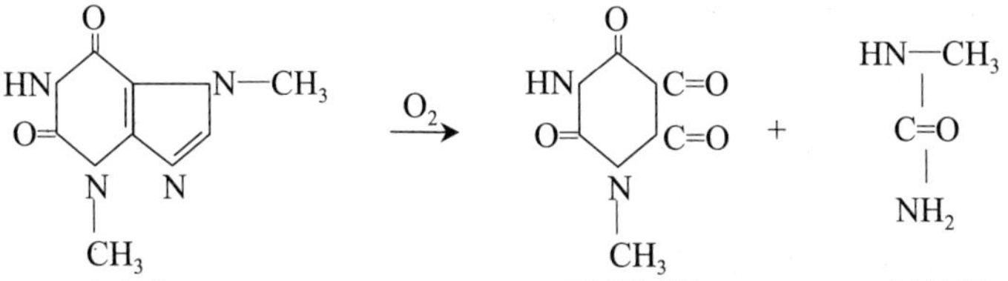

可可碱　　　　　　　　　一甲基阿脲　　一甲基脲

可可碱：可可碱是3,7-二甲基黄嘌呤，可可碱为白色细微结晶粉末，能溶于热水，难溶于冷水、乙醇，不溶于乙醚、苯和氯仿，290℃开始升华，351℃熔融，在茶叶中含量为0.05%，制茶过程中不易被破坏。在强氧化作用下，可以形成一甲基阿脲和一甲基脲。可可碱易溶于苛性钠，生成钠盐，与水硝酸钠等分子形成的混合物，在医药上用作利尿素。可可碱是A.A.BockpeceHecku于1842年从可可豆中分离出来而得名。

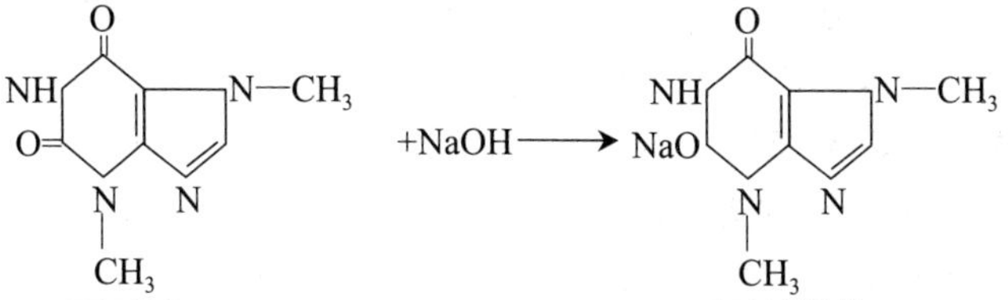

可可碱　　　　　　　　　　可可碱钠盐

茶碱：化学名称为1,3-二甲基黄嘌呤，是可可碱的同分异构体，与水能成为一分子结晶水的无色丝状晶体，易溶于热水，难溶于冷水，269℃～272℃时熔融，在茶叶里含量约为0.002%～0.004%。茶碱是由Kossl于1889年在茶叶中分离出来的。

（二）生物碱在茶叶中存在状态及对茶叶的品质的意义

茶叶中生物碱主体是咖啡碱，是一类与茶叶品质关系密切的物质。

1. 咖啡碱在茶树叶芽叶中与某些酚类物质结合成为酸性咖啡碱复合物，也有与有机酸类结合成有机酸咖啡碱盐共存。这些物质，一部分在制茶过程中经酶和热力的作用稍有分解，大部分是在复杂溶液茶汤中分离成各自特性物质。

2. 咖啡碱的存在，在制茶过程能与酚类及其氧化产物结合，而阻止了酚类与蛋白质的结合，故咖啡碱有抑制蛋白质凝固的局部作用，有利于茶汤滋味的形成。

3. 咖啡碱在红茶茶汤中，能与茶中浸出物茶黄素和茶红素缔合，形成较大分子物质，温度降低时，这种物质能成为乳状沉淀，这种物质的形成，可使茶汤鲜爽度加强，而且也降低了咖啡碱本身对茶汤带来的苦味，如果茶黄素含量较低，则此种复合物含量也下降，茶汤的鲜爽度就降低。

4. 咖啡碱具有重要的药理功能，提高了茶叶的商品价值。①咖啡碱能刺激中枢神经，兴奋大脑皮层，减少疲乏，故能增强思维，提高工作效率。②咖啡碱是血管舒张剂，提高胃液分泌量，帮助消化。③咖啡碱能加快血液循环，增加肾小球的过滤率，起利尿作用。④咖啡碱对支气管哮喘有一定的疗效。⑤咖啡碱食入人体以后，最后产生去甲基作用，以尿酸形式被排出体外，没有残留人体内，不产生毒害。

5. 研究证明咖啡碱代谢与核酸代谢密切相关，因此，凡咖啡碱含量高的茶树叶子，则茶树的氮代谢和核酸代谢较旺盛，这是优良自然品质标指。研究表明咖啡碱含量与茶叶品质的相关系数是 0.869。

（三）生物碱在茶树生长发育中的动态及影响因子

1. 分布动态

研究证明茶籽里不含生物碱，一旦种子萌动，咖啡碱就形成，并参与代谢活动，直到茶树生命结束。茶树体内除含有咖啡碱还有少量可可碱、茶碱等。咖啡碱在茶树体内各部位含量差异较大：

生长代谢旺盛的嫩芽叶中含量最高，粗老叶和茶梗中含量少，果实和花中更少，种子里没有。

从整个新梢来看，咖啡碱是随着叶子成熟度增加其含量下降：一般以第二叶含量最多，其次是第一叶和第三叶，再其次是第四叶和第五叶，老叶和梗茎中含量较少，故新梢芽叶过嫩（例芽或一芽一叶初展），制出茶叶滋味较淡。

2. 遮阴对咖啡碱含量的影响

遮阴能提高咖啡碱含量，故遮荫茶园，咖啡碱含量比露天茶园茶树咖啡碱含量高。

3. 施肥的影响

施肥能改变茶树体内化学物质含量的变化。每年采摘，带走了茶树体内各种营养元素，例氮、磷、钾等。必须给予补充，特别是氮素，茶树生长达到平衡，才有茂盛的长势，才有大量新芽发生。

4. 生长季节

不同的生长季节，因为光照、气温、雨量等不同，茶树生理代谢水平不同，咖啡碱含量也不同，一般来讲，春茶最高，特别是春茶头茶，经过一冬的休眠，老叶光合作用一冬秋，体内贮藏了很多营养成分，加上新春又有催芽肥料，故咖啡碱含量较高。夏茶和秋茶中咖啡碱含量比春茶低。

5. 不同品种

不同品种咖啡碱含量不同。不同品种有其不同的遗传因子，不同的代谢特点，导致咖啡碱含量的差异。一般来讲，南方大叶种咖啡碱含量高于北方小叶种，故南方品种茶树，采摘后制成红茶，冷后浑明显，因为冷后浑与咖啡碱含量成正比。

茶叶中咖啡碱提纯方法主要有升华法和化学提取法两种：升华法是利用咖啡碱特有性质（120℃升华，180℃大量升华）进行提取；化学法是与从带鱼鳞中提取咖啡碱方法相同，但因茶叶基底物较带鱼鳞基底物更为复杂，内含有大量的酸性物质，因此，必须先用碱性物质沉淀，再用有机溶剂萃取，并多次去杂，最后用活性炭除去杂质和残留色素，可以得到纯度较高的咖啡碱。

第五节　类脂类物质化学

凡是利用乙醚、丙酮、乙醇、苯、石油醚等有机溶剂提取的生物体内的物质，统称为类脂类物质，其分类如下：

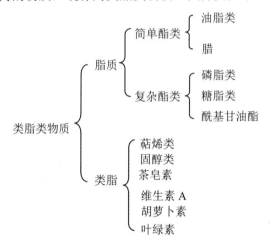

一、类脂物质的概述

脂肪酸与醇作用生成的酯及其衍生物，统称脂质（Lipids）。这类物质不溶于水，而溶于有机溶剂，它们在体内可作为组织成分，也可作为机体新陈代谢的能量来源，前者称为结构脂质，后者作为贮藏脂质。结构脂质为复杂酯类，贮藏酯类为简单酯类，现分别叙述如下：

（一）结构脂类

一切生物膜的结构成分，例质膜、液胞膜、核膜、细胞质内部的网膜、叶绿体膜、线粒体膜等，它们主要是由甘油、脂肪酸、磷酸及含氮碱性物质组成的，例如磷酸酰胆碱、磷酸酰胆胺、磷酸酰丝氨酸、磷酸酰肌醇等。

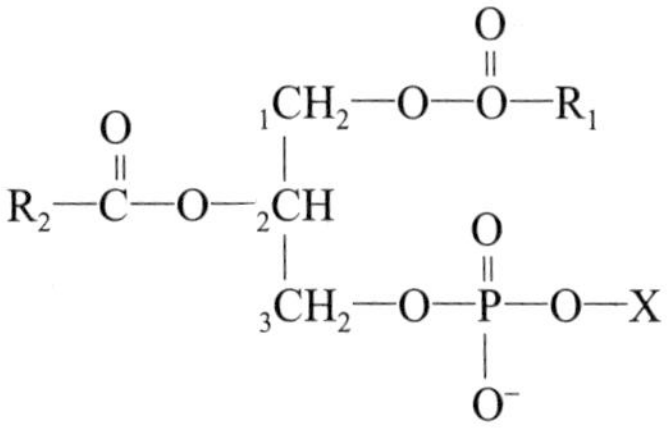

$$R_2-\overset{\overset{O}{\|}}{C}-O-\underset{2}{\overset{1}{CH_2}}-O-\overset{\overset{O}{\|}}{O}-R_1$$
$$\underset{3}{CH_2}-O-\overset{\overset{O}{}}{\underset{O^-}{P}}-O-X$$

磷酸甘油酯结构

从磷酸甘油酯的结构可知，甘油分子中有两个碳原子被脂肪酸基酯化，成为疏水性的，第三个碳原子被磷酸酯化，并带有一个胆碱、胆胺等基团。这种分子被称为两性脂类（或两性分子）（Amphipathic），这种两性分子构成了生物膜，在机体内起着极其重要的生理生化作用。一般在茶树幼嫩芽叶中含脂质 6% 左右，在老叶中含脂质 10% 左右，因而可以作为鲜叶老嫩度指标，亦即嫩度高、含量低；嫩度低、其含量高。

（二）贮藏脂质

是由甘油和脂肪酸所组成的酯，习惯称为油脂，主要贮藏于茶籽中。结构如下：

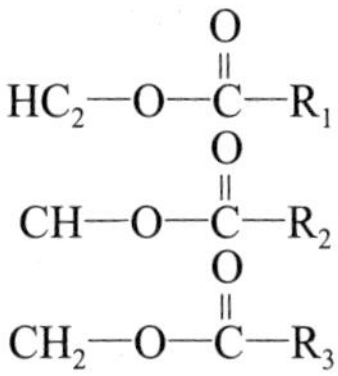

$$HC_2-O-\overset{\overset{O}{\|}}{C}-R_1$$
$$CH-O-\overset{\overset{O}{\|}}{C}-R_2$$
$$CH_2-O-\overset{\overset{O}{\|}}{C}-R_3$$

茶籽油的三酰甘油酯（triacylglycerols）中，甘油的三个羟基全部与脂肪酸酯化，其脂肪酸组成如下：0.7% 的 GS_3（三个饱和脂肪酸组成的甘油酯），11.1% GS_2V（两个饱和脂肪酸，一个不饱和脂肪酸组成的甘油酯），41.99% GSV_2（一个饱和脂肪酸两个不饱和脂肪酸组成的甘油酯），46.3% GV_3（三个不饱和脂肪酸形成的甘油酯）。因此，茶籽油中的不饱和脂肪酸含量高，约占其总脂肪酸量的80%，不饱和脂肪酸由油酸、亚油酸、亚麻酸、花生烯酸等。茶籽中饱和脂肪酸含量约占20%，由棕榈酸，硬脂酸等组成，茶籽贮藏脂质的含量是因不同地区、不同品种而异，例日本种的茶籽其含油量约在24%~26%、中国种的茶籽中含油量的为30%~35%、印度阿萨姆（Assam）种的茶籽含油量约40%~45%。

（三）蜡

在生物体内常与脂肪共存并分散在细胞中，也存在于叶片的角质层中，也覆盖于果实角质层及果皮中。蜡是由高级一元醇（直链的或环状的）与碳原子数在24~36的高级脂肪酸结合的酯。呈固态蜡的形态存在，对植物有一定的保护作用，表皮蜡质可防止水分蒸发，防止细菌和药物的侵蚀。蜡质在机体中一旦形成，不能转移，不再分解进行再利用，目前认为是植物代谢的最终产物，它含量高，则叶质硬，制茶不易成形，被认定是粗老制茶原料的指标。蜡质的含量一般是老叶大于嫩叶，北方叶中蜡高于南方品种叶子，紫色芽叶高于黄绿色芽叶。

二、类脂物质化学

类脂物质除茶叶皂素（Theatoli Saponin）以外，都是给茶叶带来良好的汤色、香气、滋味及丰富营养的物质。

（一）萜烯类

凡是分子中含有 $C_{10}H_{16}$ 的不饱和碳氢化合物，称为萜，"萜"字在化学上指10的意思，"烯"是指化合物具有双键，"萜烯类"指具有 $C_{10}H_{16}$ 不饱和碳氢化合物和其含氧衍生物，这类物质的结构具有异戊二烯的骨架，可以说成是异戊二烯的聚合体，结构上有多个双键存在，可以是链状的，也可以是环状的，此类物质性质活泼，可以氧化、加氢、裂解及意想不到的分子重排，此类物质在制茶过程中经过热、力、酶等作用，发生了复杂的变化，构成茶叶香气的重要成分。茶叶中单萜类物质有牻牛儿醇、香叶醇、橙花醇。倍半萜有橙花叔醇。二萜有维生素 A。三萜有茶叶皂素。四萜有类胡萝卜素。

（二）叶绿素

主要集中在叶绿体内，叶绿体是绿色植物进行光合作用的场所，是植物细胞中微小的绿色工厂，能将光能转化成化学能，完成地球贮存太阳能的最重要的生物过程。在叶绿体组成成分中，约有 50% 为蛋白质、40% 为脂质、其余为水溶性的小分子。脂质部分主要是叶绿素，约占 23%，其次是类胡萝卜素约占 5%、其他还有磷脂、糖脂和质醌等化合物。

叶绿素是含有四个不同吡咯环的卟啉衍生物，中央是镁原子。高等植物叶绿素主要是叶绿素 A 和叶绿素 B，茶叶中叶绿素 A：叶绿素 B=1.5:1。

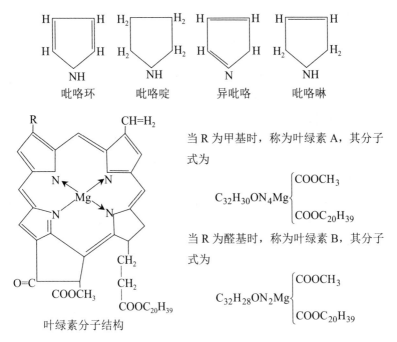

当 R 为甲基时，称为叶绿素 A，其分子式为

$$C_{32}H_{30}ON_4Mg \begin{cases} COOCH_3 \\ COOC_{20}H_{39} \end{cases}$$

当 R 为醛基时，称为叶绿素 B，其分子式为

$$C_{32}H_{28}ON_2Mg \begin{cases} COOCH_3 \\ COOC_{20}H_{39} \end{cases}$$

叶绿素分子结构

叶绿素的性质：

（1）叶绿素分子环状结构端，因环中心 Mg 原子是偏向于带正电的，与其相连的 N 原子是偏向于带负电的，因而使卟啉环有了极性，能吸引水分子，是有吸水性的。叶绿素分子长链植醇是亲酯的，这种结构特征，导致叶绿素能与含水丙酮或含水乙醇成真溶液，故叶绿素能溶解于含水丙酮和含水乙醇。

（2）叶绿素的吸收光谱有两个峰，波长分别为400nm~500nm和 600nm~700nm，其中叶绿素 A 的吸收峰在 430m 和 660nm，叶绿素 B 的吸收峰在 460nm 和 640nm。

（3）荧光现象：叶绿素分子如若受光激发后极不安于其原来位置，被激发成较高能级，但在很短的时间里，它们相互撞击而以热能形式损失掉一部分能量使叶绿素分子从激发态降至基态，这时所放出的光，称为荧光。这种光能较小，波长较长，呈暗红色。

激发态 $\xrightarrow{\text{放出能量(荧光)}}$ 基态。

（4）叶绿素在酸性环境中，H^+ 可以取代叶绿素中心的 Mg^{2+}，得到褐色的去 Mg 叶绿素，进而水解，失去植醇，生成去镁叶绿酸甲酯，叶绿素遭受破坏，失去原有的光泽和绿色。

（5）叶绿素在碱性环境中水解，即植醇和甲醇的酯键水解发生皂化反应，形成去甲基和去植基物质。如若将此物质部分或全部的中心 Mg^{2+} 被铜取代，生成叶绿素铜钠盐，则其稳定性比原来叶绿素大大增加，成为食用色素。结构如下：

叶绿素的含量与茶叶产量和品质的关系极大，叶绿体是茶树光合作用的器官，茶树体内物质（水分除外）90%是光合作用的直接或间接产物，10%是根中吸收的物质转化来的，因而产量与叶绿素含量的关系是可想而知的，可以说没有叶绿素宇宙也不可能存在。

茶树中的叶绿素含量多少与茶树本身的生长条件有密切关系，南方因为光照强，且光照时间长，叶绿素含量稍比北方低，

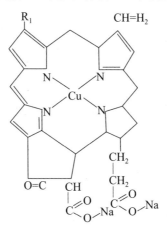

叶绿素铜钠盐分子结构

叶片呈嫩黄绿色。北方因光照时间短，光照稍比南方弱，故其叶片厚，叶绿素含量多，叶色为深绿，这是茶树对环境的适应结果。一般认为叶绿素含量多少，受光照强度和时间直接影响。叶绿素含量低的制茶原料，适宜于制红茶，叶绿素含量高的制茶原料，适宜于制绿茶，因为绿茶要求清汤绿叶，但过高的叶绿素含量，如墨绿色叶子（老叶），因其他条件差，纤维素类、脂质类含量过高，也是制不出好茶的。

（三）类胡萝卜素

1. 分类和结构

类胡萝卜素分子结构中是由多个烯键组成的共轭双键，也可以称为多烯和复烯。在这类化合物中有碳和氢两种元素组成的化合物和其含氧衍生物。它们的分子结构中含有 4 个 $C_{10}H_{16}$，所以也可以称为四萜。习惯把类胡萝卜素分为复烯烃类和复烯醇类二大类：

复烯烃类以胡萝卜素为主。胡萝卜素主要有α、β、γ三种胡萝卜素，它们的分子式是$C_{40}H_{56}$，结构式如下：

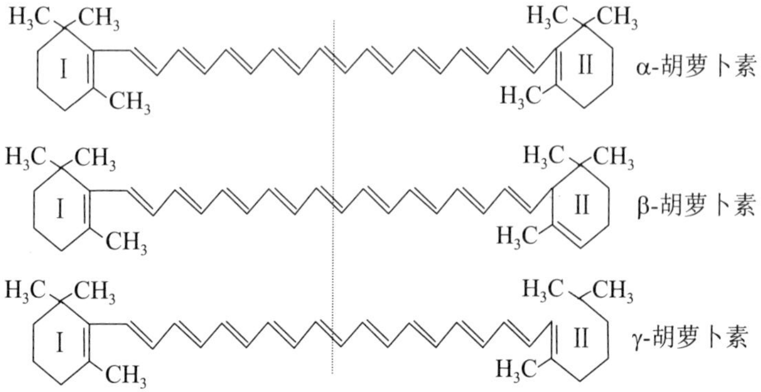

α-胡萝卜素

β-胡萝卜素

γ-胡萝卜素

三种胡萝卜素的分子结构中间部分都是一个十八碳原子的不饱和链。β-胡萝卜结构是C_{18}不饱和链的两端分别含有一个白芷酮环，以β胡萝卜素在植物中含量最高。α-胡萝卜素和γ-胡萝卜素的结构都与β-胡萝卜素的结构相似，所不同的仅是右端结构上的差异：

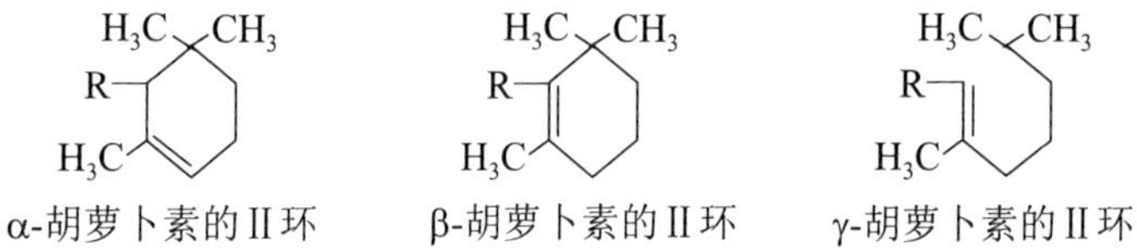

α-胡萝卜素的Ⅱ环   β-胡萝卜素的Ⅱ环   γ-胡萝卜素的Ⅱ环

类胡萝卜素是光合作用的辅助色素，与叶绿素共存于线粒体和叶绿蛋白里，它能吸收紫外光等较强的光，减少对叶绿素和酶的破坏，起保护作用。类胡萝卜素也能将吸收的光能传递给叶绿素α，进行光合作用，因此，类胡萝卜素也积极地参与机体的新陈代谢[28]。

复烯醇类：这类物质通称为叶黄素，广泛地分布于植物界。茶叶中主要有黄体素，玉米黄素和隐黄素。黄体素是α-胡萝卜素的二羟衍生物，茶叶中约含有 0.8mg~4.09mg/100 克干物质，玉米

黄素是 β-胡萝卜素的二羟衍生物，茶叶中约含有 7.0mg~14.4mg/100 克干物质，隐黄素是γ-胡萝卜素的含氧衍生物，在茶叶中约含有 15.3mg~76.3mg/100 克干物质。结构如下：

玉米黄素

黄体素

2. 类胡萝卜素的共同特性和几种重要胡萝卜素的理化性质

（1）亲酯性：不溶于甲醇和乙醇，不溶于水，溶于氯仿丙酮、己烷、乙醚和石油醚，是酯溶性的。

（2）光学特性：类胡萝卜素分子结构中十八碳长链具有高度共轭双键结构，这种基团是发色基团，羟基是助色基团，因而这类物质都具有一定颜色，习惯上有酯溶性色素之称，它们具有一定的吸收光谱，其波长是 420mn 至 480mn 范围内。

（3）颜色反应：a，与三氯化锑的氯仿溶液或纯氯仿溶液都能生成蓝色溶液。b，与浓硫酸作用生成蓝绿色。c，α-胡萝卜素和黄素与浓盐酸作用，生成灰绿蓝色，其他均无色。

各种不同的胡萝卜素，有其特有的理化性质：α-胡萝卜素是暗红色的斜状晶体，熔点 187℃，易溶于氯仿和苯，不溶于甲醇和乙醇，具有旋光性。α-胡萝卜素可以氢化，加上二十二个氢原子，生成α-胡萝卜的氢化物，α-胡萝卜素在臭氧化时，则可以生成牻牛儿酮酸和异牻牛儿酮酸。例图：

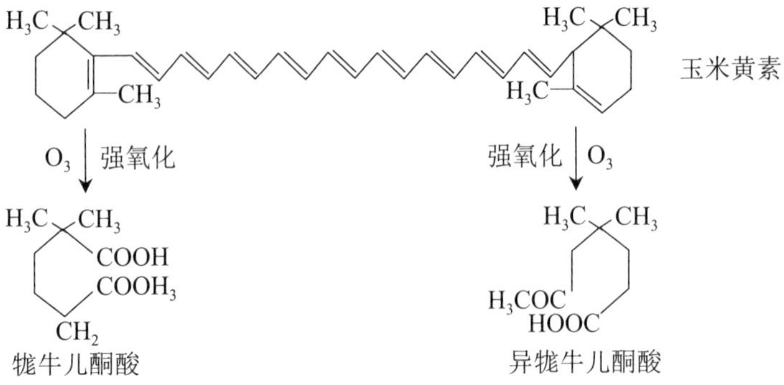

玉米黄素

牻牛儿酮酸

异牻牛儿酮酸

β-胡萝卜素的熔点为 183℃，不具有旋光性，在臭氧化时能生成两分子牻牛儿酮酸。γ-胡萝卜素熔点为 178℃，只含有一个环状基团，只能生成一个牻牛儿酮酸。这些胡萝卜素都是维生素 A 原，它们在动物和人体中能转变成维生素 A，α和γ-胡萝卜素结构的左半边能转变成维生素 A，β-胡萝卜素能形成两分子的维生素 A，维生素 A 在空气中容易被氧化成为牻牛儿酮酸：

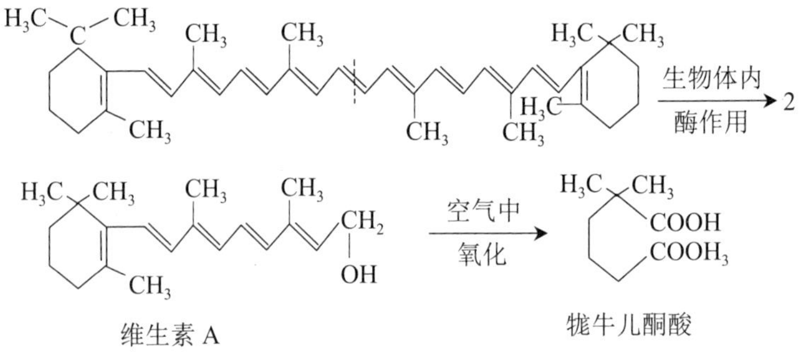

生物体内
酶作用 → 2

维生素 A

空气中
氧化

牻牛儿酮酸

α-胡萝卜素与γ-胡萝卜素因右半边结构的影响，其转化为维生素 A 的效率不一致，α-胡萝卜素的转化率为 53%，γ-胡萝卜素的转化率为 28%，β-胡萝卜素的转化率为 100%。

3. 胡萝卜素对制茶品质的影响

在胡萝卜素的结构中，含有α-紫罗兰酮和β-紫罗兰酮的基团：

$$H_3C \diagdown \ C \diagup CH_3$$

α-紫罗兰酮 structure:
H₂C—CH—CH=CH—COCH₃
H₂C—C—CH₃
CH

β-紫罗兰酮 structure:
H₂C—CH=CH—COCH₃
H₂C—C—CH₃
CH

α-紫罗兰酮　　　　　　　　　β-紫罗兰酮

α-紫罗兰酮被氧化以后能生成酮酸，进一步变化即成异牻牛儿酮酸。β-紫罗兰酮被氧化后生成β-环牻牛儿酸，然后再氧化即生成牻牛儿酮酸，这证明了紫罗兰酮与胡萝卜素之间的结构有密切的关系[16]。

在红茶制造中，由于酶系活跃及 PH 偏酸性和 L-EC 和 L-ECG 因氧化还原电位较高，在制红茶中起的氧化剂作用等条件具备，很可能使胡萝卜素氧化还原等作用发生变化生成α和β-紫罗兰酮，途径可能有以下几种：

1. α-胡萝卜素 $\xrightarrow[\ ]{强氧化作用}$ 牻牛儿酮酸 异牻牛儿酮酸 $\xrightarrow[缩合]{失去乙醇}$

牻牛儿醇 橙花醇(异牻) $\xrightarrow{O_2}$ α-柠檬醛 β-柠檬醛 $\xrightarrow{丙酮}$ α-紫罗兰酮 β-紫罗兰酮 $\xrightarrow[缩合]{氧化}$ 茶螺烯酮 $\longrightarrow$

二氢海葵内酯

2. 牻牛儿醇+H₂O $\longrightarrow$ 萜品松

3. α-胡萝卜素 $\xrightarrow[\ ]{强烈氧化作用}$ 牻牛儿酮酸 异牻牛儿酮酸 $\xrightarrow[缩合]{环化}$

α-紫罗兰酮 β-紫罗兰酮 $\xrightarrow[缩合]{氧化}$ 茶螺烯酮 $\longrightarrow$ 二氢海葵内酯

研究证明在鲜叶中没有检测出α和β-紫罗兰酮、茶螺烯酮、二氢海葵内酯和萜品松等具有花香、甜香和温和甜美的芳香物质，而在红茶中，特别是高级红茶中都检测出这四种芳香物质，故胡萝卜素含量高低，将对茶叶香气带来极好的影响，而且也增加了维生素 A 原，自古以来认为"高山出好茶"和"饮茶能明目"是有其科学道理的。根据紫罗兰酮在强烈氧化作用能生成牻牛儿酮酸进而氧化成异牻牛儿酮酸的性质，也解释了红茶发酵过度会使茶叶香气不足，缺乏甜香的道理，因此，制出高香茶的基本条件是具有恰到是处的科学加工技术和优质的鲜叶原料，两个条件缺一不可。类胡萝卜素物质在茶叶中含量约为 0.05%左右。有资料报道，斯里兰卡的高香茶叶内胡萝卜素含量最高，阿萨姆种茶叶的胡萝卜素的含量是中国种茶叶的 2 倍，高山茶叶胡萝卜素含量是平地茶叶的 1 倍以上。日本人试验，在红茶制造中添加了胡萝卜素，结果感官审评证明提高了香气。

类胡萝卜素在茶树体内形成途径与萜烯类物质和叶绿醇的形成是同一途径，类胡萝卜素是萜烯类（单萜）合成的继续，它是通过原生质里线粒体膜交换形成乙酰 CoA 后，以其为基质而形成的，故原生质含量能直接影响其形成数量。茶树幼嫩芽叶的分生组织因富含有原生质，几乎整个细胞都充满原生质，液泡很小所以类胡萝卜素和萜烯类（单萜）、叶绿素的形成都以幼嫩芽叶为主，这也是幼嫩芽叶香气高的原因之一。

第六节　维生素化学

维生素（Vitamin），是机体维持生命活动必不可少的一类有机化合物，是机体内执行各种各样功能的复杂的生物催化剂酶的组成部分，维生素在机体代谢中起着调节作用。人体生理需要量极微，但如缺乏，机体内一些酶就没有活性，机体就会得病，乃至死亡。人和动物不能自行合成维生素，必须从食物中摄取。植物体能合成维生素，故植物是人体和动物中维生素主要来源。

维生素都是小分子有机物，化学结构各不相同，有的是胺类，有的是酸类，有的是醇或醛类，还有的属于固醇类。一般情况下，维生素的分类按溶解性和测定方法可分成二大类：脂溶性维生素和水溶性维生素。原苏联化学家 A·E·齐齐巴宾在"有机化学原理"中把维生素分为以下四类：

（1）脂肪族维生素

V_C（不饱和多羟基酸内酯的衍生物）、V_F（高级不饱和脂肪酸：亚油酸、亚麻酸和花生烯酸）、胆碱（β-羟乙胺的衍生物）、泛酸。

（2）脂环维生素

中肌醇（环己烷的衍生物）、维生素 A 和维生素 A 原胡萝卜素（具有多异戊烯的多烯链的环己烯的衍生物）、维生素 D 类（甾族化合物）。

（3）芳香族维生素

维生素 K 类（萘醌的衍生物）、维生素 P 类（黄酮的衍生物）、维生素 E 类（色满的衍生物）。

（4）杂环维生素

V_{PP}（吡啶衍生物）、V_{B6}（吡啶的衍生物）、V_{B1}（嘧啶-噻唑体的二环衍生物）、V_H（咪唑-噻吩体系的缩合二环衍生物）、V_{B2}（异咯嗪的衍生物）、叶酸（嘌呤的衍生物）、V_{B12}（二甲基苯骈咪唑的核苷酸和类似卟环的环状体系的钴的络合物）等。

茶叶中含有多种维生素，如有：V_A、V_D、V_E、V_K、V_C、V_P、V_U、B 族多种维生素和肌醇等。茶叶中的维生素可称为"维生素群"，饮茶可使"维生素群"作为一种复方维生素补充人体对维生素的需要。现对茶叶中维生素分别介绍如下：

1. 维生素 A（VitaminA）

溶于脂类溶剂和油脂的称为脂溶性维生素。维生素 A 是属于脂环族维生素，其化学本质是不饱和一元醇类，分为维生素 A_1（又称视黄醇）和 A_2（又称 3-脱氢视黄醇），结构如下：

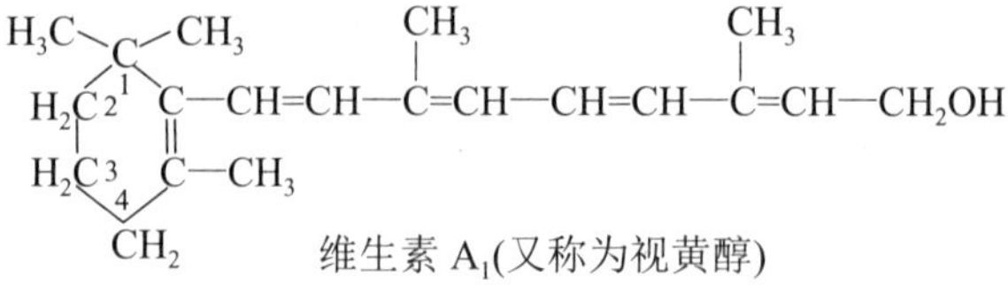

维生素 A$_1$(又称为视黄醇)
retinoi

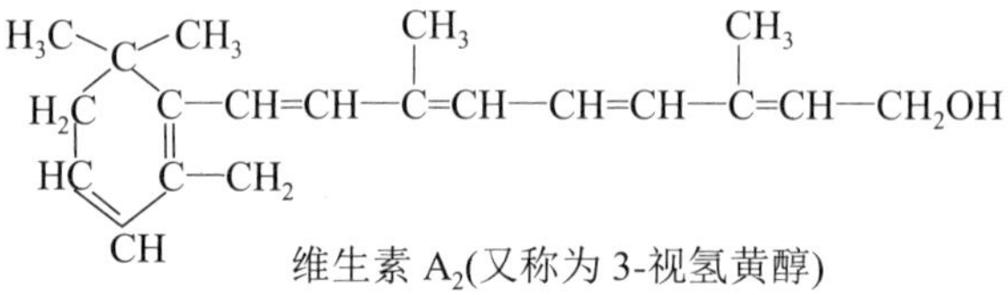

维生素 A$_2$(又称为 3-视氢黄醇)
3-dehydroetinol

维生素 A 主要存在于动物性的食物中。V_{A1} 主要存在于哺乳动物的肉类及肝脏中，存在于咸水鱼及其肝脏中，V_{A2} 主要存在于淡水鱼的肝脏中，植物组织中尚未发现维生素 A，但植物中存在的一些色素具有类似维生素 A 的结构，例如类胡萝卜素，其中最主要的是 β-胡萝卜素，常与叶绿素并存。β-胡萝卜素进入人体后，受肠壁酶的作用可以转化为维生素 A，与植物性食物中黄、红色素共存的类胡萝卜素有 α-胡萝卜素，γ-胡萝卜素、玉米黄素等也可能转化为维生素 A。但是有一些类胡萝卜素，例叶黄素和番茄红素等因其结构内不含有白芷酮环，故不能形成维生素 A。凡是在人体内能形成维生素 A 的类胡萝卜素均称为维生素 A 原。它对酸和热较稳定，一般烹调不致破坏，但易被空气中的氧和酶的作用所氧化，在空气中能被氧化成牻牛儿酮酸，尤其是在高温和紫外线的照射下，脂肪酸败，可引起维生素 A 的严重破坏，如若食物中含有 V_C、V_E 和多酚类等抗氧化剂，则对维生素 A 有保护作用，能阻止和减少其氧化。维生素 A 与三氯化锑作用呈蓝色反应，可作为定量测定。由于维生素 A 结构内具有共轭体系，因而有紫外吸收特点，V_{A1} 在 325nm 处有最大的吸收带，V_{A2} 在 345nm 和 352nm 处各有一个吸收带。

维生素 A 具有促进动物生长和繁殖，维持上皮细胞与正常视

96

力的生理功能，缺乏时，上皮干燥、增生及角质化，其中以眼、呼吸道、消化道、泌尿道及生殖系统等上皮受影响最为显著。它是人体内必不可少的物质。茶中不含维生素A，但含维生素A原—一类胡萝卜素含量丰富，特别是高山茶树上的芽叶，其含量可达0.05%（50mg/100g），其中β-胡萝卜素在人体内的吸收率为食入量的1/3，转换率为食入量的1/2。故如若食入1mgβ-胡萝卜素相当于食入1/6ug维生素A（等于0.167ug视黄醇的量）。红茶在加工过程中由于萎凋、揉捻和"发酵"等工艺，维生素A原经过酶和空气的氧化部分转变为茶叶香气物质，损失较多，绿茶中维生素A原保留量较高。

2. 维生素D（Vitamin D）

维生素D又称钙化醇类，是固醇类化合物，即环戊烷多氢菲的衍生物。现已知的维生素D有V_{D2}、V_{D3}、V_{D4}、V_{D5}。它们的结构很相似，具有相同的核心结构，其区别仅在侧链上：

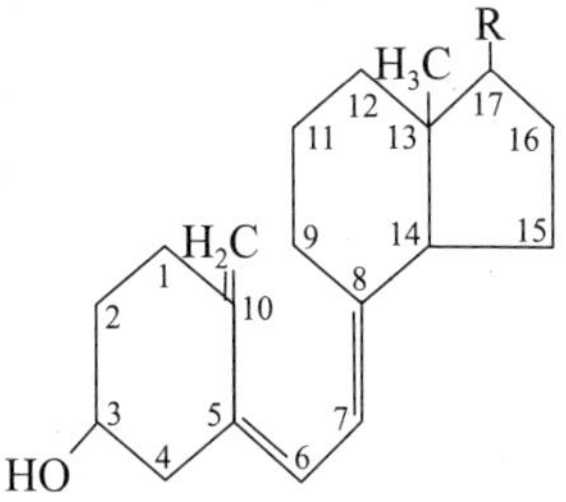

$$维生素 D_2 上的 R 为：-CH-CH=CH-CH-CH \Big\langle {}^{CH_3}_{CH_3}$$
（CH_3、CH_3）

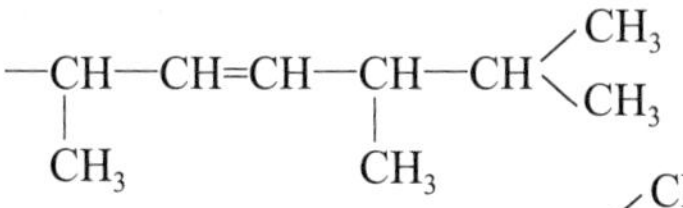

$$维生素 D_3 上的 R 为：-CH-CH_2-CH_2-CH_2-CH \Big\langle {}^{CH_3}_{CH_3}$$
（CH_3）

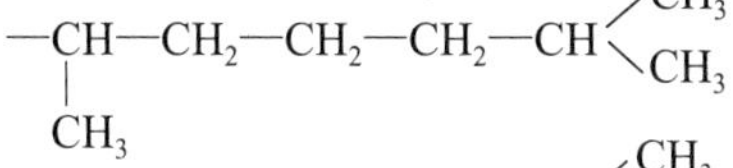

$$维生素 D_4 上的 R 为：-CH-CH_2-CH_2-CH-CH \Big\langle {}^{CH_3}_{CH_3}$$
（CH_3、CH_3）

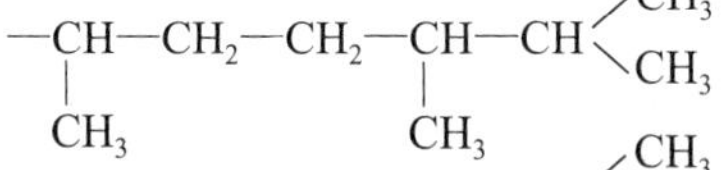

$$维生素 D_5 上的 R 为：-CH-CH_2-CH_2-CH-CH \Big\langle {}^{CH_3}_{CH_3}$$
（CH_3、CH_3CH_3）

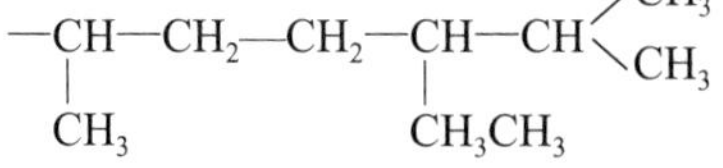

四种维生素 D 中，以 V_{D2} 和 V_{D3} 的活性为最强，V_{D2} 称为钙化醇、V_{D3} 称为胆钙化醇，几种维生素都由相应的维生素原经紫外照射转变来的（麦角固醇→V_{D2}、7-固醇→V_{D3}、22-双氢麦角固醇→V_{D4}、7-脱氢谷固醇→V_{D5}）。在体内，维生素 D 必须在肝脏或肾脏中进行羟化反应，称为活性 V_D。对于人体来讲，7-脱氢胆固醇为最重要的维生素原，经过紫外光照射转变为胆钙化醇（V_{D3}）。

维生素 D 是无色的晶体，不溶于水，溶于脂肪及脂溶剂，相当稳定，不易被酸、碱及氢化剂破坏，在 265nm 处有特征吸收光谱，可用作定量测定。维生素 D 主要功能是促进肠壁对钙和磷的吸收，调节钙和磷的代谢，有助于骨骼钙化和牙齿的形成，维生素 D 在食物中与维生素 A 伴存，鱼、蛋白、奶油中含量丰富，尤其是海产鱼的肝脏中特别丰富，在肉和牛奶中含量较少。植物中只含有维生素 D 原，以菠菜和苜蓿中含量最多。茶叶中含有固醇类化合物：例麦角固醇（V_{D2} 的先质）、7-脱氢胆固醇（V_{D3} 的先质）、22-双氢麦角固醇（V_{D4} 的先质）、7-脱氢谷固醇（V_{D5} 的先质）、植物油固醇、固甾醇、α-菠菜甾醇等。在叶细胞内是与油脂在一起，茶籽含量高于茶叶含量。

3. 维生素 E（Vitamin E）

又称为生育酚（Tocopherol），维生素 E 在化学结构上属于色满类的衍生物（色满是由二氢吡喃环与苯环构成的，也称为苯骈二氢吡喃）结构为

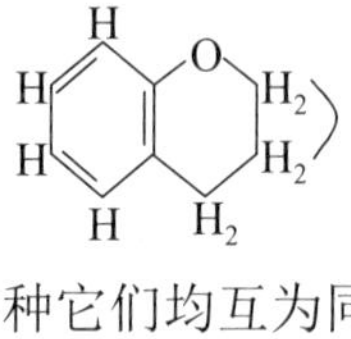

现在发现的生育酚有六种它们均互为同分异构体，其中只有 α-生育酚、β-生育酚、γ-生育酚、δ-生育酚有生理活性，它们的结构如下：

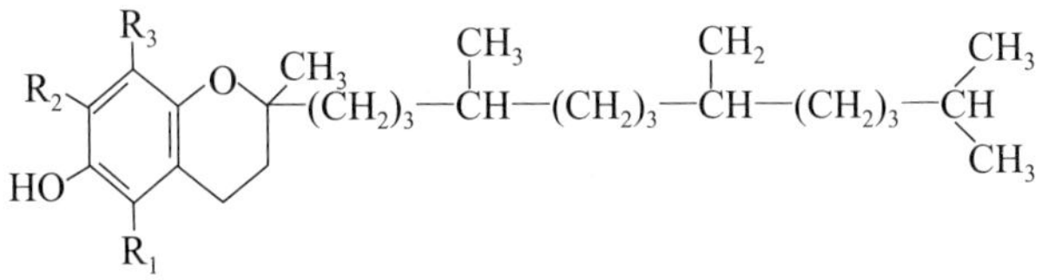

表 2-11 各生育酚的基团差异

种类	R_1	R_2	R
α-生育酚	—CH_3	—CH_3	—CH_3
β-生育酚	—CH_3	—H	—CH_3
γ-生育酚	—H	—CH_3	—CH_3
δ-生育酚	—H	—H	—CH_3

α-生育酚的生理活性最高，广泛地存在于绿色植物中，以谷类种子的胚芽部分及绿叶蔬菜的脂质中含量最高，例如莴苣叶和柑橘皮中，人体所需的维生素 E 大多来自粮食与植物油，动物性的食物中含量不高。

维生素 E 为淡黄色的油状物，不溶于水，而溶于油脂，对酸、碱和热较稳定，在无氧环境中加热到 200℃ 仍不破坏，对氧敏感，易被氧化，成为无活性的醌化合物，而保护其他物质不被氧化，因而可作抗氧化剂，但 Fe^{2+} 金属离子可促进维生素 E 的氧化，维生素 E 可被紫外线破坏，在 259nm 处有吸收带。维生素 E 能促进人体生殖机能正常发育，有防衰老的效果。茶叶中维生素 E 含量比蔬菜和水果中含量要高，可以和柠檬媲美，一般茶叶维生素 E 的含量 50mg～70mg/100g。据日本河村真也、故仓宏至和松村康生测定，煎茶的一芽四叶中，含量高达 290.08mg/100g，茶树被修剪下来的绿色枝条中含量达 123.6mg/100g，褐色枝叶含量达 129.1mg/100g。绿茶中的维生素 E 量比红茶中高，红茶因为经过萎凋和"发酵"，一部分被酶破坏。但因茶叶中含有大量的生物类黄酮，对维生素 E 的氧化起了保护作用，故制茶中维 E 的保留量比较高，据报道，印度和斯里兰卡红茶中的维生素 E 含量特别丰富。

4. 维生素 K（Vitamin K）

属于芳香族中的萘醌类衍生物，维生素 K 有天然的、细菌合成的和完全化学合成三种。天然的有维生素 K_1，学名为 2-甲基-3-叶绿基-1，4 萘醌。微生物合成有维生素 K_2，学名为 2-甲基-3-双法呢-1，4 萘醌。化学合成的维生素 K_3，学名为 2-甲基-1，4-萘醌，它们的结构如下：

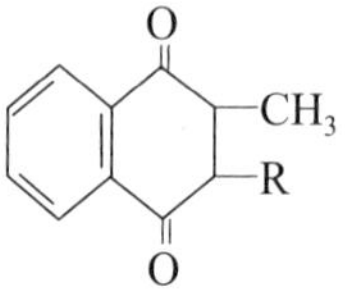

K_1 的 R 为 $-CH_2CH=C-CH_2-(CH_2CH_2-CH-CH_2)_2-CH_2-CH_2-CH$ (带 CH_3 支链)

K_2 的 R 为 $-CH_2-(CH=C-CH_2-CH_2)_2-CH=C-CH_3$ (带 CH_3 支链)

K_2 为不带 R 的物质

维生素 K 的生理作用主体是-1,4-萘醌，故 V_{K3} 的效力最强，V_{K3} 的效力为 V_{K2} 的 2 倍，是 V_{K1} 的 3 倍。V_{K1} 为黄色油状物，V_{K2} 为黄色晶体状物，它们均能溶于油脂和有机溶剂，对热稳定，易被光和碱破坏。维生素 K_1 在绿色植物及动物肝脏中含量丰富，维生素 K_2 是细菌的代谢产物，故人体的肠道中细菌能自行合成，维生素 K_2 在鱼肉中含量也较丰富。维生素 K 能促进血液凝固，其作用是促进肝脏合成凝血酶原，如缺乏维生素 K，可导致皮下、肌肉和胃肠道出血和出血不止。茶叶中含有维生素 K 量，绿茶高于红茶，据报道，原苏联的红茶每克维生素 K 为 300～500 国际单位[注77]，他们在临床上已用茶来治疗缺少凝血因子的儿童，提高凝血酶原的水平。另据报导每人每天饮茶 5 杯可满足该种维生素的日常需要量。

5. 维生素 C（Vitamin C）

维生素 C 可治疗坏血病，是酸性的，故又称为抗坏血酸

（Ascorbic Acid）。维生素 C 为无色片状结晶，有酸味，易溶于水，不溶于有机溶剂，易被热、光及 Cu^{2+} 和 Fe^{2+} 等金属离子破坏，在酸性溶液中比在碱性和中性溶液中稳定。它是一种酸性的己糖衍生物，是烯醇式己糖内酯，有 D 型和 L 型两种异构体，只有 L 型的有生理活性，维生素 C 可发生氧化型和还原型互变，氧化型和还原型都具有生理活性，因其分子中第 2 和第 3 两位碳上烯醇羟基里的氧容易成 H^+ 释出，故它虽不是自由羟基，仍具有机酸的性质。结构如下：

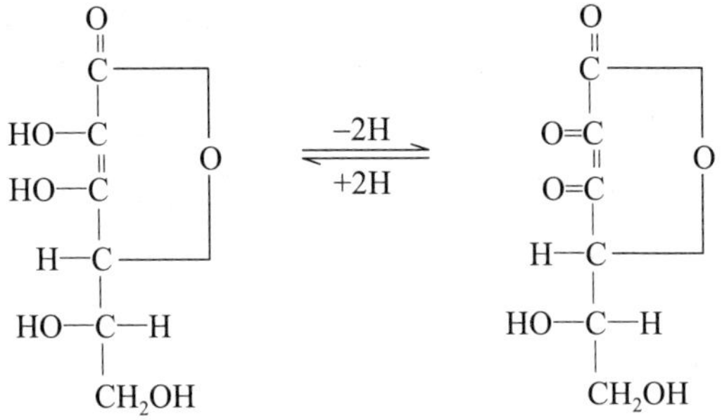

2—抗坏血酸（还原型）　　　　脱氢抗坏血酸（氧化型）

维生素 C 是一种还原剂，它易被弱氧化剂 2,6-二氯靛酚氧化脱氢而成为氧化型的抗坏血酸，这一性质可用于维生素 C 的定量测定（现可以用高速液相测定）。维生素 C 在人体内参加氧化-还原反应，是机体内一些氧化还原反应酶类的辅酶，是递氢体，它还参与促进胶原蛋白和粘多糖的合成，研究表明，维生素 C 的生理功能是抗炎、抗感染、抗毒、抗过敏、治贫血、降胆固醇、防色素沉着等，人体不能自行合成维生素 C，主要依赖于蔬菜、水果和茶叶。

茶叶中的维生素 C 含量十分丰富，据胡建成报导[19]一般绿茶维生素 C 的含量约达 279mg%，有的高达 529mg%。据程启坤等报导[20]，特级珠茶维生素 C 含量为 177.98mg%，并随珠茶等级下降维生素 C 含量逐渐降低，五级珠茶 Vc 达 89.38%；乌龙茶也因不同品种维生素 C 含量也有差异；铁观音维生素 C 含量达 126.59mg%,黄棪茶维生素 C 含量为 121.11mg%,包种茶 Vc 含量为 109.15%。红茶因经过发酵工艺，维生素 C 含量损失较大，一般约达 60mg%左右。另据胡建成报导，绿茶中约有 90%的维生素是还原型的 Vc，随热水冲泡，维生素 C 几乎全部冲泡出来进入茶汤，被人们吸收利用。维生素 C 在茶汤中的含量高低与冲泡水温有密切关系，即水温越高，保持量越低，故欲要保持茶汤中较多的维生素 C 含量，泡茶水温不宜过高，且泡茶时间不宜过长。维生素 C 因其氧化还原电位较低而特别容易氧化，故茶叶在贮藏过程中如何保持维生素 C 不发生变化成为茶人较有兴趣的研究热点。据吴小崇研究，茶叶宜在低温、低含水量、除氧的条件下贮藏，绿茶品质基本不变，维生素 C 的保留量较高。茶叶中的维生素因与生物类黄酮（儿茶素和黄酮醇类）共存，互相起着保护作用，一定程度上既减少了生物类黄酮的氧化聚合，防止了茶叶变质，也减少了维生素 C 的变化，起着相得益彰的作用。

6. 维生素 B 族

维生素 B 族作为生物催化剂酶的辅助因子参与细胞中的物质与能量的代谢过程，在细胞内的分布和溶解性能上大致相同，在提取时，相互之间不易分离，故最初误认为是一种物质，它们相互间的化学结构及生理作用上几乎没有关系，B 族维生素有 V_{B1}、V_{B2}、V_{B3}、V_{B5}、V_{B6}、V_{B11}、V_{B12}、V_H、V_{H1}、胆碱和肌醇。茶叶中的 B 族维生素有 V_{B1}、V_{B2}、V_{B3}、V_{B5}、V_{B6}、V_{B11}、V_U、胆碱、肌醇等，茶叶冲泡后，进入茶汤，供人食用，有益于健康，现分别叙述如下：

维生素 B_1（Vitamin B）分子中含有一个嘧啶环和一个噻唑环，还含有硫和氨基，故又名硫胺素（Thiamine），其纯品通常以盐酸盐的形式存在，自然界的脱羧辅酶是硫氨素与焦磷酸结合物，称为焦磷硫氨素（TPP），结构如下：

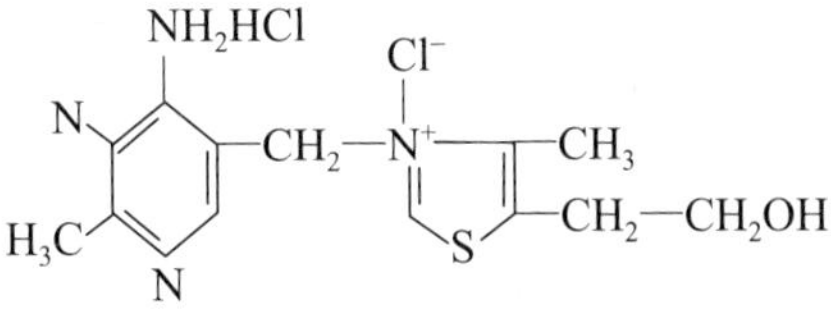

硫胺素(盐酸盐)

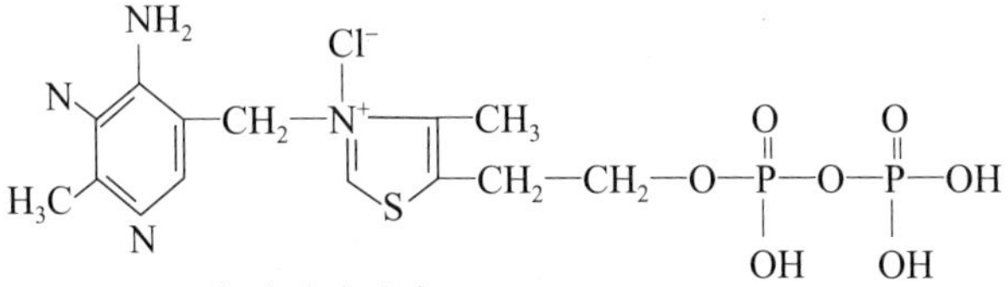

焦磷酸硫胺素(TPP)

硫胺素在植物中分布很广，谷类、豆类的种皮内含量最高，米糠和酵母中含量也非常丰富。在高等植物中主要以游离硫胺素形式存在，易溶于水，在酸性溶液中较稳定，在中性及碱性溶液中易被氧化，在酸性和中性溶液中耐热，加热到120℃也不会被破坏。硫胺素有两个紫外吸收光带（223nm 和267nm）。在氰化高铁碱性溶液中硫胺素可被氧化成深蓝色荧光的脱氢硫胺素（Thiochrome），除此之外，硫胺素还可与重氮氨基苯磺酸和甲醛作用产生品红色，与重氮化对氨基乙苯酮作用产生紫红色，利用此性质，可定性定量测定硫胺素。硫胺素在体内以 TPP 形式作为脱羧酶的辅酶而参加糖代谢。V_{B1} 能抑制体内胆碱酯酶的活性，减少乙酰胺碱的水解。因为乙酰胆碱有增加胃蠕动和腺体分泌的作用，有助于消化，故缺乏 V_{B1} 会食欲不振，消化不良，且会引起神经炎和心肌炎，茶叶中的 V_{B1} 是在 1950 发现的，一般成茶中约含有 15mg%~600mg%，其含量因茶类不同和级别不同而差异很大，见表 2-12。

表2-12 茶叶中硫胺素含量比较   （叶戈洛夫）

茶　别	烘干绿茶	一级红茶	二级红茶	青砖茶(1)	青砖茶(2)
含　量 ug/100g	112.4	94.4	114.0	38.0	19.0

维生素 B_2（Vitamin B_2）又称为核黄素（Riboflavin），是黄素蛋白酶的辅基。因其溶液呈黄色而得名，其分子由核糖醇和 6,7—二甲异咯嗪等两部分组成，其结构如下：

$$CH_2(CHOH)_3CH_2OH$$

核黄素(6,7-二甲基异咯嗪十光黄素)　　(6,7,9-三甲基异咯嗪)光黄素

维生素 B_2 是维生素 B 复合物中的主要耐热因素。纯品为橙黄色的针状结晶，熔点为 292℃~293℃（同时发生分解），它的水溶液呈黄绿色，具有绿色的荧光。维生素 B_2 在碱性溶液中受光照射时形成光黄素（6,7,9 三甲基异咯嗪）。

机体细胞内的维生素 B_2 是以黄素单核苷酸（FMN）和黄素腺嘌呤二核苷酸（FAD）这两种形存在的。维生素 B_2 主要来源于酵母、绿色植物、谷物、鸡蛋、乳类及肝脏等，植物和微生物能合成维生素 B_2 而被人体吸收。茶叶中的维生素 B_2 与一般植物一样，主要是与蛋白质结合成为黄素蛋白（黄素蛋白是黄酶），是细胞色素还原酶的辅基，也是葡萄糖氧化酶和嘌呤氧化酶的辅酶成分，所以，维生素 B_2 参与茶树机体内糖、蛋白质和脂肪代谢中的多种氧化还原反应，缺少它，茶树体内呼吸减弱、氮素代谢受到障碍。维生素 B_2 在茶叶中含量，比一般植物高，约有 1.2mg%~1.7mg%，且以春茶芽头含量最高（见表 2-13）。

表 2-13　几种日本绿茶中的维生素 B_1、B_2、B_3 的含量
（注：制茶原理 p41）

种类 茶别 微克/100 克	玉露茶	碾 茶	煎 茶	红 茶
维生素 B_1	193~500	300~560	260~450	100~160
维生素 B_2	960~1200	1100~1500	830~1700	460~500
维生素 B_3	2110	1580	940	1390

维生素 B₃（Vitamin B₃）：又称为泛酸和遍多酸（Pantothenic acid），因它在自然界分布很广而得名，结构是由α、γ-二羟-β-二甲基丁酸和一分子β-丙氨酸借酰胺键连接而成的。

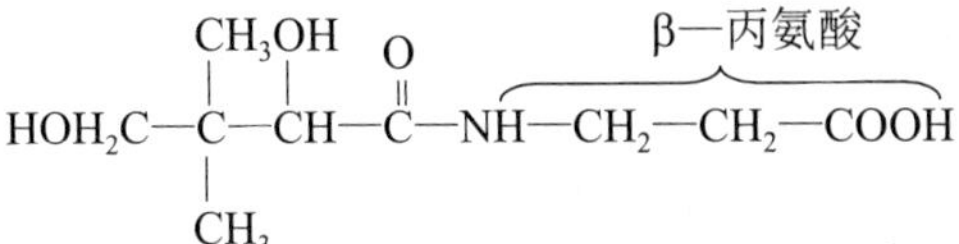

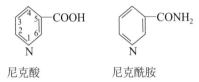

泛　酸

维生素 B₃ 为淡黄色油状物，具有酸性，易溶于水及乙醇，不溶于脂溶剂，在酸性溶液中易分解，在中性溶液较稳定，维生素 B₃ 广泛分布于动植物组织中，尤以肝脏、酵母为丰富，在茶树体内以乙酰辅酶 A 形式参与糖、蛋白质、脂肪的代谢，茶叶中含量约为 1mg%~2mg%。

维生素 B₅（Vitamin B₅）：又称为维生素 PP 或烟碱酸，又称抗癞皮病维生素，包括尼克酸（又称烟酸）和尼克酰胺（又称烟酰胺），两者都是吡啶的衍生物，且都具有生物活性，结构式如下：

尼克酸　　　　　　　　　尼克酰胺

它们在体内主要以酰胺形式存在，尼克酰胺在体内主要转变为辅酶Ⅰ（COⅠ）和辅酶Ⅱ（COⅡ），辅酶Ⅰ的化学名称是菸酰胺腺嘌呤二核苷酸简称 NAD，辅酶Ⅱ的化学名称是菸酰胺腺嘌呤二核苷酸磷酸简称 NADP，两者都是脱氢酶的辅酶，它们在催化底物脱氢时，通过氧化态与还原态的互变传递氢，在生物氧化过程中起着重要的作用。

维生素 B₅ 为无色晶体，性质稳定，不易受酸和热的破坏，对碱也很稳定，溶于水和乙醇，在 260nm 处有一吸收光谱，与溴化氰作用产生黄绿色化合物，可用此性质定量。在植物体内可通过色氨酸代谢合成尼克酸，再转变成尼克酰胺。维生素 B_5 在人体内能维持神经组织的健康，对中枢及交感神经系统有维持作用。尼克酸有扩血管、降低胆固醇和脂肪的药理作用。

茶叶中的维生素 B_5 含量比一般植物都高，其含量约为 5mg%~15mg%，茶叶中的尼克酸含量因地区、茶类级别不同而差异很大（见表 2-14、2-15）。

表 2-14 不同地区茶类中尼克酸比较 （叶戈洛夫 1950）

茶　别	格鲁吉亚一级红茶	格鲁吉亚一级绿茶	印度二级红茶	青砖茶
含量微（ug/100g）	15240	10260	8700	5400

表 2-15 日本茶叶中尼在酸含量 《制茶原理》

茶　别	玉露茶	碾　茶	煎　茶	红　茶
含量微（ug/100g）	4820	3770	5940	5210

维生素 B_6（Vitamin B_6），又称为吡哆素（pyridoxine）包括吡哆醇、吡哆醛、吡哆胺三种化合物，都属于吡啶类的衍生物（其结构如下。）

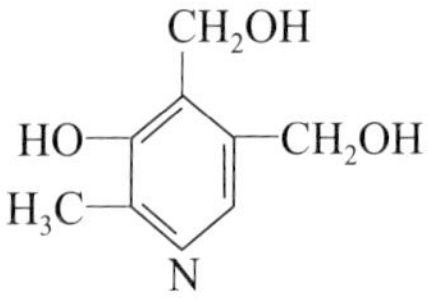

吡多醇 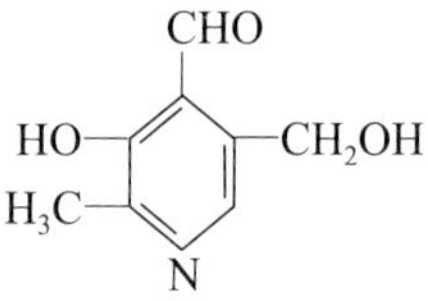　　　　　　吡多醇 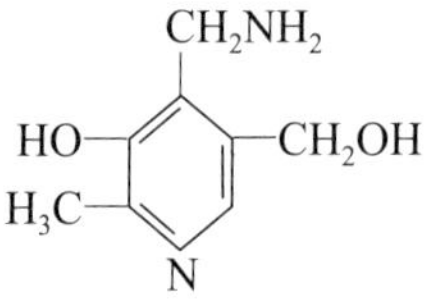　　　　　　吡多醇

维生素 B_6（Vitamin B_6）又称为吡哆素（Pyridoxine）为无色晶体，易溶于水和乙醇，耐高温。对酸较稳定，在碱液中容易破坏，尤其对光敏感。与三氯化铁（$FeCl_3$）作用呈红色，与重氮化对氨基苯磺酸作用生成橘红色产物，与 2,6-二氯醌氯亚胺作用产生蓝色物质，这些性质可作为 V_{B6} 的定性和定量测定。

吡哆素的磷酸酯（磷酸吡哆醛和磷酸吡哆胺）是转氨酶和氨基酸脱羧酶的辅酶，主要参与氨基酸的转氨、脱羧、内消旋等反应，也参与不饱和脂肪酸的代谢，在茶树氮素代谢中起着极其重要的作用，茶叶中含量约为 4.7mg/100g [21]。

叶酸（Folic Acid）也称维生素 B_{11}（Vitamin B_{11}）：又称蝶酰谷氨酸（简写 PGA），它的结构由喋啶、对氨基苯甲酸和 L-谷氨酸三部分组成，其结构如下：

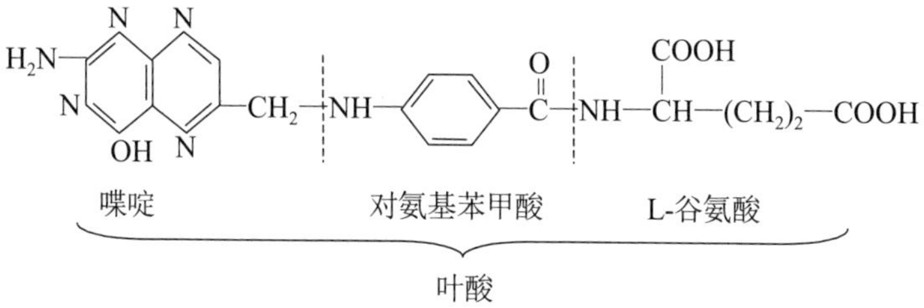

叶酸

叶酸为浅黄色结晶，微溶于水，不溶于有机溶剂，叶酸在碱性和中性条件中，对热稳定。在酸性条件下，不稳定易破坏，在水溶液中易被光破坏。叶酸在体内主要以四氢叶酸形式作为辅酶存在，在茶树体内参与核酸和咖啡碱的代谢，茶叶中含量约为 $50\mu g \sim 70\mu g /100g$。

表 2-16　茶叶中 B 族维生素的含量

维生素	含量（微克%）	维生素	含量（微克%）
硫胺素（B_1）	150~600	泛酸（B_3）	1000~2000
核黄素（B_2）	1300~1700	生物素（H）	50~80
烟酸（B_5）	5000~7500	肌醇	1000
叶酸（B_{11}）	50~76		

维生素 U（Vitamin U）：又称为硫-甲基蛋氨酸，在机体内作为碳代谢的甲基供体，包括茶叶咖啡碱合成中的甲基供体，必须在 ATP 作用下转变成为 S-腺苷蛋氨酸后才能提供甲基给另一种物质的分子。茶叶含有一定数量维生素 U。

维生素 P（Vitamin P）：维生素 P 的 P 来自英文 Permeability(透性)的第一个字母 P，是一组与保持血管壁正常通透性有关的黄酮类化合物（Flavonoids），其中以芸香苷为主。这些物质也可以称为生物类黄酮（Bioflavonoids）。它们能维持微血管的正常的透性，增加韧性，具有预防和治疗血管硬化、高血压病的作用，并且有抗衰老和抗癌之功效。结构如下：

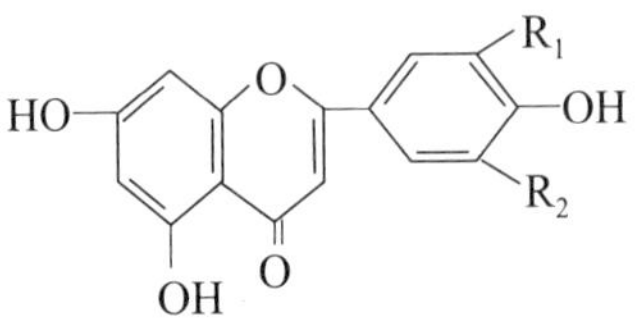

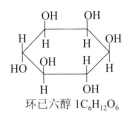

黄酮类 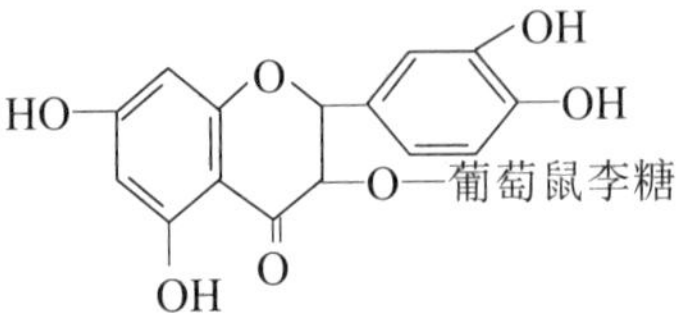　　　　　　　　　芸香苷

茶叶中维生素 P 类物质含量高、种类多，儿茶素类和黄酮类中的很多种物质都具有维生素 P 的作用，其中最典型的是芸香苷，在茶叶中含量约为 340mg/100g。

肌醇（Inositol）：又名环己六醇，一种特殊形式的糖醇。由植物体内己糖环化而成，起磷酸储藏和磷酸化作用。不仅有游离型，而且有其磷酸盐植酸钙镁型。肌醇为葡萄糖的异构体，仅内消旋有生理活性，溶于水，微溶于乙醇，不溶于乙醚，纯品为白色结晶，有甜味。在茶叶中可达 10mg/g，随叶子成熟度增加而增加。与儿茶素的合成有关。

环己六醇 $1C_6H_{12}O_6$

维生素是维护身体健康，促进生长发育的调节生理功能所必需的一大类有机物质。在人体内主要影响氧化还原过程，调节物质代谢和能量转度，起到像酶和激素一样的调节作用。人体内维生素含量不足或过量均有碍健康。茶叶中的维生素可称为"维生素群"，人们长期科学合理饮茶，可使"维生素群"作为一种复方维生素来补充并满足人体对维生素的需要，增进身体健康。

第七节 矿质营养元素化学

一、概述

矿质营养元素是指金属和非金属元素。在各种生物学过程中这些元素都起着极其重要的作用，遍及整个生命科学。在特定的氧化状态下，仅有特定的金属离子能够满足那种必不可少的催化作用或结构要求，因此，可以认为金属离子决定生物体内复杂的生物过程。从生物化学、生理学和细胞化学中都已论证了，金属离子许多酶的辅酶和辅基，在酶促反应中起催化剂作用，诸如基团转移、氧化还原或水解过程等。另一方面，金属离子在机体内起着渗透调节剂的作用，调节机体内酸碱平衡，在维持细胞膜功能的完整上起着重要作用。研究表明，矿质元素缺乏会引起人体多种疾病，硒与克山病和肝病，铬与粥样动脉硬化，锌与智力发育健康，铅与免疫力强弱，锌钙比与高血压病发病率，氟与龋齿病发病率，矿质元素总水平与痛风病等的关系均已得到证明。故矿质元素与人体健康的关系已为当今医学、环境科学、农学、地质学所重视。机体内的矿质营养元素的代谢，与蛋白质、脂肪、糖的代谢有着本质上的区别。矿质元素在机体内既不能自行形成，又不能消失，它只能随食物摄入，为机体提供恒定的内循环，不少金属离子在其富余时可以储存，在缺乏时可以动用调节，所以矿质元素对机体的电解质平衡有着不可代替的作用，如若机体内电解质失衡，将会导致机体不能健康和健全的生长发育。因而，随着知识日新月异地发展，对矿质营养元素的研究越来越为人们所重视，但此项研究工作与其他学科相互交叉，相互渗透，有一定难度与复杂性。现已从分子生物学水平上进行高层次研究，前景十分广阔。

茶树是一种多年生的木本植物，生长过程中选择性地从环境和土壤中富集多种矿质元素，为其生长发育所需。茶叶中的矿质元素的种类很多，它们的含量高低主要取决于土壤母质、施肥水平及品种。茶叶经过600℃以上灼烧残留下来的物质主要是各种矿质元素的氧化物和碳酸盐，它们通常被称为"粗灰分"，这些物质约占茶叶干物质总重量的5%左右，其中50%左右是钾（K）的氧化物，15%左右是磷（P）的氧化物和磷酸盐，按其含量高低，大致可以分为以下四种情况：

（1）含量超过2000PPm的元素有：C（碳）、H（氢）、O（氧）、N（氮）、P（磷）、K（钾）六种。

（2）含量在500～2000PPm之间的元素有：Mg（镁）、Mn（锰）、F（氟）、Aℓ（铝）、Ca（钙）、S（硫）、Na（钠）七种。

（3）含量在5～500PPm之间的元素有：Fe（铁）、Cu（铜）、Ni（镍）、Si（硅）、Zn（锌）、B（硼）、As（砷）七种。

（4）含量小于5PPm的有Mo（钼）、Pb（铅）、Cd（镉）、Co（钴）、Se（硒）、I（碘）、Br（溴）、Cr（铬）。

矿质元素中有的元素是机体生长基质中不可缺少的，如缺少时，则机体将不能完成某些营养生长和生活周期。有的元素的功能是特效的，不能被其他元素所代替，是主要代谢产物的必需成分。这些元素称为生命重要物质，也称为机体必需元素。还有一些元素，它们在机体中大量或微量存在，其作用尚不大明确，或者是至今还没有发现，缺少它时，机体也能正常生长发育，这些元素被称为非必需元素。茶树中必须大量元素有H、C、O、N、P、K、S、Ca等八种，必需微量元素有Mg、Mn、Cu、Fe、B、Si、Zn、Mo等九种，在茶树生长发育作用尚有待于进一步研究的目前视为茶树非必需元素的有Al、F、Se、As、Ni、I、Cr、Cd、Pb、Co等十种。其中Al、F、Se三种元素，对茶树来讲属非必需元素，但它们在茶树中的含量高，对人体健康影响较为深刻，故应该加以讨论。

据程启坤综合河合惣吾等资料报导，茶叶中部分无机成分含量例表如下：

表2-17　茶叶无机成分含量

成　　分	含量（%）	成　　分	含量（%）
氮（N）	3.5~5.8	铝（Al）	0.02~0.15
磷（P_2O_5）	0.4~0.9	氟（F）	0.002~0.025
钾（K_2O）	1.5~2.5	锌（Zn）	0.002~0.0065
钙（CaO）	0.2~0.8	铜（Cu）	0.0015~0.0030
镁（MgO）	0.2~0.5	钼（Mo）	0.0004~0.0007
钠（Na）	0.05~0.2	硼（B）	0.0008~0.0010
氯（Cl）	0.2~0.6	镍（Ni）	0.00003~0.0003
锰（MnO）	0.05~0.3	铬（Cr）	0.0002~0.0003
铁（Fe_2O_3）	0.01~0.03	铅（Po）	0.0006~0.0007
硫（SO_4）	0.06~1.2	镉（Cd）	0.00015~0.0002

0.0001%=1PPm

二、茶叶中几种主要矿质元素的概述

（一）钾（K）

钾（K）占叶片2%左右的钾的含量，与蛋白质的分布呈平行关系，在芽、嫩叶新梢有较高的浓度。钾在植物体内几乎全是呈离子状态或吸附在原生质表面的状态存在的，故在体内易于移动，主要输导方向是运往分生组织，钾可以从老叶重新分配到嫩叶组织中去。在缺钾的情况下，老叶出现缺钾症状，老叶的叶缘和叶尖出现明显焦灼，叶片提早脱落，枝杆纤细，树势衰弱，出现茶园缺株等现象。

钾在植物机体中有其重要的生理功能，Hartt（1969）发现钾与碳水化合物代谢有联系，因为钾能提高筛管物质转运的机理，因而能影响糖运转。钾能调节气孔开张，钾吸收可以使气孔最大开张，排除呼吸作用产生的CO_2。钾还能在水分不利的条件下起着渗透调节作用，因而可以防止因失水而造成的植株生理干旱。

钾还有重要的生物化学功能。钾能促进羧基或烯醇化阴离子的磷酸化反应，促进形成烯醇型-酮型互变异构体的消除反应。钾能促进较多酶的活性。例：乙酸硫激酶、醛缩酶、丙酮酸激酶、甲酸活化酶、ATP 酶、琥珀酸-辅酶 A 合成酶等等。另外还有硝酸还原酶，颗粒淀粉合成酶等都需要钾的存在才能提高其活性。因而钾为植物生长发育中的必需元素。

每年在其生产季节，因采摘而带走了大量的钾元素，故容易引起缺钾反应，特别是老茶园的茶树，如果只进行良好的管理和充足的氮、磷肥料，会造成严重缺钾，致使茶树生理上失调，茶叶产量下降，鲜叶品质下降。据报道在南印度年产 2000 公斤/公顷成茶的茶园，单是采下的芽梢每公顷每年要消耗 40 公斤钾，在日本和肯尼亚，许多茶园每公顷年产干茶 4500 公斤以上的高产茶园中的茶树，单形成芽梢一项每公顷要消耗 90 公斤以上的钾素，有的每形成 100公斤成茶要消耗 2 公斤钾。钾素的消耗，与茶新梢被采摘的数量有关，因此钾素的需要量与产量潜力和收获物数量有关。

茶树钾素来源主要是土壤中贮存，初生性矿质化合物如长石和云母是土壤钾源，将钾释放到土壤溶液中去，而次生性矿质化合物（土壤）起着钾素库的作用，它们之间通过离子交换，捕集土壤中初生产矿物释放的钾素及外施的钾肥，形成土壤溶液中的钾素被植物吸收利用，可以用下式表示：不可交换的钾素 $\rightleftharpoons$ 可交换的钾素 $\rightleftharpoons$ 土壤溶液中的钾素 $\rightleftharpoons$ 植物中的钾素。

据韩文炎、王晓萍等研究[22]，钾在茶叶中含量约为 2%左右，钾元素经茶叶 4 次冲泡，干茶中 94.3%被浸出，其中头泡茶汤中钾含量为干茶含钾量的 75.00%,其余三泡茶汤中钾的含量分别为干茶含量的 12.5%、4.2%、2.1%。故饮茶能给人们补充一定量的钾元素。钾是细胞液内主要的阳离子，调节细胞渗透压，保持水分，维持酸碱平衡，钾对维持人体神经肌肉应激性和心肌正常活动有重要作用。

（二）锌（Zn）

是茶树必需微量元素，茶叶含量大约在 22.6PPm~89.3PPm，平均为 40.6PPm[35]。锌能催化吲哚和丝氨酸合成色氨酸过程中酶系统的活性，色氨酸的含量对生长素浓度有影响，故缺锌的植物，体内也缺乏生长素。锌也是醇脱氢酶的辅基，如 6-磷酸葡萄糖脱氢酶和磷酸丙酮酸脱氢酶同样需要锌作辅基。磷酸二酯酶、碳酸酐酶、多肽酶等都是锌金属酶，这些酶有的可以促进呼吸作用，有的可以催化光合作用中 CO_2 的水合过程，有的能促进叶绿素的形成等。据吴彩等研究，锌还能抑制核糖核酸分解酶（RNase）活性，故缺锌，RNase 活性提高，反应向 RNA 分解方向进行，抑制蛋白质的合成，也就抑制了茶树的生长发育。又据韩文炎等报导[38]，锌能提高茶树硝酸还原酶的活性，能明显地提高茶鲜叶的全氮量、还原态氮含量、游离氨基酸总量和咖啡碱含量（见表 2-18、表 2-19）。

表 2-18　锌对茶叶中含氮化合物的影响

项目　处理	全 N（%）	还原态 N(%)	氨基酸（%）	咖啡碱
0	3.67	3.45	1.98	3.81
0.1(%)	3.91	3.68	2.01	3.71
02.(%)	3.94	3.73	2.42	3.83
0.5(%)	4.03	3.79	2.50	3.90
1.0(%)	3.64	3.41	2.31	3.96

★ 资料来源：茶叶科学.1982 年第 12 卷第 2 期 160 页

表 2-19　茶园喷锌对茶叶品质成分的影响★★

试验地点	处理	氨基酸	咖啡碱	水浸出物	多酚类	酚氨比
兰溪上华茶场	Zn	2.12	3.14	42.0	28.82	13.6
	CK	1.96	3.20	41.7	29.54	15.1
龙游十里坪茶场	Zn	3.03	3.78	40.7	25.36	8.4
	CK	2.56	3.56	40.7	26.80	10.5
义乌毛店茶场	Zn	2.68	3.48	40.0	27.00	10.1
	CK	2.26	3.37	36.7	26.87	11.9
中国农科院茶叶研究所	Zn	2.50	3.90	37.4	22.05	8.8
	CK	1.98.	3.81	36.9	22.18	11.2

★★资料来源：中国茶叶 1995 年第 2 期第 12 页

缺锌，会使色氨酸合成受阻，茶树生长迟缓，叶数、叶面积、茎干等生长均矮小，出现小叶现象，且在成叶上出现花斑，称为花叶病，根系也发黑而枯死。

茶树叶片中锌元素含量的高低，自然状态下主要来自于土壤中的有效锌含量。土壤中有效锌含量高低，决定于土壤全锌量。茶园土壤的全锌含量因土壤母质含锌量不同而有很大差异，日本的花岗岩母质上的茶园土壤，其锌含量平均值在45.2PPm~57.3PPm，玄武岩母质茶园土壤含锌量平均值在89.4PPm~120.0PPm，火山灰母质的茶园土壤含锌量高达200PPm~400PPm。土壤中有效锌含量与土壤全锌含量呈正相关，并随母质风化程度及其溶解性而不等[36]，此外还受土壤理化性质影响。一般来讲，土粒细度（粉砂粒和粘粒）增加，因为其表面积大，所吸附的交换态锌的量就较多，故有效锌含量随之增多，目前采用叶片喷施锌肥和土壤用锌肥来提高茶树的锌素含量。叶面喷施锌肥用低浓度的硫酸锌和氧化锌。据报道，茶园叶面喷锌，增产可高达15%左右，东北印度在茶树修剪后，喷施锌肥，可增产4%~10%。肯尼亚茶园，采用飞机喷锌，增产效果可达25%[24,40]。如在叶面喷施锌肥，叶面吸收后约有36%以上很快向根中转移，使根锌含量高于枝干和叶子。叶面喷锌在24小时内全部吸收。由于其叶吸收率与喷锌肥浓度之间没有线性关系，故浓度不能过大，避免浪费和对叶面造成伤害。具体用量要因地制宜，并视土壤理化性状而采用不同浓度和方法。据资料报导，叶面喷施一定浓度（1.06mg/g）的锌肥试验，平均增产可达27.7%[5]（见表2-20）。

锌是人体正常生长发育中的必需元素，人体所有的器官都含有锌，以皮肤、骨骼、头发、内脏、前列腺、生殖腺和眼球中含量丰富，血液中以含锌金属酶形式存在。锌能抑制脂质过氧化作用，使之免受自由基的攻击，起到抗衰老作用，锌对人体生长、发育和智力发育、性机能、食欲、视觉及创伤愈合等都有作用，因此锌元素在人体的含量，被视为对身体健康至关重要。成人体

114

内含锌量约 1.4g~2.3g[23]，占体重的 0.46/万，人体锌元素来源是食物和水，据统计，中国人群中约有三分之一的人是不同程度的缺锌，故补充人体必需微量元素锌已受到我国重视。锌在茶叶冲泡后的浸出率达 77.9%，其中头泡茶的浸出率达总浸出量的 83%、二泡茶浸出率为的 17%、三泡茶汤中未检测出锌元素。用饮茶方式来补锌和其他微量元素也开始成为时尚，并深受人们欢迎。一般来讲，级别高的茶叶、锌含量明显高于级别低的茶叶。

表 2-20***　茶园喷锌对茶叶产量的影响

试验地点	土壤有效含锌量(mg/g)	处　理	茶叶产量 kg/每克			
			1992 年	116.6	1993	%
兰溪上华茶场	1.06	Zn	129.4	100	140.1	140.2
		CK	111.0		99.9	100
龙游十里坪茶场	2.08	Zn	/	/	64.1	108.8
		CK	/	/	58.9	100
义乌毛店茶场	2.34	Zn	218.3	115.3	178.7	97.2
		CK	189.4	100	183.9	100
中国茶叶研究所	1.77	Zn	209.3	109.4	180.4	108.2
		CK	191.4	100	166.51	100

★★★资料来源：中国茶叶 1995 年第 2 期第 12 页

（三）锰（Mn）

锰是茶树必需微量元素，对茶树的生理功能是多方面的：（1）参与茶树光合作用和呼吸作用，在叶绿体内以有机结合形态参加希尔（Hill）反应，增强光合作用强度；（2）Mn 能改变自身化合价（$Mn^{2+} \rightleftharpoons Mn^{7+}$），能调节细胞液和原生质中的氧化还原电位，促进氧化还原反应进行；（3）Mn 是茶树体内多种酶的活化剂。例如脯氨酸酶、精氨酸酶、丙酮酸脱羧酶、烯醇化酶、柠檬酶脱氢酶、苹果酸酶、C-羧化酶、二肽酶、多肽酶等；（4）植物中的硝酸还原酶必须在 Mn 参与下才能激化，故在硝态环境中生长的茶树其根系中锰的吸收量是随土壤的硝态氮浓度增加而增加；（5）Mn 能促进多酚氧化酶的活性。

茶叶中含 Mn 量高低，主要决定于土壤中活性 Mn 含量，土壤中活性锰含量越多，茶芽中含 Mn 量也随之增加。土壤 pH 值影响锰的形态和溶解度，土壤酸度高（pH 低），MnO_2 溶解度越大，可溶性锰含量越多，越易被茶树吸收。土壤中铁对 Mn 有一定的拮抗作用，铁浓度越高，茶树吸收 Mn 会降低。磷对锰的吸收有促进作用。茶园土壤系酸性土，红黄壤茶园土壤的锰含量都比较高，一般不低于 0.5%[24]。对于茶树生长有重要意义的主要是水溶性锰、代换性锰和易还原性锰等三种形态，统称为茶树生长有效锰，水溶性锰和代换性锰主要是二价锰（Mn^{2+}），易还原性锰主要是在一定条件下可以转换的三价锰（$M_2O_3 \cdot nH_2O$），它们的含量是：易还原性锰＞代换性锰＞水溶性锰。另外还含有大量的高价锰化物，它不易被茶树吸收，但它在一定条件下，可以转化为有效锰。

锰对茶叶品质也有一定影响。Yoshida 等[43]认为锰能促进茶多酚氧化酶的活性，有利于红茶发酵，提高红茶品质，锰也能促进抗坏血酸的形成。适量地施用锰肥，还可以提高茶鲜叶中赖氨酸、组氨酸、精氨酸、天冬氨酸、苏氨酸、茶氨酸、谷氨酸的含量，但锰对多酚类化合物的合成有一定的抑制作用[25]。Pthiyagode·V 对锰和茶叶品质作系统分析结果发现[26]，茶叶的含锰量与茶叶的色、香、味之间一般呈负相关，但我们认为锰对茶叶品质的影响是多方面的，锰与茶叶品质的关系要深入研究。

茶树缺锰，表现在"立枯病"，即叶子发黄、叶脉呈绿色、新梢顶端下垂，发展下去全枝萎蔫。但如果鲜叶含锰量超过 700PPm 时，会出现锰害症，日本的"黄化网斑病"就是锰害症，叶脉呈绿色，叶肉出现网斑，发展为褐色，茶枝枯萎。

茶树对锰有富集现象，茶叶中的锰素含量比其他植物高出十余倍时，茶树仍表现良好的生长发育状况，故茶树被称为聚锰植物，一般茶叶中锰含量可达到 1000PPm 以上，茶树各器官和组织含锰量有明显差异，第五叶＞第四叶＞第三叶＞第二叶＞第一叶＞芽，老叶中可达到4000PPm~6000PPm。茶叶经冲泡，锰素浸出率达37%[22]，其中80%为第一次冲泡出。锰是人体必需微量元素，在人体内起着极其重要的作用。大脑皮层、肾、胰、乳腺都含有锰，人体内多种酶是含Mn金属酶，肝脏中线粒体与血液为锰的贮存库，儿童缺锰可致生长停滞，骨骼畸形，成人缺锰，可致食欲不振，生殖功能下降，甚至出现中枢神经症状，成人每天需锰量约为2.5~5.0mg，一杯浓茶最高含量可达1mg。锰食入量越大，吸收率越低。锰自胃肠道缓慢吸收，主要贮藏在肝肾内。大部分进入结肠内后排出，小部分由尿中排出。

（四）铜（Cu）

是茶树的必需微量元素。铜是叶绿体中蛋白质的成分（质体兰素），故铜在光合作用中起着重要作用。铜是多酚氧化酶和抗坏血酸氧化酶的辅基，这两种酶在机体的氧化还原过程中起传递电子的作用。茶树鲜叶中的铜约有1/3存在于多酚氧化酶内，茶叶片中含量铜量大约在20PPm左右，其含量水平与土壤中含铜量和土壤施肥水平呈正相关。中国绿茶含铜量在12PPm~40PPm，日本绿茶含铜量在12PPm~24PPm，印度和斯里兰卡茶叶含铜量在11PPm~71PPm[28]。中国茶叶因地区，级别不同其含铜量也不同见表2-21[27]：

表2-21　几种茶叶中的含铜量（μg/g）

茶叶名称及产地	含　　量
茉莉花茶（一级三窨）苏州	18.0
茉莉花茶（二级二窨）苏州	23.4
茉莉花茶（三级一窨）苏州	27.3
茉莉花茶（一级三窨）广西	20.0
茉莉花茶（一级三窨）福建	19.5
碧　螺　春　江苏吴县西山	15.9
龙　　井　浙江	15.9
屯　　绿　安徽休宁	26.6

铜元素的丰缺状况，直接影响茶树的生长发育。缺铜时，表现为新梢生长受阻，芽尖和叶尖坏死，叶子出现失绿现象，影响光合作用和物质代谢。铜在茶树体内的流动性较差，一般在叶面喷施铜肥主要积累在老叶、嫩叶和生产枝，土壤主要积累在根中。在红茶生产区域常采用叶面喷施铜肥法，来提高叶子的含铜量，提高多酚氧化酶的活性，改善红茶的品质。但施肥量也不能过大，过大会出现铜中毒，表现为生长点减少，新梢难以萌发和生长，吸收根数量锐减，死根增加。

铜是人体中必需微量元素，具有重要的生理功能和营养作用。铜与体内细胞色素氧化酶、超氧化物歧化酶、半乳糖氧化酶、抗坏血酸氧化酶等酶类有密切的关系。铜可以促使无机铁变成有机铁，由三价变成二价状态，加速血红蛋白和卟啉的合成，故铜参与造血作用，铜也能降低尿糖和血糖的作用，缺铜也可能引起冠心病、皮肤、毛发色淡、视力减退。人体各器官中都含有铜，以骨骼、肌肉中含量较高，血浆中正常铜含量为 $100\mu g \sim 120\mu g/100me$[36]。成人每天每人必须从食物中得到 $2\mu g \sim 3\mu g$[29]。

铜在红茶中含量高于绿茶，据竹尾忠一测定，红茶茶汤中含量约为 12PPm~13PPm[30]，据韩文炎、王晓萍等测定，铜在头泡茶汤中，泡出率为 18%，经过四次冲泡，泡出率在 80.6%[35]。

（五）铝（Al）

是茶树非必需元素，土壤中的活性铝与土壤 pH 值密切相关，随着土壤酸化，其活性铝逐渐增加，铝在酸性土壤中以 $Al_2(SO_4)_3$ 形态存在，在碱性土壤中以不溶性的 $Al(OH)_3$ 形态存在，反应式如下：

$$Al_2O_3 + H_2SO_4 \longrightarrow Al_2(SO_4)_3 + H_2O$$
$$Al_2O_3 + NaOH \longrightarrow NaAlO_2（偏铝酸钠盐）+ H_2O$$
$$\longrightarrow Al(OH)_3\downarrow$$

Al^{3+}被认为是酸性土壤中作物生长的主要限制因素之一，其原因是因为Al^{3+}能使细胞膜系统的功能受到损害而不利于根对离子的吸收、转移等生理活动。Al^{3+}能抑制硝酸还原酶的活性，特别是根部的硝酸还原酶的活性，因而影响氧的吸收，Al^{3+}还能与土壤中的磷生成磷酸盐沉淀而影响对磷的吸收，同时Al^{3+}也能干扰根系对钙、镁的吸收，因而在酸性土壤环境中很多植物因此而生长受到限制。

然而，茶树在强酸性和酸性土壤中生长良好，并且Al^{3+}在叶片中大量积累，茶树鲜叶中含量在200PPm~1500PPm间，有的老叶中含量高达20000PPm。据小西茂毅测定[31]，中国品种的一芽二叶含铝量为466PPm，成叶含铝量为4000PPm，落叶含铝量为10000PPm。阿萨姆品种的一芽二叶含铝量为512PPm，成叶含铝量为2820PPm，落叶含铝量为4450PPm，故茶树素有"铝的聚积体"之称。铝被茶树吸收方式，目前有两种观点，一种是以铝-氟络合物形式进入茶树的，当氟离子与铝形成络合时，能以多种形态铝-氟络合离子或它们的水合离子形式共存于土壤溶液中，随同茶树根系吸取土壤营养物质时，便以Al^{3+}、AlF^{2+}、AlF_2^+等形式将铝和氟两种元素一并吸收到茶树体内[32]。第二种观点是以Al/P克分子比值为1的磷-铝络合形式来吸收的，当磷铝络合物进入茶树体后，当植株（茶树）的pH比土壤pH高时，使磷-铝络合物解体，游离出铝离子和磷酸，磷酸参与体内代谢，铝离子则与茶树体内的游离羟基或某些有机酸根络合而累积在根中或叶中[32]。铝在茶树体内大量累积，茶树生长发育仍十分健壮，故茶树被公认为喜铝和耐铝植物，到目前为止世界上很多学者对茶树生长和铝的关系都在进行深入研究中，尚未见到茶树缺Al症状的报导，故至今为止铝被认为是茶树的非必需元素。

铝对动物和人体来讲，也不是必需微量元素，从70年起，人们对铝的兴趣逐渐增加，是因为发现铝对人体有一定的毒害。铝的积累对神经有毒性，与脑疾病有关，例如老年痴呆症，铝进入人体后有 5%左右呈游离态，它和血浆结合，当铝积累量超过正常人铝含量五倍时，便会加速钙磷排泄，使人体代谢失调，引起缺钙和缺磷。成人每天摄铝量为 9mg~14mg 时为正常[34]，其中通过食物进入人体的量为 2mg~10mg。铝在茶叶的泡出率低于 20%，在茶汤中铝浓度约为 2PPm~6PPm，每天每人饮茶 10g 的话，也只有 20PPm~60PPm 铝进入人体，不会影响人体健康。

（六）硒（Se）

是茶树非必需元素。硒元素是 1817 年瑞典科学家发现的，早期被认为是对人体有害元素，1957 年发现硒是动物的必需元素，1978 年联合国卫生组织才正式宣布"硒为人体必需微量元素"。近年对于硒与人体健康关系、植物含硒量与土壤关系、植物体内含硒总量及形态等研究，发展较快。茶叶中硒元素的研究从 80 年代中期开始，杜其珍、顾谦等研究了茶叶中的硒含量和组成[35、37]，结果表明，茶叶中的硒约 80%以上为硒蛋白，8%左右为无机硒，其余为小分子有机硒，它们与茶叶中的色素、酚类物质、果胶、核酸等结合。硒是茶树中非必需元素，但茶树有从环境中富集硒的作用，故茶树内总硒含量的高低，主要取决于土壤中含硒量，土壤中含硒量决定期与土壤母质含硒量的高低成正比趋势。其次茶树体内含硒量也与茶树聚硒能力强弱有关。土壤中的含硒量有五种不同的形态；即硒化物（Se^{2-}）、元素硒（Se）、亚硒酸盐（Se^{4+}）、硒酸盐及部分小分子有机硒化物。其中能被植物吸收利用的有硒酸盐、有机硒化物和部分亚硒酸盐，其吸收利用率受土壤的理化性质的影响，如果土壤中有机质含量多，则土壤中含有大量的微生物，它们可使土壤中硒的形态发生变化，能增加可被植物吸收的硒素（称为水溶性硒），加大了植物吸收，增加植物体内的硒素含量。土壤 pH 值对土壤含硒量影响较大。土壤对亚硒酸盐、硒酸盐等阴离子吸附量是随土壤 pH 值的降低而增加的，在酸性土壤中，以还原作用为主，水溶性硒常常被铝、铁粘粒所吸附，形成难溶性的 Fe_2SeO_3，导致土壤硒的水溶率大大降低，影响植物吸收。相反随着 pH 增高，以氧化作用为主，其体系中 OH^- 数量增加，亚硒酸盐和硒酸盐的可溶性增加，容易被植物吸收。据报道[35, 36]，土壤 pH 值与硒的水溶率呈良好的指数关系，当 pH 为 7 以下时，硒的水溶率大致为 1%以下，pH=8 时，硒水溶率达 2%，pH=9 时，硒水溶率超过 5%。土壤中全硒量主要集中在耕作层中，土壤母质是土壤全硒含量的基础，陕西紫阳和湖北恩施土壤母质是古生代煤岩地层的富硒岩石，生长的茶树采制后茶叶的含硒量远远高于其他中硒或低硒地带的茶叶（表 2-22）：

表 2-22　不同地区茶叶含硒量[37]

茶样名称 含硒量	浙江 龙井	安徽 敬亭绿	安徽 瑞草魁	江苏 宜红	四川 红茶	海南 红茶	紫阳 五林乡	恩施 绿茶
PPm	0.147	0.122	0.160	0.025	0.095	0.16	3.85	6.42

茶树富集硒作用与其遗传特性有关，据报道，在安农大试验茶园同一小区不同品种的茶树，其新梢中含硒量可以相关 10 倍（表 2-23）。

表 2-23　不同品种茶叶的含硒量[37]

茶树品种 含硒量	合肥 群体种	正和 大白茶	福建支大 杂交种	浙江余杭 福鼎大白茶	四川 枇杷种	无锡五号品 种
PPm	0.120	0.080	0.130	0.095	0.01	0.112

茶树各部位含硒量也是不同的，据安农大研究人员测定，随着叶的成熟度增加，其叶内硒含量逐渐增多（见表 2-24）。

表 2-24　茶树不同部位的含硒量[35]

部位 含硒量	芽	一叶	二叶	三叶	四叶	老叶	嫩梗	侧根	嫩果
PPm	0.0825	0.066	0.090	0.120	0.120	0.25	0.066	0.07	0.066

茶叶硒含量也受制茶技术措施不同而变化，特别是温度的影

响，硒与氧，硫为同一主族元素，属非金属元素，易受温度变化而发生变化，故在温度较高、时间较长的加工方法下，易损失，相反温度较低或时间较短则硒保留得较多，例表 2-25 中可见，同一种原料，因加工方法差异则硒保留量也有差异。碧螺春名茶的杀青锅温一般在 160℃~180℃，揉捻在锅中进行，锅温 80℃~100℃时间 16 分钟，继而搓揉，温度为 60℃~70℃。时间为 10 分钟左右，其整个制作过程中温度比较高，时间也较长。龙井茶杀青锅温度较低约在 80℃～100℃，在锅时间为 15 分钟左右，然后在锅中做型，温度逐渐降低，其整个制作过程均在所谓不烫手的环境中进行，故硒损失少。见表 2-25。

表 2-25　制茶方法与茶叶硒含量[37]

制作方法 含硒量	合肥 仿制碧螺春茶	合肥 仿制龙井茶
PPm	0.145	0.175

　　因此，在茶叶加工中，应尽量避免过高温度和过长时间的烘炒，以减少茶叶内硒素的损失。

　　硒与人类健康的关系密切，硒是人体内谷胱甘肽过氧化物酶的活动中心元素[38]，直接影响着此酶活性的强弱，人体内谷胱甘肽过氧化物酶能有效地清除机体内的自由基，可以防治心血管疾病和减缓衰老。硒也是碘型甲状腺激素脱碘酶的必需元素，故缺硒能引起此酶活性降低，导致甲状腺代谢紊乱而患甲腺疾病。此外低硒还能引起心肌线粒体单胺氧化酶和谷胱甘肽硫转移酶的活性，引起心肌疾病及降低人体解毒能力等，故硒被誉为"生命的奇效元素"。近年报导[39]，硒具有抑制增生对癌病的作用，硒对癌细胞促进分化，抑制分裂的作用，硒与 Vc、V_E 三种营养素联合使用，可协同抑制乳癌细胞及其他肿瘤的生长、增殖及恶性运转[40]，故硒被誉为"癌病的克星"，此外硒素的缺乏能引起胰岛素及细胞功能损害，致使胰岛素合成分泌严重减少，引起营养性胰腺萎缩，导致心肌损害病和糖尿病。硒还能与重属镉、汞、砷等生成难以解离的重金属络合物（CdSe、HgSe 等），解除重金属对人体的毒害[41]。硒也有明显的消退高血脂和增强细胞的修复等作用，故硒又被誉为是人体健康的坚强防线。

我国地球化学特征，约占全国总面积 2/3 地区属于低硒或缺硒地带，人均日摄硒量大大低于 50μg/日，但研究又证明合理搭配膳食能增加人均日摄硒量，可以调理人体硒含量[41]。茶叶是含硒饮料，特别是高硒地区的富硒茶叶，其硒水平较高，茶叶中的小分子有机硒和少量的无机硒及微量的硒蛋白，是茶汤硒素的主要来源（有机态 Se^{2-}、无机态 Se^{4+}）。茶叶的常规冲泡方法约有 10% 左右的硒素能进入茶汤，若按富硒茶含硒量 3PPm~5PPm 计算，每日饮茶 5g~6g，则可以从茶叶中获得硒素 2μg~3μg/日，加之茶叶中含有 100mg~500mg%Vc 和 50mg~70mg%VE，它们天然组成了三合剂，生理功能上有协同作用，在代谢上有彼此节省的关系，故天然富硒茶近年备受青睐。

（七）氟（F）

是茶树非必需微量元素，氟是地球生物活性元素之一，它的变迁和循环直接关系到人类的健康，低氟和高氟，对人类和动物都是有害的，例龋齿病，甲状腺肿大，主动脉硬化，氟斑牙和氟骨病。氟不参与人体代谢，至今还未发现机体的某项生化过程必须有氟参加，故氟是否人体必需微量元素，目前尚有争论。自然界氟普遍存在于母岩、土壤、大气中。母岩中的氟主要呈各种络合形态存在；以氟磷灰石（$Ca_{10}F(PO_4)_6$）、晶石（Na_3AlF_6）、荧石（CaF_2）、氟金云母（$KMgAlSi_3O_{10}F$）等[42]。土壤是母岩的风化产物，含氟量比母岩低，约为 30PPm~300PPm。茶园土壤的含氟量因受母岩的影响明显表现出地域或母岩的特征。土壤含氟量分有效态氟和结合态氟，有效态氟又分水溶性氟，弱酸溶性氟和交换性氟，这些形态氟都与茶园海拔高度、茶园土壤黏粒和游离铁铝含量有明显的相关性。即海拔高度越低，土壤黏粒含量越丰富，游离氢氧化铁铝含量越多，其水溶性氟和交换性氟含量也越多，相关系数高达 0.9683~0.9722，另外也有报导，凡有机质含量丰富，土壤 pH 值高的土壤，氟含量也比较丰富。氟能促进茶树生长，故被以认为茶树生长的有益元素，至于氟是不是茶树生长发育的必需元素，尚有待进一步研究。茶树对土壤中氟的吸收，主要以氟铝络合离子态（$AlFn^{3-n}$）吸收，其中以 AlF^{2+} 和 AlF_2^+ 为主，并以相同的形态在茶树体内运输，然后逐步在老叶积累起来，最后通过落叶的形式在体内排除出去。茶树体内氟以无机态形式存在，茶汤的氟是与铝呈络合态存在，茶树体内含氟量分布特点是叶子＞花果＞茎秆＞根系，就叶子来讲，老叶含氟量最高，其次是成熟叶，嫩叶含量最低，茎秆含氟量是嫩茎高于老茎，根系的含氟量是细根高于粗根。成茶中的含氟量的幅度极宽，卫生部 1976~1980 年组织 13 个产茶省（区）817 只茶样用统一的方法测试定结果为 2.1PPm~1175PPm，平均含量 211.7PPm，各种名优茶的含氟量低于中低档茶，最高含氟量的为四川雅安的南路边茶。茶叶的氟含量受很多因子的影响而不等。茶叶氟的泡出率一般达到 80% 以上，也有少数茶，如日本玉露茶、番茶、釜茶其泡罐只有 40% 或更少。

我国大部分地区饮水的水源是属于低氟标准。正常人体内含 F 约为 2.6g，低氟地区饮用水含 0.5PPm 以下时，龋齿病的发病率达 60%~70% 有的高达 90%。据尹方研究，茶树能从土壤中吸收大量氟，并且输到地上部分，在叶中累积起来。测定结果表明茶叶中游离氟含量比梧桐叶高 2~3 倍，比桑叶高 3~6 倍，比小白菜高 5~8 倍，比大葱高 13~20 倍，故饮茶是一种安全的补氟和防龋齿病的方法，这方面的研究在日本、德国和中国都有比较成功的经验，世界卫生组织拟将饮茶列为防龋措施向各国推广。

（八）钼（Mo）

是茶树必需微量元素。钼是硝酸还原酶的辅基，因而钼能促进植物体内和土壤中的硝酸还原酶的活性，增加氮肥的吸收和利用。钼也与黄素酶、黄嘌呤氧化酶、醛氧化酶的电子传递过程有关，是生物体内嘌呤类化合物代谢的必需元素。钼也参与土壤中氮的固定作用，因为钼能促进固氮菌（巴士棱菌和好气棕色固氮菌）的生长。钼是一个具有 $4d^55s'$ 构型的第二过渡系列的元素，它的化合物中表现出一系列的氧化形态和立体化学现象，是多价的，故它在植物体内能维持正常的氧化还原环境，促进机体的正常代谢。钼素在茶树生长发育中是必需微量元素，在缺钼环境下生长的茶树，根系生长严重不良，植株十分矮小，叶小而薄，黄色病斑密集，光合作用和固氮作用都受到严重影响，茶树在幼苗期间就会生长停顿，茶树叶子中正常含钼量应在0.02PPm~0.3PPm，成茶中含钼量在 0.05PPm~1.36PPm。1953 年钼被确定为人体必需微量元素，人体中含钼量约为 5mg、肝、肾、骨骼、皮肤中含钼较多。食物中的钼从肠道吸收，参与铁的代谢，对心肌有保护作用，缺钼可致使心肌坏死，高钼可以引起高尿酸血症和痛风，铜/钼比值高，是缺铁性贫血的原因之一，饮茶能给人体补充钼微量元素，对人体的健康有利。

（九）镁（Mg）

是茶树的必需微量元素，镁是叶绿素分子结构中卟啉环的中心金属元素。镁能与磷酸基团（ATP、ADP、AMP）构成络合物，影响高能化合物水解。镁也能促进磷酸酶、转化酶、己糖磷酸激酶的活化，在碳水化合物代谢中起重要作用。另外，茶树中的谷酰胺合成酶，茶氨酸合成酶、谷氨酸脱氢酶等，只有在镁的活化下，才能进行酶促反应，因而镁也影响着氮素固化及游离氨基酸的积累。在咖啡碱合成中，中间产物次黄嘌呤的形成需要镁离子激化，甲基供体 S-腺苷蛋氨酸的形成，必须由镁参与下蛋氨酸才能活化，因而镁的存在，直接影响着咖啡碱的代谢。镁对饱和或不饱和脂肪族的烃类、醛类、酮类、酸类等合成也起着直接和间接的影响，因而镁与茶叶香气前体物质的含量有一定关系。福建省安溪县研究乌龙茶品质与镁含量关系时发现，施镁钾肥料，可以提高茶叶香气，即含镁量高的鲜叶，制成乌龙茶品质也好。由于镁对茶叶产量和品质都有影响，所以加强对镁的研究必将使茶叶产量和品质都得到提高。

茶树体中的镁含量的高低主要取决于土壤母质、土壤理化性质和土壤管理水平。不同母质的茶园，其有效镁含量有明显的差异，一般来讲，石灰石母质上发育的茶园土壤，其镁含量较高而砂岩及第四纪红壤上发育的茶园土壤有效镁含量较低。土壤理化性质对土壤中镁的形态有很大的影响，在酸性土壤中，镁转变成有效镁：

$$4Mg_2SiO_4 + 4H_2O + 2CO_2 \longrightarrow H_4Mg_6(Si_2O_8)_2 \cdot H_2O + 2MgCO_3$$

橄榄石　　　　　　　　　　　　蛇纹石

$$\downarrow 6H_2OO_3$$
$$\longrightarrow 4H_4SiO_4 + 6MgCO_3$$

镁在酸性土壤中，易转变成有效态镁，但也容易流失，茶园土壤是酸性土壤，有效镁应该比较丰富，但是有些茶园，长期施用生理酸性的化肥（尤其是化学氮肥）后，土壤进一步酸化，镁不断地释放，在雨水的长期作用下，镁的流失剧烈，特别是成年茶园和老茶园受生理酸性化肥影响时间较长，酸化程度越大，镁的流失更强烈，使其能代换的镁含量偏低，这种茶园应及时补充淋溶而损失的镁，对满足茶树正常生长发育所需的镁营养是十分重要的，因此，老茶园上再施用镁肥（土施）对增产和提高茶叶品质都有良好的效果。倘若在老龄茶园上配合氮肥和钾肥，施用镁肥效果更佳，把镁肥和钾肥配合施用，增产效果和经济效果更好，原苏联Какабаlze·Γ·Γ在每公顷茶园施钾肥200~400公斤（K_2O）的基础上，再施100~150公斤镁肥（MgO）增产效果达18%~32%，我国对茶树镁肥研究也有许多报导[46]。

镁是茶树中必需微量元素，在茶树体内含量分布是根系＞芽叶＞枝干。镁又是茶树体内流动性较大，再利用程度较高的元素，其老叶中积累的镁能向嫩叶中转移，在叶片中含量分布一般是嫩叶＞老叶，但是，如果茶树吸收镁超过需要的最适量，多余部分便在老叶中积累起来，此时会出现老叶＞嫩叶。不同品种的茶树，因其遗传因子特征的影响，使其营养特性不同，其茶树镁的含量也有明显的差异。

茶叶中镁含量据韩文炎、王晓萍测定[22]，炒青绿茶、红茶、青茶见表2-26：

表 2-26 几种干茶中几种矿质元素含量

茶 类		样品酸	钾（%）		镁（%）		锰（mg/g）		铜（mg/g）	
			范 围	平均	范 围	平均	范 围	平均	范 围	平均
绿茶	炒青	39	1.48～2.38	1.94	0.14～0.22	0.17	255～1836	983	12.4～71.3	27.6
	烘青	34	1.54～2.30	1.98	0.14～0.23	0.19	342～2280	932	9.2～38.0	21.9
	珠茶	18	1.53～2.39	1.88	0.13～0.24	0.19	898～2106	1475	12.5～89.3	23.0
	小计	91	1.48～2.39	1.94	0.13～0.24	0.18	255～2280	1062	9.2～89.3	24.6
红茶	红碎茶	31	1.75～4.24	1.97	0.15～0.45	0.21	551～1820	1173	9.1～118.9	32.3
	工夫红茶	5	1.96～2.12	2.03	0.22～0.23	0.22	301～434	383	25.7～41.9	31.3
	小计	36	1.75～4.24	1.98	0.16～0.45	0.21	310～1820	1063	9.1～118.9	32.2
青 茶		12	1.52～2.10	1.73	0.16～0.20	0.19	428～1483	1074	5.7～17.3	14.3
其他茶		9	1.75～2.47	2.14	0.20～0.26	0.22	311～923	644	10.3～23.8	16.3
合 计		148	1.48～4.24	1.95	0.13～0.45	0.19	255～2280	1038	5.7～118.9	25.6

镁在茶汤中的浸出率为85.1%，且经第一次冲泡后，绝大部分都能浸出。

镁是人体必需元素，正常人体内含量约20g~28g，其中50%存在于骨骼和牙齿中，镁参与人体内许多重要酶促反应，也参与蛋白质的合成，人体每日需镁量约 300µg~400µg，饮茶能补充人体一定量的镁，对人体健康有益处。

茶叶中含有大量的氮素、磷素、硫素、碳素，它们是茶树机体的基本元素，本章不予一一讨论，Ca、Fe、Na 虽然是茶树的必需元素，因人体对三种元素需要量大，而它们在茶汤中的浸邮量远过小于人体需要量，故也不作详细讨论。特别值得一提的茶叶是低钠饮料，故可作人体某些疾病的保养饮料，例如高血压病，肾病等。还有一些对人体有害的金属元素，例砷（As）、铅（Pb）、镉（Cd）、铬（Cr）属于 PPb 级的痕量元素，有的浸出率极微，也不作讨论。

第八节　茶叶香气化学

一、概述

（一）香气与日常生活的关系

综观人类漫长的历史，人类与香气的关系相当密切：在公元前 3 世纪，印度河流域的都市已有烧香之事，从中东传到西欧的香料仍不亚于黄金、宝石贵重品[44]。随着文明的开化，将香味联系于官能，并逐渐进入娱乐，要求愉快的芳香，增加生活的情趣。因而天然香料不够用，大大促使人造香料和合成香料的发展。近年来由于各种公害，使环境污染较为严重，人类为回避公害和寻回大自然的快乐人生，对香气的追求和研究，又有了新的发展。

（二）香味的概念

一般提到"香气"二字容易想到愉快的物质感觉，实际上还有许多不愉快的带臭味物质，如果以某种目的使用时也可以列入香气和香料的范畴之内，例如，豆腐乳本身只具有蛋白质被白霉菌感染的臭味，当进入口中时，会同时还刺激味觉和嗅觉，令人感到特别的香气和风味。因此，可以认为香气是某种挥发性物质刺激鼻腔内嗅觉神经而引起的感觉。令人愉快的香味称为香气（Odor，Fragrance，Scent，Aroma），令人不愉快的香气称为臭气（Smell，Malodor）。香味的感受也因年龄、性别、生活环境等而异。表现方法也很暧昧，因此，还没有准确的、统一的方法来定量。香气会增加人们的愉快感和引起人们的食欲，改善皮肤机能，也可防止睡眠不足而引起的身心活力下降，还可放松神经和起催眠效果。气味信息可以深留在人的记忆中，增强人们的记忆力。

二、物质化学结构与香气的关系

无机化合物除了 SO_2、NO_2、NH_3、H_2S 等以外，其他均无气味。气味与有机化合物分子结构有密切的关系，一般来讲，以下几种情况会影响气味。

（一）具有发香原子或发香原子团

在周期表中从Ⅳ至Ⅻ，除去 P、As、Sb、S、F 是发臭原子以外，其他均为发香原子，自然界中的发香原子团主要有—OH、—CHO、$-\overset{\overset{O}{\|}}{C}-$、—R—O—R′、$-\overset{\overset{O}{\|}}{C}-O-$，其碳原子数在 8~15 时香味最强，并且增加其不饱和度香气会增强。其中醇的羟基为强发香基团，若有二价键和三价键时，香气更强，但如羟基数目增加，则香气会减弱。内酯（lactone）若环增大、香气增强，但碳数超过 14~17 时的过大环时，香气又会减弱[44]。

（二）物质分子的立体结构也会影响香气的差异

顺型和反型会有两种截然不同的香气，例如芳樟醇〔2,6-二甲基辛二烯（2,7）醇（6）〕和香叶醇〔2,6-二甲基辛二烯（2,7）醇（8）〕它们是分子内羟基不同位置和双键不同位置的同分异构体，香气是各不相同的。芳樟醇具有百合花香和玉兰花香的，香叶醇是具有玫瑰花香的。又例顺-3-己烯醇和反-3-己烯醇之间因顺反位置之差异，使香气上带来很大的差异，顺-3-己烯醇是青草气，反-3-己烯醇是新茶香（或清香）。也受光学异构体 d 型和 l 型之异构体影响。例如 d-薄荷脑与 l-薄荷脑的香气有差异。

三、茶叶香气

茶叶香气的研究自 1893 年 M・K・Bamber、1896 年 P・Van・Rombargn 用蒸馏法提取茶叶中的香精油始，至 1920 年荷兰学者从茶叶中发现青叶醛（反-2-己烯醛），1933 年日本京都大学和中国台湾台北大学开始对煎茶和红茶香气的研究，已做了大量工作，因为技术落后，每次研究必须消耗 1 吨茶叶来抽提香气，且对香气组成研究的还很肤浅。直到 1960 年，气相色谱仪发明后，对茶叶和食品的香气研究，才起到真正的推动作用，于是在日本、美国掀起了研究高潮，特别是日本的山西贞博士和田中协和博士，他们不但研究了鲜叶中的青叶醛和青叶醛的形成机制，并且还研究了其他香气物质及其形成机制和综合利用等，据李名君报导，茶叶中的香气成分，目前已分析出 612 种，占干物质总量的 0.02%[45]。

茶叶香气的刺激气味，具有兴奋和活跃高级神经系统的作用，它能给予人们以兴奋愉快之感，当你喝上一口香气怡人的好茶时，会感到精神振奋、头脑清醒，疲劳之感也随之消失。人们青睐新茶或春茶，很大程度上是因为香气好。一般来讲有了好的香气，必然会有好的滋味，香和味是密切联系和互相影响的。茶叶的"色、香、味、形"四大品质因子，不能平分秋色，等量齐观，香气在审评中占 30%～40% 的分数。著名的香气专家山西贞博士认为"滋味和香气乃是茶叶的命根子"。香气高低，首先决定于香气前体物质，所谓香气前体物质是指鲜叶（或茶树新梢）中含有的萜烯类、芳香烃及其氧化物、类胡萝卜素类、氨基酸类、糖类等物质和加工中形成香气的必须酶系。香气前体物质的种类和数量，是形成茶叶香气的物质基础，它们将决定和影响着茶叶香气的类型和高低。影响香气前体物质种类和含量的因子主要有茶树品种、叶质老嫩、季节变化、地区差异、农业技术。如龙井长叶种中的春季紫芽和绿色芽叶中挥发油的含量和组分是不同的[47]，绿色芽叶的鲜叶挥发油含量几乎是紫色芽叶的2倍，且内含成分上也有差异，绿色芽叶制成的烘青茶香气比紫色芽叶持久，且香型不同。又如祁门红茶的精油中香叶醇、苯甲醇、2-苯乙醇含量较高，祁门红茶的香气是以蔷薇花香和浓厚的木香为特征。斯里兰卡的乌瓦红茶精油中以芳樟醇及其氧化物含量较高，使其以清爽的铃兰香和甜润浓厚的茉莉花香为特征，故香气前体物质是决定茶叶香气的重要基础。其次是茶叶加工方法对茶叶香气的影响，鲜叶采用不同的加工方法，会形成不同的香气物质，同一批鲜叶，分别制成炒青绿茶和烘青绿茶其香气会截然不同。同批叶制成功夫红茶和小种红茶，其香气也完全不同。原因是加工方法不同，温度和受热时间不同，将直接影响香气的形成，例如吡嗪类物质在100℃以上才得以生成，过高的温度，过长的时间会产生Maillard反应，影响香气和色泽，日本泽村章二等研究，茶叶复火30分钟，其温度以130℃时香气为最好。复火40分钟时，其温度以120℃时香气为最好。复火50分钟时，香气最好的温度是110℃。

（一）茶叶中主要芳香物质

鲜叶中的芳香物质较复杂，有属有链脂肪族、芳香族、萜烯类的醇、醛、酮、酸、酯和它们的配糖体等物质，总称为芳香油，约占干物质总量的0.02%，种类约有近百种。它们对茶叶香气的发展起着重要的基础作用。鲜叶中的醇类物质主要有正乙醇、顺-3-己烯醇、苯甲醇-β-D-吡喃葡萄糖苷，苯乙醇，香叶醇单萜配糖体、芳樟醇单萜配糖体等等，其中以青叶醇为主体，约占鲜叶芳香油的60%，占沸点为200℃以内所有芳香物质的80%，特别是顺式青叶醇，占青叶醇的94%~97%，反式青叶醇只占青叶醇的3%~6%，其次是牻牛儿醇（又称为香叶醇）约占鲜叶芳香油的20%~30%，芳樟醇（又称沉香醇或伽罗木醇），约占鲜叶芳香油的 17%左右，现分别介绍如下：

1. 顺-3-己烯醇（又可称为顺式青叶醇）（Cia-3-Hexeno）

结构式 $CH_3CH_2C=CCH_2CH_2OH$，分子式 $C_6H_{12}O$，分子量为 100.16，比重为 0.86，沸点 157℃，纯品具有强烈的青草气，为无色液体，其分子内含有双键，能在酶（或热空气中）存在下起加成反应，生成正己醇，也可在酶和热的作用下发生异构化作用，生成反-3-己烯醇带香物，在制茶中可以与丙酮酸结合生成顺茉莉酮类化合物。

2. 牻牛儿醇（又称为香叶醇）（Geraniol）

其结构式为 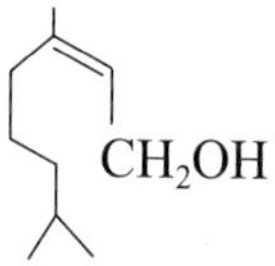 ，分子式为 $C_{10}H_{18}O$，分子量为

154.25，学名 2,6-二甲基辛二烯[2,6]醇[8]，比重为 0.89，沸点为 230℃，纯品为有优雅蔷薇香气的无色液体。牻牛儿醇含有两种立体构体，如下

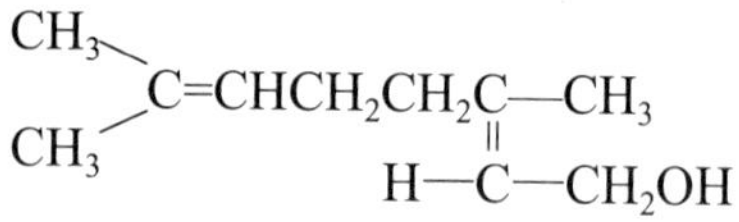

牻牛儿苗醇(反式) 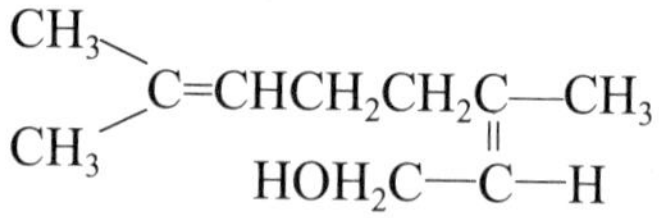　　　　　　　　橙花醇(顺式)

3. 橙花醇（Nerol）

具有类似牻牛儿醇而更加华丽新鲜的蔷薇香型，香精油为无色液体，比重为 0.88，沸点为 227℃。这类单萜烯带香物质沸点在 200℃以上，制茶中不易随水汽而挥发，但在制红茶过程中，由于氧化酶的作用，极易生成它们的含氧衍生物，例如生成单萜醛、单萜酯、萜品松等物质，它们将对茶叶香气带来较大的影响。

鲜叶中含有一定数量的醛类物质，约占总芳香油的 3%，大部分为低沸点的低碳醛。如乙醛、正丁醛、异丁醛、正戊醛、异

戊醛和反-2-己烯醛等，具有不愉快的气味。这类物质因—CHO的存在，故性质都较活泼，在茶叶制造中除了随水汽挥发部分以外，都参与茶叶香气和滋味的形成，例如乙醛可参与茉莉酮的形成。醛类物质在茶叶在加工过程中逐渐增加，成品茶中醛类物质高于鲜叶，红茶高于绿茶。醛类物在茶叶加工中可由醇类物质氧化而来，如柠檬醛是由牻牛儿醇氧化而来的，糖醛是由单糖受热脱水而形成的，异丁醛是由缬氨酸脱氨脱羧而形成的，苯乙醛是由苯丙氨酸脱氨脱羧形成的等等。此外，儿茶素的氧化物邻醌，遇氨基酸也能生成带香的醛类物质，茶叶在制造中大量增加的醛类有正戊醛、己醛、正庚醛，反-2-己烯醛、反-2-辛烯醛、苯甲醛、苯乙醛、异丁醛等。绿茶的陈茶气味物质是2,4-庚二烯醛，它能在绿茶复火中被去除大部分。茶叶某些特殊香型的风格物质中，醛类占较大的比例。下面简单介绍几种醛类物质：

4. 柠檬醛（Citral）

由牻牛儿醇氧化而成的立体异构体为橙花醇，因而柠檬醛也有两个立体异体，牻牛儿醛（反型）又称为α-柠檬醛，橙花醛（顺型）又称为β-柠檬醛，天然的柠檬醛常为此二异构体的混合物，有柠檬芳香，淡黄色液体，分子式$C_{10}H_{16}O$，分子量为154.24，学名为2,6-二甲基辛二烯2,6-醛[8]，比重为0.89，沸点为228℃，对空气、碱剂和日光较不稳定，有时会变色，它也是茶叶中紫罗兰香酮和甲基紫罗兰香酮的原料。

5. 苯甲醛（Benzaldehyde）

具有苦扁桃般香气的无色或淡黄色的液体，放置在空气中容易氧化，成为安息香酸而析出，比重为1.05，沸点179℃，分子式C_7H_6O，分子量106.12。

6. 苯乙醛（Phenylacetaldehyde）

有风信子般香气的无色或淡黄色的液体，比重为 1.03，沸点为 206℃，分子式 C_8H_8O，分子量 120.15，纯品极易聚合成为酰酸二乙酯溶液，是花香型调和香料。

7. 苯丙醛（3-Phenylpropionic Aldehyde）

具有风信子般香气的无色或淡黄色液体，比重 1.02，沸点 222℃，分子式 $C_9H_{10}O$，分子量 134.18，性质比较稳定，对碱液不起反应。

8. γ-十一内酯（醛 C-14）（γ-Undecalactone）

有桃子般香气的无色或淡黄色的液体，比重 0.95，沸点为 162℃，

分子式 $C_{11}H_{20}O_2$ 结构式 $CH_3(CH_2)_6\ CHCH_2CH_2$ ，是一种常用的
$$\underset{O\ \text{——}\ C=O}{\mid\qquad\qquad\mid}$$

食品香料。

鲜叶中的羧酸类物质一部分是茶树物质代谢过程中的中间产物，例如丙酮酸、乙酸、草酸、柠檬酸、苹果酸、琥珀酸、没食子酸和一系列脂肪酸（例正戊酸、正己酸、棕榈酸等）。它们本身都有刺激气味，鲜叶采摘后，经叶内酶促转化，对茶叶香气的形成有重要作用，如一些羧酸，可以在制茶过程中与醇类物质发生化学反应形成酯类（例醋酸香叶酯、醋酸芳樟醇、水杨酸甲酯、苯乙酸苯酯等）。有些羧酸经过异构化以后形成带香物质[例如：

顺 - 3 - 己烯酸（汗臭）$\xrightarrow{\text{异构}}$ 反 - 3 - 己烯酸（水果香）]。

由于这些有机酸的存在，α或β-柠檬醛在酸性环境中，酶的作用下，

生成α或β-紫萝兰酮。羧酸类占红茶芳香油总量的 30%，占绿茶芳香油总量的 2%~3%。

9. 茉莉酮

鲜叶中的酮类物质和酯类物质含量甚微，主要有丙酮和苯乙酮。绝大部分都是在茶叶制造中形成的，例如茉莉酮，又称为素馨酮（Cis-Jasmone），具有水果般素馨香或强烈而优美的茉莉花香，淡黄色液体，比重 0.94，沸点 248℃，分子量 164.25，分子式 $C_{11}H_{16}O$，结构式：

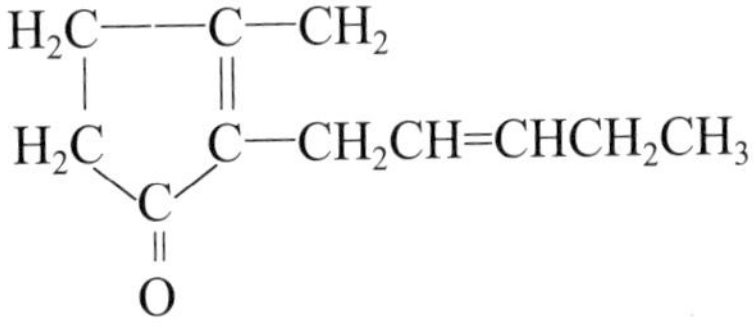

$$\begin{array}{c} H_2C\!-\!\!-\!\!-\!C\!-\!CH_2 \\ | \qquad \| \\ H_2C \qquad C\!-\!CH_2CH\!\!=\!\!CHCH_2CH_3 \\ | \\ C \\ \| \\ O \end{array}$$

茉莉酮均以甲酯和内酯的形式存在于成茶中，鲜叶中没有检测出。山西贞认为茉莉酮是决定斯里兰卡高香茶香气特征作用最大的成分。

10. 紫罗酮

又可称为紫萝兰香酮（Ionone），有α、β、γ三种异构体，茶叶中只含有α和β两种异构体：

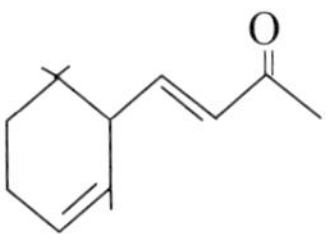

α-紫罗酮 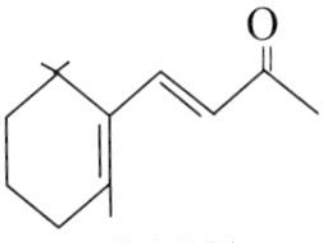　　　　β-紫罗酮 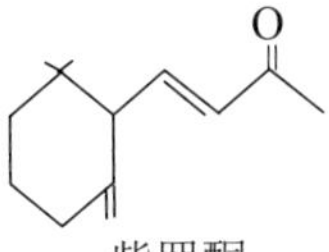　　　　γ-紫罗酮

分子量 192.30，分子式 $C_{13}H_{20}O$。α型紫罗酮比重为 0.93，沸点 237℃花香型，β型紫罗酮比重为 0.95，沸点 239℃，木香型。茶叶中紫罗酮含量虽然只有微量，但对茶叶香气影响很大。是红茶特有香气的重要组成部分。茶叶制造过程中，柠檬醛在酸性条件中可闭合成环形成紫罗酮；在红茶"发酵"过程中，强烈的酶性氧化，使胡萝卜素大量降解形成紫罗酮。紫罗酮氧化生成茶螺烯

酮和二氢海葵内酮。结构式如下：

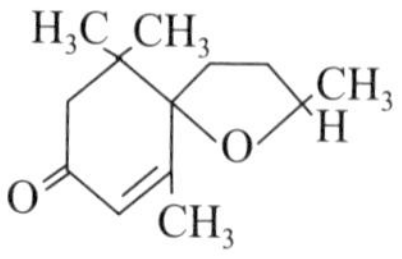

顺-茶螺烯酮 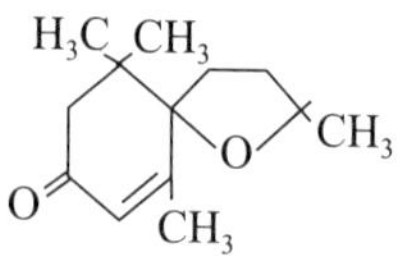　　　　反-茶螺烯酮 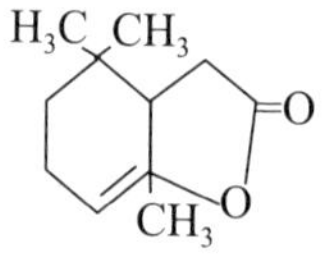　　　　二氢海葵内酯

（二）不同茶类的香气组成

红茶、乌龙茶、绿茶等六大茶类的香气组分中，究竟哪些成分决定它们特有香气的问题，山西贞、原利男、竹尾忠一、田中申三和 Xapecala 等专家们做了大量的研究工作，他们认为：某种茶叶香气是由以某几种香气物质为主体，配以其他几十种或几百种带香物质共同混合而成的。并且与地区、品种和加工方法不同而不同的。

1. 绿茶的香气物质

绿茶的香气，除鲜叶中原来含有的香味物质以外，在制茶过程中，由于湿热作用，发生一系列化学变化，生成一些新的具有芳香气味的物质，例如通过高温杀青，不但逸散青叶醇、青叶醛等低沸点芳香物质，还能使原有的顺式青叶醇异构化形成有清香气味的反式青叶醇。又如绿茶中具有紫罗兰香气是由β-胡萝卜素经氧化裂解而形成的，

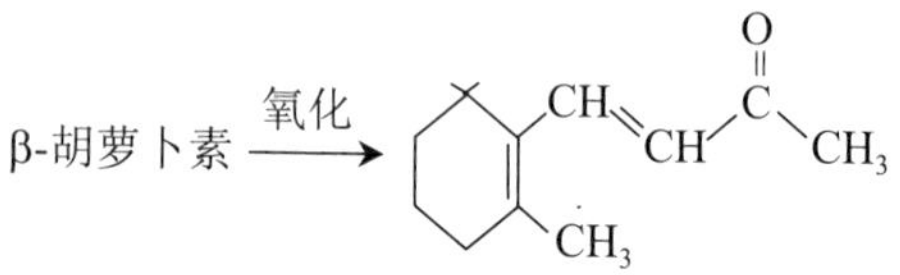

β-胡萝卜素　——氧化→　β-紫罗兰酮

绿茶中所含的甲基蛋氨酸锍盐经过分解，生成丝氨酸和二甲硫醚。二甲硫醚使绿茶具有特有的新茶香。

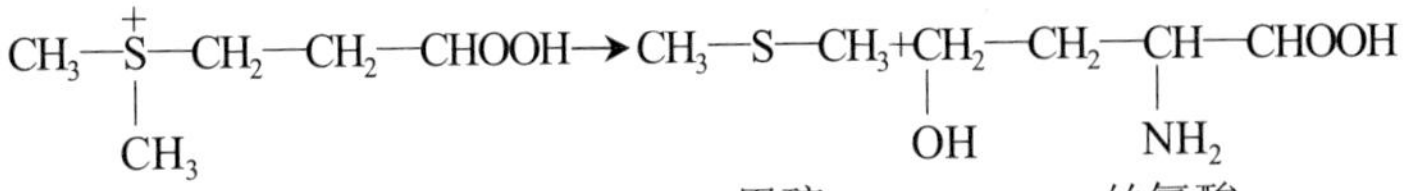

$$CH_3\overset{+}{\underset{CH_3}{-S-}}CH_2-CH_2-CHOOH \rightarrow CH_3-S-CH_3 + CH_2-CH_2-\underset{NH_2}{\underset{|}{CH}}-CHOOH$$

二甲硫　　　　丝氨酸

在绿茶香气主要组成中，顺-3-己烯酸乙烯酯、反-2-己烯酸和二甲硫醚是具有春季绿茶的典型的新茶香。苯甲醇、苯乙醇、香叶醇、芳樟醇及其氧化物、橙花叔醇、顺茉莉酮、紫罗酮、吡嗪类、吡咯类、吲哚类、糖醛类等都是极为重要的香气物质。

2. 红茶的香气物质

红茶的香气形成比绿茶更为复杂，鲜叶中的香味物质约有几十种，制成红茶后香味物质增加到 500 种以上，其中以醛、酸和酯含量最高，这三类物质除鲜叶原来含有的，主要是在制茶过程中由其他物质转化而来。如醇类氧化成酸，氨基酸降解成醛等等，而且这些新生成的香气物质，大部分都带有令人愉快的香气。在红茶制造过程中，由于具有充足的氧化条件，醛类物质呈较大幅度增加，可以从原来的 3% 增加到 30%，对红茶香气的形成产生良好影响。

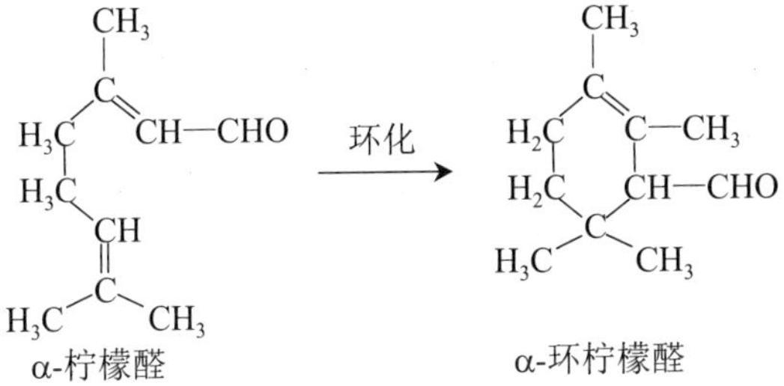

α-柠檬醛　　　　　　α-环柠檬醛

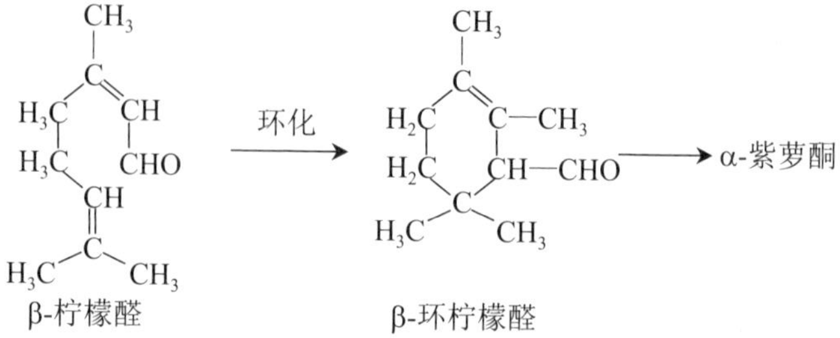

β-柠檬醛 → (环化) → β-环柠檬醛 → α-紫萝酮

鲜叶原有的醇类物质与酸类物质在酶的作用下发生酯化反应而形成芳香物质,类胡萝卜素降解,能形成α和β-紫罗酮,进一步氧化生成二氢海葵内酯和茶螺烯酮,使红茶具有特有的香气。日本学者山西贞,从斯里兰卡的红茶中鉴定出4-辛烷内酯、4-任烷内酯、5-癸烷内酯、2,3-二甲基-2-任烯-4-内酯、茉莉内酯和茉莉酮甲酯等六种酯类物质,并认为茉莉酮甲酯和茉莉酮内酯是决定斯里兰卡特征香气的最重要物质。她又提出中国祁门红茶的香气特征是以香叶醇、香叶酸、苯甲酸、α-苯乙醇为主要成分。中国广东、广西的红茶则是以芳樟醇及其氧化物含量为较高。配以在制茶过程中类脂物质降解产物,如顺-2-己烯醛、反-3-己烯醇及其酯类带鲜香和花香的,此外,还有苯甲醇、苯乙醇、苯乙酸、香叶酸、香叶酸、β-紫罗酮等带花香的物质都将影响着红茶的香气成分,它们的组成比例和含量,都将直接影响着红茶的香气特征。

乌龙茶主要特征香气成分为茉莉内酯、茉莉酮甲酯、橙花叔醇、苯乙基甲酮、苯甲基氰化物、吲哚等。

紧压茶沱茶和砖茶的特征香气成分主要有沉香醇及其氧化物,和乙-甲氧基-4-乙基苯等由微生物转移甲氧基形成的多种甲氧基苯类物质。α和β-蒎烯、α-松烯、β-萜品烯、γ-姜黄烯等微生物发酵和氧化而形成的物质。

茶叶经过贮藏后,二甲硫醚由于陈化而消失,贮藏过程中形成的丙醛、2,4-庚二烯醛、1-戊烯-3-醇、2-戊烯-1-醇的四种物质是绿茶的陈气味物质,乙酸是贮藏中形成的与陈味成正相关的物质。

三、茶叶香气成分的制取

茶叶香气的提取分离要求比较高，难度比较大，目前国内外普遍采用以下几种方法：

（一）蒸馏法

水汽蒸馏，把茶叶煮沸，香气赶出来，经过一个冷境把它冷凝下来，收集即得。

（二）改进蒸馏法

即减压蒸馏，在蒸馏的同时又萃取。把茶叶煮沸，水汽蒸馏上来，立即用乙醚和甲烷来萃取，两种气体回旋冷凝，最后把香气转移到乙醚里，挥发乙醚，即得精油。

（三）顶空法

取样器直接在封闭的瓶里液体的上方取样，同时接上缓冲瓶，其压力变化。

（四）富集法

把低浓度在气谱里得不到峰的茶叶香气，进行浓缩，保存挥发性物质，赶出非挥发性物质。

（五）超临界方法

三态处于平衡的状态，称为临界点，当压力超过这临界点时，有许多本来不溶的物质溶解了。

主要参考资料

[1] （日）相沢孝亮著. 酶应用手册[M]. 上海：上海科技出版社，1989.

[2] 顾谦. 提高红碎茶品质新探索[J]. 中国茶叶加工杂志，1995.

[3] 顾谦. 红碎茶加压萎凋对多酚氧化酶及其同酶谱的影响[J]. 中国茶叶加工，1997, (3).

[4] 严景华，等. 加压处理茶萎凋叶对蛋白质及多糖酶促降解的影响[J]. 中

国茶叶加工，1978, (3).

[5] 颜思旭，等. 酶促动力学原理与方法[M]. 厦门：厦门大学出版社，1987.

[6] 陈惠黎. 酶分子学[M]. 北京：人民卫生出版社，1983.

[7] （莫）W·费迪南德，等. 酚分子[M]. 北京：科学出版社，1980.

[8] （莫）ALAN FERSHT. 酶的结构和作用机制[M]. 北京：北京大学出版社，1991.

[9] （印）M·S·卡南，等. 衰老生物化学[M]. 北京：人民卫生出版社，1985.

[10] 张洪渊，等. 生物化学教程[M]. 成都：四川大学出版社，1988.

[11] 沈同. 生物化学[M]. 北京：人民教育出版社，1981.

[12] 梁之彦. 生理化学[M]. 上海：上海科技出版社，1985.

[13] 郑国锠. 细胞生物学[M]. 北京：人民教育出版社，1982.

[14] （日）户莉义次. 作物光合作用与物质产物[M]. 北京：科学出版社，1979.

[15] 安农主编. 茶叶生物化学[M]. 北京：农业出版社，1984.

[16] （俄）A·E·齐齐巴宾. 有机化学基本原理[M]. 北京：高等教育出版社，1965.

[17] 高鸿宾. 有机化学导论[M]. 天津：天津大学出版社，1988.

[18] 陈椽. 制茶技术理论[M]. 合肥：安徽科技出版社，1984.

[19] 胡建成. 中国茶叶，1980, (2).

[20] 程启坤. 中国茶叶，1984, (3).

[21] 王泽农. 茶叶生化原理[M]. 北京：农业出版社，1981.

[22] 韩文炎，王晓萍. 中国茶叶，1995, (4).

[23] 王允滋. 营养与饮食学，安徽蚌医教材.

[24] 中国科学院土壤研究所. 中国土壤[M]. 北京：科学出版社，1978.

[25] 刘勤晋，译. 浙江茶叶，1979, (4).

[26] Pthiyagoda.V. The Tha Quarerly, 1997, 1:19~29.

[27] 刘训建，沈亚茹. 茶叶，1995, (2).

[28] 中茶所. 国外农学—茶叶，1984, (3).

[29] 高桥正俏，菊永茂司. 营养学杂志，1988, (46).

[30] （日）竹尾忠一. 茶叶试验场研究报告，1983，（11）.

[31] 小西茂毅. 农业技术研究，1983, 37(3).

[32] 陈瑞峰. 铝与茶树[J]. 国外农业茶叶，1983, (3).

[33] 王叔芳，赖建辉. 中国茶叶加工, 1995, (2).

[34] 陈宗懋. 茶叶文摘, 1990, (1).

[35] 顾谦. 生物数学学报，1995, (4).

[36] 陈代中. 土壤学报，1984, (3).

[37] 顾谦. 生物数学学报，1994, (5).

[38] 刘广林. 中华病理学会杂志, 1986, (4).

[39] 王洛权. 中华病理学会杂志, 1986, (1~2).

[40] 冯彪. 营养学报, 1993, (3).

[41] 荫世安，周兰华. 营养学报, 1986, (5).

[42] 韩文炎. 茶叶科学, 1992, (2).

[43] 吴洵. 茶叶文摘, 1992(2).

[44] （日）藤元一著. 基本香料学[M]. 欧静枝，译. 台南：复汉出版社，1978.

[45] 王华夫，游小青. 茶叶文摘, 1994, (5).

[46] 吴洵. 茶叶科学, 1994, 14(2).

[47] 游小青. 中国茶叶, 1992, (3).

[48] 汪小钢. 硕士论文, 1998.

[49] 陈为钧. 硕士论文，1990.

[50] [印]M·S·卡南高著. 衰老生物化学.

第三章 绿茶制造化学

绿茶是我国最早生产的茶类，有着悠久的历史，唐朝开始采用蒸青制法制造团茶，明代开始炒制散茶，元代起按鲜叶老嫩分类炒制散茶，沿袭至今。绿茶在我国产区分布最广，遍及全国茶区，产销量最大，位居世界第一，其出口量占世界绿茶贸易总量的 74.2%，90 年代以后上升到 80% 以上。绿茶的品名、花色最多，改革开放后，全国各地创制了无数特种绿茶，可谓繁花似锦，争奇斗艳，大大丰富了我国绿茶生产。

第一节 绿茶的品质特征

绿茶炒制方法很多，按炒制机具不同可分为机制绿茶和手工绿茶；按杀青方法不同可分为釜炒绿茶、蒸青绿茶；按干燥方法不同可分为炒青绿茶、半烘炒绿茶、烘青绿茶和晒青绿茶；按其形状不同又可分为条形绿茶、珠形绿茶、针形绿茶、卷曲形绿茶、尖形绿茶和扁条形绿茶，形状多异，不胜枚举。初制绿茶如此，精制加工后，其品名花色更多，因此民间有"活到老，学到老，中国茶名记不了"的说法。

由于绿茶原料老嫩的差别，炒制方法的不同，绿茶品质特征千变万化，各具特色。但由于绿茶制造基本工序都必须经过杀青、揉捻和干燥三道工序，因此形成了"绿叶清汤"、"香高味醇"的基本共同品质特征。现以不同形状炒青和有代表性的特种绿茶为例，其品质特征列表于后。

表 3-1　长炒青感官审评特征

级别 \ 项目	外形		内质			
	条索	色泽	香气	滋味	汤色	叶底
一级	紧结显锋苗	绿润	鲜嫩高爽	鲜爽	清绿明亮	柔嫩匀整嫩绿明亮
二级	紧实有锋苗	绿尚润	清高	浓醇	绿明亮	绿嫩明亮
三级	紧实	绿	清香	醇正	黄绿明亮	尚嫩黄绿明亮

表 3-2　圆炒青感官品质特征

级别 \ 项目	外形		内质			
	条索	色泽	香气	滋味	汤色	叶底
一级	细圆重实	深绿光润	香高持久	浓厚	清绿明亮	芽叶较完整嫩绿明亮
二级	圆紧	绿润	高	浓醇	黄绿明亮	芽叶尚完整黄绿明亮
三级	圆结	尚绿润	纯正	纯正	黄绿尚明亮	尚嫩尚匀黄绿尚明亮

表 3-3　烘青感官品质特征

级别 \ 项目	外形		内质			
	条索	色泽	香气	滋味	汤色	叶底
一级	细紧显锋苗	绿润	嫩香	鲜醇	清绿明亮	匀整嫩绿明亮
二级	细紧有锋苗	尚绿润	清香	浓醇	黄绿明亮	尚嫩匀黄绿明亮
三级	紧实	黄绿	纯正	醇正	黄绿尚明	黄绿尚明亮

表 3-4　龙井感官品质特征

级别 \ t项目	外形		内质			
	条索	色泽	香气	滋味	叶底嫩度	叶底色泽
极品	扁直光滑挺秀匀齐尖削	嫩绿油润	鲜嫩清高	鲜嫩爽口	细嫩多芽	嫩绿鲜亮
特级	扁直光滑匀整	嫩绿匀润	鲜嫩清香	鲜醇浓	细嫩显芽	翠绿明亮
一级	扁直匀净	浅绿尚匀	嫩香	鲜醇	尚嫩匀	浅绿明亮
二级	扁直尚匀	浅绿	清香	尚鲜	尚嫩	浅绿

注[1]　表 3-1，3-2，3-3，3-4

表 3-5　黄山毛峰感官品质特征

项目\级别	外　形		内　质			
	条索	色泽	香气	滋味	汤色	叶底
特级	形似雀舌带有金黄鱼叶，芽肥壮，匀齐多毫	嫩绿微黄油润（象牙色）	清鲜高长	鲜浓醇厚甘甜	清澈明亮	嫩黄肥壮匀亮成朵

表 3-6　六安瓜片感官品质特征

项目	外　形		内　质			
	条索	色泽	香气	滋味	汤色	叶底
特征	叶边背卷形如瓜子直顺完整	银绿光泽	清香浓郁	浓醇鲜爽	清绿明澈	绿匀柔软

表 3-7　太平猴魁感官品质特征

项目	外　形		内　质			
	条索	色泽	香气	滋味	汤色	叶底
特征	两叶包芽挺直有锋	乌衣紫筋色泽苍绿	香高持久略带花香	浓醇鲜爽回味甘甜	清澈明亮	青绿匀亮

表 3-8　碧螺春感官品质特征

项目	外　形		内　质			
	条索	色泽	香气	滋味	汤色	叶底
特征	条索纤细卷曲成螺	白亮密被银绿隐翠	清香浓郁	鲜爽甘醇	清澈明亮	嫩绿显翠

第二节　化学成分与绿茶品质的关系

　　绿茶品质是由各种不同的化学成分构成的。由鲜叶到绿茶，色、香、味、形发生了质的变化，这是由于在绿茶炒制过程中，鲜叶内含化学成分在湿热环境下发生了激烈的化学变化，导致有的物质减少了，消失了，有的物质异构了、变性了；有的成分分解了，氧化聚合了等等，生成了许多有利于绿茶的品质的新成分，特别是生成了大量的新的香气成分，大大改变了化学物质的组成和配比，最终形成与其他茶类截然不同的绿茶品质。

一、构成绿茶品质的化学物质基础

绿茶花色品名繁多，其内质色、香、味存在着许多差异，而这些品质上的差异正是鲜叶内含化学物质在炒制过程中产生了不同变化的结果。从对多种绿茶成分的分析测定看，水浸出物含量在40%左右，其中，多酚类约占20%以上，氨基酸占1%~4%，咖啡碱占2%~3%，可溶性糖占1%~4%，叶绿素占0.5%左右，芳香油占0.005%~0.01%，以及矿质微量元素等。虽然绿茶品质是由许多种物质形成的，但各种化学成分对品质影响程度是不同的，叶绿素和类胡萝卜素等色素类物质的含量多少及组成决定着绿茶的干茶色泽、冲泡后的汤色和叶底色泽，多酚类物质、含氮化合物、游离氨基酸以及可溶性糖等物质的含量多少及组成比例决定着茶汤浓度、醇度、鲜爽度，芳香油和部分氨基酸的含量及组成决定着香气的类型和高低。同时，决定色、香、味的主要化学物质又互相交叉影响，错综复杂，从与绿茶品质的相关性看，有的化学成分与品质成正相关，有的化学成分与品质呈负相关。据日本前田茂1973年研究报导[7]，与绿茶品质关系较为密切的成分，主要是含氮化含物、全氮量、咖啡碱、氨基酸，这些成分含量与绿茶品质都呈正相关。又据中国杭州茶叶研究所程启坤等研究认为，与绿茶品质关系密切的许多成分中，除氨基酸、咖啡碱等含氮化合物外，水浸出物和粗纤维的含量相关性也是极高的，其中水浸出物含量与绿茶品质呈显著正相关，而粗纤维含量与绿茶品质呈显著负相关，相关系数高达0.998。组成粗纤维的主要成分α-粗纤维，因此被看做是决定茶叶老嫩度的重要指标。可溶糖含量与绿茶的香味也有着密切关系，但还原糖总量含量多又是茶叶老化的标志。即随绿茶品质的下降，还原糖总量是增加的。综上所述，绿茶品质与氨基酸、多酚类、水浸出物含量呈正相关，与粗纤维含量呈负相关。

1. 构成绿茶色泽的主要化学物质

绿茶色泽包括干茶色泽、汤色和叶底色泽。优质和正常品质绿茶的干茶色泽主要呈现翠绿色、黄绿色和墨绿色、或带油润或显枯黄，因其品种，原料老嫩和炒制技术不同而异。绿茶的色泽以绿色为主，构成绿色的主要物质是鲜叶中含有的叶绿素。鲜叶中叶绿素含量约占干物质的 1%左右，在炒制中因酶的作用和湿热、光的作用遭到大量破坏（见表 3-9）。从表中可见，叶绿素从鲜叶到绿茶。其含量由 1%下降到 0.5%左右（据肖伟祥研究），

表 3-9　叶绿素在绿茶炒制过程中的含量变化

肖伟祥，1963 年

项目＼工序	鲜叶	杀青	揉捻	炒青		烘青	
				初干	足干	初干	足干
叶绿素含量（%）	1.09	0.95	0.81	0.70	0.66	0.59	0.57
相对含量（%）	100	87.16	74.31	64.22	60.55	54.12	52.29
各工序相对减少（%）	0	12.84	12.85	10.09	3.67	20.19	1.83

损失率达到 40%以上。然而，因其显色阈值极低，仍能呈现出"干茶绿、汤色绿、叶底绿"让人赏心悦目的色泽。由于绿茶炒制过程中叶绿素遭到大量破坏，以黄色为主的类胡萝卜素色泽将得到显现。炒制技术科学含理，叶绿素和类胡萝卜素变化综合协调适度，绿茶色泽可能呈现翠绿色或黄绿色；相反，若叶绿素处于湿热条件下时间过长，遭到过度破坏，类胡萝卜素的黄色起了主导作用，茶叶色泽就泛黄，干色发枯，汤色发黄、叶底欠绿。总之，构成绿茶色泽的主要物质是鲜叶中含有的叶绿素、类胡萝卜素和黄酮类等色素类物质。

2. 构成绿茶香气的物质基础

鲜叶含有的芳香物质是形成绿茶香气的基础。鲜叶中的芳香油成分已经检出的共近 50 种左右（见表 3-10），其含量却很少，

表 3-10 鲜叶中已检出的芳香油组分[9]

编号	化合物名称	分子式	最初发表年代	编号	化合物名称	分子式	最初发表年代
1.	甲醇	CH_4O	1916	24.	反-2-烯醛 (青叶醛)	C_6H_8O	1934
2.	乙甲基丙醇	$C_4H_{10}O$	1962	25.	顺-3-己烯醛 顺β、γ己烯醛	$C_6H_{10}O$	1973
3.	丁醇	$C_4H_{10}O$	1967	26.	苯甲醛	C_7H_6O	1935
4.	1-戊烯 3-醇	$C_5H_{10}O$	1966	27.	反-3,反-5-烯二 烯-2-酮	$C_8H_{12}O$	1967
5.	顺-2 戊烯 1-醇	$C_5H_{10}O$	1965	28.	顺茉莉酮	$C_{11}H_{16}O$	1965
6.	2-甲基丁醇	$C_5H_{12}O$	1934	29.	乙酸异戊酯	$C_7H_{14}O_2$	1957
7.	3-甲基丁醇	$C_5H_{12}O$	1934	30.	顺-3-己烯基乙 酯	$C_8H_{14}O_2$	1967
8.	顺-3-己烯-1-醇	$C_6H_{12}O$	1966	31.	乙酸苄酯(乙酸 苯甲脂)	$C_9H_{10}O_2$	
9.	乙醇	$C_6H_{14}O$	1935	32.	甲酸	CH_2O_2	1957
10.	苯甲醇	C_7H_8O		33.	乙酸	$C_2H_4O_2$	1934
11.	α-苯乙醇	$C_8H_{10}O$	1935	34.	丙酸	$C_3H_6O_2$	1934
12.	辛醇	$C_8H_{16}O$	1936	35.	异丁酸	$C_4H_8O_2$	1934
13.	沉香醇(芳樟醇)	$C_{10}H_{18}O$	1936	36.	丁酸	$C_4H_8O_2$	1934
14.	香叶醇	$C_{10}H_{18}O$	1936	37.	3-甲基丁酸	$C_5H_{10}O_2$	1934
15.	沉香醇氧化物 I(顺呋喃型)	$C_{10}H_{18}O_2$	1964	38.	戊酸	$C_5H_{10}O_2$	1965
16.	沉香醇氧化物 II(反呋喃型)	$C_{10}H_{18}O_2$	1964	39.	顺-3-己烯酸	$C_6H_{10}O_2$	1965
17.	沉香醇氧化物 III(液态吡喃型)	$C_{10}H_{18}O_2$	1966	40.	反-2-己烯酸	$C_6H_{12}O_2$	1965
18.	沉香醇氧化物 IV(固态呋喃型)	$C_{10}H_{18}O_2$	1964	41.	己酸	$C_6H_{12}O_2$	1934
19.	乙醛	C_2H_4O	1957	42.	酚	C_6H_6O	1935
20.	甲基丙醛	C_4H_3O	1934	43.	邻-甲酚	C_7H_8O	1935
21.	丁醛	C_4H_2O	1934	44.	邻羟基苯酸	$C_7H_6O_3$	1935
22.	3-甲基丁醛	C_5H_{10}	1934	45.	甲基水杨酸	$C_8H_8O_3$	1916
23.	2-甲基厂醛	$C_5H_{10}O$	1935	46.	吲哚	C_8H_7O	1657

一般鲜叶中的含量约占干物的 0.02%（但也有资料认为在 0.03%~0.05%），制成绿茶后芳香油仅含有 0.005%~0.02%。虽然绿茶芳香油含量极少，但是，到 20 世纪 80 年代已从绿茶中检测到香气成分却有 125 种以上[1]，在这 120 多种香气成分中，有的是鲜叶原来含有的，经过绿茶炒制保留下来大约有 25~30 种，鲜叶中原含的香气成分在炒制中消失了近 20 种，如醇类的甲醇、2-甲基丁醇、丁醇、3-甲基丁醇；醛类中的乙醛、2-甲基丙醛、丁醛、2-甲基丁醛、青叶醛、顺-β、γ己烯醛；酯类中的乙酸异戊酯、顺-3-己烯基乙酯、乙酸苯甲酯；酸类中的甲酸、乙酸、丙酸、异丁酸、3-甲基丁酸等在绿茶香气中再没有检测到。由此可见，绿茶香气成分比鲜叶中原含有的成分增加了近百种。可以肯定，这些新增的香气成分都是在绿茶炒制中，是鲜叶内含物质在湿热和力的作用下，发生激烈变化的结果。消失了的香气成分均为低沸点物质，由于它们的消失，鲜叶的青草气随之消失，有利绿茶香气的形成。

绿茶的香气类型较多，诸如清香型、花香型、甜香型、嫩香型等等，各种香型中又可分成若干种。绿茶之所以有许多香气类型，是因为茶树品种，茶树生长环境和炒制技术不同而形成的。

3. 构成绿茶滋味的物质基础

绿茶滋味因原料老嫩，炒制技术不同形成茶叶品质优次有很大差别。滋味是人们的味觉的感官对茶叶中呈味成分的综合反应。茶叶中的呈味物质多达数十种，其种类、含量及比例的改变都深刻地影响着茶汤的滋味。茶叶中主要呈味物质如表 3-11 所示[2]。

从表 3-11 中看出，茶汤中呈味物质有涩、苦、鲜、甜、酸、咸等六大类，茶汤的滋味正是由这六味综合协调所组成的。其中最能体现绿茶滋味特点的是涩、苦、鲜三种滋味。甜、酸、咸三种在茶叶滋味中起协调作用。

表 3-11　茶汤中的主要呈味物质[1]

呈　味　物　质	滋　　味
茶多酚	苦涩味
儿茶素类	苦涩味
酯型儿茶素类	苦涩味较强
没食儿茶素	涩味
表儿茶素	涩味较强、回味稍甜
黄酮类	苦涩味
花青素	苦味
没食子酸	酸涩味
氨基酸类	鲜味带甜
茶氨酸	爽
谷氨酸	鲜甜带酸
天门冬氨酸	鲜甜带酸
谷氨酰胺	鲜甜带酸
天门冬酰胺	鲜甜带酸
L-甘氨酸　D-苯丙氨酸	甜味
L-丙氨酸　色氨酸	甜味
D-丝氨酸	甜而回味基础
糖（可溶性）	甜味
果胶	无味增加汤厚
咖啡碱、可可碱、茶碱	苦味
有机酸	酸味
维生素 C	酸味
茶黄素	刺激性爽口
茶红素	刺激性带醇甜味
茶皂素	辛辣的苦味
游离脂肪酸	陈味

1）绿茶的涩味：涩味是舌头表面的蛋白质被凝固而引起的收敛感觉，不是由于某种物质作用味蕾所产生的味觉反应。茶叶审评上，常把有涩味并有回甜的称为收敛性，有涩味回味仍涩称为涩味。茶叶中引起涩味的主要化学成分是多酚类化合物，其次也有少量的醛类物质和草酸、香豆素等。儿茶素占茶叶多酚类化合物的70%左右，构成了茶叶涩味的主要成分，特别是酯型素（L-EGCG 和 L-ECG 等）。酯型儿茶素含量的高低又受品种和茶树生长发育的地理自然环境所制约，大体上来讲，北方的中小叶种日照弱、日照时间短，适制绿茶，南方光照强，日照射时间长的大叶种适制红茶，多酚类化合物中的以无色花青素为基本结构的配糖体，（也称花色苷元）也具有涩味。涩味在制茶中因氧化、水解和异构等作用也会减轻。涩味对味觉的阈值较低，只要有微量存在和微弱的变化，就能给舌头味蕾带来不同的感觉。各种茶叶的风格和滋味的千差万别，与儿茶素总量及各成分组成和搭配不同密切相关。

2）绿茶的苦味：单纯的苦味是不可口的，但是苦味在调味和生理上都有着重要的作用。苦味不仅在生理上能对味感受器官起着强有力的刺激作用，而且从味觉本身来讲，调配（搭配）得当能起着改进食品风味的作用，茶的风味就是收敛微带苦和鲜。茶叶中的重要苦味物质是咖啡碱、可可碱和茶碱，其次还有微量的萜类和苷类也带有苦味。在茶汤中，咖啡碱与大量的儿茶素物质在茶汤中形成氢键，这种氢键络合物对味觉的感受上与单体的味觉感受是不同的，它们对味觉受体有协调作用，又有互相抑制作用，这种物质的存在改善了茶的风味，减轻了单一存在的苦味和涩味，使茶味醇和。茶的干物质中儿茶素和咖啡碱两类物质含量都比较高时，但其茶汤滋味并非是又苦又涩，相反两类物质含量都高，茶汤浓醇、鲜爽并带收敛，是优质茶的标志，综合说来茶汤的滋味是一种由许多物质组成和综合协调的结果，是一种"模糊的味概念"。

3）绿茶的鲜味：鲜味物质的一般结构规律是其化学结构公式为$-O-(C)_n-O-$，两边均带负电荷，其中$n=3\sim9$个碳原子的碳链，且碳链两端都带负电荷，其中以$4\sim6$个碳链物质的鲜味特强，茶叶中的谷氨酸、谷酰胺、缬氨酸、蛋氨酸、精氨酸、天冬氨酸、茶氨酸都带有较强的鲜味，氨基酸类鲜味的阈值是$0.03\%\sim0.16\%$。此外，绿茶中$5'$-次黄嘌呤核苷酸和$5'$-乌便嘌呤核苷酸和具有嘌呤骨架的$5'$-核苷酸等核苷酸类都具有鲜味，阈值为0.025%。蛋白质水解产物肽类和琥珀酸都具有鲜味，这些物质能引起人们强烈的食欲，给予人们可口的滋味。鲜味在茶叶滋味中占十分重要的位置，在茶叶品质审评上"鲜爽"是茶滋味的基础，所谓鲜爽是鲜而不腻、是描述优质茶的术语。

4）绿茶的甜味：绿茶中的甜味物质主要有以下二大类：一是糖类：果糖、葡萄糖、β-L-鼠李糖、α-D-甘露糖、麦芽糖、棉子糖和一些小分子低聚糖。二是天然含氮化合物，甘氨酸、L-丙氨酸、L-羟脯氨酸，以及几种 D 型氨基酸，例如 D-天冬氨酸、D-亮氨酸、D-色氨酸等。此外据报道二氢查尔酮类衍生物，例如柚皮苷、洋李苷等也具有甜味。茶叶中的甜味物质因为总量不高，不是茶汤的主体滋味，在茶汤中能抑制苦味和涩味，起到调味剂的作用。

5）绿茶的酸味：绿茶滋味中的酸味主要有一系列酸性物质电离而生成 COO^- 和 H^+，例如茶叶含有柠檬酸、苹果酸，没食子酸、抗坏血酸和羧酸类化合物，还有一些酸性氨基酸如天冬氨酸、谷氨酸等，它们在茶汤中起调整茶汤风格的作用，鲜叶中酸类物质，通过制茶绝大部分与其他物质例如醇类等发生酯化反应，剩余部分进入茶汤起调味作用。

6）绿茶的咸味：主要是钾和钠等的一价离子和相应的负离子所构成的，含量很低，被其他滋味所掩盖，在茶汤中也只是起协调作用。

第三节　绿茶炒制中的理化变化与绿茶品质的形成

鲜叶制成绿茶，外形和内质都发生了极大的变化。外观上，由青绿色、水分饱满、富有弹性的鲜叶，转变成深浅不同、形状各异的绿色干茶，伴随着水分蒸发，内质上发生了复杂的化学变化，使原来带有青涩气的鲜叶，变成为香气怡人，爽口甘醇的绿茶。绿茶在制的全过程中发生的一切理化变化，都与温度有着密切的联系，温度升高产生热量，在热的作用下失去水分，使反应物浓度增大，同时热的作用也能加快水解离成 H^+ 和 OH^- 的速度，加快各种化学反应进行，热的作用还能使部分化学物质的分子内部发生异物，产生许多新的物质。因此，绿茶炒制中，不同的加热方式，加热时间长短和加热温度高低能使绿茶内含物质发生千变万化，制出千姿百态的绿茶。

一、绿茶杀青和揉捻中的化学变化与品质的关系

鲜叶是茶树生命活动最旺盛的部位之一。它被采摘后光合作用急剧下降，呼吸作用仍在继续进行，但正常的代谢平衡已被打乱，呼吸基质来源越来越亏缺，此时鲜叶内部非正常地利用部分贮藏物质（淀粉、蛋白质、多糖、类脂），在分解酶（或水解酶）的作用下，降解或水解成为较小分子的物质，供呼吸作用消耗，据库尔萨诺夫测定，鲜叶被采摘后，其叶内转化酶、β-糖苷酶、原果胶酶、淀粉酶、蛋白酶活力大大增强，促使蛋白质水解成为氨基酸、淀粉水解成为糖、果胶和类脂水解出多种有机酸等。较小分子物质不断形成，这些变化既满足了正常代谢打乱后鲜叶呼吸作用的需要，又为绿茶在制中提供了化学变化的基础物质。利用高温杀青迅速破坏酶的活性，把这些物质固定在杀青叶中，以利制茶品质提高，故绿茶在杀青前，尤其是高档绿茶杀青前都要经过适度摊放，目的就在于此。

但如若摊放时间过长，失水过多，导致细胞浓度增大，pH 偏酸，越来越接近多氧化酶最适 pH 值，使其活力大大增加，导致杀青时产生红梗红叶，对绿茶品质带来不良的影响。

鲜叶的含水量一般在 75%（占鲜叶总重）左右。在杀青中，由于鲜叶受到热的作用，叶温迅速上升，使叶片内自由水很快汽化挥发，导致杀青叶内水分大量减少，由鲜叶的 75%至杀青结束时减少到 62%左右，减少幅度达到 17.4%，杀青叶柔软蜷缩，利于塑造绿茶美丽的外形。这是杀青叶的第一个明显的变化。杀青叶的第二个明显变化是叶色变化，即由原鲜叶的青绿色（或鲜绿色）变成了杀青叶的深绿色或浅黄绿色。叶绿素在鲜叶的细胞中与蛋白质共存于叶绿体内。杀青中，鲜叶温度升高，蛋白质凝固，叶绿素游离出来，游离的叶绿素很不稳定，对 pH 值，光、热都很敏感，容易发生变化而遭受破坏。鲜叶叶温在达到破坏酶活温度之前，叶绿素在叶绿素酶的作用下，发生水解，遭受破坏，以后，在高温高湿条件下发生水解，遭受破坏，同时，杀青叶失水、细胞汁浓缩、糖的分解、有机酸增加、pH 值下降等，致使叶绿素不断遭受破坏，生成叶绿酸、叶绿酸甲酯、脱镁叶绿素或脱镁叶绿酸甲酯等，使杀青叶色变深（或变黄）失去鲜绿和光泽。据陈椽教授 1963 年研究表明，若以鲜叶叶绿素含量为 100%，杀青叶的叶绿素含量仅有 70%~80%，减少了 20%~30%（见表 3-12），杀青所需锅温应迅速在 1~2 分钟内使叶温上升到破坏酶活性的温度，并能延续 2~3 分钟即可。杀青温度并非越高越好，因为温度对叶绿素和其他内含物质破坏很大，（见表 3-13）。

表 3-12　不同杀青温度化学成分变化　陈椽 1963 年

化学成分		叶绿素	多酚类（占干物%）	可溶性糖	游离氨基酸	咖啡碱
鲜　叶		100	17.28	2.228	0.4079	3.029
杀青叶	下锅温度 220℃	80	18.25	2.490	0.5135	3.075
	下锅温度 260℃	69	19.22	2.240	0.4950	3.044

注：叶绿素含量以鲜叶为 100，其余物质含量为占杀青叶干物质%

表 3-13　杀青过程中两种氧化酶活性的变化　陈椽　1963 年

（以鲜叶酶活性为 100）

杀青时间（分钟）	鲜叶	1	2	3	4	5	6
平均叶温（℃）	28	61	82	85	66	67	67
多酚氧化酶	100	54.17	34.05	5.49	0	0	0
过氧化物酶	100	55.04	43.24	5.85	0	0	0

　　杀青叶的第三个明显变化是香气的变化。鲜叶的香气以青草气为主。主要来源于鲜叶内带青草气的低沸点物质数量较多，例占鲜叶总芳香油含量 60% 的青叶醇（顺-3-己烯醇）和青叶醛，还有诸多带青草气和类似青草气的物质，如甲醇、正丁醇、异丁醇、异丁醛、异戊醛、正乙醇、戊烯(1)-醇-3、戊烯(2)-醇-1 等，这些带青草气味物质约占鲜叶总芳香油的 70% 以上，沸点均在 160℃ 以下，习惯上称为低沸点芳香油（芳香物质）。除此以外，鲜叶内还含有诸多沸点在 200℃ 左右的芳香物质，例如芳樟醇及其氧化物、香叶醇及其氧化物、苯甲醇、苯乙醇、苯甲醛、水杨酸甲酯等物质，被称为高沸点芳香物质。鲜叶杀青时，随着水蒸气大量蒸发，带走了大量低沸点芳香物质，这时较高沸点的芳香物质的气味（香气）才得以透露，这部分较高沸点的芳香物质与未被水蒸气带走的残留的低沸点芳香物质，共同组成了杀青叶的良好香气。

　　绿茶杀青中除了以上三个明显的变化以外，其内质上也发生着激烈的变化，例如酶活性的破坏，湿热作用下的各种物质的化学变化，多酚类物质、游离氨基和蛋白质、糖类物质（可溶与不溶二大部分）、果胶物质、酸类物质等都在发生变化，因杀青时间短暂，这些化学变化不充分，有的不能直接形成绿茶色、香、味物质，只能给绿茶在制过程，特别是给干燥工序提供物质基础。

　　绿茶揉捻的目的是破坏杀青叶细胞组织，使茶汁外溢，同时卷曲成型，这其间，各种化学物质相互接触，会发生一系列化学变化，这是在常温下的化学变化，故不像杀青和干燥工序那样激烈。但是，为干燥过程中的化学变化和物质转化创造了条件。绿茶中优质名茶揉捻是在热锅中进行，粗老茶是趁热揉捻，易于成型，同时，它们的香气，滋味从揉捻开始逐渐形成，故揉捻工序，对于绿茶来讲，不只是破坏细胞和紧结条索，而是色、香、味、形形成的开始。

二、绿茶干燥中的理化变化

绿茶干燥过程的本质是水分从茶叶表面向空气中转移的过程。在常压下干燥，利用高温为热源，将热量传递给茶叶，使叶中水分气化转入空气中。茶叶干燥中，叶内水分分两个阶段转移到空气中，第一阶段水分由内层向表面扩散，第二阶段是水分由表面气化，因此，为了加速水分到达叶表面，必须加强叶表面水分不断气化，必须加强外部空气流通，这就是一个水分从叶子内部到达表面，再从表面均匀蒸发的过程。如果空气中水蒸气压力大于叶表面蒸气压力，叶内水分蒸发停滞，叶子发生闷蒸现象，大大影响优良茶叶品质的形成。干燥工艺是决定绿茶品质的重要过程，从字面上理解是使叶内水分蒸发，形态缩小，实际上，在干燥过程中，由于湿、热、力的作用，在水分蒸发的同时，引起一系列复杂的非酶化学变化，这些化学变化所生成的物质最终组成了绿茶的色、香、味。

1. 糖类物质的变化

茶叶中的糖类物质包括不溶性糖和可溶性糖二大类。不溶性糖是指经冲泡后不能进入茶汤的部分，例如纤维素、淀粉、原果胶、半纤维素等。可溶性糖分子量较小，经冲泡能进入茶汤，例如葡萄糖、果糖、蔗糖、麦芽糖、半乳糖、阿拉伯糖、核糖等。这些糖类在制茶中易发生化学变化，特别是在干燥工序中热力作用下发生的化学变化，对茶叶品质带来了极大的影响。例如糖类的物质中的醛基或酮基中的羰基（C=O），可以与氨基酸或蛋白质中的氨基（-NH$_2$）生成糠醛类及其衍生物、吡嗪类等香气物质，这种化学反应被称为羰氨反应（简图如下）。一般在 20℃以上开始发生羰氨反应，30℃以上反应加快。

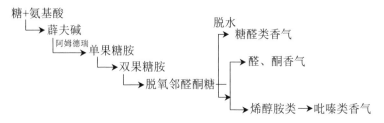

绿茶在制中从揉捻开始，细胞破碎，茶汁外溢，带羰基物和带氨基物相互接触，只是因为揉捻温度不高，反应发生缓慢，在干燥阶段，温度升高，反应加速。整个干燥工序中不断形成糠醛类、醛类、吡嗪类等芳香物质。据日本山西贞研究，鲜叶中不含糠醛类、吡嗪类等化合物，在绿茶中都检出了这类物质。日本原利男对日本焙茶进行研究时发现，在烘焙时形成大量的吡嗪，吡咯和呋喃（糠醛），其中主要有 2-甲基吡嗪、2,5-二甲吡嗪、2,6-二甲基吡嗪、2,3-二甲基吡嗪、糠醛、5-甲基糠醛、反-2-己烯醛、反-2-顺-4-庚二烯醛、反-2,4-庚二烯醛、1-2 基吡咯-2-醛等[2]。日本 Kawakani M[3]和 Ko Snge M[4]研究我国龙井茶中吡嗪类化合物含量很高，主要有 2,5-二甲基吡嗪、2-甲基-5-乙基吡嗪、三甲基吡嗪、2,5-二甲基吡嗪等。日本阿南正丰 1979 年从蒸青绿茶中分离出茶氨酸与葡萄糖形成的糖胺化合物，并证明其结构为 1-脱氧-1-L-茶氨酸-D-吡喃果糖，1996 年倪德江、胡建成等研究，在炒青绿茶中检出 6 种吡嗪、4 种吡喃、1 种吡啶和甲基糠醛[5]，并且证明在绿茶炒制干燥中，随叶子失水和叶温升高，糖胺化合物不断形成。其中含水量在从 40%降到 20%过程中，糖胺类化合物大量形成，陈宗道、唐继平等研究报导在 20℃~29℃温度与羟甲基糠醛形成正相关[6]，这类物质对绿茶香味形成起了至关重要的作用。

据林鹤松教授研究测定可溶性糖总量在"屯绿"炒制中呈增

加趋势（见表3-14）

表3-14 "屯绿"制造中，可溶性糖总量变化 林鹤松（%）

处理 成分	鲜叶	杀青叶	揉捻叶	烘坯叶	炒坯	烘青	炒青
可溶性糖总量	2.228	2.490	2.252	2.717	2.541	2.465	3.360

2. 蛋白质和氨基酸的变化

茶鲜叶中一般蛋白质含量约为总干重的20%左右，游离氨基酸含量约为总干重的1%~4%，其中主要是非水溶性的谷蛋白，总量占蛋白质总量的80%，其次是白蛋白，球蛋白和精蛋白。据资料报导，这些蛋白质经冲泡进入茶汤的只有2%（占总蛋白），绝大多数为非水溶性的。鲜叶内存在的蛋白质是天然蛋白质，天然蛋白质分子都有紧密的空间结构，为球形状态，如果蛋白质受到外界各种因素的作用，例如：加热、冷冻、搅拌、高压等，或化学试剂中的酸、碱、乙醇、生物碱、重金属等，使原来构成空间结构的氢键等副键遭受破坏，导致蛋白质的二级、三级结构变化，使有秩序的螺旋构型、球状构型变为无秩序的伸展肽键，这种蛋白质称为变性蛋白质，其吸收光谱发生改变，等电点偏移，从化学角度来看，原来埋伏的活性基团流露出来，增大了这些官能团的反应性，容易与其他化学物质发生化学反应。

绿茶经过高温杀青后，原鲜叶内蛋白质因热而发生变性，经揉捻（或做形）后，其蛋白质形状和性质发生了很大的变化，蛋白质结构松散，活性基团外露，为干燥工序茶叶香气和滋味形成创造了十分有利条件，从表3-15可以看出，绿茶制造中，蛋白质含量不断递减，原因就在于此，而游离氨基酸在制茶过程中虽然因形成香气物质而损失部分，但其总量还是增加的。

表3-15 "屯绿"在制中蛋白质氨基酸的变化 陈椽 1963年

工序 成分	鲜叶	杀青叶	揉捻叶	干燥叶
蛋白质（%）	21.95	21.48	21.00	19.80
氨基酸（%）	0.4070	0.5135	0.7286	0.6536

3. 果胶物质

存在于茶鲜叶的果胶物质有三种形态：①原果胶（Protopectin），与纤维素和半纤维素结合在一起的甲酯化聚半乳糖醛酸苷链，只存在于细胞壁中，不溶于水，在酶和高温下能水解成为果胶。②果胶（Pectin），羟基不同程度甲酯化和中和的聚半乳糖醛酸苷链，存在于细胞汁液中。③果胶酸（Pectic acid），稍溶于水，是羧基完全游离的聚半乳糖醛酸苷链，遇钙生成不溶性沉淀。

鲜叶摊放中由原果胶酶的作用，能把原果胶水解成与纤维素分离的可溶性果胶，并渗入细胞汁中，杀青中，在热的作用下，H^+浓度增大能部分水解原果胶，形成可溶性果胶，渗入细胞汁中，不但软化了叶质，而且使细胞中果胶含量增加，在揉捻中容易成条形。果胶能使茶汤滋味甜醇，又能防止多酚类物质被重金属离子沉淀。绿茶制造中可溶性果胶含量是增加的（见表 3-16）。

表 3-16　绿茶制造中可溶性果胶含量变化　　陈橼 1963 年

茶类　　＼　　工序	鲜叶	杀青叶	揉捻叶	初干	足火
炒青菜可溶性果胶	1.764	2.068	2.175	2.548.	2.294
烘青茶可溶性果胶	1.764	2.068	2.175	2.343	2.195

4. 多酚类物质

在鲜叶中多酚类物质是由三十多种带酚性羟基的物质组成的，其中含量最多的为儿茶素类，约占多酚类物质总量的 70%左右，是构成绿茶滋味的重要成分，多酚类物质中的黄酮类是构成绿茶汤色的重要成分。多酚类物质无论是其自身的变化或者与其他物质之间的化学反应，对绿茶的色泽（叶底色泽和汤色）、香气都有很大的影响。多酚类物质在绿茶制造中含量稍有减少（见表3-17）。

表 3-17　几种绿茶制造中多酚类含量变化[2]

茶类	含量　　工序	鲜叶	杀青	揉捻	二青叶	毛茶
炒青	含量%	19.80	17.7	17.0	/	16.8
	比率	100	89.39	85.86	/	84.85
龙井	含量%	22.33	21.10	19.48	18.94	19.01
	比率	100	94.49	87.24	84.82	85.13
珠茶	含量%	21.45	20.89	20.15	19.91	18.97
	比率	100	97.37	93.85	92.82	88.44

　　据浙农大周静舒教授报导[8]，在绿茶制造中热的作用下，儿茶素会产生导构化和裂解作用，主要有以下几种

D-儿茶素（D-C）——→ L-儿茶素（L-C）

D-没食子儿茶素（D-GC）——→ L-没食子儿茶素（L-GC）

L-表没食子儿茶素（L-EGC）——→ L-没食子儿茶素（L-GC）

L-表没食子儿茶素没子酸酯（L-EGCG）——→ L-没食子儿茶素没食子酸酯（L-GCG）

　　这些新增加的儿茶素给茶汤带来良好的影响，也是绿茶滋味爽口的重要组成物质。以上是绿茶制造中几种重要的化学物质的变化，它们是影响绿茶色、香、味、形的关键物质。因此，在绿茶炒制过程中，要掌握好温度，控制好茶叶受热时间，因势利导，促进构成绿茶色、香、味的多种物质转化，以达到制茶预期目的。

主要参考文献

[1] 李正明，吕宁，俞超，等. 无公害安全食品生产技术[M]. 北京：轻工业出版社，1999.

[2] 原利男，等. 日本食品工业会杂志，1973, 20(6): 283—286.

[3] Michiko Kawakami et, al. Agric.Biol.Chem,1983,47(9): 2077—2083.

[4] Kosuge M.等. J.Nutr.Fccd.sci.Jpn.,1981, (34): 545.

[5] 倪德江，胡建成. 从加工过程中糖胺化合物的变化探讨提高绿茶香气的途径[J]. 茶叶，1996, (1).

[6] 唐继平，陈宗道. 干湿热条件对茶叶中羟甲基糠醛形成的影响[J]，西南农业大学学报, 1997.

[7] 程启坤. 茶化浅析[J]，中茶所，1982.

[8] 安徽农学院主编. 茶叶生物化学[M]. (2 版). 北京：农业出版社，1984.

[9] 商业部茶叶畜产局编. 茶叶品质理化分析[M]. 上海：上海科技出版社，1989.

[10] 陈椽主编. 中国名茶研究选集，1985.

[11] 陈椽主编. 制茶技术理论[M]. 上海：上海科学技术出版社，1983.

第四章 黄茶制造化学

黄茶是我国特产茶类，生产历史悠久，唐朝时就成为贡品，但真正大量生产和发展是在 1954 年以后。

黄茶按制茶原料老嫩分为黄小茶（芽茶型）和黄大茶。黄小茶主要有湖南的君山银针、北港毛尖、四川蒙顶黄芽、湖北远安的鹿苑茶、浙江平阳黄汤、安徽霍山黄芽等。黄大茶主要有安徽金寨、六安黄大茶、湖北英山黄大茶和广东大叶青茶等。黄茶制造方法因产地不同有较大差异，湖南有湖南做法，浙江有浙江做法。因原料老嫩不同小茶与大茶制造方法亦有区别，但因其独特的品质特征要求所决定，其基本制造方法都要经过杀青、堆闷（放）、干燥三个过程。"堆闷（放）"是黄茶制造区别于绿茶制造的独特工序。"堆闷（放）"过程经湿热作用或微生物作用引起叶内物质的深刻理化变化，为形成黄茶独特品质特征——"黄叶黄汤"奠定了物质基础。

第一节 黄茶的品质特征和制茶原料的关系

黄小茶（芽茶）和黄大茶因采制原料嫩度相差很大，故成品茶品质特征无论从外形到内质差异非常之大。黄小茶采摘标准除君山银针采单芽外，其余均采一芽一、二叶初展嫩梢为原料，采摘时间在清明前后 10 天。黄小茶因产地不同，制造方法有差异，品质要求亦各不相同。

四川蒙顶黄茶全身披盖白毫，干茶色泽微黄泛白，汤色黄绿

161

明亮，甜香浓郁，滋味甘而醇。

湖北远安鹿苑茶色泽金黄，白毫显露，条索紧细弯曲呈环状，香气馥郁芬芳。滋味醇厚甘凉、汤色杏黄明亮、叶底嫩黄匀整。

湖南君山银针外形芽头壮实笔直，满身披盖茸毛，色泽金黄光亮，内质香气高纯，汤色杏黄明澈，滋味爽甜。冲泡时，芽头杯中直挺竖立，能三起三落，极为美观。

安徽霍山黄芽细嫩多毫，形如雀舌，色泽嫩黄绿，香气高长带甜香、汤色黄绿带黄圈、滋味浓厚鲜醇，叶底嫩黄。

黄大茶因采摘标准较老，霍山黄大茶采摘1芽4～5叶为原料，一般在立夏前后2～3天开采；广东老青茶以云南大叶种的原料，采摘标准1芽2～3叶，鲜叶经萎凋后进行杀青。同为黄大茶因采制方法不同，其品质亦不同。

霍山黄大茶品质特征，外形梗壮叶肥，叶片成条，梗叶相连形似钓鱼钩，梗叶金黄色润泽，内质汤色深黄，叶底橙黄，味浓厚耐泡，具有突出的高爽焦香（欲称锅巴香）。

第二节　黄茶制造中的化学变化及其机理

制茶技术不同，化学变化也不同。绿茶和黄茶初制过程虽大部分相同，但在各过程中采取的技术措施不同，特别是黄茶初制比绿茶初制增加了"堆闷"（或"闷黄"）过程，因此两者在初制过中的化学变化也就大相径庭，差异很大。产生的结果截然不同。绿茶的质量保留绿色物质形成"绿叶清汤"的品质特征，黄茶则要大量破坏绿色物质，产生黄色物质，以形成"黄叶黄汤"的独特品质为目的。黄茶制造技术都要有利于黄茶品质形成。

一、破坏叶内绿色物质，促进黄色物质显现，为形成黄叶黄汤品质奠定物质基础

叶绿素在黄茶制造中不断被破坏，其总量是大幅递减（见表4-1）。

表4-1　黄大茶制造中叶绿素含量的变化

安农 1964 年（mg/g）

项　目	鲜叶	杀青叶	揉捻叶	初烘叶	堆闷叶	拉毛火	拉足火
含　量	11.93	10.10	9.16	6.53	5.23	5.01	4.75
相对百分率%	100	84.66	76.78	54.74	43.84	42.00	39.81

从鲜叶至杀青叶，叶绿素的含量由 11.93mg/g 降到 10.10mg/g，减少 1.83mg/g，减少幅度为 15.34%，从揉捻到初烘其含量由 9.10mg/g 下降到 6.53mg/g，减少 2.53mg/g，减少幅度为 22.04%；从初烘到堆闷其含量又从 6.25 mg/g 减少到 5.23mg/g，减幅度为 10.09%，而从堆闷叶到拉毛火，拉足火其含量仅减少 0.47 mg/g，减少幅度为 4.01%。由此可见叶绿素遭破坏主要发生在从杀青到堆闷过程中，湿热作用是破坏叶绿素的主导因素。黄大茶制造过程中，湿热作用能使叶绿素的存在形态发生变化，即叶绿素在叶细胞中与蛋白质合为叶绿体，受热后蛋白质凝固，叶绿素释放出来，游离的叶绿素性质很不稳定，在弱酸环境中生成脱镁叶绿素，进而易被光和热破坏。而黄茶制造过程中，细胞中的有机酸不断释出和生成，已足以使叶绿素脱镁成为脱镁叶绿素，其变化为图4-1 所示。

脱镁叶绿素和脱镁脱叶醇基叶绿素，均为绿褐色或暗绿色。叶绿素及其降解产物脱镁叶绿素和脱镁脱植基叶绿素，很不稳定，对光和热均敏感，在受光辐射时发生光敏反应，裂解为无色产物，在湿热作用下，氧化而失去绿色。黄茶制造中从杀青开始；青锅、二锅、热锅、初烘、堆闷、拉老火，整个过程均在高温高湿下进行，为叶绿素破坏提供了良好的外部条件。在鲜叶里，与叶绿素

共存的脂溶性色素还有胡萝卜素（Carotenes）和叶黄素类 (Xanthophylls)，当叶绿素存在时，绿色是深色，占优势，叶子

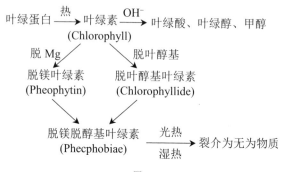

图 4-1

便出现绿色，一旦绿色破坏就出现叶黄素和胡萝卜素的颜色。茶叶中的叶黄素类主要有叶黄素（Xanthophyll），3,3′-二羟基-α-胡萝卜素（$C_{40}H_{56}O_2$），玉米黄素（Zeaxanthin），3,3′-二羟基-β-胡萝卜素（$C_{40}H_{56}O_2$），稳黄素（Cryptoxanhin），3-羟基-β-胡萝卜素（$C_{40}H_{56}O$）等组成。胡萝卜素主要有α、β、γ三种胡萝卜素（见脂溶性色素一节）。叶黄素和胡萝卜素共存于鲜叶中，习惯称类胡萝卜素（Carotenoids）它们较耐热，耐酸，在锌（Zn）、铜(Cu)、锡(Sn)、铝(Al)、铁(Fe)等金属存在下也不易破坏，只有强氧化剂才使它褪色。但它们对光能产生光敏氧化作用，双键过氧化饱和后发生裂解而破坏。对湿热作用会发生环化作用，产生具有紫罗兰花香气的紫罗兰酮。黄茶制造中叶绿素被破坏，类胡萝卜素颜色显现，在堆闷、初烘和足火的条件下，长时间的高温高湿作用，也能使类胡萝卜素转变为紫罗兰酮，增加了黄茶的香气。

二、湿、热化学作用，多酚类物质氧化缩合，形成黄叶黄汤

茶叶中多酚类物质主要有儿茶素、黄酮类物质和花青素，自

然界中儿茶素、黄酮类、花青素统称为水溶性色素，纯品儿茶素是白色结晶物，在空气中氧化成棕色胶状物，易溶于水，乙醇、甲醇、丙酮，部分溶于乙酸乙酯和醋酸，难溶于三氯甲烷和乙醚。儿茶素的酚性羟基在空气中极易氧化，不同的氧化方式形成不同的氧化产物：儿茶素的酶促氧化的主要产物是茶黄素（TF）和茶红素（TR）（见本书多酚类物质章节），儿茶素自动氧化产物主要是较大分子的聚合物[3]：

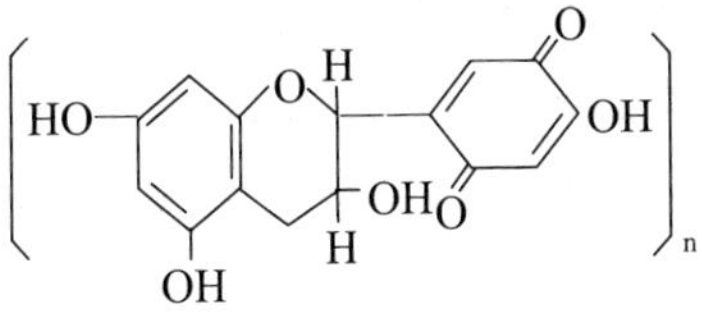

儿茶素的聚合物

儿茶素在湿、热作用下，主要生成二聚至八聚儿茶素和二缩没食子儿茶素[4]：

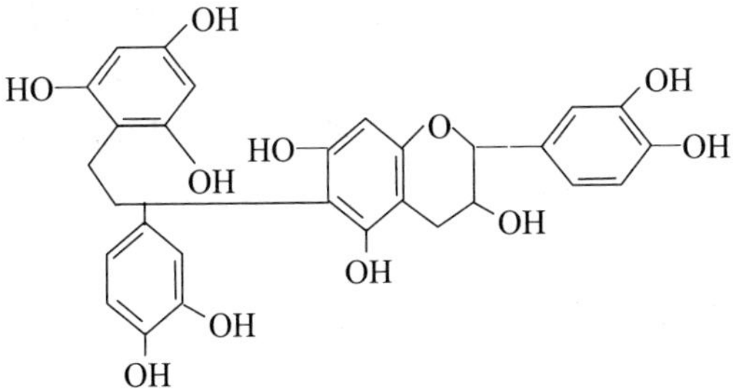

二聚儿茶素

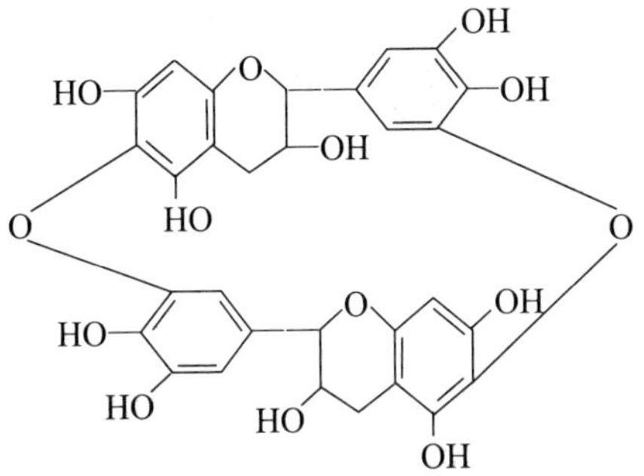

二缩没食子儿茶素

儿茶素酶促氧化聚合，儿茶素自动氧化聚合，儿茶素湿热氧

165

化聚合或缩合，均生成有色物质。儿茶素结构中 C 环 3-碳位上的羟基不能被氧化，B 环上的邻位羟基和连位羟基较易氧化，在连位羟基中（没食子儿茶素），两个相邻的羟基被氧化后，由于结构的改变，未被氧化的另一个羟基就不再被氧化了。儿茶素占茶叶多酚类物质总量 60%~80%，故其形成的产物，是组成茶汤色泽的主要物质。

黄茶制造中，儿茶素类物质主要发生的化学反应是湿热氧化作用和自然状态下的自动氧化作用，生成的产物为二聚至八聚儿茶素，二缩没食子儿茶素和儿茶素的聚合物（见前），从黄大茶制造全过程中可以证实，黄大茶的杀青，揉捻、做形都在锅里进行。长时间的高温和湿热作用，使原来无色的儿茶素，氧化聚合缩合成有色物质，颜色由浅变深；无色 ——→ 浅黄色 ——→ 黄色 ——→ 棕黄色。另外，黄茶制造中长时间的湿热作用和自动氧化作用，能使儿茶素中氧化还原电位最低的 L-EGCG 发生水解和氧化缩合作用，生成没食子儿茶素和二缩没食子儿茶素，使其总量减少最多，黄大茶制造中减少 71.22%（见表 4-3）。L-EGCG 的大幅减少，能使茶汤滋味由涩变醇，导致黄茶汤色深或杏黄明亮，滋味醇和甘凉[1]。

表 4-2　黄大茶制造中水溶性多酚类总量变化　（陈椽　1964）

项目 　　　　　 工艺	鲜 叶	干毛茶	减 率
水溶性多酚类物质%	23.46	22.74	0.74%

表 4-3　黄大茶大少制中儿茶素的变化(mg/g)　（陈椽　1964）

工艺 种类	鲜叶	杀青叶	揉捻叶	初烘叶	闷堆叶	拉毛火	足火成茶
L-EGC	25.84	31.44	18.84	26.13	11.11	10.97	12.63
DL-GC	7.64	3.322	3.93	6.97	3.38	3.48	3.13
L-EC+DL-C	11.92	6.325	9.77	7.27	7.91	7.12	6.25
L-EGCG	79.42	66.75	58.53	61.73	29.91	23.82	22.86
L-ECG	25.52	34.41	19.45	11.42	20.44	12.04	10.48
总 量	148.3	141.25	108.52	113.52	72.75	57.43	55.85

茶叶中黄酮类物质约占多酚类物质 5%以上。黄酮类又称为花黄素，也是一种重要的水溶性色素，带有酸性羟基，具有酸类化合物的通性，它存在有吡酮环和羰基，构成了生色基团的基本结构。黄酮类物质在自然情况下为浅黄色，分子中的酚羟基数目和结合的位置对显色有很大的影响，在 3′或 4′碳位上有羟基（或甲氧基）多呈深黄色。如在 3-碳位上有羟基，能使 3′或 4′碳位上的羟基的化合物颜色加深。黄酮类在鲜叶中多数以糖苷形式存在，主要在 3-碳、6-碳、8-碳位上形成黄酮苷类物质，在制黄茶过程中，长时间的湿热作用可使 3-碳位上的糖苷键水解，增加了黄酮类结构上的羟基数目，故黄茶的汤色较绿茶深。

糖类物质和氨基酸类物质在堆闷过程中，因其堆闷温度在20℃~30℃之间，发生的非酶性褐变速度较缓慢，生成由非酶性褐产生的褐色物质很少，使茶汤呈现儿茶素和黄酮类物质变化中的色泽，黄茶汤色为黄亮或棕黄色。

从表 4-3 看出儿茶素类的物质的总量和各种类型儿茶素，在黄茶制造中均不断减少，总量减少 62%，L-EGCG 减少 71.3%，L-ECG 减少 59%，L-EGC+DL-GC 减少 53%，L-EC+DL-C 减少48%。从表 4-2 看出水溶性多酚类总量变化很小，从鲜叶至干毛茶只减少 0.72%，这说明在黄茶制造中由湿热作用和自然氧化作用，即引起的儿茶素氧化聚合所形成的产物都是水溶性的，同时也可能有一部分原以结合状态存在的儿茶素类物质在制造过程中转变成可溶状态，使水溶性多酚类总量变化较小。

三、堆闷中微生物大量滋生，对黄茶滋味和香气带来良好的影响

据湖南农业大学报导[2]，黄大茶堆闷过程中，多种微生物大量滋生，见表 4-4：

表 4-4　　黄茶制造中微生物群及数量变化（个/g）　　湖南农大

项　目	杀青叶	堆闷	闷 4 小时	闷 6 小时
黑曲霉	0	302	1785	3634
灰绿曲霉	0	57	175	630
青　霉	0	395	483	350
根　霉	0	785	1130	655
酵　菌	0	358	7895	23485
细　菌	59	734	485	63
温　度	54.9	45.0	38.3	30.5
水　分%	64.9	62.8	61.3	59.5
酸　度（pH）	6.01	5.93	5.87	5.78

表 4-5　干燥酵母细胞成分　　食品论文生物学资料

粗蛋白质	51%～55%
粗脂肪	1.7%～2.7%
碳水化合物	21%～26%
水　分	5%～7%
灰份（K、Ca、Mg、Fe、Na、S、P）	8.2%～9.2%

　　表 4-4 可见黄茶在堆闷过程中微生物滋生是随堆闷时间延长而增加的，特别是酵母菌、黑曲霉、根霉等从杀青叶为零，至堆闷 4 小时分别为 7895 个/g、1785 个/g、1130 个/克、堆闷至 6 小时三种微生物分别为 23485 个/g、3634 个/g、655 个/克。这几种微生物大量滋生，会给黄茶堆闷增加多种胞外酶，酵母菌大量滋生能产生脂肪酶、蔗糖酶、乳糖酶等，这些酶类能分解大分子糖类物质和粗脂肪成为小分子物质醇、醛、有机酸、二氧化碳等。根霉能产生丰富的糖化淀粉酶，使淀粉转变成糖分。黑曲霉分解出蛋白酶、果胶酶，消化分解蛋白质生成氨基酸、降解果胶物质。黑曲霉还能利用多种碳源，产生柠檬酸。黄茶在堆闷中胞外酶的作用能形成新的小分子糖类物质，氨基酸类物有机酸、醇类、醛类物质，为后续工艺足火和毛火形成香气和滋味打下了基础。

　　同时从表 4-5 看到酵母菌细胞中含有蛋白丰富的营养成分，

51%～55%蛋白质，酵母蛋白质是由十三种以上氨基酸组成，比一般蛋白质的营养价值高而且容易吸收，还含有十四种以上水溶性维生素、无机盐等，这些物质均随泡茶而进入茶汤，是为增进黄茶茶汤滋味起到了积极的作用。

表 4-6 黄茶制造中游离氨基酸变化　　　　　陈以议（%）

种类　＼　工序	鲜叶	杀青叶	揉捻叶	初烘叶	堆闷时	拉毛火	拉足火
游离氨基酸总量	0.3636	0.5871	0.5991	0.5097	0.5588	0.5242	0.6217
水溶性糖	4.17	3.80	3.57	3.70	1.89	3.13	2.36
淀　粉	2.36	2.03	2.12	1.98	1.84	101.	1.61

主要参考资料

[1] 安徽农学院主编. 制茶学[M]. 北京：农业出版社，1989.

[2] 湖南农业大学主编. 茶叶加工学[M]. 北京：农业出版社，2000.

[3] 黄丽梅，江小梅. 食品化学[M]. 北京：中国人民大学出版社，1986.

[4] 天津轻工业学院、无锡轻工业学院合编. 食品生物化学[M]. 轻工业出版社，1991.

第五章　黑茶制造化学

黑茶是中国六大茶类之一，距今已有400余年历史，系我国所特有，是国内少数民族日常生活必不可少的饮料。黑茶制品繁多，形状各异，分紧压茶和散茶两类。紧压茶有茯砖、黑砖、青砖、康砖、金尖、方包等，散装茶有天尖、贡尖、生尖、六堡茶等。一般成品都经压造成型，便于长途运输和贮藏保管。

中国年产黑茶5万余吨，主产地为湖南、湖北、四川、贵州、云南、广西等省。以边销为主，部分内销，少量侨销，因此习惯上称黑茶为"边茶"。目前黑茶主销中国西北和西部边疆地区，尚有部分出口前苏联、蒙古等国，亦有少量侨销新、马等地。

黑茶品质风格独特，其加工技术及品质特征与其他茶类有较大的差异，黑茶品质的形成，实际上是鲜叶经过黑茶特殊制造工艺后内含成分发生一系列化学变化的结果。

第一节　制茶原料与黑茶品质

黑毛茶因产地和品种的不同对鲜叶原料有不同要求，但多数要求具有一定成熟度的新梢。一个共同的特点是：鲜叶外形粗大，叶老梗长，多数系芽叶形成驻芽后的成熟枝梢，鲜叶原料采割时期亦都集中在夏、秋二季，稍早者，也需在春茶后期才能采割（表5-1）。黑茶原料的物理性状和化学特征决定黑茶的制茶品质，而鲜叶原料的采摘标准是黑茶制茶品质的基础。

表 5-1　黑毛茶的鲜叶原料要求和采割时间

（陆锦时，1999）

名　称	鲜味采割时间	鲜叶原料标准	备　注
湖南黑茶	5月、8月	一定成熟的一芽三、四叶，四、五叶或五、六叶	
广西六堡茶	5月、7月、8月	一定成熟度的一芽四、五叶	当地大叶种原料为主
四川南边茶	6~8月	形成驻芽以后的嫩梢，可夹带少量茶梗	
湖北老青茶	5月、6月、8月	当年红梗为主新梢，可稍带白梗	
云南普洱茶	6~7月、8~10月	一芽三、四叶，四、五叶的成熟新梢	云南大叶种原料为主

一、鲜叶原料的化学成分与制茶品质关系

（一）水分

鲜叶含水量与芽叶老嫩度有关，幼嫩芽叶较粗老芽叶含水量多。黑毛茶的鲜叶原料大多系一芽三、四叶或一芽四、五叶等成熟新梢，所以含水量较其他幼嫩芽叶低得多，如一芽一叶的含水量为 77.15%，一芽四叶的为 75.7%，二者水分相差 1.45%。根据茶鲜叶原料的这一水分特点，在初制时，拟采用高温、短时"红锅杀青"（锅温通常掌握在 280℃~320℃），并用"洒水灌浆"的方法来增加水分，使其产生高温蒸汽来提高叶温，达到在短时间内破坏酶的活性，制止酶促多酚类化合物的氧化，以保留较多的有效化学成分。

（二）多酚物质和儿茶素

多酚类物和儿茶素是决定茶叶滋味和汤色的物质基础。儿茶素是多酚类物质的主体物质，约占多酚类含量的 70% 左右。多酚类、儿茶素含量高低与鲜叶原料品质密切相关，一般呈嫩高老低的变化趋势（表 5-2），由表中看出，老叶和嫩叶儿茶素

总量竟相差一倍之多。反映在儿茶素的组成比例上，老叶中的游离型儿茶素含量比例较嫩叶高，相反，酯型儿茶素的含量比例则老叶比嫩叶少。由此可见，黑茶鲜叶原料具有多酚类、儿茶素含量低，游离型儿茶素含量比例高的特点。由于多酚类、儿茶素，特别是其中的酯型儿茶素具有较强的收敛性和涩味，所以鲜叶原料的这一化学特征，为形成黑茶的醇和而不涩的滋味风格创造条件。但由于鲜叶原料多酚类含量相对较低，因此，渥堆过程控制多酚类物质的氧化程度十分重要。渥堆的温度不宜过高，时间不宜太长（堆温升至 45℃ 比较合适）。如果温度过高，儿茶素和多酚类氧化加剧，造成毛茶内质香低、味淡，汤色红暗。当然，温度过低，时间太短，也不利于多酚类物质的充分转化。

表 5-2　茶树新梢不同成熟度的多酚类物质、儿茶素变化

（陆锦时等，1980）

名　称		顶芽	一芽一叶	一芽二叶	一芽三叶	一芽四叶	嫩梗
茶多酚（%）		29.54	30.17	28.45	25.75	24.62	13.90
儿茶素 (mg/g)	L-EGC	10.20	19.20	26.44	30.25	38.90	33.59
	D、L-GC	5.25	6.47	6.44	7.48	7.32	8.67
	L-EC+DL-C	10.54	11.02	12.46	18.23	21.01	30.44
	L-EGCG	118.87	123.44	116.20	107.89	95.21	44.91
	L-ECG	27.59	27.38	24.07	20.93	15.69	8.20
	总　量	172.45	187.51	185.61	184.78	178.13	125.81

（三）氨基酸

氨基酸是一种重要的滋味物质，在茶汤中起着鲜、甜滋味的主体和协调作用。一般而言，含量是嫩叶高，老叶低。虽然黑茶的鲜叶原料相对较粗老，但由于黑茶鲜叶原料中夹带有较多的茶梗，嫩梗中的氨基酸含量比芽叶多得多，特别是其中的茶氨酸，嫩梗的含量比芽叶高 1~3 倍（表 5-3），所以黑茶鲜叶原料氨基酸的总体水平并不低，这对黑茶制茶香味品质的形成起重要作用。

表 5-3　茶树新梢不同成熟度的氨基酸变化

(三轮悦夫，1978)

名　称		一芽一叶	第二叶	第三叶	第四叶	嫩　茎
氨基酸 (mg/100g)	茶氨酸	1832	1516	1275	1163	4346
	精氨酸	425	698	518	356	122
	天门冬氨酸	245	193	128	105	163
	丝氨酸	188	128	103	75	669
	谷氨酸	274	246	189	160	202
	其他氨基酸	143	135	126	89	226
	总　量	3107	2916	2339	1948	5728

（四）叶绿素

黑茶鲜叶原料较粗老，故叶色深绿，叶绿素含量较幼嫩芽叶高，尤以一芽四、五叶新梢叶绿素的形成、积累最多（表5-4）。制茶过程中叶绿素参与一系列的化学反应，生成新的衍生物质，是黑茶外形、色泽和叶底色泽的重要组成物质。

表 5-4　茶树新梢不同成熟度的叶绿素变化

(大田义十，1959)

名　称	一芽一叶	一芽二叶	一芽三叶	一芽四叶	一芽五叶
含量（%）	0.28	0.41	0.42	0.44	0.45

（五）糖类

茶鲜叶中含有很多糖类，可溶性的有还原糖和蔗糖，不溶性的有淀粉、半纤维素、纤维素和果胶等物质。除水溶果胶外，成熟叶中几乎所有糖类均比幼嫩芽叶高（表5-5）。因此，高糖含量是黑茶鲜叶原料的重要生化特性，这是幼嫩芽叶所不能替代的。鲜叶原料的这一生化特征，与黑茶品质的甜醇滋味特征的形成密不可分。但含糖量高的成熟鲜叶，由于叶、梗木质化程度高，纤维素和半纤维素含量多，在制茶技术上应采用"高温闷杀"，使叶片软化，同时要趁热揉捻，有利于叶片卷折成条，增加细胞破碎率。杀青、揉捻叶受湿热作用，多糖分解，部分原果胶物质也分解为水溶果胶，细胞膨压降低，从而为渥堆奠定基础。

表5-5　茶树新梢不同成熟度糖类化合物变化

（中心仰等，1973）

名　称	单糖（%）	双糖（%）	水溶性果胶（%）	淀粉(%)	纤维素(%)
一芽一叶	0.77	0.64	1.66	0.82	10.87
第二叶	0.87	0.85	1.98	0.92	10.90
第三叶	1.02	1.66	1.82	5.27	12.25
第四叶	1.59	2.06	1.40	/	14.48
茎	2.61		1.13	1.49	17.08

据试验，糖类物质也是薛氏曲霉的主要培养基。需要发"金花"的黑茶，其毛茶均由五、六级鲜叶原料制成，含糖量较高，细嫩芽叶制成的毛茶则很难发"金花"。由此可见，糖类还能间接改变制茶品质。

二、鲜叶原料采割时期与制茶品质关系

由于黑茶鲜叶原料采割均在夏、秋季茶树新梢生长较成熟的时期进行，所以对某些化学品质成分的形成和积累十分有利。茶叶中多酚类物质，特别是其中的儿茶素类物质，一般是春茶含量较低，夏茶较高，秋茶次之。在整个年生育周期呈现单峰曲线形式，即三、四月份含量较低，从五月份开始，随着月平均气温的逐渐递增，儿茶素急剧上升，七月份儿茶素含量达最高值，八月份以后儿茶素含量又随着气温的下降而逐渐减少。儿茶素组成中的L-表没食子儿茶素没食子酸酯（L-EGCG）绝对值的变化趋势与总量基本一致（图5-1）。由图可见，儿茶素的这个高峰时期为5~8月份，而这时期恰为黑茶鲜叶的采割时期，这在很大程度上弥补了粗老的黑茶原料因较细嫩新梢儿茶素低的缺陷。

茶树芽叶中的单糖、双糖和多糖等物质，全年随新梢生长期的延长有着显著的增高趋势。淀粉从顶芽到老叶逐渐增加，半纤

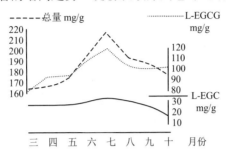

图 5-1　茶树新梢生育周期儿茶素变化　（陆锦时，1985）

维素的含量也随着新梢嫩度的增加而下降。光照和温度有利于糖类化合物的形成，一般 7~8 月份，叶片光合作用强度达到高峰季节，这时期，茶树的糖代谢进行得最旺盛，累积的干物量也最多（表 5-6），而黑茶原料的采割往往正是集中在这一时期，从而为黑茶品质的形成奠定良好物质基础。

表 5-6　茶树新梢生育周期水溶性糖的变化

（陆锦时等，1985）

项 目 月 份	水溶性糖（%）		气 象 因 子		
	四川中叶种	崇庆枇杷茶	温度（℃）	日照（小时）	雨量（毫米）
三	3.68	3.98	13.2	70.2	15.2
四	4.11	3.43	18.3	119.5	100.5
五	4.54	3.80	22.6	151.4	89.7
六	4.69	4.43	25.4	144.4	65.1
七	4.79	4.63	27.1	167.8	151.3
八	4.39	4.11	24.8	133.6	222.6
九	4.01	4.16	21.3	98.2	67.6
十	4.83	5.10	18.5	50	135.5

茶树新梢芳香物质的总量虽然呈现春高、秋低、夏居中的变化规律，但据研究，具有蔷薇或水果香气的苯乙醇和苯乙醛、醋

酸、异戊酯等却都是随着芽叶的生长而逐步增加，还有正己醇和香叶醇也随芽叶的生长而逐渐增加，这些都与黑茶香气的形成密切相关。

第二节　黑茶的品质特征

黑茶的香味醇和而不青涩，汤色橙黄而不绿，叶底黄褐而不青。黑茶制法前阶段像绿茶，后阶段像红茶，品质介于两者之间，既不同于绿茶，又不同于红茶，有其独特的色、香、味特点。凡品质特征与其相似的茶叶，都归纳为黑茶类，如湖南湘尖、湖北老青茶、四川边茶、云南普洱茶以及广西六堡茶等。因产地、茶树品种、鲜叶原料的老嫩和加工技术等的差异，各花色品种黑茶的品质特点亦不尽相同（表5-7）。

表 5-7　黑毛茶的品质特征

（陆锦时，1999）

名　称	外　形		内　质			
	形状	色泽	香气	滋味	汤色	叶底
广西六堡茶	条索粗壮而匀整	黑褐带光泽	醇陈	清凉爽口并带松烟香味	红浓	铜褐色
湖黑毛茶	条索卷折	黑褐、油润	纯正并具松烟香味	醇厚	橙黄	黄褐
云南普洱茶	条索肥硕	褐红	醇带粗	醇和尚厚	黄红	粗嫩不匀
湖北老青茶	条索较紧卷	青褐	纯正无青气	醇和	黄红稍亮	暗褐粗老
四川南边茶	卷摺	油润	显油香	醇和	明晰红亮	稍显红褐色

一、黑茶的化学成分含量特点

（一）多酚类物质、儿茶素及其衍生物质

黑茶中多酚类物质含量为7%~18%，略低于红茶，绝对值仅为绿茶的三分之一，是六大茶类中含量最低的（表5-8）。儿茶素与茶多酚类物质有相似趋势，其含量为35~65mg/g，但黑茶中的儿茶素含量往往高于红茶。绝大多数绿茶均表现L-表没食子儿茶素没食子酸酯（L-EGCG）的含量高于其他组分，而黑茶中的L-表没食子儿茶素没食子酸酯（L-EGCG）的含量却较低，红茶中的L-表没食子儿茶素没食子酸酯（L-EGCG）则更低。

表5-8　黑茶的茶多酚、儿茶素含量

（陆锦时，1999）

名　　称		黑　茶	红　茶	绿　茶
茶多酚（%）		15.08	18.09	23.30
儿茶素（mg/g）	L-EGC	7.02	/	3.63
	D、L-GC	3.65	1.22	10.20
	L-EC+D、L-C	3.92	1.82	6.66
	L-EGCG	16.08	6.18	111.42
	L-ECG	7.41	8.28	22.85
	儿茶素总量	38.68	17.50	154.76

儿茶素和多酚类物质的氧化产物茶黄素、茶红素和茶褐素主要在红茶制造中形成，在其他茶类，特别在绿茶中含量极微。在黑茶中虽也有少量存在，但含量均较红茶、青茶和白茶少（表5-9）。黑茶中茶黄素含量为0.1%~0.2%，茶红素为0.80%~3.0%，茶褐素为11%~12%。

表5-9　黑茶的茶黄素、红茶素、茶褐素含量

（陆锦时，1999）

名　　称	黑　茶	红　茶	青　茶	白　茶
茶黄素（%）	0.18	0.91	0.30	0.37
茶红素（%）	2.93	7.13	11.17	10.89
茶褐素（%）	4.96	6.77	/	/

（二）氨基酸

黑茶中的游离氨基酸含量较低，约为500~1900mg/100g，约

为绿茶含量的 17.5%、红茶含量的 30.47%，是六大茶类中含量最低的一种（表 5-10）。据张瑞婷等（1985）资料，黑茶中氨基酸种类也较少，在黑茶茶汤中仅检测到七种氨基酸，有十余种茶叶氨基酸未能检出。但据王增盛等（1991）对黑毛茶试验样的测定，共鉴定出 16 种氨基酸，氨基酸总量为 1568.1mg/100g，其中含量较多的茶氨酸为 1138.55mg/100g，占氨基酸总量的 72.61%，谷氨酸为 133.81mg/100g，占总量的 3.32%。显然，黑茶中游离氨基酸的含量和种类的多少，受黑茶产品类型、制茶原料、贮藏时间以及测定方法等因素左右。

表5-10　黑茶茶汤中的游离氨基酸含量

（张虹等，1982）

名　　称	黑　茶 （mg/100g）	红　茶 (mg/100g)	绿　茶 (mg/100g)
门冬氨酸	/	122.35	256.99
茶氨酸	23.90	1461.60	2651.18
苏氨酸	/	微量	微量
丝氨酸	/	92.34	103.885
谷氨酸	/	130.29	405.10
脯氨酸	/	21.51	/
甘氨酸	/	3.74	5.80
丙氨酸	/	40.37	45.17
胱氨酸	63.32	32.47	34.63
缬氨酸	/	47.77	39.26
蛋氨酸	35.6	/	/
异亮氨酸	21.58	29.99	15.84
亮氨酸	/	40.09	12.81
酪氨酸	/	48.78	/
苯丙氨酸	/	59.02	11.84
赖氨酸	10.00	42.14	15.99
组氨酸	/	13.47	15.17
精氨酸	7.12	163.39	409.53
合　计	161.52	2355.32	4023.16

（三）叶绿素

黑茶中叶绿素的含量较低，据测定，黑毛茶中叶绿素 a 仅含 1.2mg/100g，叶绿素 b 2.5mg/100g，制造过程大部已转化成脱镁叶绿素等降解产物。

（四）可溶性糖

黑茶中可溶性糖含量丰富，一般为 3.05%~3.67%，高于其他茶类，与青茶含量相近。

（五）香气物质

萜烯醇类和"发酵"降解产物是构成黑茶香气的基础物质。萜烯醇类主要包括芳樟醇及其氧化物、α-萜品烯、橙花叔醇等；发酵降解产物主要是脂肪醛类、脂肪醇类和酚、醚等化合物。

日本也有一种类似黑茶制法的"巴答巴答"[2]茶，茶叶香型具有典型的腌渍香气，其香气成分为顺-3-己烯醇、芳樟醇及其氧化产物，水杨酸甲酯、苯甲醇、乙酸和4-乙基苯酚。此类香气成分在我国黑茶中也有存在。

二、黑茶品质风格形成特点

构成黑茶色、香、味、形的品质因素受化学成分的含量和组成所左右，这种构成因素是十分复杂的，是综合性的。

（一）色泽

干茶和叶底的色泽与茶汤的颜色是两种不同的色泽概念，是由不同的化学成分决定。黑茶干看褐黑型，这是由叶绿素、β-胡萝卜素、叶黄素和黄酮类物质及其产生的各种色度不同的氧化聚合物而形成的橙黄、橙褐色泽[3]。因叶绿素保留量极微而被其他色素所掩盖。黑茶中茶褐素的比例较红茶高，它常与茶叶中蛋白质等物质结合形成难溶于水的深色高聚物，这是黑茶外形和叶底色泽的另一个重要色素物质。

由于叶绿素较大量地降解成黑褐色的脱镁叶绿素 a 和黄褐色的脱镁叶绿素 b，而鲜叶中固有的、具有橙黄色的胡萝卜素和深黄色的叶黄素则相对保留较多，因而提出β-胡萝卜素、叶黄素、脱镁叶绿素 a 和脱镁叶绿素 b 之和与叶绿素 a、叶绿素 b 之和的比值，可以反映干茶和叶底色泽深浅程度，比值大，则色深，比值小，则色浅。

儿茶素的氧化聚合物具有黄色的茶黄素、红色的茶红素以及褐色的茶褐素等物质，组成汤色黄、橙、棕等色泽，是黑茶汤色的主体成分。黑茶茶汤中的茶黄素和茶红素之和与茶褐素的比值可反映汤色的深浅，比值越小，汤色越深，成品黑毛茶中此值为 0.75 左右，与红茶中的大于 1 相差较大，这就是黑茶茶汤色泽呈"橙黄"或"橙红"而不是红茶的"红艳"或"红亮"的原因。

（二）滋味

黑茶的滋味，既不同于黄茶，也不同于绿茶，醇中有涩，苦中有甜，有浓度，但无刺激性，属单和型滋味类型。黑茶的滋味物质主要是茶叶多酚类及其衍生物质、氨基酸、咖啡碱和糖类等。多酚类物质味苦涩，黑茶中保留的多酚类物质较少，主要是儿茶素物质，其中多数为游离型儿茶素（DL-C、L-EC、L-EGC），故苦涩味较轻。同时，多酚类物质、儿茶素的氧化产物——颇具辛辣味的茶黄素含量较少，而刺激性较弱的茶红素含量却较多，因而使黑茶滋味变得醇和。氨基酸是鲜味物质，咖啡碱为苦味物质，这两种成分在黑茶中也有一定含量。糖为甜味物质，黑茶中糖分的含量较其他茶类高，因而使黑茶的滋味更加醇和。

总之，由于以上化学成分的综合协调配比，形成了黑茶醇和微涩的滋味类型。但要获得醇厚度好的黑茶茶汤，多酚类物质和茶红素含量必须达到一定水平[4]，因此，多酚类物质和茶红素之和与茶褐素比值，可以来用衡量黑茶滋味品质的醇厚度，它们的比值高、茶汤醇厚，刺激性就强些，反之，茶汤淡薄，刺激性弱。

（三）香气

黑茶的香气总体上属陈香型。但不同制法与香气风格亦有很大关系，如有些黑茶在干燥过程因用松柴作燃料（安化黑毛茶、

180

广西六堡茶等），毛茶品质具有独特的槟榔香（即松烟气和陈化气的混合气体）；而茯砖茶在干燥过程有霉菌繁殖，而形成"黄茶"清香味。根据对黑茶香气浓缩物的分析，黑茶中还含有在其他茶类中尚未发现的甲氧基苯及其衍生物，这类物质能有效地改善黑茶原料的粗老味，使黑茶香味陈醇，故它可以作为黑茶陈香气味特征的鉴定依据之一。

根据研究，在红、绿茶中大量存在着的不饱和萜烯醇类，在黑茶中种类较多，且含量也高，尤以橙花叔醇最为显著。另外还有丰富的芳樟醇及其氧化物（表5-11）[5]。显然，这些不饱和萜烯醇类在黑茶陈香气味特征中起着十分重要的作用。黑茶中的酮类香气物质种类也较多，如在红、绿茶中普遍存在的具有陈香型的6，10，14-三甲基十五烷酮、香叶基丙酮和β-紫罗兰酮等含量也较高，而花香型的茉莉酮、鲜爽型的茶螺酮等在黑茶中未有检出，在绿茶中也有少量存在。而在黑茶中，酸类香气成分却未有检出，醛类香气成分的糖类和含量都较少。

表5-11 四种砖茶的主要香气成分

（刘勤晋，1994）

编号	时间	化合物	化合物相对峰面积%			
			青砖	黑砖	茯砖	康砖
1	4.64	2,3-戊二烯-2-酮	0.11	0.61	0.36	0.29
2	6.25	2-甲基异丙醇	0.83	1.65	0.96	1.08
3	8.12	青叶醇	0.16	0.64	0.36	0.19
4	9.74	顺-3-戊烯醛	0.05	0.30	0.12	0.11
5	10.94	庚醛	0.09	0.34	0.19	0.12
6	12.94	异戊基呋喃	0.38	1.21	0.54	0.65
7	15.18	异辛醇	0	0.19	0	0.06
8	15.45	1,3-二甲基吡嗪	0	0	1.09	0.39
9	18.87	γ-十四酮	0.29	0.44	0.31	0.32
10	19.59	2-甲基-2-庚烯-6-酮	0.36	0.44	0.22	0.29
11	24.20	反-2-十一烯醛	0.34	0.56	0.45	0.32
12	25.08	氧化芳樟醇 I	0.41	0.51	0.43	0.54
13	25.95	反-3,顺-5-辛二烯酮-2	0.63	2.16	1.67	0.82

编号	时间	化合物	化合物相对峰面积%			
			青砖	黑砖	茯砖	康砖
14	26.42	氧化芳樟 II	0.28	0.39	0.59	0.47
15	27.29	顺-2，顺-4-庚二烯醛	0.37	2.11	0.61	0.92
16	28.57	水杨酸甲酯	1.05	1.23	1.02	1.09
17	29.12	反-2-辛烯醛	0.28	0.35	0.36	0.35
18	29.95	芳樟醇	0.25	0.46	0.43	0.74
19	30.15	1-辛烯醇	0	0.40	0	0
20	30.34	石竹萜烯	0.30	0	0	0.23
21	31.29	2,6,6-三甲基-2-羟基环己酮-1	0.32	0.35	0.42	0.35
22	32.20	β-环柠檬醛	0.39	0.63	0.29	0.75
23	33.51	乙酸癸酯	1.00	1.00	1.00	1.00
24	33.77	乙酰苯酮	0.67	0.75	0.62	0.48
25	34.08	反-2-己烯己烯酸酯	0.39	0.34	0	0.58
26	35.52	2,6,6-三甲基-乙-羟基环乙二酮	0.40	0.32	0.28	0.44
27	36.20	α-萜品醇	0.41	64	0.32	0.60
28	27.20	1,2-二甲氧基苯	0.15	0.46	0.51	0.28
29	37.43	氧化芳樟醇III	0.49	0.48	0.29	0.55
30	38.05	反-2，反-4-癸烯醛	0	0.54	0.38	0.49
31	38.64	氧化芳樟醇IV	0.20	0.66	0.41	0.91
32	40.31	1,2-二甲氧基-4-甲基苯	0.59	2.04	0.94	1.67
33	40.56	3,4-二羟-α-紫罗兰酮	0.62	0.49	0.58	0.18
34	41.59	α-紫罗兰酮	0.15	0.25	0.34	0.23
35	41.97	香叶基丙酮	1.58	3.28	1.34	1.41
36	42.97	1,2-二甲氧基-4-乙基苯	1.15	0.97	1.07	0.82
37	43.89	内标	0.80	0.83	1.43	1.00
38	45.05	β-紫罗兰酮	0.63	2.20	1.46	0.72
39	45.88	1,2,3-三甲氧基苯	0.23	0.79	0.86	0.94
40	48.45	1,2,3-三甲氧基-4-甲基苯	0.27	0.85	0	0.60
41	51.01	橙花叔醇	7.36	4.46	10.91	8.40
42	52.20	6,10,14-三甲基十五烷酮-2	1.56	1.23	2.20	2.25
43	52.85	杜松油醇	0.73	0.58	0.77	0.86
44	53.56	茶香螺酮	0.50	0.57	0.48	0.68
45	54.53	2,3-二甲基-2-壬烯内酯-4	0.30	0.65	0.75	0.44
46	58.10	二氢海癸内酯	0.29	0.54	0.58	0.30

由于黑茶的这些香气成分的独特组成，就形成了黑茶的独特的陈香醇和型香气。

第三节 黑茶初制过程品质化学成分的变化

一、多酚类物质和儿茶素

黑茶初制过程，茶叶多酚类物质的含量变化呈双峰曲线趋势（表5-12）[6]。杀青温度的高低对多酚类物质含量的变化影响很大。

表5-12 黑茶初制过程茶多酚含量的变化

（王增盛等，1991）

工序	鲜叶	杀青	揉捻	渥 堆							干燥
				6小时	12小时	18小时	24小时	30小时	36小时	42小时	
含量(%)	23.89	23.12	24.32	23.52	26.69	24.63	22.63	21.89	21.29	19.49	16.48

杀青工序由于叶温升高有一个渐进过程，杀青初始，锅温高，叶温低，所以在一、二分钟内酶的活性不但不会钝化，反而会有所加强。在酶促氧化和热的作用下，多酚类化合物产生氧化缩合，含量呈下降趋势。

在揉捻工序，由于酶的活性在杀青阶段已完全钝化，多酚类物质的酶促氧化已完全停止，从而减少了多酚类物质的损失。同时，由于揉捻叶组织遭到机械力的破坏，推动了叶内化学物质的转化，少量不溶酚类物质转化成可溶性多酚类物质使其含量出现一个小的高峰。

进入渥堆工序，多酚类物质的变化与温度和渥堆时间密切相关，温度升高、渥堆时间增长，多酚类物质含量就下降。据试验，渥堆10小时，温度上升到34℃，多酚类物质下降到18.87%，渥堆36小时，温度上升到49℃，多酚类物质下降到15.45%。渥堆

183

过程多酚类物质的减少是湿热的自动氧化和微生物的酶促氧化所致。至于渥堆 12 小时出现的含量高峰是在堆温下降，可能使部分多酚类物质的氧化中间产物因一时难于向一个方向进一步聚合，而被还原后使可溶性多酚类含量呈回升趋势。

干燥过程，多酚类物质在长时间高温和湿热作用下进一步氧化聚合，含量再次明显下降。

在黑茶初制过程，儿茶素减少幅度大，制成毛茶，儿茶素保留量仅及鲜叶含量的 30% 左右（表 5-13）。

表 5-13　黑茶初制过程儿茶素的变化

（安徽农学院，1985）

名称		鲜叶	杀青	揉捻	渥堆10 时	渥堆32 小时	复揉	干燥
儿茶素(mg/g)	L-EGC	26.22	31.00	23.70	15.12	6.13	9.43	7.02
	D、L-GC	10.88	9.95	2.28	1.32	1.56	4.17	3.65
	L-EC+D、L-C	12.50	14.90	9.30	11.05	6.25	6.37	3.92
	L-EGCG	60.02	51.20	57.60	28.46	36.42	18.06	16.08
	L-ECG	32.20	19.72	18.25	15.95	9.41	7.99	7.41
	总　量	141.82	126.77	111.13	71.94	59.77	46.01	38.68

杀青工序主要表现为酯型儿茶素的水解，即 L-表没食子儿茶素没食子酸酯（L-EGCG）、L-表儿茶素没食子酸酯（L-ECG）含量下降，L-表儿茶素（L-EC）和 D、L 儿茶素（DL-C）含量增加。

揉捻工序除 L-表没食子儿茶素没食子酸酯含量稍有回升外，儿茶素的其余组分均呈下降趋势。L-表没食子儿茶素没食子酸酯含量回升趋势与多酚类的变化相吻合。

渥堆工序，由于堆温升高，促进微生物生长繁殖，微生物释放各种酶类，特别是多酚氧化酶，大大加速了多酚类物质、儿茶素的氧化聚合。因此，渥堆过程总量继续呈现下降趋势，并且转化量较大。但儿茶素各组分消长与变化途径是不尽相同的，酯型儿茶素主要是湿热作用，水解形成简单儿茶素和没食子酸。简单儿茶素一方面由于微生物酶促氧化而减少，另一方面由于酯型儿茶素的水解而增加，从而在整个渥堆过程表现为酯型儿茶素的比例下降，简单儿茶素的比例增大的现象。

在干燥过程，儿茶素各组成含量继续下降，这是长时间高温和湿热作用的结果。干燥是儿茶素转化的重要工序，开始是高温、湿热催化，以后是干热催化，从而使儿茶素与糖或氨基酸结合而形成黑茶特有的品质[7]。

黑茶初制过程儿茶素的主要氧化产物——茶黄素、茶红素和茶褐素的形成与变化，对黑茶品质起重要作用。杀青和揉捻工序形成量甚少，大量氧化产物的形式主要在渥堆工序。

渥堆过程由于茶坯温度不断升高，加快了儿茶素的自动氧化速度，同时随着温度的升高微生物代谢旺盛，微生物分泌的胞外多酚氧化酶的催化速度也加快，两者共同作用结果，使渥堆期间多酚类物质氧化产物得以形成与积累。渥堆结束，茶黄素、茶红素和茶褐素含量分别达到 0.18%、2.93% 和 4.96%。茶红素和茶褐素的积累量较多，茶黄素较少（表 5-14）[8]。

表 5-14 黑茶初制过程茶黄素、茶红素、茶褐素变化

（刘仲华，1991）

工序	鲜叶	杀青	揉捻	渥堆							干燥
				6小时	12小时	18小时	24小时	30小时	36小时	42小时	
茶黄素（%）	/	0.01	0.03	0.04	0.07	0.11	0.16	0.20	0.23	0.27	0.18
茶红素（%）	/	0.02	0.31	0.64	0.92	1.58	2.37	2.84	3.20	3.64	2.93
茶褐素（%）	/	0.48	0.67	1.23	1.64	2.38	2.72	3.23	3.64	4.27	4.96

干燥对茶黄素、茶红素和茶褐素的形成与转化关系很大，表现为茶黄素、茶红素较渥堆末期有明显减少，前者从渥堆末期的 0.27% 下降至 0.18%，后者从 3.64% 下降至 2.93%，而茶褐素则从 4.27% 增加到 4.96%。显然，这是由于茶黄素、茶红素进一步向高聚物茶褐素方向转化的结果。

二、氨基酸

蛋白质一般在 40℃~75℃下结构中的肽键就要断裂，分解为氨基酸。杀青锅温 200℃以上，叶温超过 40℃，因此在热的作用下，蛋白质大量降解为氨基酸。同时，某些氨基酸也会受热的作用挥发或相互转化，但在整个杀青工序，氨基酸总量还是呈现增加的趋势（表 5-15）[9]。在各氨基酸组分中，除天门冬氨酸和茶氨酸含量有较大幅度增加外，其他氨基酸均有不同程度减少。显然，在杀青过程，蛋白质分解成氨基酸的量超过氨基酸挥发、转化的量，因而氨基酸总量仍有所上升。

在揉捻过程，由于机械力作用破坏叶细胞组织，内含化学物质暴露于空气，使氨基酸的氧化分解作用加强，氨基酸总量减少较多，特别是茶氨酸，绝对值较鲜叶减少 300mg/100g。

渥堆过程，各种氨基酸变化复杂，含量有增、有减，很不一致。但茶氨酸、谷氨酸、天门冬氨酸等含量较高的氨基酸，在渥堆过程中明显降低，如茶氨酸从 192319mg/100g 降至 1152.05mg/100g，谷氨酸从 265.78mg/100g 降至 111.36mg/100g，天门冬氨酸从 75.86mg/100g 降至 32.71mg/100g。渥堆过程由于微生物的大量繁殖，有些细菌能使氨基酸分解而脱氨基，有些微生物虽也能分解蛋白质，不过这个作用比分解氨基酸来得小。总之，在渥堆过程，氨基酸来路少，去路多，总量下降。

在干燥工序，由于长时间高温的作用，氨基酸变化复杂，有些氨基酸脱羧基形成胺，脱氨基形成有机酸，有些氨基酸与糖类物质发生羰氨反应形成黑茶的色、香、味特性物质。干燥过程中，含量较高的茶氨酸、天门冬氨酸等的含量稍有减少，但那些含量较低的氨基酸，例如赖氨酸、苯丙氨酸、酪氨酸、亮氨酸、异亮氨酸、蛋氨酸、丙氨酸等含量成倍增加。这些氨基酸在渥堆后期就已开始增加，可能是微生物利用茶叶中的含氮物质作为营养源的同时，还在胞内酶系作用下合成了这些氨基酸。它们都是人

表 5-15　黑茶加工过程中游离氨基酸的变化

（王增盛，1991）

名称		鲜叶	杀青	揉捻	渥堆							干燥
					6小时	12小时	18小时	24小时	30小时	36小时	42小时	
氨基酸种类(mg/100g)	天冬氨酸	75.86	110.49	100.08	115.25	114.06	107.78	59.87	34.39	29.59	32.71	28.77
	苏氨酸	24.24	24.69	24.13	/	29.86	29.07	/	/	/	24.78	21.56
	丝氨酸	/	/	/	/	/	/	/	/	/	/	/
	谷氨酸	265.78	232.84	253.83	260.14	253.98	240.11	199.02	144.94	110.29	111.36	133.81
	甘氨酸	2.93	2.23	2.39	2.12	2.29	2.11	1.13	0.55	0.86	1.90	3.93
	丙氨酸	33.72	20.36	26.50	19.08	17.11	16.30	8.30	4.10	4.07	7.55	22.18
	胱氨酸	17.17	15.29	15.12	14.84	14.48	15.36	15.18	14.59	15.55	20.20	25.73
	缬氨酸	9.99	8.10	8.40	10.43	9.70	9.48	10.10	8.73	10.55	11.75	19.81
	蛋氨酸	2.78	2.29	2.30		0.28			1.31	2.77	4.85	10.68
	异亮氨	3.21	2.68	2.84	3.02	2.65	2.03	0.93	0.52	0.64	0.88	5.07
	亮氨酸	3.29	2.80	2.66	2.61	2.25	1.85	/	/	/	2.32	4.38
	酪氨酸	10.60	8.21	7.90	7.85	7.35	7.92	8.04	6.64	10.15	14.90	34.17
	苯丙氨	11.19	7.73	9.90	4.72	3.93	4.79	4.67	3.70	3.30	9.96	23.56
	赖氨酸	3.08	2.63	2.42	2.56	2.32	1.87	2.91	2.30	6.55	13.33	26.16
	组氨酸	2.00	1.98	1.86	1.68	1.46	1.21	0.61	0.51	1.75	2.66	5.39
	精氨酸	45.29	39.04	34.91	34.24	32.69	28.82	25.19	21.81	27.54	51.78	52.12
	脯氨酸	2.20	/	/	1.36	/	/	/	/	/	6.62	/
	茶氨酸	1923.19	2308.01	1620.16	1812.84	1869.42	1709.12	1512.56	1473.85	1451.29	1152.05	1138.55
	总量	2437.06	2519.33	2115.40	2192.74	2363.83	2177.82	1848.51	1717.94	1674.97	1462.98	1568.12

体必需氨基酸，对改善黑茶的品质十分有利。同时，在温度逐渐增高、湿度逐渐降低的干燥前期，微生物加速了其生命代谢活动，并在酶钝化之前合成了更多的氨基酸。因此，干燥工序氨基酸总量反而较渥堆叶稍有回升。

三、糖类

在黑茶初制过程，糖类变化很大。杀青过程由于酶和湿热的作用，多糖水解为双糖和单糖。淀粉水解酶最适温度为 40℃~56℃，个别酶的活性甚至可以维持到 70℃~80℃的高温。杀青初期叶温 60℃左右，因此淀粉酶，特别是α-淀粉酶活化，促进了淀粉的水解，至杀青结束，还原糖增加 0.47%，非还原糖增加 0.81%，可溶性糖总量从鲜叶的 3.30%增加到 4.55%，增幅达 37.88%（表5-16）[10]。

表 5-16　黑茶初制过程糖类的变化

（陈椽，1985）

名　称	鲜叶	杀青	揉捻	渥　堆			复揉	干燥
				（1）	（2）	（3）		
还原糖（%）	1.50	1.96	1.79	1.57	0.87	0.47		0.36
非还原糖（%）	1.80	2.61	2.37	2.36	2.41	1.66		0.644
可溶性糖总量（%）	3.30	4.55	4.15	3.93	3.28	2.13		1.00
粗纤维（%）	13.91	13.87	13.88	13.89	12.22	11.36		11.38

揉捻工序，糖类呈下降趋势，还原糖从杀青工序的 1.96%下降到 1.79%，非还原糖从 2.61%下降到 2.37%，可溶性糖总量从 4.55%下降到 4.15%，绝对值较杀青叶减少 0.40%。这是由于揉捻工序残余的淀粉水解酶已基本钝化，加上叶温降低，从而使淀粉水解缓慢，其淀粉水解的转化量远远低于单糖和双糖氧化减少的量，因此可溶性糖总量下降。

渥堆初期，单糖、双糖虽继续氧化分解，但由于温度较低，叶温在 24℃~28℃范围变化，比较适合微生物产生的胞外纤维酶的繁殖，加速了茶叶纤维酶的分解，使淀粉的生成多于分解而回升。同时，淀粉继续向双糖、单糖方向转化，所以渥堆前期，糖的总量下降缓慢，还原糖较揉捻叶绝对值减少 0.22%，非还原糖减少 0.02%，可溶性糖总量减少 0.22%，减少幅度仅为 5.33%。随着渥堆时间的延长，叶温迅速上升至 50℃~60℃，由于热和微生物的作用，还原糖大量转化为有机酸，还有部分糖与儿茶素的氧化产物和氨基酸等化合为黑茶的香味物质，致使糖类大幅度下降。到渥堆结束，还原糖由揉捻时的 1.79% 下降至 0.47%，绝对值下降 1.32%，降幅达 73.74%；非还原糖由 2.37% 下降至 1.66%，降幅达 29.96%；可溶性糖总量由 4.15% 下降至 2.13%，下降幅度达48.67%。

干燥工序，由于高温、湿热作用，使淀粉、可溶性糖含量继续大幅度下降，并与氨基酸结合生成玫瑰茶香。干燥后期，水分大量蒸发，干热作用形成焦糖香。还原糖从渥堆叶的 0.467 下降至 0.359%，减少幅度为 23.13%；非还原糖从 1.66% 下降至 0.644%，减少幅度为 61.20%；可溶性糖总量从 2.13% 下降至 1.00%，减少幅度为 53.05%。

十分显然，茶叶中可溶性糖是微生物首先利用的碳源。但由于其含量有限，微生物还必须释放其胞外纤维素酶分解叶内的不溶性纤维素，不断增加可利用的碳源。所以在整个初制过程，粗纤维素呈现减少趋势。

四、叶绿素与类胡萝卜素

黑茶中的色素主要有叶绿素、类胡萝卜素和茶黄素等物质，它们在黑茶初制中发生了一系列变化，形成了黑茶品质和色泽的基础。

（一）叶绿素 a 的变化

黑茶初制过程，叶绿素 a 在物理和化学因子作用下通过不同途径降解为脱镁叶绿素 a、脱镁叶绿酸酯 a 和叶绿酸酯 a。叶绿素

a 在初制过程中的变化极为明显，几乎全部降解。

杀青工序，前期由于叶温还未达到破坏酶活性的程度，叶绿素酶的催化作用加强，中、后期主要是热的作用，造成叶绿素 a 的大量分解，从鲜叶的 26.87mg/100g 下降到杀青叶的 12.09mg/100g，下降幅度达 55%，揉捻阶段继续下降至 10.73mg/100g。

渥堆工序，由于湿热作用、微生物的酶促作用以及酸、醇、酮、醛等物质的反应，变化更趋激烈。渥堆 20 小时，含量由揉捻叶的 10.73mg/100g 下降至 0.47mg/100g，下降幅度高达 95.62%，至渥堆结束，仅存微量。经干燥工序，叶绿素 a 已丧失殆尽（表 5-17）。

表 5-17　黑茶初制过程叶绿素 a 及其降解产物的变化

（刘仲华等，1985）

名　称	鲜叶	杀青	揉捻	渥　堆							干燥
				6小时	12小时	18小时	24小时	30小时	36小时	42小时	
叶绿素 a (mg/100g)	26.87	12.09	10.73	7.92	3.54	1.25	0.47	0.17	微量	微量	/
脱镁叶绿素 a (mg/100g)	0.25	13.76	14.89	17.34	21.22	22.63	22.98	22.66	21.05	20.47	18.78
脱镁叶绿酸酯 a (mg/100g)	/	/	/	微量	0.25	0.57	0.81	1.48	2.12	2.86	3.57
叶绿酸酯 a (mg/100g)	5.24	2.06	1.62	1.13	0.67	0.34	微量	微量	微量	微量	/

初期过程由于叶绿素 a 的脱镁、降解，导致其降解产物的积累，具体表现在三种 a 型降解产物的明显增加。

脱镁叶绿素 a 在鲜叶中的量极少，只有 0.25mg/100g，但随着高温杀青过程叶绿素 a 的大量降解，其含量猛增至 13.76mg/100g，较鲜叶增加 50 倍以上。

进入渥堆工序，随着微生物的代谢活动、水热作用和渥堆环境的酸化，脱镁叶绿素 a 的积累在渥堆 24 小时左右时达最高值，其含量为 22.98mg/100g。随后，随着叶绿素 a 的降解殆尽，其含量呈稳中有降趋势，并在干燥工序再度减少。干燥以后的含量为18.78mg/100g。

鲜叶中叶绿素酸酯 a 为 5.24mg/100g，一经杀青，其含量急剧下降，且在渥堆中继续减少，至渥堆 24 小时后消失。

与叶绿酸酯 a 相反，鲜叶中并不存在的脱镁叶绿酸酯 a，此物质在渥堆初期即出现，渥堆过程中含量渐渐上升，至渥堆结束，含量达 2.86mg/100g，干燥后含量达到 3.57mg/100g。这一方面可能是叶绿酸酯 a 在热和酸化条件下的部分脱镁，另一方面则可能脱镁叶绿素 a 在渥堆后期和烘干中，在强烈的湿热作用下部分脱叶醇基后转化而成。这从叶绿素 a 及其降解产物的彼此消长动态也可以看出。

（二）叶绿素 b 的变化

叶绿素 b 和叶绿素 a 相比，相对具有较强的热稳定性。但在初制中的减少也是十分明显的。

杀青叶含量由鲜叶的 18.12mg/100g 减少至 11.64mg/100g，下降幅度较叶绿素 a 小，为 35.76%。在揉捻、渥堆过程，也不如叶绿素 a 的降解速度快，渥堆结束，其含量为 0.82mg/100g，干燥后尚有痕量残存（表 5-18）[12]。

表 5-18 黑茶初制过程叶绿素 b 及其降解产物的变化

（刘仲华等，1991）

名 称	鲜叶	杀青	揉捻	渥 堆							干燥
				6小时	12小时	18小时	24小时	30小时	36小时	42小时	
叶绿素 b (mg/100g)	18.12	11.64	10.31	8.20	6.67	5.25	3.55	2.11	1.34	0.82	微量
脱镁叶绿素 b (mg/100g)	0.15	5.46	6.34	7.87	8.23	9.13	10.16	11.32	12.05	12.28	11.62
脱镁叶绿酸酯 b (mg/100g)	/	/	/	/	/	/	/	微量	0.57	1.15	
叶绿酸酯 b (mg/100g)	1.16	2.85	2.28	1.88	1.26	0.93	0.51	微量	微量	/	/

叶绿素 b 的主要降解产物脱镁叶绿素 b，在加工过程中呈现持续增加趋势。渥堆期间增加的幅度相对脱镁叶绿素 a 大，在干燥过程也略有减少。

叶绿酸酯 b 具有与叶绿素 b 类似的热稳定性。杀青工序减少的量较叶绿酸酯 a 小。渥堆过程呈缓慢下降趋势，在干燥后的黑毛茶中亦不能检出。

脱镁叶绿素酸酯 b 在初制过程直至渥堆进行至 36 小时的才出现痕量，渥堆结束，含量为 0.12mg/100g，干燥后含量达到 0.26mg/100g，呈现增加趋势。这是由于渥堆后期内部微环境酸化，堆温不断上升，可能使部分叶绿酸酯 b 脱镁，脱镁叶绿素 b 脱叶醇基而转化成脱镁叶绿酸酯 b。干燥过程，湿热作用进一步加强，使脱镁叶绿酸酯 b 在黑毛茶中有少量积累。

（三）类胡萝卜素

类胡萝卜素是茶树体黄色色素的主体部分，迄今已发现的有 21 种组分，其中最主要的有 β-胡萝卜素、叶黄素和新黄质等，它们在黑茶初期中的变化如表 5-19 所示。三种色素在初制过程均呈减少趋势。

表 5-19　黑茶初制过程类胡萝卜素的变化

（刘仲华等，1991）

名　　称	鲜叶	杀青	揉捻	渥　　堆							干燥
				6小时	12小时	18小时	24小时	30小时	36小时	42小时	
β-胡萝卜素(mg/100g)	42.37	29.52	27.35	26.26	24.77	23.14	21.92	20.55	19.43	18.14	13.36
叶黄素(mg/100g)	12.67	10.84	10.50	9.82	9.13	8.66	8.18	7.36	6.85	6.22	4.25
新黄质(mg/100g)	3.34	2.77	2.38	2.05	1.82	1.54	1.36	1.09	0.82	0.70	0.51

β-胡萝卜素在杀青和干燥工序呈骤减趋势。渥堆期间则呈递减趋势。杀青工序由鲜叶含量的 42.37mg/100g 下降至 29.52mg/100g，减少幅度为 30.33%。至渥堆结束，含量由揉捻叶

的 27.35mg/100g 下降至 18.14mg/100g，减少幅度为 33.67%。干燥结束，β-胡萝卜素含量为 13.36%mg/100g，较渥堆叶减少 4.78mg/100g，减少幅度达 26.35%[13]。

初制过程叶黄素和新黄质的含量呈现有规律的递减趋势，干燥结束，含量由鲜叶的 12.67mg/100g 和 3.34mg/100g 下降到 4.25mg/100g 和 0.51mg/100g，下降幅度分别为 66.46% 和 84.73%。

（四）香气

黑茶的香气虽然与鲜叶原含有的芳香物质有关，但更多地依赖于制造过程变化的产物。

用气相色谱和色—质联用技术分析了黑毛茶中香气组分，共检出香气成分 67 种（表 5-20）[14]。

表 5-20　黑毛茶中挥发性香气成分的组成

（王华夫等，1991）

编号	化 合 物	含量	编号	化 合 物	含量
1	戊醛	0.215	14	庚醇	0.144
2	1-戊烯-3-酮	0.063	15	（反，顺）-2-4-庚二烯醛	0.138
3	N-己醛	0.032	16	芳樟醇氧化物Ⅱ	0.517
4	反-2-戊烯醛	0.047	17	(反,反)-3,5-辛二烯-乙-酮	0.256
5	1-戊烯-3-醇	0.093	18	2,5,5-三甲基-1,3,6-庚三烯	0.138
6	顺-3-己烯醛	0.057	19	(反,反)-3,5-辛二烯—2-酮	0.171
7	庚 醛	0.07	20	苯甲醛	0.032
8	甲酸-反-2-己烯酯	0.297	21	间苯三酚	2.113
9	2,5-二甲基吡嗪	0.094	22	(反,顺)-3,5-辛二烯-2-酮	1.239
10	乙基吡嗪	0.075	23	芳樟醇	1.681
11	三甲基吡嗪	0.050	24	甲萘	0.303
12	6-甲基-5-庚烯-2-酮	0.026	25	α-荜澄茄油烯	0.645
13	芳樟醇氧化物Ⅰ	0.476	26	1-乙基-2-甲酰吡咯	0.704

编号	化 合 物	含量	编号	化 合 物	含量
27	N,N-二甲基-2-嘧啶酰氨	0.271	48	3,4,4-三甲基-2,5-环己二烯-1-酮	0.045
28	β-环柠檬醛	0.143	49	3,3-二甲基-1,5-庚二烯	0.069
29	丁酸-3-己烯酯	0.296	50	α-苯乙醇	1.511
30	橙花醛	0.078	51	邻甲酚	0.283
31	薄荷醇	0.063	52	β-紫罗酮+顺-茉莉酮	0.508
32	己酸-顺-3-己烯酯	0.426	53	庚酸	0.552
33	β-玷㶸烯	0.233	54	2-乙酰吡咯	0.178
34	α-萜品醇	0.613	55	5,6-环氧紫罗酮	0.189
35	2-戊基吡啶	0.533	56	未知物 II	0.732
36	薁	0.214	57	4-乙基愈创木酚	0.327
37	萘	0.075	58	橙花叔醇	1.526
38	醋酸苄酯	0.045	59	苯甲酸-顺-3-己烯酯	0.197
39	芳樟醇氧化物III	0.423	60	雪松醇	0.078
40	水杨酸甲酯	0.122	61	未知物 II	4.564
41	芳樟醇氧化物IV	0.248	62	6,10,14-三甲基十五-2-酮	0.779
42	橙花醇	0.168	63	壬酸	0.365
43	(反,反)-2,4-壬二烯醛	0.185	64	二苯并呋喃	0.629
44	愈创木酚	0.045	65	二氢海癸内酯	
45	α-紫罗酮	0.160	66	4-乙烯基苯酚	
46	香叶醇	0.995	67	吲哚	
47	苯甲醇	0.661			
注：含量为各化合物峰面积与内标峰面积之比值					

由于渥堆过程湿热和微生物的作用，形成了 10 余种在一般绿茶中很少检测到的香气物质。在黑毛茶中新鉴定的这些化合物是：6-甲基-5-庚烯-2-酮、间苯三酚、甲薁、α-荜澄茄油烯、N，N-二甲基-2-嘧啶酰胺、α-玷烯、β-玷烯、α-戊基-吡啶、邻甲酚、3-氨

基-4-甲基苯酚、二苯并呋喃等。

黑茶渥堆过程在微生物作用下含量较丰富的有间苯三酚、（E、Z）-3,5-辛二烯-2-酮、芳樟醇、2-苯乙醇等香气物质。同时，在黑毛茶中得到检出的反-2-己烯甲酸酯、庚醇、橙花醇的吲哚等香气物质在灭菌的渥堆试验处理后的毛茶中却未能检出，这充分证明微生物对这些香气形成的作用，表明这些物质是黑茶的特征香气成分之一。

如按化学结构分类，黑毛茶中萜烯醇类化合物和芳环醇的含量较高。其中以芳樟醇、苯甲醇、2-苯乙醇以及橙花醇最显著。α-萜品醇的含量亦然，这是由于渥堆过程在微生物作用下释放相应的水解酶类，促进了单萜烯醇化合物的形成。黑毛茶中醛、酮类化合物的含量则较少，这部分物质主要来源于茶叶中脂质的自动氧化降解。2,4-庚二烯醛等醛酮化合物以及 1-戊烯-3-醇等都有一定的油臭味和粗老气，而单萜烯醇类化合物则具有一定花香。因此，反映在感官审评上，黑毛茶的香气和滋味较醇和。

就酚类化合物而言，间苯三酚、愈创木酚以及 4-乙基愈创木酚的含量均较高，这些酚类化合物在其他发酵食品中亦得到检出。川上美智子等认为，腌渍等（一种制法相当于我国黑茶的茶）中酚类化合物的生成与微生物发酵有关。

以上所述的这些酚类化合物、脂质降解产物与配糖体水解产物一道，对形成黑毛茶的特征香气有重要作用。另外，在黑毛茶中检出的吲哚，这是一种特殊的物质，它具有强烈的令人不快的臭味。但在很低浓度下则具有花香。一般认为，这种物质是相应蛋白质经微生物作用降解产生的。

第四节　黑茶品质形成机理

　　"渥堆"既是区分黑茶与其他茶类的一个特殊工序，又是形成黑茶品质的一个关键工序。因此，要阐述黑茶品质的形成机理，首先就要弄清黑茶渥堆的实质。

　　关于黑茶渥堆的实质，历来有三种观点[15]：

　　其一为残余酶学说。该学说把渥堆中出现的酶的活性看成是鲜叶内源酶的简单复活，认为黑茶的渥堆实质是在残余酶促作用下导致的多酚类化合物的氧化与缩合。与红茶的"发酵"相对应，过去有人对黑茶渥堆称谓"后发酵"就是这个道理。其实，通过杀青工序，鲜叶中的酶已基本钝化，酶蛋白经高温已变性，已经变性了的酶蛋白全然不能"复原"和"再生"。虽然现已研究证实，渥堆过程确有多种酶类存在，但其来源是由微生物分泌的胞外酶，与鲜叶中的酶源"再生"有其本质区别。

　　其二是微生物学说。最早是原苏联在老青茶初制中发现有灰绿青霉、黑曲霉、灰绿曲霉和黑根霉等产生，该学说认为黑茶品质形成是微生物作用的结果，微生物是一切变化的动力。虽然该学说对黑茶品质形成的机理尚缺乏较全面的认识，但渥堆变化是微生物作用的观点基本反映了黑茶渥堆的本质问题。

　　其三是湿热作用的观点。认为黑茶初制过程，特别是渥堆工序，茶坯自始至终处于高温、高湿的环境中，黑茶品质的形成是各种成分自动氧化的结果。显然，这样观点也是很不全面的，虽然湿热作用下能使少部分多酚类物质自动变化，但这毕竟是十分有限的。实践表明，用"水热装置"或"热处理"来代替黑茶的传统渥堆，两者形成的黑茶品质在风格上有很大差异。

　　现根据当前的研究现状和所掌握的实验资料，对黑茶渥堆的实质和品质形成的机理大致归纳如下：

一、微生物的作用

（一）微生物的形成

虽然鲜叶中原来也含有多种微生物，但经高温杀青后几乎全被杀死。茶坯微生物是在以后的揉捻和渥堆过程中被重新沾染并逐渐形成。这些微生物以渥堆叶为基质，获取含碳、含氮化合物、矿质元素和水分，利用杀青后的余热和自身释放的生物热作为能量，开始其自身的发育。

就微生物总的变化趋势而言，细菌从渥堆开始至 30 小时前数量呈现迅速增加趋势，30 小时时达到高峰，渥堆后期则呈现下降的趋势。真菌的数量则随着渥堆时间的延长一直处于增加状态，只是到渥堆末期才略有下降（表 5-21）[16]。

表 5-21　黑茶初制过程微生物的变化

（温琼英等，1989—1990）

名　称		鲜叶	杀青	揉捻	渥　堆						
					6 小时	12 小时	18 小时	24 小时	30 小时	36 小时	42 小时
细菌(菌数×10^9/克干重)		0.06	0	0.02	820.00	788.00	4503.00	1388.00	7676.00	2795.00	4121.00
真菌菌数×10^4 克干重	酵母菌	21.4	0	0.2	139.7	240.00	490.00	695.00	710.00	703.00	683.00
	霉菌	3.6	0	0.1	5.0	0	0	2.0	154.00	36.00	41.00
	总数	25.00	0	0.3	144.70	240.00	490.00	676.00	864.00	739.00	724.00

渥堆中占优势的微生物是真菌中的假丝酵母菌属中的种群。在渥堆叶中所嗅到的甜酒香味就是酵母菌作用的结果。在渥堆后期，霉菌的数量有所上升，其优势种类是黑曲霉，此外还有少数的青霉及芽枝霉等。

渥堆过程除真菌外，还有大量的细菌。细菌以无芽孢细菌占优势，其次为少数芽孢细菌和球菌。

（二）微生物对渥堆环境的影响

渥堆过程由于微生物的大量繁殖，微生物呼吸代谢中放出大量热量，故渥堆叶温是随着渥堆时间的延长而逐渐上升，温度与微生物总量间的关联度达到 0.9563[17]。实验证明，微生物具有自热作用，微生物在呼吸过程中产生的能量常常有 50%~60%，这种热量是可观的（图 5-2）。所以渥堆湿热作用条件的产生，其"热"主要来源于微生物新陈代谢中的呼吸热。叶温的升高，一方面使渥堆的湿热作用加强，一方面加快了渥堆叶的化学反应速率。

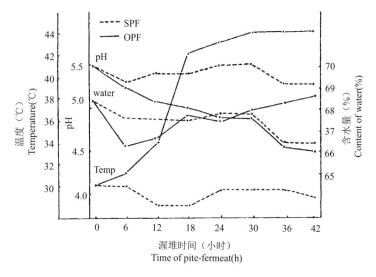

图 5-2　黑茶渥堆过程温度、水分和 pH 的变化　（温琼英等，1991）

渥堆叶内水分含量的变化，也是微生物生长发育的必然结果。渥堆前期，由于微生物在吸收茶叶中可利用物质的同时，还要吸收相当的水分，以合成微生物机体发育所必需的物质（即同化作用），同时通过呼吸（异化作用）释放出能量和水分等。但这个阶段是同化作用大于异化作用，所以在渥堆前期（约 12 个小时以前）含水量出现一个明显下降过程。而渥堆中期，随着微生物数量的不断增加，同时释放出的呼吸热也不断增加，从而导致堆温的不断升高，这时微生物的同化作用与异化作用处于一种相对平衡的状态，因而渥堆中期（12~24 小时）含水量也处于相对平稳期。渥堆后期（24 小时以后）堆温已达到高峰，微生物旺盛生长期已过，物质合成代谢强度减弱，而呼吸作用仍然很强，这时异化作用大于同化作用，因而渥堆叶的含水量又出现回升现象。

微生物在生长发育过程中由于新陈代谢，从茶叶中吸取可溶物质，经体内代谢后，又分泌出许多不同的代谢产物，加之茶叶内部物质组成的改变，使得渥堆叶内 pH 值在不断地发生变化。渥堆叶内 pH 值是随渥堆时间的延长而逐渐降低，这主要由于微生物在物质代谢中分泌的有机酸使环境发生了酸化。在黑茶渥堆中，"酸辣味"是渥堆适度的标志之一，这就是微生物作用下导致渥堆叶内酸度增加的结果。同时渥堆叶酸度的增加又为茶叶生化成分的转化创造了条件。

以上表明，渥堆叶的适宜水分含量是启动微生物，特别是细菌作用的基本条件，而渥堆叶温的高低又依赖于微生物数量的消长（主要受细菌数量支配），渥堆叶酸度的变化是微生物新陈代谢的结果。这些环境因子的变化又反过来影响着微生物的生长发育及其种群的更迭。如细菌属于喜湿性微生物，渥堆前期，揉捻叶的含水量较高（一般在 68%左右），但温度并不太高（仅比室温高 1℃~2℃），这一条件刚好满足细菌类喜湿的要求，使之得以大量繁殖。细菌数量增加后，其呼吸强度加大，渥堆叶温迅速升高，同时再通过细菌的水解作用，为霉菌的生长累积了丰富的呼吸基质。当叶温升至一定程度后（44℃左右）恰好为喜湿、喜温的霉菌（主要是黑曲霉）创造了生长发育的有利条件，因而霉菌得以迅速繁殖，并使得渥堆中的各种理化变化进入高潮。但是，细菌的耐温性较差，因而其繁殖的速度由于叶温的升高而趋向减慢，然后呈稳中有降趋势。与细菌和霉菌不同的是，酵母菌对水分和温度的要求并不严格，并对其他微生物的依赖性较小，它从渥堆开始就保持着迅速增殖的势头。渥堆末期，由于各类微生物的新陈代谢，使得温度、湿度、酸度及茶叶中的各种有效物质发生一定变化，尤其是湿度的升高及酸度增大反过来又限制了细菌和霉菌的生长发育，其消亡的速度大于繁殖，数量明显下降，总之，在渥堆过程中，细菌的生长和大量繁殖，为霉菌等的生长创造了温度等条件，是启动渥堆机制的基础。

（三）微生物的作用

通过以上阐述，我们不难明白，黑茶的渥堆是以微生物活动为中心，微生物作用于渥堆的全过程。从渥堆的温度变化看，如果仅凭非酶促的物质氧化放热来提高堆温，这种放热是极其有限的，况且红茶发酵过程中酶促的物质氧化远比黑茶激烈，而堆温仅上升 2℃~4℃，黑茶渥堆却能上升 20℃~30℃，甚至更高，这种现象足以说明事实。无菌渥堆试验也表明，由于渥堆中基本无微生物的存在，所以整个渥堆过程温度几乎不变，并与室内温度也相差无几，渥堆叶水分含量也基本呈现下降趋势，渥堆叶的 pH 值也几乎没有变化，仅在渥堆后期 pH 值略有降低。十分明显，无菌渥堆制成的黑毛茶品质，缺乏黑茶所特有的品质风味。

二、酶的作用

（一）渥堆过程发现的酶类

1. 多酚氧化酶

鲜叶经高温杀青，多酚氧化酶活性的钝化已被多数实验所证实，这也与黑茶初制过程多酚氧化同工酶的测定结果相符。

鲜叶中共鉴定出 6 种多酚氧化同工酶，经过杀青，酶的活性已充分钝化。揉捻过程叶片组织结构虽得到部分破碎，但仍未发现有酶的活性存在。

渥堆过程先后发现形成了四种新的氧化同工酶[18]（根据酶带

迁移距离，即迁移率确定）：

其中渥堆进行至 12 小时时形成两种同工酶，开始活性不同，但随渥堆时间的延长活性明显上升，渥堆 24 小时时活性达到高峰，而后活性又明显下降，36 小时后第二种酶活性消失。渥堆 42 小时时，第一种酶活性重又呈现上升趋势，并达到最高活性水平。

渥堆 36 小时时出现第三种酶，其活性随渥堆进程而加强，渥堆 42 小时出现高峰。

渥堆 42 小时时又出现了第四种同工酶。

渥堆过程形成的四种氧化酶的同工酶，干燥过程全部消失，表明酶的活性已被钝化（图 5-3）。

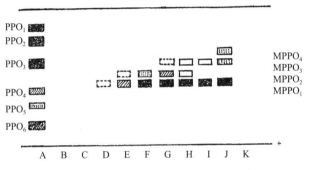

图 5-3　黑茶初制过程多酚氧化酶同工酶的变化　（刘仲华等，1991）

在同样条件下进行无菌渥堆试验，既未发现鲜叶氧化酶的残余酶活性，又未发现新的氧化同工酶组分形成，表明黑茶渥堆中新的多酚氧化同工酶组分来源于微生物分泌的胞外酶。

2. 过氧化物酶

鲜叶中共鉴定出过氧化物同工酶 9 种，经高温杀青，大部分活性得以钝化，但还有四种残余酶活性存在。说明过氧化物酶的热稳定性较多酚氧化酶强得多。揉捻工序，残余的过氧化物同工酶的种类和活性几乎未发生变化。但进入渥堆工序后，它们的活性就逐渐减弱，渥堆 18 小时时仅存微量，24 小时后基本消失（图 5-4）。

由此可见,从杀青以后至渥堆 18 小时以前均存在有过氧化物酶的残余活性[19]。同时,无菌渥堆中,过氧化物同工酶的变化趋势与传统渥堆基本一致。充分说明渥堆过程微生物不能分泌胞外过氧化物酶。

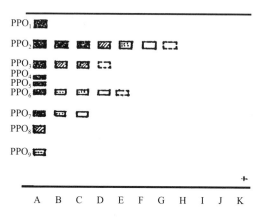

图 5-4　黑茶初制过程过氧化物酶同工酶的变化　（刘仲华等，1991）

3. 纤维素酶、果胶酶和蛋白酶

鲜叶中存在较低活性的纤维素酶与果胶酶,但一经杀青,就急剧钝化。

纤维素酶渥堆开始即呈现明显递增趋势,渥堆 24 小时时活性几乎增强 50%,达到第一次高峰,随后其活性稍有下降,但随即又再度呈线性增长。至渥堆结束,其活性达到了渥堆前期的近三倍,较鲜叶增长近 10 倍（表 5-22）。

表 5-22　黑茶初制过程纤维素酶和果胶酶活性的变化

（温琼英等，1991）

名　称	鲜叶	杀青	揉捻	渥　堆							干燥
				6 小时	12 小时	18 小时	24 小时	30 小时	36 小时	42 小时	
纤维素酶 (单位数/克)	5.32	0.14	0.13	17.48	19.01	27.71	37.34	32.07	38.23	46.31	/
果胶酶 (单位数/克)	4.01	0.03	0.23	3.16	3.91	4.52	5.54	5.11	6.64	10.21	/

果胶酶活性的变化与纤维素酶基本一致，渥堆期间始终呈现直线上升趋势。渥堆结束，活性较渥堆前期增加 3 倍多，较鲜叶增加 2 倍多。

鲜叶中内源酸性蛋白酶的活性较低，经高度杀青后充分钝化。进入渥堆工序，活性呈现缓慢上升趋势，在渥堆后期的 18 小时中，活性有较大增强。

以上结果不难看出，渥堆过程这几种酶的形成，也是微生物代谢活动的结果，是微生物代谢活动过程中分泌胞外酶所致。无菌渥堆实验也证明了此种结论。虽由于无菌实验在取样中因难于控制绝对的无菌操作而仍沾染有极少量微生物，致使这三种酶仍有少量存在，但其活性水平都很低，并且在整个渥堆过程变化幅度甚小。

（二）酶活性与微生物的关系

无菌渥堆实验中，各种类酶均处于低活性或无活性状态，证明黑茶渥堆中酶活性的增强及新的同工酶组分的形成来源于渥堆中微生物代谢分泌的胞外酶。近年来的微生物酶学研究也已证实，黑曲霉是分泌胞外酶极为丰富的菌种，它不仅可以分泌纤维素、果胶酶、蛋白酶、脂肪酶和各种糖化酶等水解或裂解酶类，还可以释放多酚氧化酶等氧化酶类；酵母菌也属一类广谱泌酶菌，对碳水化合物、果胶、纤维素及脂肪等均有一定的分解能力；细菌同样具有代谢上的全能，具有分解、转化各种化学成分的能力[20]。

对黑茶初制中各种酶活性与微生物群数量之间的关联度分析结果表明，渥堆中多酚氧化酶、纤维素酶和果胶酶的活性与真菌类数量变化（主要是酵母菌和霉菌）存在有相当高的关联度。酸性蛋白酶的活性高低则仅与真菌类的黑曲霉有较强的关联度。而过氧化物酶的活性与细菌和真菌类微生物的消长近乎无关联度（表 5-23）。这再次说明渥堆过程微生物代谢活动中不能分泌胞外过氧化物酶。

表 5-23　几种酶活性与微生物类群数量变化的关联度

（刘仲华等，1991）

微生物种类	多酚氧化酶	过氧化物酶	纤维素酶	果胶酶	蛋白酶
酵母菌	0.7862	0.0147	0.7561	0.6903	0.4296
黑曲霉	0.8324	0.1436	0.8354	0.8032	0.6872
细　菌	0.6875	0.2431	0.6643	0.5946	0.2136

由此可见，黑茶渥堆中微生物种群的更迭及数量的消长，决定了整个体系中酶系的种类与活性水平，从而为茶叶内含成分的氧化、聚合、水解、裂解与转化提供了有效的生化动力。

三、黑茶渥堆的实质

黑茶渥堆的实质是以微生物的活动为中心，通过微生物的胞外酶、微生物热以及微生物自身的物质代谢等的组合作用，使茶叶内含物质发生极为复杂的变化，从而塑造了黑茶特有的品质风味[21]。渥堆过程微生物大量繁殖，体内物质代谢旺盛，同时分泌出各种胞外酶，成为有效的生化动力，作用于渥堆叶内的各种相应底物。同时由于微生物代谢释放的生物热，堆温常高出室温15℃~20℃，这种温度又促使胞外酶作用效率的提高。因此，渥堆中以微生物分泌的胞外酶的酶促反应为主，微生物的呼吸代谢热与茶坯水分相结合的湿热作用为辅，推动了渥堆叶的一系列复杂的生化变化：

以多酚类物质、氨基酸、糖、咖啡碱等为主体的茶叶滋味物质，以微生物分泌的胞外酶的酶促作用和湿热作用为主要动力，发生氧化、聚合、降解、分解、转化，使儿茶素和氨基酸的总量、组分减少或内部组分比例改变，嘌呤碱内部相互转化，有机酸增加，这些鲜、甜、酸、涩、苦、醇味物质综合协调，形成了黑茶醇和微涩的口感。

多酚类物质在微生物胞外酶作用下，部分氧化聚合形成了水溶性的有色物质茶黄素、茶红素和茶褐素。残余的叶绿素、类胡萝卜素及其降解产物、儿茶素的氧化产物等与未氧化的黄酮类及氨基酸和糖类的缩合产物综合作用，形成了黑茶黄褐的外形、叶底色泽及橙黄的汤色特征。

茶坯中固有的挥发性香气成分及各种香气先质（如糖类、氨基酸、脂肪、类胡萝卜素、萜烯类、儿茶素及其氧化产物等）在强烈的湿热作用及渥堆中微生物分泌的各种胞外酶作用下，发生转化、异构、降解、聚合、偶联等反应，形成了以萜烯醇和酚类为主体的香气组分与配比。

尽管渥堆在品质形成中占有十分重要的地位，但其他工序亦在很大程度上影响着黑茶的品质，所谓的湿热作用，除渥堆中微生物代谢释放的生物热外，还有如杀青、揉捻、干燥等的外源环境也是一个不可忽视的重要方面。

主要参考文献

[1] 程启坤. 茶化浅析，浙江印刷发行技工学校印刷厂，1987.

[2] 将积祝子，等. 黑茶的化学特性[J]. 茶业通报，1980, (4).

[3] 肃力争. 黑茶加工过程中色泽的形成机理[J]. 中国茶叶，1994,(1).

[4] 田劲. 试论多酚类及其氧化物对普洱茶品质的影响[J]. 茶叶科技，1990,(2).

[5] 刘勤晋,等. 黑茶香味成分的分离鉴定[J]. 中国茶叶，1992,(4).

[6] 王增盛,等. 黑茶初制中茶多酚和碳水化合物的变化[J]. 茶叶科学，1991, (11).

[7]、[15] 安徽农学院主编. 制茶学[M]. 北京：农业出版社，1979.

[8]、[11]、[12]、[13] 刘仲华，等. 黑茶初制中主要色素物质的变化与色泽品质的形成[J]. 茶叶科学，1991, (11).

[9] 王增盛,等. 黑茶初制中主要含氮化合物的变化[J]. 茶叶科学，1991, (11).

[10] 陈橼. 制茶技术理论[M]. 上海：上海科技出版社，1984.

[14] 王华夫，等. 黑毛茶香气组分的研究[J]. 茶叶科学，1991，(11).

[16]、[17] 温琼英，等. 黑茶渥堆（堆积发酵）过程中微生物种群的变化[J].

茶叶科学，1991, (11).

[18]、[19]、[20] 刘仲华，等. 黑茶初制中主要酶类的变化[J]. 茶叶科学, 1991, (11).

[21] 王增盛，等. 论黑茶品质及风味形成机理[J]. 茶叶科学，1991, (11).

第六章　白茶制造化学

白茶是我国六大茶类之一，是福建省的特种外销茶类。古代白茶是采自"白茶树"的鲜叶制成的。据《大观茶论》载：白茶自为一种，与常茶不同，其条敷阐，其叶莹薄，崖林之间，偶然生出，虽非人力所可致，有者不过三、四家，生者不过一、二株……芽英不多，尤难蒸焙，汤火一失，则已变而为常品。

据报道[1]，近年浙江省安吉县天荒坪乡南大溪村横坑坞有一白叶茶树，系清乾隆年间即有，其嫩叶洁白如玉，鲜叶除叶脉两侧是绿色外，余皆白。待春茶老后始白绿相间，至夏呈全绿，采制后产品称"安吉白茶"。

传统白茶鲜叶采自适宜的茶树品种，以独特的"不炒不揉"工艺制成，品质别具一格。传统白茶花色有白毫银针、白牡丹(含贡眉、寿眉)。

现代白茶又增加了新工艺白茶、福建雪芽和仙台大白。

白茶性清凉，民间认为可治病，被海外侨胞视为珍品。

第一节　白茶的品质特征

白茶外形素雅，毫心肥壮，叶张肥嫩，呈波纹隆起，叶缘垂卷，芽叶连梗。色泽灰绿或翠绿，内质毫香显露，叶鲜爽甜醇，汤色杏黄或橙黄，清澈明亮，叶底浅灰绿，叶脉微红。白茶各花色品质特征如下：

1. 白毫银针

外形单芽肥硕，满披白毫，茸毛莹亮，疏松或伏贴，色泽银白或银灰。内质毫香气鲜爽，毫香鲜甜，滋味清鲜醇爽微甜，汤色杏绿或杏黄，清澈晶亮。

2. 白牡丹

叶张肥嫩，毫心壮实，一芽二叶呈抱心形，叶色面绿背白叶脉微红。内质毫香高长，汤色杏黄清澈明亮，滋味清鲜甜醇，因所供制的品种不同，有大白、小白、水仙白之分：

（1）大白：叶张肥厚，毫心硕大，色泽翠绿或灰绿，香味鲜醇。

（2）小白：产品称贡眉。叶张幼嫩，毫心细长，叶色灰绿，香味清芬爽口。

（3）水仙白：叶张肥大，毫心长而肥壮，叶色灰绿，香味清芬甜醇。

3. 新工艺白茶

简称"新白茶"。经轻萎凋、轻揉捻、轻发酵、烘干等工序制成。外形蜷缩，略带褶条，滋味甘和稍浓，汤色趋浓，呈深黄或浅橙黄。

4. 福建雪芽

芽体肥壮，白毫厚覆，叶色翠绿，叶缘垂卷，芽叶连梗，伸展自然。内质香气清鲜，毫香浓爽，滋味鲜醇甘甜，汤色杏黄浅淡，清澈明净，叶底肥软匀亮，梗脉微红，耐冲泡。

5. 仙台大白

芽叶肥壮，披覆浓密白毫，毫色银白莹亮，熠熠有光。叶面灰绿隆起，叶缘背蜷，芽叶连梗，完整无损。香气清鲜高长，汤色清亮，滋味鲜醇回甘。叶底肥嫩，梗脉微红。

第二节 制茶原料与白茶品质的关系

白茶鲜叶原料除安吉白茶采用白茶树鲜叶外，传统白茶选用多毫的大叶品种，主要有政和大白茶、福鼎大白茶、福建水仙种、江西大面白等。传统白茶制法不炒不揉，因而汤色与滋味清淡。大叶类品种茶树新梢芽毫肥壮，内含物丰富，成茶身骨重实，增加了茶汤滋味的浓度和耐泡程度。早时有用小叶类群体茶树（菜茶）新梢为原料，则因白毫和内含物含量稍逊，成茶品质不及大叶类品种，现多不用。

一、白茶鲜叶的物理性状

（一）安吉白茶鲜叶

《皖游偶记》（张星焕 1864）载："……石隶某山日间产白茶，其叶绝殊，但不可多得，或千百株中偶有一棵变白，或今年变白，明年仍复原色，土人以为瑞茶"。据研究（李素芳等 1994），茶树生长中有一个叶绿素减少的过程，称"返白"。不同品种返白的程度有明显差异。安吉白茶树返白过程叶绿素明显减少，比福建适制白茶的茶树品种减少来得多。因此，叶片转白现象也较为明显。但转白后又能复绿，这与叶绿素变化有关（图 6-1 李素芳、陈树尧、成浩 1994）。安吉白茶树是一种自然变异。

茶树返白-复绿过程，氨基酸代谢有较大变化。随白化过程的加深，叶绿素总量降低，氨基酸含量快速升高；在复绿过程，叶绿素含量上升，氨基酸含量逐渐回落。在最白期，叶绿素含量极低，氨基酸总量达最高峰，高峰时的数值为低谷时的 2~5 倍，约为 4.9%~5.9%，比其他品种高 2~3 倍，其组分如表 6-1。

茶树在返白-复绿过程，氨基酸组分的变化有以下三种情况：一

是在白化期明显上升，而复绿期和复绿后明显下降，如茶氨酸、

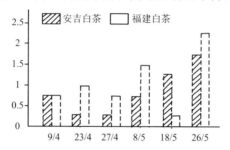

图 6-1　安吉白鲜叶和福建白茶鲜叶叶绿素变化与比较(鲜重 mg/g)

表 6-1　安吉白茶返白过程氨基酸组分变化

（李素芳、成浩、虞富莲、晏静 1996）

氨基酸组分	4 月 15 日初白期	4 月 25 日白化期	5 月 5 日复绿期	5 月 15 日复绿期	5 月 15 日复绿后
茶氨酸	3510	4083	3400	3541	1472
天冬氨酸	135	380	433	169	117
谷氨酸	163	263	140	231	87
甘氨酸	6	11	7	8	8
丙氨酸	39	59	39	36	21
组氨酸	146	341	184	167	173
精氨酸	152	274	31	59	29
丝氨酸	74	107	23	46	66
缬氨酸	65	69	13	14	64
酪氨酸	23	31	19	19	25
苯丙氨酸	79	118	31	35	147
赖氨酸	52	91	0	0	47
苏氨酸	378	366	22	107	146
ILE	31	31	0	8	30
亮氨酸	33	34	12	10	65

天冬氨酸、谷氨酸、甘氨酸、组氨酸和精氨酸；二是在白化期明显
上升，复绿期明显下降，复绿后又明显回升，如赖氨酸、酪氨酸、
苯丙氨酸、丝氨酸和缬氨酸；三是在白化期变化不甚明显，复绿期

明显下降，而复绿后又明显回升，如异亮氨酸、亮氨酸和苏氨酸。

据分析，在返白-复绿过程，氨基酸与叶绿素、总氮量和多酚类化合物含量有一定的关系：

1. 氨基酸总量与叶绿素的关系

在返白过程，氨基酸总量的变化与色素总量的变化相反，随着叶片白化程度的加深，叶绿素总量降低，氨基酸含量升高，而复绿过程则相反。最白期，叶绿素达最低谷，氨基酸则达最高峰。

2. 氨基酸与总氮量的关系

在复绿后期，总氮量略有下降，但与氨基酸变化曲线没有明显的对应关系。

3. 氨基酸与茶多酚的关系

在返白过程，茶多酚与氨基酸的变化趋势相反。即在返白后，当氨基酸含量达高峰时，茶多酚含量则降至低谷，之后，随叶片复绿，茶多酚含量迅速上升。

因此，当春季叶色变白时采制，其品质犹佳。

（二）传统白茶鲜叶

适制白茶的茶树品种以大叶、多毫品种所制成茶品质为优。大叶品种一般芽叶肥壮，密披白毫，内含物丰富，芽头重实，其性状如表6-2。

表6-2　白茶原料物理性状　（庄任等1963）

品种	白毫	叶形	叶色（嫩叶）	叶大小（cm）	一芽二叶梢长（cm）	百芽重（g）
福鼎大白茶	细密稍膨	椭圆形	黄绿	12.0×5.4	5.1	23
政和大白茶	厚伏	椭圆形	黄绿	14.0×6.0	6.4	50~76
福建水仙种		长椭圆形	黄绿	10.3×4.43	6.6	59
大面白			浅黄绿			
菜茶		长椭圆形	浓绿	6.0×3.2		

《白茶研究资料汇编》1963及其他资料汇总

白毫是构成白茶品质的重要因素之一，它不但赋予白茶优美的外形，也赋予内质的毫香与毫味。白毫内含物丰富，其氨基酸含量高于茶身，是白茶茶汤浓度与香气的基础物质之一。以福云系制成的福建雪芽，其白毫含量可达干重的 10%以上（表 6-3 郭吉春等 1984），披覆有序，银光闪烁，从而形成素雅的外形与清鲜的毫香，构成雪芽独特的风格。

表 6-3　白毫与茶身化学成分（%）　（郭吉春 1984）

编号	项目	水浸出物	氨基酸	茶多酚	咖啡碱	占茶叶干重
1	白　毫	28.91	3.28	24.96	25.54	13.5
	茶　身	49.23	2.65	32.13	5.89	86.5
2	白　毫	28.00	3.18	23.90	5.30	11.8
	茶　身	47.88	2.46	29.64	5.85	88.2

【郭吉春《福建雪芽》茶叶科学简报，1984】

白茶花色不同，对原料的要求也不同。白毫银针选取一个肥壮单芽，白牡丹选取一芽二叶初展，其芽、第一叶与第二叶均密披白毫，故称"三白"。福建雪芽采肥嫩的一芽一叶，唯新白茶原料广泛，采一芽二、三叶或幼嫩对夹叶。不同花色所选用芽叶虽老嫩有别，但均要求芽叶肥壮重实，叶质柔软，芽叶密披洁白茸毛。因此，白茶原料一般采自春茶，或幼壮茶树，或改造复壮的茶树新梢，以保证原料幼嫩肥壮。

二、白茶鲜叶的化学性状

1. 不同品种鲜叶主要内含成分

白茶采摘幼嫩，各品种间蛋白质含量差异不大，而茶多酚含量却因品种不同而有较大差异，尤其是 L-EGCG（表 6-4）。

福云七号儿茶素含量较高，尤其是没食儿茶素没食子酸酯（L-EGCG）几乎 2 倍于其他品种，在制茶过程，当芽叶受到损伤时，也较其他品种容易红变，这是由于酯型儿茶素，氧化还原电位较低，先被氧化变红之故。所以在萎凋摊叶和并筛过程，操作要特别小心，动作要轻，避免芽叶损伤，以免芽叶红变。同时要严格控制并筛叶的水分和摊叶厚度，以控制叶堆温度，避免水分过多和温度过高而使多酚类化合物氧化过度，而导致芽叶红变。

表6-4　几种适制白茶茶树品种鲜叶的主要化学成分

品　　种	水浸出物（%）	蛋白质（%）	咖啡碱（%）	茶多酚（%）	儿茶素（mg/g）					
					L-EGC	D, L-GC	L-EC+L-C	L-EGC G	L-EC G	总量
政和大白茶	49.17	22.97	3.04	31.58	27.48	7.84	13.42	69.00	31.52	149.18
福鼎大白茶	43.44	24.29	3.32	17.14	23.20	23.50	29.80	44.90	39.20	158.70
福建水仙种	49.23			22.29	38.21	6.05	13.34	62.71	33.15	153.46
福鼎大毫	44.24	24.44		18.50						
福云七号	38.35				16.30	8.01	22.4	135.05	13.47	195.23
大面白	45.06			21.56						122.57
菜　茶	46.83			25.95						

据《茶化浅析》《中国名茶研究选集》《茶叶优质原理与技术》

2. 白茶鲜叶主要色素及其在白茶制造中的变化

白茶鲜叶中的色素主要有四吡咯衍生物——叶绿素、异戊二烯化合物衍生物——类胡萝卜素（包括胡萝卜素与叶黄素）、苯骈吡喃衍生物——花青素。其中以叶绿素含量最高（表6-5）。

表6-5　白茶鲜叶中脂溶性色素含量（对于物质%）

（庄任、林瑞勋、何兴岩1963）

鲜叶批次	叶绿素	叶绿素a	叶绿素b	胡萝卜素	叶黄素
1	0.7546	0.530	0.2197	0.0097	0.0034
2	0.7550	0.514	0.2301	0.0092	0.0039
平　均	0.7548	0.522	0.2249	0.0095	0.0036

（1）四吡咯衍生物——叶绿素　叶绿素是叶绿酸、叶绿醇及甲醇组成的酯，叶绿素a与叶绿素b之比为2:1~3:1。叶绿素较不稳定，在酸的作用下生成脱镁叶绿素，脱镁叶绿素a为褐色，脱镁叶绿素b为褐绿色，使原有的绿色变为黄绿色或褐绿色。

$$MgC_{32}H_{28}O_2N_4 \underset{COOCH_3}{\overset{COOC_{20}H_{39}}{<}} +2H^+ \rightarrow C_{32}H_{28}O_2N_4 \underset{COOCH_3}{\overset{COOC_{20}H_{39}}{<}} +Mg^{++}$$

叶绿素 b（黄绿色）　　　　　　　　　脱镁叶绿素 b（褐绿色）

　　叶绿素在其分解酶的作用下，分解为脱植基叶绿酸（即甲基叶绿素）和叶绿醇，甲基叶绿酸再脱镁生成脱镁叶绿素。（黄梅丽等，《食品色香味化学》）

$$MgC_{32}H_{30}ON_4 \underset{COOCH_3}{\overset{COOC_{20}H_{39}}{<}} \xrightarrow{分解酶} MgC_{32}H_{28}ON_4 \underset{COOCH_3}{\overset{COOH}{<}} +C_{20}H_{39}OH$$

叶绿素 a（兰绿色）　　　　甲基叶绿素酸 a（绿色）　叶绿醇

叶绿素也可在叶绿素酶的作用下，生成脱植基叶绿素（即甲基叶绿素）和叶绿醇，再脱镁生成脱镁叶绿酸。或在高温（烘焙）作用下脱镁，形成黑色脱镁叶绿素（图6-2）。据研究（Wickremasinghe 等 1966，西乡 Saijo 1970），脱植基叶绿素和脱镁叶绿酸是在发酵时产生的，它的形成有损茶叶色泽；而脱镁叶绿素则是在烘焙时产生的，它对色泽有利。在茶叶制造中，叶绿素在叶中的原始含量和脱镁叶绿素的生成量，是影响茶叶色泽的重要因素之一。

图 6-2　萎凋过程中叶绿素的变化（李名君等译 1980）

　　（2）异戊二烯衍生物——类胡萝卜素　含胡萝卜素和叶黄素等，属脂溶性色素，它们与叶绿素同在叶绿体中，多与脂肪酸结合成酯。在深绿色叶中含量较高。多呈黄红色或黄色。胡萝卜素由异戊二烯构成，有 α、β、γ 三种天然异构体，具有多个双键，因而易被氧化。现将茶梢中已检出的类胡萝卜素种类列于表6-6。

　　类胡萝卜素，除参与茶叶色泽的形成外，在加工中能降解生成紫罗酮等香气成分。

表 6-6　茶梢中类胡萝卜素含量（mg/100g 干茶）

（李名君，王自佩译 1980）

化合物名称	第一叶	第二叶	三、四叶	老　叶
总　　量	25.42	35.80	41.30	126.08
碳氢化合物类	6.91	10.72	10.11	53.68
叶黄素类	17.51	23.80	30.24	72.20
六氢番茄红素	微量	微量	微量	微量
α-胡萝卜素	0.15	0.24	0.15	0.23
β-胡萝卜素	6.24	6.72	8.02	49.86
β-玉米胡萝卜素	0.38	3.52	1.56	0.61
ζ-胡萝卜素	0.14	微量	微量	0.64
β-胡萝卜素氧化物	微量	0.16	0.18	1.47
金色素	微量	0.08	0.20	0.87
隐黄素	0.53	0.20	1.05	1.20
隐黄质-5，6-环氧化物	0.72	0.12	0.16	0.10
叶黄素环氧化物	微量	0.46	0.52	0.70
紫黄质	1.53	0.48	0.46	0.04
毛地黄质	0.24	0.16	0.15	0.18
新黄质	0.09	0.30	0.75	0.26

（3）多酚类化合物　鲜叶中多酚类化合物除儿茶素外，其衍生物主要有花青素、花黄素和儿茶素的氧化产物茶黄素与茶红素。

①花青素　与葡萄糖、半乳糖和鼠李糖以配糖物的结构形式，形成糖苷类物质，存在于细胞的液泡中。花青素受叶内 pH 影响，芽叶显紫红色，对白茶色泽有不良影响。因此，花青素含量多的芽叶（如春夏之交和夏秋之交的芽叶），常呈现紫红色，不宜选作白茶的鲜叶。

②花黄素　系黄酮及其衍生物的总称如黄酮、黄烷酮、黄酮醇等，在碱性条件下呈黄色、橙色或褐色。在金属存在与酸性条

件下，使之还原呈橙红色、红色或紫红色。

③多酚类酶性氧化产物——茶黄素与茶红素　茶黄素与茶红素是影响白茶色泽的另一因素。白茶制造过程，多酚类物质进行缓慢的、轻度的酶性氧化，因而其氧化产物茶黄素与茶红素生成量很少。它们均参与白茶色泽、汤色与滋味的形成。

3. 白茶鲜叶中的酶

白茶鲜叶与品质关系比较密切的酶类主要是氧化还原酶类和水解酶类。氧化还原酶类主要有多酚氧化酶、过氧化物酶；水解酶类主要有淀粉酶、糖苷酶，他们对白茶色香味的形成起着重要作用。

（1）多酚氧化酶与过氧化物酶　二者以儿茶多酚类为基质，多酚氧化酶还可以苯丙氨酸、间苯三酚、花青素和花黄素为基质，催化其氧化。据研究（张劲松硕士论文1988），多酚氧化酶与过氧化氢酶还能催化茶黄素类物质的水解。

白茶萎凋开始后，细胞失水，酶从结合态转变为游离态，使酶活力增强。在萎凋前期，多酚氧化酶活力上升的幅度比过氧化物酶大。多酚氧化酶于萎凋后4h和16h各有一个活力高峰，而过氧化物酶活力高峰则出现在萎凋后12h，此后酶活力逐渐下降，至36h结束萎凋（表6-7）。

表6-7　白茶制造中多酚氧化酶与过氧化物酶活化度　　（陈椽1983）

萎凋时间(小时)		开始	4	8	12	16	20	24	28	32
温　度(℃)		27.9	28.8	32.8	31.7	29.2	27.0	27.5	29.1	31.1
含水率(%)		76.23	74.09	68.10	63.38	57.90	52.76	49.25	42.53	31.69
活化度	多酚氧化酶	100	334.4	190.0	251.0	373.0	283.0	140.5	183.3	185.0
	过氧化物酶	100	146.0	208.9	436.1	240.1	193.8	193.5	187.4	183.8

引自陈椽《制茶技术理论》

据对白茶萎凋全程多酚氧化酶活性的变化（浸提法）测定（陈鸿德，1995），结果如表6-8（福建茶叶1995）。鲜叶萎凋过程，多酚氧化酶总活力下降，然而在 12 小时、30 小时分别有一次明显活力高峰，这一结果与陈椽教授的研究结果相似。但高峰出现的时间有先后，可能受萎凋条件的影响。该实验由于推迟并筛时间，所以并筛后酶活力升高时间推迟。于萎凋后第 54 小时（第一次并筛后）出现第三次酶活力高峰，这是由于并筛后叶层增厚，微域气候改变，使叶温升高，酶活力又一次上升，随后下降。至 60 小时进行第二次并筛后酶活力略有上升。

表 6-8　白茶萎凋过程多酚氧化酶活力变化　（陈洪德 1995）

萎凋时间(小时)	0	6	12	18	24	30	26	42	48	54	60	66
含水率(%)	74.3	68.5	65.2	60.7	53.9	50.3	45.9	38.7	33.5	30.3	28.6	25.6
1 酶活力	2.82	3.72	5.10	4.55	3.16	5;74	4.84	3.60	1.98	4.22	1.46	2.43
相对活性(%)	100	131.9	180.9	161.3	112.1	203.5	171.6	127.7	7.02	149.6	51.8	86.2
含水率(%)	72.4	68.5	63.2	57.7	51.7	41.6	46.1	37.4	31.5	28.9	26.5	23.1
2 酶活力	2.84	3.26	4.28	4.20	3.52	4.78	3.10	2.10	1.75	3.10	1.30	1.74
相对活性(%)	100	114.8	150.7	147.0	123.9	168.3	109.2	76.8	61.3	130.3	45.8	61.3

白茶品质是在既不促进，也不抑制多酚氧化酶活力条件下，任其内含物自然氧化形成的。在正常条件下，萎凋叶分别于 36 小时和 48 小时各进行一次并筛。首次并筛，避开了前两次酶活力高峰，以免多酚类物质酶性氧化过早、过速而导致芽叶早期红变，也可避免因并筛翻动造成芽叶机械损伤所导致的红变。36 小时后酶活力快速下降，至 48 小时活力降至最低点。此时酶活力过低将影响多酚类物质的氧化，因而进行第二次并筛。并筛后，叶层增厚，叶温略有升高，酶活性也略有上升，促进了多酚类物质适度氧化和转化，在减少茶汤的苦涩叶，增加滋味的醇和度。随后酶活力快速下降，萎凋已达适度，应及时终止萎凋，进入干燥工序。这种避开酶活力高峰和适时提高酶活力的工艺，是白茶的独特工艺，

它把握着白茶多酚类物质缓慢而轻度的氧化，从而形成白茶浅淡的汤色和甜醇的滋味。

然而根据 Mohammed R.Ultah 等以无性系鲜叶实验，结果是多酚氧化酶活力随鲜叶失水而逐步下降（表 6-9）。

表 6-9 不同含水率对多酚氧化酶活性的影响（μl/mg 干重）

（Mohammed R.Ultah 等）

贮藏时间(小时)	贮藏方式	含水率(%)	酶活性	总吸量
0（鲜叶）	冰 箱	80.26	16.4	11.2
3	竹篮内	79.15	14.5	11.5
18	薄摊萎于凋帘上	71.90	12.8	11.5

【Mohammed R.Ultah 等《萎凋对多酚氧化酶活性的影响》国外农学茶叶，1983(3)，9】
【吴小崇《萎凋中可溶性多酚氧化酶活性的变化》茶叶科学，1990,10(1),44】

多酚氧化酶在萎凋过程是逐渐下降或有高峰出现？吴小崇研究结果表明，鲜叶在萎凋过程，无论失水与否，多酚氧化酶（PPO）的活力总趋势是下降的。但是两者的变化动态有所不同。在萎凋起始 6 小时内，保水"萎凋"的，多酚氧化酶活性下降较慢，失水萎凋者酶活性下降较快，前者酶活性下降仅为后者的 1/5，可见鲜叶水分含量高，萎凋前期酶活性也高。此后，保水"萎凋"的酶活性呈直线下降趋势，而失水萎凋的则在 8 小时时出现一峰值，8~12 小时间，失水与保水二者酶活性下降趋势一致。然而失水萎凋可改变 PPO 的特性，一是最适 pH 值在萎凋中发生酸移，自然萎凋（失水）的酶活性有两个峰值，第一峰值为 pH4.5~5.5，第二峰值为 pH3.5~4.0，失水使酸移加大。二是酶活性最适温度的改变。PPO 活性在 10℃ 和 30℃ 各有一个峰值，鲜叶于 30℃ 中酶活力最强，自然萎凋叶酶活力最强为 10℃，失水降低了 PPO 活性的最适温度。

以上特性的改变是由酶结构中活性部位的变化而引起的催化特性的变化，失水只是对其活性动态产生一定的影响。

加温（35℃~40℃）萎凋则加速酶活力的下降。鲜叶失水快，酶活力下降也快。萎凋 3 小时，失水达 15%~18% 时，多酚氧化酶活性下降达 50%~55%（表 6-10）。

表 6-10　不同萎凋程度对多酚氧化酶活性的影响（μl/mg 干重）

（程启坤 1984）

序号	萎凋时间（小时）	萎凋叶含水率（%）	多酚氧化酶		总吸氧量
			酶活性	比　较	
	0（鲜叶）	76.99	13.21	100	9.57
1	1	69.84	9.50	72.52	8.80
	2	65.47	9.09	68.8	8.53
	3	62.30	6.63	50.19	7.48
	0（鲜叶）	79.96	12.89	100	11.50
2	1	69.74	9.72	74.81	10.90
	2	65.32	7.42	57.11	9.44
	3	61.99	5.89	45.33	9.00

【程启坤《红茶制造化学研究进展》国外农学，茶叶 1984(2),2】

（2）糖苷酶　鲜叶中的糖苷酶主要是 β-糖苷酶，它能催化 β-葡萄糖苷分解成游离的香气成分和葡萄糖。据研究（夏涛等 1996），在加温（35℃）下萎凋，酶活性提高较快，约 5 小时达最高值，其活性约为鲜叶的 2 倍。当萎凋叶含水率在 67% 时，酶活性处于较高水平（表 6-11），若继续萎凋，失水加剧，酶活性出现下降趋势。低温（26℃）萎凋时，酶活性升高较为缓慢，在萎凋 12 小时内呈增强趋势，到 12 小时可达最大值，约为鲜叶的 2.5 倍。至 14 小时其活力约为鲜叶的 2 倍多，揉捻后酶活性大幅度降低，这是由于多酚类物质对 β-葡萄糖酶活性抑制的结果。

白茶制法除新白茶外，其他白茶均全程萎凋，不炒不揉。因此，β-糖苷酶的活性将可持续更长时间，它对白茶的香气的形成与滋味的甜醇起着重要作用。

表 6-11 　萎凋期间β-糖苷酶活性变化 　（夏涛等 1996）

处理	项目	鲜叶	萎凋时间（小时）								
			1	2	3	4	5	6	8	10	12
1	含水率（%）	75.9	74.1	72.7	70.9	69.1	67.5	65.8			
35℃	酶活性	8.56	9.89	11.17	13.62	15.50	16.98	15.01			
6 小时	相对活性（%）	100	115.5	130.5	159.2	180.1	198.4	175.4			
2	含水率（%）	75.9	–	74.6	–	72.8	–	71.2	69.5	68.0	66.5
26℃	酶活性	8.56	–	10.26	–	12.72	–	14.97	17.61	19.50	20.95
14 小时	相对活性	100	–	119.9	–	148.6	–	174.9	205.7	227.8	244.7

单位：每分钟每克干样 OD405nm 增加 0.01 为一个酶活性单位　茶叶科学院 1996，16(1):63

（3）脂类水解酶与脂肪氧化酶　高级脂肪酸是鲜叶结构的主要成分，萎凋过程，在脂类水解酶和脂肪氧化酶的催化下，分解成游离脂肪酸，其中有许多不饱和脂肪酸，容易被氧化分解成挥发性成分，其途径图示如下。

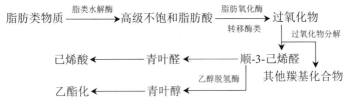

图 6-4　萎凋过程高级脂肪酸水解-氧化-分解途径简图

【竹尾忠一《从香气的变化看鲜叶的保鲜方法》国外茶叶动态 80(1):31】

（4）过氧化物歧化酶——SOD　是催化超氧化阴离子自由基（O^{2-}）进行歧化反应的酶。其活力随新梢伸长而上升，至 1 芽 1 叶的活力最强，而后随叶的老化而下降（表 6-12）。

白茶鲜叶幼嫩，多采 1 芽 1 叶或 1 芽 2 叶，是新梢中 SOD 活力最强的部位。在传统制法中，采用晒干或自然风干，环境温度低，对 SOD 活力的保护有一定作用。

表 6-12　新梢不同叶位 SOD 活性（SOD 单位/mg 蛋白）

品种	第 1 叶	第 2 叶	第 4 叶	第 5 叶	老叶
毛蟹	43.0	40.3	31.7	25.2	13.4
黄旦	35.6	35.0	24.8	18.3	12.6

4. 白茶鲜叶中的糖

鲜叶中的糖类包括糖、淀粉和纤维素，它们的含量与鲜叶嫩度呈负相关（表 6-13）。

表 6-13　白茶鲜叶各部位糖的含量（%）　　（庄任等 1963）

叶位	还原糖	蔗糖	淀粉	纤维素
第一叶	0.99	0.64	0.82	10.87
第二叶	1.15	0.85	0.92	10.90
第三叶	1.40	1.66	5.27	12.25
第四叶	1.63	2.06	–	14.40
老　叶	1.81	2.52	–	–
嫩　茎	–	–	1.49	17.08

《白茶研究资料汇编 1963》【庄任等《白茶研究资料汇编》1963】

白茶原料幼嫩，本身含糖量不高，但在制造过程，由于酶促作用，淀粉水解转化成双糖，并进一步转化为单糖，糖苷类物质的酶促水解也生成糖，这些都是白茶在制中糖的来源。这些糖于萎凋前期作为呼吸基质而消耗，在后期则参与香气的形成而减少。只有当糖的增加大于消耗时才有所累积，它对白茶滋味的清醇微甜有着重要的作用。然而淀粉水解导致干物质的减少。

第三节　白茶的品质化学

白茶制造分萎凋与干燥两道工序，工序间无明显界限，在长时间的萎凋中，随芽叶失水，内含物发生缓慢轻度变化，品质逐渐形成，直至干燥止，品质固定。

一、白茶萎凋过程水分变化与叶态形成

萎凋是形成白茶品质的关键工序。萎凋叶的水分变化，受萎凋室温度、相对湿度和空气流通速度的影响，同时还受芽叶老嫩、萎凋方式和摊叶厚度的制约。

萎凋过程，水分大幅度下降，在正常条件下，失水总趋势呈先快后慢，以萎凋 0~24 小时失水最快，24~36 小时前失水较快，含水率下降较平缓。36 小时后（即并筛后）失水缓慢。在低温、潮湿天气（阴雨天）条件下失水困难，尤其在萎凋室密闭，空气流通不良，堆叶量大的萎凋室，萎凋叶可能出现回潮现象，致使萎凋叶含水率增加（表 6-14）。

表 6-14　白牡丹萎凋过程萎凋叶水分变化（%）　　（庄任等 1963）

萎凋历时（小时）	小 白		大 白	
	含水率	与鲜叶比	含水率	与鲜叶比
0	71.0	100	74.0	100
18	49.9	70.3	43.5	58.8
24	37.9	53.4	34.2	46.2
30	26.4	37.2	14.8	20.0
36	25.2	35,5	*18.5	25.0
42	22.7	32.0	14.8	20.0
48	9.4	13.2	10.4	14.1
54	–	–	–	–
60	–	–	7.2	9.7

萎凋过程，叶尖、叶缘及嫩梗失水比叶表快，叶表又以叶背失水较叶面快，因而引起面、背张力的不平衡。当芽叶含水率降至 20%~25% 时（七、八成干），叶缘背卷，叶尖与梗端因失水而翘起，使叶片呈船底状，形成白茶的自然叶态。

二、白茶在制过程叶绿素变化及叶色的形成

叶绿素是由叶绿酸、叶绿醇和甲醇三部分组成的酯。萎凋初期，叶内酸度提高，在酸、氧和叶绿素酶存在的条件下，叶绿素

分解的可能途径如下：

1. 叶绿素在酸的作用下脱镁，生成脱镁叶绿素。

镁离子是叶绿素 4 个吡咯环连接的核心，镁离子由 2 个氢原子所取代，形成脱镁叶绿素，使原有的绿色消失，转为褐绿色或黄绿色。

$$MgC_{32}H_{28}O_2N_4 \overset{COOC_{20}H_{39}}{\underset{COOCH_3}{<}} +2H^+ \xrightarrow{\text{微酸}} C_{32}H_{28}O_2N_4 \overset{COOC_{20}H_{39}}{\underset{COOCH_3}{<}} +Mg^{++}$$

叶绿素 b（深绿色）　　　　　　　脱镁叶绿素 b（褐色）

叶绿体中含有叶绿素水解酶，当叶绿体受破坏时，水解酶呈现活性，可使叶绿素分解成甲基叶绿酸（绿色）和叶绿醇。

$$MgC_{32}H_{30}ON_4 \overset{COOC_{20}H_{39}}{\underset{COOCH_3}{<}} \xrightarrow{\text{分解酶}} MgC_{32}H_{30}ON_4 \overset{COOH}{\underset{COOCH_3}{<}} +C_{20}H_{39}OH$$

叶绿素 a　　　　　　　　　甲基叶绿酸 a　　　　叶绿醇

2. 叶绿素在酸、酶及氧的作用下，分解为脱镁叶绿素、叶绿素甲酯和脱镁叶绿酸，再经酸和氧的作用，使叶绿素分子中的"V"环氧化裂解，生成紫晶质和绿晶质。若再进一步氧化，则整个分子裂解为许多无色的低分子量的化合物。

$$MgC_{32}H_{30}ON_4 \overset{COOC_{20}H_{39}}{\underset{COOCH_3}{<}} \xrightarrow{\text{分解酶}} MgC_{32}H_{30}ON_4 \overset{COOH}{\underset{COOCH_3}{<}}$$

叶绿素 a　　　　　　　　　甲基叶绿酸 a

$$+C_{20}H_{39}OH \quad +CH_3OH$$

叶绿醇　　　甲醇

3. 在加热过程，叶绿素分解成叶绿醇、水溶性叶绿酸及甲醇。

在 60℃~70℃的条件下，叶绿素水解酶活力较强，能将叶绿素水解为稳定叶绿酸（绿色）、叶绿醇、甲醇和脱镁叶绿酸（水溶性）。脱镁叶绿素和脱镁叶绿酸再经氧化，生成绿晶质和紫晶质。

在高温条件下萎凋，各种内含物都有所损失，其中以氨基酸损失最多，减少量达 25%，其次是多酚类化合物，约减少 15%，水浸出物减少约 9.1%。

萎凋中期，由于多酚类物质酶性氧化产生邻醌，叶绿素在邻醌的氧化下降解，叶绿素 a、b 比例改变。同时，由于细胞液酸度的提高，使叶绿素向脱镁叶绿素转化，叶色转为暗绿。在加温干燥中，叶绿素进一步破坏，叶绿素 a、b 趋向稳定（表 6-15）。

表 6-15　白茶在制过程叶绿素的变化　（陈橼 1983）

项　　目	鲜叶	萎　凋		干　　燥			
		21 小时	36 小时	风干	晒干	先烘后晒	烘干
水分（%）	74.52	39.61	19.09	11.98	7.93	5.97	3.36
叶绿素 a(对干物%)	0.443	0.426	0.358	0.321	0.319	0.303	0.308
叶绿素 b(对干物%)	0.220	0.210	0.254	0.220	0.196	0.218	0.197
叶绿素总量	0.663	0.636	0.612	0.541	0.527	0.521	0.525
叶绿素 a:b	2.02	2.03	1.41	1.61	1.65	1.39	1.51

引自《制茶技术理论》

据日本将积祝子等用色差计测定，白茶叶绿素向脱镁叶绿素转化率约为 30%~35%，使叶色呈灰橄榄色（表 6-16）。

表 6-16　白茶叶绿素变化率及色度　（陈橼 1985）

品名	亨　特　色　度			标准色	叶绿素变化率（%）
	a	b	a:b		
政和白牡丹	2.359	10.055	4.20	7.5 y 4/3　暗橄榄色	35.99
水吉白牡丹	2.385	10.240	4.29	7.5 y 5/3　灰橄榄色	30.03

【陈橼《中国名茶研究选编》将积祝子等】

在萎凋过程中，嫩叶失水快，较早引起细胞膜透性的改变，促进了多酚类化合物的氧化进程。在正常条件下，萎凋历时 60 小时即可达 9 成干（含水率约 13%），由于萎凋叶水分含量少，酶活性已极微弱，此时叶绿素分解与转化已经稳定，所保留的叶绿素成分，使叶色呈暗橄榄色或灰橄榄色。再加上微量的多酚类氧化产物（有色物质）和其他色素，从而形成白茶灰绿的特有色泽。若气候干燥，萎凋时间短，叶绿素转化与分解较少，保留较多的叶绿素，叶色呈鲜绿色。

萎凋过程，由于细胞液酸性增加，在酸的作用下，叶绿素变化最显著，其镁离子被氢离子所取代，叶绿素形成脱镁叶绿素，使叶色转暗。据吴雪原采用凝胶薄层色谱分析结果，白茶（雪芽）叶绿素及其衍生物蓝绿色成分大于黄绿色成分如表6-17。

表6-17　白茶（雪芽）叶绿素及其衍生物比例（%）　　（吴雪原1988）

叶绿素	颜色	峰面积	叶绿素	颜色	峰面积
Pho a(脱镁叶绿酸 a)	蓝黑色	–	ch1 a(叶绿素 a)	蓝绿色	35.8
Pho a(脱镁叶绿素 a)	蓝黑色	27.1	ch1 b(叶绿素 b)	黄绿色	29.3
Pho b(脱镁叶绿酸 b)	灰黑色	–	phy a(脱植基叶绿素 a)	蓝绿色	7.3
Pho b(脱镁叶绿素 b)	暗褐色	–	phy b(脱植基叶绿素 b)	黄绿色	–

当萎凋至七成干并筛后，叶温升高，叶绿素在相对较高的温、湿条件下继续转化，绿色减退，其他色泽逐渐显出。据研究（吴雪原硕士论文1988）白茶叶绿素保留率最高（保留率达51%），只形成少量脱镁叶绿素a（转化率为38.6%），虽也检出叶绿酸（转化率10.35%），但数量甚微。叶绿素b则几乎全部保留，只极少转化为脱植基叶绿素b，其转化率仅为7.3%。这是个值得研究的问题。

三、白茶在制过程多酚类化合物的变化与汤色的形成

白茶萎凋初期，芽叶失水较快，细胞膜透性增强，多酚氧化酶与过氧化物酶随质体的解体而释放，酶活性增强，多酚类化合物开始氧化形成邻醌，但邻醌又为抗坏血酸所还原。因此，萎凋早期多酚类化合物的氧化还原尚处于平稳状态，没有次级氧化产物的积累。当萎凋历时至18~36小时时，细胞液浓度增大，多酚类化合物酶性氧化加快，初级氧化产物邻醌有所积累，并向次级氧化进行，产生有色物质。但因白茶未经揉捻，酶与多酚类化合

物并未能充分接触，氧的供应量也少，其次级氧化进行得缓慢而轻微，致使白茶汤色与滋味浅淡，不如其他茶叶浓烈。

白茶萎凋过程，多酚类化合物的明显减少（表6-18）【白茶研究资料汇编】。

表6-18 白茶萎凋过程可溶性多酚类化合物的变化 （庄任等）

萎凋时间（小时）	可溶多酚类化合物（%）	比鲜叶减少（%）	递减率（%）
0	17.47	–	–
6	17.02	2.58	2.58
12	16.56	5.21	2.63
18	16.12	7.72	2.51
24	15.92	8.87	1.15
30	14.48	17.12	8.25
36	13.72	21.46	4.34
48	11.45	34.46	13.00
60	11.03	36.86	2.40

干燥阶段，在制品含水率低，酶活力微弱或已失活，物质以非酶促氧化作用占主要地位，儿茶多酚类发生转化与异构化，从而减少了茶汤的苦涩。干燥过程，以儿茶素变化为最深刻，其中以表没食子儿茶素没食子酸酯（L-EGCG）和没食子儿茶素（D，L-GC）减少最多，而L-EC+D，L-C有较多的保留（表6-19）茶使涩味进一步消失，汤滋味更为清醇。【《制茶技术理论》】

表6-19 白茶初过程儿茶多酚类含量的变化

儿茶多酚类	鲜叶		萎凋32小时		烘干毛茶		比萎凋减少(%)
	(mg)	(%)	(mg)	(%)	(mg)	(%)	
L-EGC	36.7	100	8.61	23.43	1.83	4.96	78.74
D，L-GC	23.74	100	4.91	20.68	0.76	3.16	84.52
L-EC+D，L-C	24.32	100	10.51	46.26	7.59	21.12	27.78
L-EGCG	122.56	100	55.19	45.31	31.13	25.42	43.59
L-ECG	40.62	100	20.21	49.76	14.77	36.38	26.92
儿茶多酚类总量	247.94	100	109.73	–	56.98	–	–

儿茶素的酶性氧化产物茶黄素与茶红素是构成白茶汤色与滋味的组分之一。

萎凋中后期，叶内水分大量减少，酶活性进一步减弱，内含物的转化逐渐由非酶促作用所替代。通过并筛（或堆放）后，微域温度的升高，加速了内含物的转化与相互作用，多酚类氧化缩合产物的增加，形成了白茶特有的杏黄汤色和醇爽清甜的滋味。

白茶萎凋过程，芽叶失水，叶细胞膨压丧失，原生质的分散程度、胶体的亲水性和吸膨能力降低，细胞透性增加，细胞膜系统受损，可能引起多酚类化合物与多酚氧化酶接触，导致黄烷醇类的氧化形成少量茶黄素。但没有茶红素检出。

张劲松（硕士论文1988）进一步分析，儿茶素在萎凋0~12小时下降较少，18~48小时近似直线下降，其最终保留比乌龙茶多。TFS、TRS在萎凋前期生成有限，进入中后期则以较大幅度生成。TFS、TRS也参与白茶色与滋味的形成。上述各色素成分的综合与协调，形成白茶灰绿或铁灰的干茶色泽、杏黄的汤色，并使滋味变得清淡醇和。

四、白茶在制过程氨基酸的变化与白茶的香味的形成

白茶萎凋过程，随着酶活性的提高，叶中蛋白质水解，生成具有鲜味和甜味的氨基酸，氨基酸趋于增加（表6-20）。萎凋中后期，当叶内多酚类化合物氧化还原失去平衡时，邻醌生成增加，氨基酸被邻醌所氧化，脱氨、脱羧，生成挥发性醛类物质（图6-3），为白茶提供香气来源和先质。

表6-20　白茶萎凋过程氨基酸的变化（mg/100g）

萎凋历时（小时）	0	12	48	60
氨基酸	5.58	8.14	7.70	9.97

不同的氨基酸所形成的醛及其生成量是不同的（表6-21）。

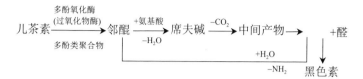

图 6-3 氨基酸形成挥发性醛途径图式《茶叶品质理化分析》1989（黄梅丽）

表 6-21 各种氨基酸形成的羟基化合物

氨基酸种类	生成物	羟基总生成量（N/100,1ml）
甘氨酸	甲醛	0.23
丙氨酸	乙醛	0.15
缬氨酸	2-异丁醛	0.45
亮氨酸	3-甲基丁醛	0.33
苯丙氨酸	2-甲基丁醛	0.46
蛋氨酸	3-硫代异丁醛	0.65
苯丙酮氨酸	苯基乙醛	0.25
谷氨酸	丙醛或丁醛酸	0.06
苏氨酸	α-羟丙醛	0.13
色氨酸	吲哚乙醛	0.27

只有当邻醌形成被抑制后，氨基酸才有所积累。萎凋开始 12 小时内，鲜叶中的氨基酸有所增加，这是蛋白质水解的结果。这时多酚类物质氧化形成的邻醌量较少，氨基酸被邻醌氧化的量也少。以后随多酚类化合物氧化的进行，邻醌生成量的增加，氨基酸逐渐被氧化分解而减少。至 48 小时后，邻醌生成量减少，氨基酸才又有所增加（见表 6-22）。这是因为多酚类物质随氧化而减少和邻醌对酶的沉淀作用，酶促作用减弱，因而邻醌生成量渐少，由蛋白质水解生成的氨基酸消耗减少方开始有所积累，至 60 小时氨基酸才有明显增加。萎凋 72 小时后其含量可达 11.34mg/g，这也是白茶萎凋时间过短品质不佳的原因之一。

据张劲松研究结果表明，白茶制造过程氨基酸各成分变化复杂（表 6-22）。如含量多的茶氨酸与异亮氨酸，制造中变化显著。茶氨酸在萎凋中不但有降解，也有生成，而含量少的氨基酸，前期不断增加，至中后期有增有减，但相对趋于稳定。

表 6-22 白茶萎凋过程氨基酸组分变化（mg/100g）

项 目	0	6	12	18	24	30	36	42	48	55
天冬氨酸	113	98	90	120	136	140	153	137	121	131
茶氨酸	1006	615	762	855	764	683	897	707	815	758
苏氨酸	23	28	36	49	47	48	52	45	45	49
丝氨酸	32	44	60	87	80	85	88	83	77	77
谷氨酸	206	236	322	344	226	187	167	156	133	139
甘氨酸	3	3	3	4	4	5	5	4	4	4
丙氨酸	15	19	26	47	53	54	59	57	58	61
胱氨酸	14	16	20	27	26	20	25	27	27	27
缬氨酸	17	28	28	56	55	58	59	57	56	59
蛋氨酸	6	6	5	5	3	4	2	3	3	3
异亮氨酸	10	18	26	36	34	37	36	36	35	35
亮氨酸	13	25	35	51	48	50	51	48	46	50
酪氨酸	21	30	34	55	73	74	71	76	87	85
苯丙氨酸	19	34	53	72	64	64	68	58	65	56
赖氨酸	9	17	26	39	33	31	32	27	26	27
组氨酸	5	7	11	20	19	18	10	6	15	14
精氨酸	43	22	28	46	31	30	43	29	34	44
脯氨酸	3	14	23	43	47	46	49	50	40	53

福建产区对白牡丹氨基酸组分、含量及白茶几个品种花色的主要化学成分如表 6-23。

表 6-23 白牡丹游离氨基酸组分（mg/100g）

茶 样	赖氨酸	组氨酸	精氨酸	天冬氨酸	苏氨酸	茶氨酸	谷氨酸	甘氨酸
政和白牡丹	48.6	20.0	65.6	103.1	39.1	838.3	91.9	4.6
水吉白牡丹	97.2	17.7	35.2	98.6	37.7	499.3	71.9	3.8

茶 样	丙氨酸	缬氨酸	亮氨酸	异亮氨酸	酪氨酸	苯丙氨酸	丝氨酸	氨基酸总量
政和白牡丹	56.2	70.7	50.0	51.6	49.2	82.6	258.0	1829.5
水吉白牡丹	45.2	81.5	53.0	62.2	51.8	64.4	200.0	1419.5

五、白茶萎凋过程糖和干物质的变化与白茶香气、滋味的形成

萎凋前期（36 小时前），糖处于供给与消耗的动态平衡之中，

只有代谢所需的能量供应趋于停止前，糖的消耗减少，而此时淀粉水解继续进行，同时还有糖苷类物质的水解生成糖及原果胶水解生成的半乳糖，都为白茶提供了糖的来源。

白茶在制萎凋初期，糖一方面因水解而生成，一方面因氧化和转化而消耗，此时糖处于生成与消耗的动态平衡中。至萎凋后期，当糖的生成大于消耗时，才有所累积（表6-24），它对白茶滋味的甜醇有着重大贡献。糖在后期干燥中参与了香气的形成，糖的总量趋于减少。

表6-24　白茶萎凋过程糖的变化（mg/g）

萎凋历时（小时）	还原糖	蔗糖	总糖量
0	8.02	17.26	26.21
12	6.44	13.88	20.49
24	4.33	14.19	19.27
36	4.93	12.89	18.50
48	3.66	8.67	12.79
60	4.22	10.19	11.95

福建农业科学院茶叶研究所《白茶研究资料汇编》1963

白茶萎凋开始阶段（历时约12小时），有一个没有补偿或补偿不足的代谢过程。随后由于细胞失水，酶活性增强，淀粉水解为双糖与单糖，糖消耗于补偿不足的代谢过程，因而导致干物质的损耗，在60小时的萎凋中，干物质损耗率约在4.2%~4.5%（表6-25）。

表6-25　白茶萎凋过程干物质变化（庄任等1963）

萎凋历时（小时）	福鼎大白茶		福云杂交系	
	干物率（%）	损耗率（%）	干物率（%）	损耗率（%）
0	23.45	–	25.90	–
12	23.15	1.3	24.90	3.8
24	22.90	2.3	24.90	3.8
36	22.90	2.3	24.90	3.8
48	22.85	2.6	24.80	4.2
60	22.40	4.5	24.80	4.2

福建农业科学院茶叶研究所《白茶研究资料汇编》1963

六、白茶制造过程芳香物质的变化与香气形成

白茶萎凋过程，低沸点芳香物质在萎凋前期明显减少，中期有所增加，后期再度下降。如乙酸乙酯、正戊醇、异戊醇等。在低沸点芳香物质减少的同时，中、高沸点的香气成分以成倍、几倍，甚至几十倍明显增加。如沉香醇、二氢茉莉内酯、顺茉莉内酯、α-萜品醇、乙酸苄酯等，使白茶青气减退，香气出现。萎凋至 48 小时，高沸点香气成分中含量较多的有苯甲酸（Z）-3-烯酯、橙花叔醇、顺茉莉酮+β-紫萝酮、乙酸苄酯、苯乙醛等。至于吲哚，在萎凋前 6 小时急剧上升而后逐渐下降，其形成机理尚待研究。

七、白茶干燥阶段的物质变化

干燥是白茶排除多余水分，提高香气的重要阶段。在高温（100℃）作用下，低沸点的物质挥发和转化，使青气排除，香气提高；多酚类物质的转化，使茶汤苦涩味减少，增加了甜醇度。

1. 芳香物质的变化

白茶多采用烘干。在高温的作用下，带有青气的低沸点醇、醛类芳香物质，如顺式青叶醇等挥发或异构化，形成反式青叶醇，从青气转为青香。在高温作用下，糖与氨基酸经迈德拉反应，生成呋喃衍生物类、酮类和醛类物质，进而生成吡嗪衍生物，其形成途径如图 6-5。

当氨基酸与果糖形成双果糖胺后分解，其降解中间产物 3-脱氧葡萄糖醛酮，其再与氨基酸反应，生成醛类和烯醇类化合物，烯醇类化合物脱水、环合，生成吡嗪衍生物，其反应过程如图 6-6，从而形成烘烤香味。

在不同的温度下，降解产物所生成的醛类与烯醇类的量不同，所生成的香气种类也不同。据 Heroz 等研究（食品研究，25，491，1960），以各种不同的氨基酸与葡萄糖在不同温度下烘热所生成的气味如表 6-26。

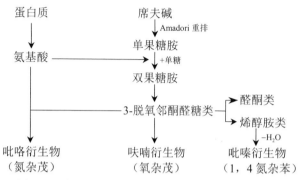

图 6-5 迈德拉反应形成香味物质的主要途径（黄梅丽 1987）

$$葡萄糖+氨基化合物 \xrightarrow[]{-H_2O} 脱氧葡萄糖醛酮 \xrightarrow[+H_2O]{-CO_2} 醛类+烯醇类 \xrightarrow[环合]{-H_2O} 吡嗪衍物$$

图 6-6

表 6-26　各种氨基酸与葡萄糖烘热时产生的气味（黄梅丽 1987）

氨 基 酸	加 热 温 度	
	100℃	180℃
单独葡萄糖	无	焦糖味
+精氨酸	爆玉米味	焦砂糖味
+赖氨酸	无	面包味
+组氨酸	无	玉米面包味
+亮氨酸	甜巧克力味	焦干酪味
+异亮氨酸	发霉味	焦干酪味
+缬氨酸	黑面包味	巧克力味
+苏氨酸	巧克力味	焦　味
+蛋氨酸	马铃薯味	煮马铃薯味
+天冬氨酸	冰糖味	焦糖味
+谷氨酸	巧克力味	奶油味
+苯丙氨酸	熏菜味	紫丁香味
+脯氨酸	焦蛋白味	面包味

　　葡萄糖与氨基酸烘热后所生成的香味除与氨基酸种类及温度有关外，pH 值不同所生成的香味也有差异。不同的糖类和氨基酸

的反应能力也有大小，其顺序为：

山梨糖＞果糖＞葡萄糖＞蔗糖＞鼠李糖

白茶干燥时温度较低，即便是新白茶，干燥时温度也不超过100℃，因此，焦糖化作用较少，而主要是糖香味不及其他茶浓烈，比较清鲜淡爽。

糖胺反应使白茶色泽加深。

传统白茶采用日晒干燥的，常产生日晒味，是一种β-甲巯基丙醛的物质，它在0.05ppm时即感觉到一种甘蓝气味，这是含硫氨基酸维生素 B_2（即核黄素）的作用下，经氧化分解而生成的（图6-7）。

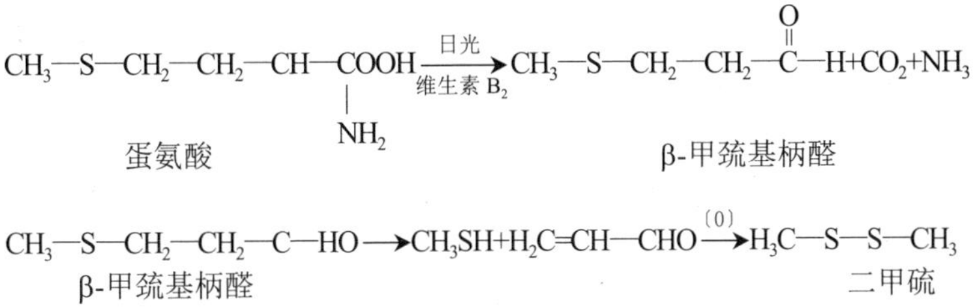

$$CH_3-S-CH_2-CH_2-\underset{\underset{NH_2}{|}}{CH}-COOH \xrightarrow[\text{维生素 } B_2]{\text{日光}} CH_3-S-CH_2-CH_2-\overset{\overset{O}{\|}}{C}-H+CO_2+NH_3$$

蛋氨酸   β-甲巯基柄醛

$$CH_3-S-CH_2-CH_2-C-HO \longrightarrow CH_3SH+H_2C=CH-CHO \xrightarrow{(0)} H_3C-S-S-CH_3$$

β-甲巯基柄醛   二甲硫

图 6-7　日光作用下含硫氨基酸的转化和分解产物

表 6-27　白茶干毛茶的化学成分

化学成分	白毫银针	白牡丹	白云雪芽
游离氨基酸（mg/100g）	495.66	5044.64	1396.18
胡萝卜素总量（mg/g）	0.0102	0.0085	0.0043
叶绿素总量（mg/g）	0.931	1.390	0.592
茶多酚（%）	18.49	15.65	25.75
可溶性糖（%）	2.48	2.69	2.56
咖啡碱（%）	–	3.99	–
茶黄素（%）	0.19	0.37	–
茶红素（%）	7.78	10.89	–

白茶初制，从萎凋开始，儿茶多酚类在既不抑制，也不促进的微弱酶促氧化后，在萎凋后期和干燥过程进入自动氧化，其他内含物也同步转化，从而形成白茶的特有品质，其主要化学成分如表 6-27。

主要参考文献

[1] 李素芳，成浩，等. 安吉白茶阶段性返白过程中氨基酸的变化[J]. 茶叶科学，1996, 16(2):153.

[2] 郭吉春. 福建雪芽[J]. 茶叶科学简报，1984.

[3] 李名君，王自佩. 茶叶研究进展[J]. 中国农业科学院茶叶研究所情报资料研究室，1980.

[4] 庄任，林瑞勋，何兴岩，等. 白茶研究资料汇编，1963.

[5] 陈椽. 制茶技术理论[M]. 上海：上海科学技术出版社，1983.

[6] 陈洪德，等. 浅释茶叶中的多酚氧化酶同工酶[J]. 福建茶叶，1995,（1）:24.

[7] Mohammed R.Ultah. 萎凋对多酚氧化酶活性的影响[J]. 国外农学——茶叶，1983, (3): 9.

[8] 吴小崇. 萎凋中可溶性多酚氧化酶活性的变化[J]. 茶叶科学,1990,10(1): 44.

[9] 程启坤. 红茶制造化学研究进展[J]. 国外农学——茶叶，1984, (2): 2.

[10] 陈椽. 中国名茶研究选编[C]. 安徽省科学技术委员会，安徽农学院，1985.

[11] 竹尾忠一. 从香气的变化看鲜叶的保鲜方法[J]. 国外茶叶动态，1980,(1):31.

[12] 钟萝，等. 茶叶品质理化分析[M]. 上海：上海科学技术出版社，1989.

[13] 黄梅丽，姜汝焘，江小梅. 食品色香味化学[M]. 北京：轻工业出版社，1987.

[14] 吴雪源. 茶叶色泽组成及实质的研究[D]. 安徽农学院硕士学位论文，1988.

第七章　青茶制造化学

青茶又称乌龙茶，是我国六大茶类之一。青茶素以香高味浓著称，这与其选用的茶树品种独特，鲜叶采摘比较成熟，并采用晒青、做青的特殊制茶工艺，在适宜的制茶环境中，诱发内含物的变化与转化，形成特有的"绿叶红镶边"和"三红七绿"的品质特征。

第一节　青茶的品质特征

青茶外形条索壮实，呈直条、扭曲或卷曲状。色泽青褐或青绿，有砂粒状白点，称"砂绿"。青茶具有花果香气和特有的"品种香"，滋味浓厚（或醇厚）回甘，汤色视做青程度，从黄绿、金黄、橙黄至橙红，叶底呈绿叶红边，叶面有红点。

青茶主产福建、广东和台湾，著名的代表品种有闽北的武夷岩茶、闽南的安溪铁观音、广东的凤凰单枞和台湾的冻顶乌龙、文山包种等，品质各具特色。

一、武夷岩茶

外形条索粗大壮实，色泽砂绿蜜黄，部分显蛙皮小白点，有鲜润光泽，俗称"宝色"。味醇厚回甘，具"活、甘、清、香"的韵味，俗称"岩韵"。叶底淡绿黄亮，叶缘朱砂红，叶面有红点。

二、安溪铁观音

成茶外形卷曲紧结壮实，呈蜻蜓头状，色泽砂绿起霜，条索细看有红点，香气高锐，具兰花香气。味鲜醇浓厚，入口微苦，瞬即回甘，具特殊韵味，俗称"铁观韵"。汤色浅橙黄或金黄，叶底青绿红边，耐冲泡。

三、凤凰单枞

外形条索壮实，色泽青褐黄润，似鲜蛙皮色，带红点，香气浓烈悠长，具天然花香，滋味浓郁醇爽，润滑回甘，具高山茶韵味，极耐冲泡。汤色橙黄，碗壁有金黄色彩圈，叶底肥厚，绿腹红边。

四、冻顶乌龙

外形条索紧结弯曲，呈半球形。色泽墨绿鲜艳，带蛙皮白点。干茶芳香强劲，具浓郁蜜糖香。茶汤香气清芳，似桂花香味，滋味醇厚爽润，回甘力强，耐冲泡。汤色橙黄，叶底淡绿红边。

五、文山包种

外形条索呈紧结条形，长壮，自然弯曲，色泽深绿油亮，带蛙皮白点。干茶带素兰花香，汤色金黄，具幽雅花香。滋味清醇回甘，叶底色泽鲜绿，完整无损。

第二节　制茶原料与青茶品质的关系

青茶香味独特，具天然花香和品种特殊香韵，主要来源于适制青茶的茶树品种。茶树有得天独厚的栽培自然条件，鲜叶原料以已形成驻芽的较为成熟的嫩梢（俗称开面），经特有的晒青、摇青工序制造而成。以一定成熟度的嫩梢为鲜叶原料，其物理性状不仅影响鲜叶化学成分，也影响制茶品质的形成。

一、青茶鲜叶原料的物理性状

适制青茶的茶树品种，其叶片组织结构与生理结构有其共同的特点，由于生理结构特点而产生的物质，为青茶的品质形成提供了必要的前提条件。

（一）青茶鲜叶叶片组织结构

适制青茶的鲜叶，叶片表皮有较厚的角质层，角质层外有蜡质层披护，蜡质层的主要成分是高碳脂肪酸和高碳一元脂肪醇，在鲜叶加工过程，蜡质层分解与转化，产生香气成分，是青茶香气来源之一。

角质层由角质、纤维素和果胶组成，其厚薄影响气孔的启闭，这对青茶做青过程水分的散失有着重要的影响。气孔分布的密度和海绵组织的排列，不同程度地影响做青时间的长短，如黄棪和奇兰，气孔分布较密，其单位面积气孔数比梅占多 1 倍，做青时间就比梅占短。

表 7-1 适制青茶主要茶树品种叶片结构 （严学成 1990）

品　种	叶　厚 (μm)	角质层 厚度(μm)	气孔数 (12.5×10)	气孔大小 [长(μm)×宽(μm)]	腺鳞	白毫
铁观音	280~300	2	187~208	40×32	有	有
毛　蟹	340~360	2	165~197	44×32	有	有
奇　兰	268~275	1.5	261	40×36	有	有
黄　旦	380~400	2	339~341	40×36	有	有
梅　占	280	3	130~145	40×36	有	有
本　山	320~360	2~3	201~208	40×36	有	有
水　仙	240	2	136~148	40×48	有	有
大叶乌龙	260~270	2	152~168	40×36	有	有

适制青茶的茶树品种，叶片的下表皮普遍具有腺鳞(表 7-1)[1]

其他茶树品种是少有的。腺鳞具有分泌芳香物质的功能，是青茶香气的又一来源。

（二）青茶鲜叶叶片生理结构特点

青茶鲜叶要求新梢停止生长，刚形成驻芽时采摘，这时的新梢叶片比较成熟，其生理结构也发生一定变化。据严学成观察[11]，随叶片成熟度的提高，叶绿体趋向衰老，衰老的叶绿体出芽退化产生原质体。退化的叶绿体属于有色体，类胡萝卜素增加，其中的胡萝卜素是制茶香气的先质。成熟的叶片，叶绿体片层清晰，有一个或多个巨型淀粉粒，随淀粉粒逐渐扩大与分化，扩大的结果将叶绿体片层挤到周边，并向外伸出（即出芽）形成原质体，具有形成其他质体的潜能，而分化的结果，除胡萝卜素递增外，脂类颗粒（亲锇颗粒），这些都是青茶香气的物质基础。这种从第三叶开始叶绿体退化产生原质体的现象，只在适制青茶的茶树品种中发现，这可能与青茶的特殊风味有关。

（三）青茶鲜叶原料的成熟度——开面指标

开面即形成驻芽的新梢，依其顶端两片叶开展的程度，呈初展、开展或完全展开状，分别称"小开面"、"中开面"和"大开面"。据林心炯等研究[2]，采用黄棪品种，以第1叶与第2叶叶面积的比值（F/S），计算95%置信度下的置信区间，推断鲜叶开面（F/S）：小开面为1/2；中开面为1/2~2/3；大开面为2/3。

二、青茶鲜叶原料的化学性状

青茶的品质在品种间有明显差异。其内质犹重香气中的品种特征香与滋味的品种风格，分别称为"品种香"和"韵"，从而构成各种青茶的香韵和味韵。这些品质特征的形成，在加工技术相当的条件下，与鲜叶化学成分密切相关。

（一）青茶鲜叶的化学成分

适制青茶的鲜叶，在叶片结构上有其共同的特点，但各品种间内含化学成分却有明显差异，并受新梢成熟度、季节变化和日变化与栽培施肥种类的影响。

1. 施肥种类与青茶鲜叶化学成分

据阮建云等研究[3]，施钾、镁肥可提高青茶鲜叶中游离氨基酸和咖啡碱的含量，而对茶多酚，钾肥可使其含量增加，镁肥则使其含量降低（表7-2）。

表7-2 钾和镁对青茶鲜叶内含物含量的影响(%) （阮建云 1997）

项 目	春 茶				秋 茶			
	氨基酸	茶多酚	咖啡碱	酚氨比	氨基酸	茶多酚	咖啡碱	酚氨比
对照	2.674	24.78	3.744	9.3	0.953	25.19	2.476	26.4
钾1	2.745	25.13	3.768	9.8	0.975	25.95	2.476	24.6
钾1+镁	2.818	23.59	3.849	8.4	1.162	25.05	2.556	21.6
钾2	2.759	25.48	3.895	9.2	1.065	26.34	2.615	24.7
钾2+镁	3.098	25.06	3.846	8.1	1.188	26.08	2.700	22.6

青茶的感官品质与鲜叶的酚氨比呈显著负相关，其适宜的酚/氨值在8.0~9.0之间（张文锦 1993）[4]，合理施用钾、镁肥，以改善青茶鲜叶的酚氨比，使其趋于合理或减少其不良影响。钾、镁元素能显著提高赋予青茶特征香气的成分——橙花叔醇的含量（表7-3）[3]，该成分与青茶品质呈正相关。

表7-3 钾和镁对青茶主要香气成分的影响 （阮建云等 1997）

峰号	香气组分	对照	钾	钾+镁
1	正乙醇	0.54	1.69	0.83
2	未知物	0.54	0.46	0.38
4	1-戊烯-3-醇	2.67	2.44	1.21
5	反-2-己烯醛	0.56	0.54	0.44
6	1-戊醇	0.96	1.06	0.68
7	正-2-戊烯-1-醇	1.29	1.38	0.72
10	芳樟醇氧化物（Ⅰ）	2.25	2.25	2.1
11	芳樟醇氧化物（Ⅱ）	1.40	0.50	0.60
13	葵醛	2.86	2.50	2.99
15	芳樟醇	2.56	2.64	2.64

峰号	香气组分	对照	钾	钾+镁
16	正辛醇	0.52	0.65	0.01
18	3，7-二甲基-1，5，7 辛-3-醇	0.75	0.88	0.48
19	糠醛	0.55	0.67	0.51
20	苯乙醇	0.83	0.96	0.92
21	顺-3-己酸己烯酯	0.77	0.81	0.06
24	法尼烯	0.64	0.64	0.76
26	水杨酸甲酯	0.74	0.78	0.91
27	未知物	1.69	1.67	21.3
31	香叶醇	1.15	1.32	1.04
33	2-苯乙醇	1.98	2.14	2.17
35	β-紫萝酮+顺茉莉酮	1.83	2.17	2.51
37	乙烯吡咯	0.93	0.84	1.21
38	橙花叔醇	16.71	17.16	28.55
39	雪松醇	0.88	0.88	1.02
40	顺-3-己烯基苯甲酸酯	0.90	0.95	1.07
45	未知物	0.48	0.56	0.58
48	吲哚	0.61	0.69	0.58
	总量	51.61	53.55	53.18

茶树新梢成熟初期形成单萜烯的潜力较大，而且春茶的芳樟醇和香叶醇形成能力比夏茶大。叶片幼龄期 β-D-葡萄糖苷酶活力较高，与叶片各时期单萜醇形成的速率是一致的。新梢单萜烯醇含量与青茶的香型有关。台湾适制青茶品种的萜烯指数约 0.1。而福建品种萜烯指数变幅较大，在 0.1~0.9 之间。

3. 季节变化和日变化与鲜叶化学成分

季节变化和日变化影响着鲜叶的内含物的变化，鲜叶的芳香物质的形成是影响茶叶品质的重要方面。气候对青茶鲜叶的影响十分明显，在福建气候条件下，青茶产区春季多阴雨，新梢代谢以膜内的乙酸盐途径为主，所产生的萜烯类物质较少，香气不及晴朗凉爽的秋冬季。据分析（林正奎 1982）[5]，不同季节鲜叶挥发油的主要成分如表 7-4。

表 7-4　不同季节鲜叶挥发油成分比例与香气类型（%）

（林正奎 1982）

成分	春季	夏季	秋季	类型与组分	春季	夏季	秋季
顺-3-己烯醇	2.15	3.13	1.50	新鲜青草气型			
苯甲醇	1.23	1.60	1.01	$C_5 \sim C_{10}$（脂肪族醇，醛类）	6.14	25.48	17.13
芳樟醇	19.84	8.20	11.90	果香型			
反-芳樟醇	4.23	4.11	3.18	$C_2 \sim C_{10}$（脂肪族酯类）	—	—	—
反-芳樟醇氧化物（呋喃类）	1.73	1.24	0.91	花香型（烯醇类）	21.26	17.52	19.16
香叶醇	25.46	3.3	3.16				
反-2-己醛	3.52	25.48	1.13				
β-紫萝酮	0.31	—	0.02				
顺茉莉酮	0.20	0.17	0.05				
占香气总量	58.67	47.90	36.85				

据 Wickremasingherk 研究发现，亮氨酸累积较少的茶叶，其香味比较好。并提出以亮氨酸为先质，以甲羟戊酸为中间产物的萜烯香气成分的形成途径。

茶叶香气中萜烯类物质主要成分如下[7]：

单萜类：

非环状——芳樟醇、香叶醇、橙花醇。

环状——α-萜品烯、苎烯、α-萜品醇、α-蒎烯、β-蒎烯。

倍半萜类：

非环状——α-法呢烯、α-法呢醇、橙花叔醇。

单环状——β-倍半水芹烯、α-葎草烯

双环状——δ-杜松醇、γ-摩勒烯、α-摩勒烯、α-杜松醇、β-石竹烯、杜松醇 T、去氢白菖蒲烯、α-荜澄茄醇、表荜澄茄醇、榧叶醇。

三环状——α-古巴烯、α-荜澄茄烯、α-柏木醇、α-荜澄茄醇、α-雪松烯。

4. 不同青茶品种、不同新梢成熟度鲜叶的化学成分

据福建省安溪县茶叶科学研究所对 13 个青茶品种鲜叶主要化学成分分析结果如表 7-5[8]。

表 7-5　青茶品种鲜叶主要化学成分

品种	水浸出物总时（%）	氨基酸总量（%）	多酚类总量（%）	儿茶素总量（mg/g）	品种	水浸出物总时（%）	氨基酸总量（%）	多酚类总量（%）	儿茶素总量（mg/g）
水　仙	38.59	2.33	22.67	141.71	本　山	41.47	2.18	25.30	170.91
铁观音	36.29	2.22	21.14	149.71	大叶乌龙	42.82	2.13	27.13	195.54
黄　旦	39.95	2.17	23.28	144.87	白奇兰	40.77	2.02	25.77	163.39
毛　蟹	40.69	2.17	26.24	151.67	桃　仁	41.08	2.29	26.33	151.73
佛　手	37.80	2.03	27.86	173.55	八　仙	34.86	2.53	23.57	151.57
肉　桂	39.00	2.99	25.41	179.43	白芽观音	44.41	2.04	29.78	166.60
梅　占	43.45	2.12	30.71	199.52	平　均	40.09	2.25	25.78	164.65

蔡建明（1994）[9]研究了铁观音鲜叶化学成分，其中多酚类、儿茶素、氨基酸（另茶氨酸）等，其含量从第 1 叶至第 4 叶呈递减趋势，而咖啡碱、类胡萝卜素、醚浸出物和还原糖含量则呈递增趋势（表 7-6）。

表 7-6　青茶（铁观音）鲜叶不同叶位主要化学成分（%）

项　目	第 1 叶	第 2 叶	第 3 叶	第 4 叶
多酚类	22.6	18.30	16.23	14.65
儿茶素	14.74	12.43	12.00	10.50
氨基酸	3.11	2.92	2.34	1.95
茶氨酸	1.83	1.52	1.20	1.10
咖啡碱	3.78	3.64	3.19	2.62
类胡萝卜素	0.026	0.036	0.041	<
β-胡萝卜素	0.00624	0.00672	0.00802	0.1086
醚浸出物	6.98	7.90	11.35	11.43
还原糖	0.46	1.34	2.39	2.56

这些成分的变化，直接影响着制茶的品质。较成熟的新梢其叶片儿茶素含量较少，还原糖含量较高，为醇厚滋味奠定物质基础。而醚浸出物的胡萝卜素含量，是青茶的香气的物质来源。

（二）青茶鲜叶水分及加工中的水分变化

青茶鲜叶要求比较成熟，含水率相对较红、绿茶稍低。但与鲜叶品种、嫩度和采摘季节有关。初制过程各工序，尤其是做青过程，水分变化明显。随工序进展，水分逐渐减少，闽北制法与闽南制法变化规律基本一致（表7-7）[10]。

表7-7　青茶初制过程含水率变化（%）

项　目	鲜叶	晒青	晾青	摇　青						炒青	揉捻	复揉	毛
				第2次	第3次	第4次	第6次	第8次	第9次				
武夷肉桂	76.7	73.4	69.9	65.3	—	64.5	63.4	62.7	61.1	45.7	44.6	41.8	28
工序				第1次	第2次	第3次	第4次	炒青	揉捻	初烘	初包揉	复烘	复
安溪铁观音	74.8	70.8	70.3	68.9	68.3	66.0	58.9	50.1	37.7	32.7	23.3	18.3	

做青过程，做青叶（整梢），尤其是叶缘、叶片含水率变化极为显著，叶心变幅较小。做青中以摇青过程水分下降幅度较大（表7-8）[10]。说明叶组织损伤是做青失水的重要途径。

表7-8　做青过程叶片不同部位水分变化（%）

（张杰　朱先明　施兆鹏）

项目	鲜叶	晾青	晒青	摇　青				F值
				第1次	第2次	第3次	第4次	
叶缘	74.90	73.36	71.00	69.49	67.04	65.24	62.95	18.47**
叶心	76.83	74.84	72.04	71.25	70.44	70.18	70.75	6.06*
叶片	76.44	74.33	71.27	70.55	69.86	69.84	68.94	10.78**
整梢	75.45	75.25	71.64	70.68	69.63	69.87	67.48	8.26**

（三）青茶鲜叶中的香气前导物及其酶类

青茶香味独特，具有天然花香和品种的特殊香韵，近年研究发现，青茶香气除与鲜叶中所含的芳香物质有关外，还与鲜叶中香气先质（前导物）有关。

1. 糖苷类物质与糖苷酶

青茶醇类香气组分是在加工过程由内源糖苷酶水解相应的先质形成的。在嫩叶中先质含量较高，随叶的老化，先质含量下降。

（1）糖苷类物质 茶叶中有多种苷类化合物，在酶和热的作用下水解成苷元配质和糖。苷类水溶液具有苦味，而水解成苷元后苦味消失。青茶中芳樟醇及其氧化物糖苷是主要的糖苷类物质之一，它主要以β-D-葡萄糖苷（也有樱草糖苷）形式存在，而苯甲醇、2-苯乙基醇、香叶醇等则以樱草糖苷形式存在。

Moon J.H.等[11]从毛蟹中获得顺-3-己烯基糖苷、顺式（和反式）芳樟醇3,7氧化物糖苷、8-羟牦牛儿基糖苷、顺-3-己烯基-D-吡喃糖苷（单糖苷）、水杨酸甲酯β-樱草糖苷（是水杨酸甲酯的先质），芳樟醇氧化物Ⅲ、Ⅳ是芹菜呋喃糖的双糖苷。

Enalhardt U.H等[12]从茶叶中检出多种黄烷醇C糖苷（FCG）：芹菜素6-C-糖基-8阿拉伯糖和8-C糖苷，毛地黄黄酮-8-C糖和-6-C糖苷，芹菜素-8-C糖苷，-6-C糖苷和6,8-二C糖苷，推测还有一种芹菜素糖苷，总量约0.48~2.69g/kg，且不同茶类中的（FCG）组分相似。

（2）糖苷酶 是影响青茶香气的重要酶类。青茶香气中醇类香气组分都是在制茶过程中由内源糖苷酶催化相应的先质水解形成的。现已研究发现[13][14][15]，具有这一作用的糖苷酶有β-D-葡萄糖苷酶和β-樱草糖苷酶。糖苷酶有底物特异性。

β-樱草糖苷酶是鲜叶的内源酶，它是青茶醇类香气成分形成的主要的糖苷酶之一。从毛蟹和水仙品中测得，其活性最适温度为5℃，最适pH=4，在45℃和pH3~4条件下表现稳定。其活性是β-D-葡萄糖苷酶的2倍，活性随叶子的老化而下降，嫩茎中酶活性较高。它能催化β-芹菜呋喃糖苷、水杨酸甲酯β-樱桃苷、8-羟牦牛儿基糖苷、顺-3-己烯基糖苷（单糖苷）、反，顺芳樟醇3,7氧化物糖苷、芳樟醇氧化物Ⅲ，Ⅳ（含芹菜呋喃糖苷）的双糖苷、β-D吡喃糖苷类等物质水解，释放出大量的芳樟醇、香叶醇和2-苯基乙醇、氧化芳樟醇Ⅰ，Ⅱ（芳樟醇3,6-反，顺氧化物）、氧化芳樟醇Ⅲ，Ⅳ（芳樟醇3,7-反，顺氧化物）、水杨酸甲酯等配质，生成相应的香气成分与双糖。

糖苷酶的底物特异性，表现在对不同配糖体的底物，其水解活性不同。对底物的水解活性是香叶醇大于苯甲醇和2-苯乙醇。在呋喃型氧化芳樟醇（LOⅠ，LOⅡ）中没有底物竞争性，而在吡喃型氧化芳樟醇（LOⅢ，LOⅣ）中则顺式（LOⅣ）更先被糖苷酶所释放。

2. 类脂与脂肪

类脂包括脂肪、磷脂与蜡。一般嫩叶中含磷脂较多，而老叶中半乳糖甘油酯较多。由于叶绿体的成熟，脂类颗粒增多，据Mahanta.P.M[16]研究，类脂含量从芽至第3叶逐增。随叶片成熟度的增加，类脂先质高度积累。茎的类脂含量较低。

适制青茶的鲜叶，表皮都有较厚的角质层，角质层外披有蜡质层。蜡质是由高碳脂肪酸和高碳一元脂肪醇形成的酯，在加工中蜡质分解与转化，产生香气成分，是香气的来源之一。

类脂在萎凋过程降解，其降解部分可能形成单萜醇及其氧化物。在红茶萎凋过程有20%的类脂发生降解，发酵过程有50%降解，干燥过程类脂降解作用很小[16]，由此可见，青茶初制过程类脂的降解应是在晒青与做青过程。

鲜叶中聚不饱和脂肪酸是六碳醛和醇的先导物质。鲜叶在受到机械损伤后，释放类脂降解酶，它破坏了脂肪——蛋白质结构的细胞膜或促进类脂释放出脂肪酸，脂肪酸又进一步降解，其主要产物是亚麻酸、亚油酸和棕榈酸。

鲜叶中参与脂类分解的酰基水解酶和磷脂酶在萎凋过程中活性提高，在高温条件下加速活化。萎凋也提高脂肪氧合酶的活性，茶叶中的过氧化物随脂肪氧合酶活性提高而增加。

近年研究[17]发现与非饱和脂肪酸形成挥发性香气成分——叶醇和叶醛代谢有关的酶类有脂肪氧合酶、脂酰基水解酶、过氧化物裂合酶、金属蛋白酶、醇脱氢酶、顺-3-己烯醛异构酶。

3. 果胶与果胶酶

果胶物质是糖的高分子化合物，在新梢中以原果胶素形式存在。采后加工中，原果胶酶活性增强，使部分原果胶素转化为果胶素，黏性增大，为青茶条形或卷曲形的定型起重要作用。据测定水溶性果胶在萎凋、杀青、炒坯和烘坯过程均有增加。果胶素在酸和热的作用下，加水分解为果胶酸和半乳糖醛酸。

4. 多酚类化合物与多酚氧化酶

青茶各品种间的化学成分含量有明显差异，它是青茶品质差异的重要原因。据福建省安溪县茶叶科学研究所对 13 个青茶鲜叶（三叶驻芽）多酚类化合物含量分析结果如表 7-9[10]。

表 7-9　不同品种青茶鲜叶多酚类化合物含量

品　种	多酚类总量（%）	儿　茶　素					
		L-EGC (mg/g)	D,L-GC (mg/g)	L-EC+D, L-C (mg/g)	L-EGCG (mg/g)	L-ECG (mg/g)	总量 (mg/g)
水仙	22.67	42.18	11.92	15.66	71.76	19.40	141.71
铁观音	21.14	36.43	11.42	12.75	74.37	14.70	149.71
黄旦	23.28	25.56	9.97	12.45	80.69	16.20	14.87
毛蟹	26.24	36.66	13.93	13.58	73.25	14.25	151.67
佛手	27.86	42.37	8.33	15.80	85.81	21.14	173.55
肉桂	25.41	41.88	13.85	13.20	91.76	18.74	179.43
酶占	30.71	53.65	12.94	20.70	92.03	20.30	199.52
本山	25.30	43.58	10.93	16.46	76.18	23.76	170.91
大叶乌龙	27.13	42.82	12.79	17.29	97.67	24.97	195.54
白奇兰	25.77	38.54	15.63	21.32	70.16	17.74	163.39
桃仁	26.33	34.50	17.10	10.60	76.47	13.06	151.73
八仙	23.57	25.88	9.33	21.22	80.22	14.92	151.57
白芽观音	29.78	34.81	10.31	10.05	92.35	19.18	166.60
平均	25.78	38.38	12.19	15.47	81.75	18.34	164.65

在青茶中，多酚氧化酶（PPO）可分离出 6 条同工酶带，主酶在晒青、晾青过程活性略有上升，摇青后下降，但摇青前后变化不大。

过氧化物酶可分离出 7 条同工酶带，其主酶活性在晒青、晾青和摇青前期先上升后下降,有 3 条次酶谱带活性基本保持不变。次酶总活性趋势与主酶相似。

Hatanaka Akikazu 等[18]用完整系列ωG-(S)-氢过氧化 C_{14}-C_{26} 二烯酸和三烯酸作底物系统,研究了茶叶脂肪酸氧化物裂解酶的底物特异性。结果表明 C_{22} 氢的过氧化物不是天然底物,C_{18} 氢的过氧化物对裂解酶显示出最高的反应性。三烯酸氢过氧化物的反应性比二烯酸氢过氧化物的反应性高 4~10 倍。

据 ПруИ Д з е Г.Н. (1986)[19]研究,茶叶中酚氧化酶有低分子酚氧化酶(分子量 28390~25360)和高分子酚氧化酶(分子量为 116840~253620),在幼嫩鲜叶中低分子酚氧化酶的含量比高分子酚氧化酶多得多。然而,萎凋过程,酚氧化酶的组成在分子量上发生变化,分子量为 116840±685 的高分子酚氧化酶明显增加,分子量为 28390~25360 的低分子酚氧化酶则明显减少。萎凋中高分子态酚氧化酶明显高于鲜叶。这种现象可认为是:由于萎凋过程水分蒸发的结果,细胞液浓度增高,酚氧化酶可能发生单体聚合,形成二聚体,二聚体进而形成四聚体,从而由低分子态变为高分子态,高分子态酚氧化酶随之增加。

儿茶素在做青过程含量变化总趋势是,从晒青、晾青至第二次摇青前大约减少 8%,第二次摇青至堆青后约减少 50%,堆青后呈直线下降趋势。因此,初制前期,由于儿茶素氧化产物茶黄素、茶红素生成有限,汤色浅淡,待中后期茶黄素、茶红素方有较大量生成,是构成青茶汤色(金黄色)的重要色素成分。

Hashumoto. F[20]等从青茶中分离出茶多酚组分 32 种,其中黄烷-3-醇 1 种,新发现二聚黄烷-3-醇 2 种(命名为乌龙双黄烷 A、B),新的前花青素 8 种和已知的多酚类化合物 21 种,后两种可水解成多酚类和红色素。张劲松研究发现,PPO、POD 对 TFS(茶黄素类)有催化水解的破坏作用。PPO 催化 TFG(没食子茶黄素)和 TFDG(没食子茶黄酸)水解后,可使 TF(茶黄素)检出量增加。

多酚氧化酶与过氧化氢酶催化儿茶素氧化裂解。在晒青、晾青和第一次摇青阶段，由于多酚氧化酶活性较小，含没食子基的儿茶素 L-EGCG、L-ECG 和 L-EGC 氧化较轻微，变化较小。第二次摇青后，酶活性上升，这些儿茶素被迅速氧化而大幅度下降。非酯型儿茶素在晒青与晾青阶段略有上升，以后缓慢下降。

（四）青茶鲜叶色素特征

青茶叶片比较成熟，随着叶的老化，叶绿体退化产生有色体，类胡萝卜素增加，尤其β-胡萝卜素明显增加（表 7-10）[1]。

表 7-10　适制乌品种不同叶位的色素含量　（严学成 1989）

品种	叶位色素含量（mg/g 鲜叶）				品种	叶位色素含量（mg/g 鲜叶）			
	自上而下	叶绿素a	叶绿素b	类胡萝卜素		自上而下	叶绿素a	叶绿素b	类胡萝卜素
铁观音	1	0.696	0.455	0.442	毛蟹	1	0.756	0.505	0.576
	2	0.756	0.513	0.498		2	0.798	0.531	0.566
	3	0.782	0.551	0.503		3	0.815	0.553	0.541
	4	0.711	0.474	0.541		4	0.851	0.552	0.518
本山	1	0.783	0.403	0.501	黄旦	1	0.678	0.458	0.519
	2	0.854	0.469	0.537		2	0.570		0.559
	3	0.926	0.537	0.566		3	0.906	0.591	0.536
	4	1.020	0.643	0.567		4	0.852	0.457	0.575
安溪水仙	1	0.321	0.408	0.465	梅占	1	0.897	0.454	0.606
	2	0.916	0.498	0.468		2	0.886	0.437	0.573
	3	1.050	0.559	0.509		3	0.413	0.483	0.534
	4	1.059	0.623	0.517		4	1.044	0.563	0.538

在电镜下可观察到黄色颗粒的质体小球。β-胡萝卜素在加工中氧化分解，形成二氢海葵内脂和β-紫萝酮，为青茶提供重要的香气成分。

据对黄棪品种叶色与青茶品质显著性的研究（林心炯

1991）[2]，适制青茶的标准叶色为稳黄绿→黄绿→暗黄绿→浓黄绿，即系统色号为 3507~3514 范围内（表 7-11），以暗黄绿和浓黄绿叶色最优。

表 7-11　黄棪鲜叶叶色与青茶品质关系　（林心炯等 1991）

系统色名	品质得分	惯用色名	色号	系统色名	品质得分	惯用色名	色号
暗黄绿	96.67*	松叶色	3508	稳黄绿	95.19	苔色	3312
稳黄绿	97.00*	老竹色	3514	暗黄绿	96.65*	Forest green	3509
浓黄绿	97.56**	芝生色	3507	明黄绿	94.38	Chartreuse green	3505

注：*P<0.05　**P<0.01

（五）青茶鲜叶的酚氨比

据研究（张文锦 1990）[4]，青茶鲜叶的酚氨比与鲜叶主要化学成分（氨基酸、茶多酚、儿茶素、总糖）的相关关系均达到极显著水平，而与成茶主要化学成分的相关较低。但与成茶品质关系密切，r=−0.6590（P<0.05）。其中，与氨基酸的相关性达极显著水平，与茶多酚达显著水平，与其他成分呈低度相关。鲜叶中的酚氨比受茶树生长环境、茶树栽培措施的影响。

林心炯等（1991）[2]研究了不同栽培条件下，黄旦品种鲜叶和成茶氨基酸、茶多酚、儿茶素、总糖、全氮、全磷、全钾和全碳等 8 种成分间的相关性，结果表明，除总糖外，其他 7 种成分鲜叶与成茶间均达显著或极显著正相关。鲜叶的碳/氮比与成茶的碳/氮比也达极显著正相关。

青茶鲜叶的成熟度的生物生化特征是相辅相成的。一般"开面"程度越大，蛋白质含量相应越低，还原糖、淀粉、纤维素含量相应增加，叶色变深，其生物学发育程度与生化成分含量之间是协调一致的。

第三节　青茶制造中的酶化学作用、热化学作用、热物理作用

青茶以其特殊的天然花果香和独特的韵味而久负盛名。青茶的色、香、味，一部分来自鲜叶，一部分是经酶促反应产生的，如初制过程中的晒青或加温萎凋、做青（包括摇青与静置）主要是酶化学作用所引起的内含物的水解、氧化、聚合。热化学作用主要在炒青与干燥过程，高温引起内含物在短时间内产生快速变化，而热物理作用主要是湿热、搓揉过程（如揉捻与包揉过程），它不仅塑造了成茶的外形，对内含物的自动氧化、分解也起了重要的作用。

一、青茶制造过程的酶化学作用

青茶的品质主要是在加工中形成的。酶促反应主要是在晒青、晾青和摇青（含静置）等工序中进行的。炒青后的物质变化是以热化学作用与热物理作用为主，在正常工艺下，残余酶的作用一般对品质影响较小。

晒青（或加温萎凋），细胞失水，导致酶与底物浓度提高，酶活性增强。同时由于温度的升高，也增强了酶的活性，对酶促反应都有促进作用。但主要的是摇青时叶缘的损伤，使酶与底物有较多的接触，为酶化学作用提供了必要的条件。静置为化学反应提供了必要的时间，使反应能充分进行。因此，摇青程度与静置时间的控制，是对内含物酶促化学反应的有效控制。青茶初制过程的酶促水解、酶促氧化的化学过程，是生成青茶色、香、味有效成分的化学过程。

（一）酶促分解

青茶初制中，经晒青（或加温萎凋），芽梢萎凋失水，细胞膜

透性增强，酶活性增强。引起叶内物质的分解和氧化。在做青（摇青与静置）过程，随萎凋程度的进展，叶细胞膜透性不断增加，酶与底物有接触的可能，但主要是通过机械损伤（摇青）增强酶促反应。

1. 糖苷类物质酶促水解

近年研究发现[11][13]，青茶香气主要是在加工中产生的，醇类香气成分是由内源糖苷酶水解相应的先质形成的，它是青茶香气的重要来源。如在水仙、毛蟹品种中，在β-樱草糖苷酶的作用下，释放出大量的芳樟醇及其氧化物、香叶醇和2-苯基乙醇。

小林彰夫研究[21]在茶叶加工过程香气形成的前体物——配糖体，发现在糖苷酶的催化下，检出香叶醇和2-苯乙醇等香气成分，而在β-D-葡糖苷酶的作用下，葡萄糖苷水解生成（Z）-3-己烯醇和苯甲醇，配糖体的组成在发酵茶的香气中起主体作用。β-D-葡萄糖苷形成单萜烯醇的反应的最适pH=4.6，但酶活性受 $5×10^{-4}M$ 葡糖酸-1，4-内酯所抑制。

葡糖苷是通过甲羟戊途径合成并累积在叶中。由于机械损伤，叶组织中的葡糖苷经水解，形成芳樟醇和香叶醇，发酵过程芳樟醇是以顺式芳樟醇的化学形式积累的，因为它比反式芳樟醇更为稳定。

青茶的香型与新梢中单萜烯醇的含量有关[22]。茶树新梢成熟初期，形成单萜烯的潜力较大，这与叶片幼龄期β-D-葡糖苷酶活力较高有关。叶片各时期单萜醇形成的速率与β-D-葡糖苷酶活力是一致的。青茶的香气常用萜烯指数表示。

台湾适制青茶品种的萜烯指数约为0.1，而福建品种萜烯指数变幅较大，约在0.1~0.9之间。

青茶初制过程的摇青是加工中产生香气成分，尤其是单萜烯醇（芳樟醇和香叶醇）的重要工序。在受机械损伤的芽梢中，顺-3-己烯醛的形成是爆发性的，良好的通气可加速其形成。在良好通气条件下，反-3-己烯醛（是鲜叶中脂肪的氧化物）可转化为顺-3-己烯醇。反-3-己烯醛是鲜叶中脂肪通过一系列酶促反应，如水解作用、氧化作用、氧化产物的降解和还原作用后形成的。

摇青过程叶组织的损伤，使积累在叶中的非挥发性的β-D-葡萄糖苷在β-D-葡萄糖苷酶使用下经水解、降解生成芳樟醇和香叶醇，并以顺式的化学形式积累。

加温萎凋较室温萎凋能促进更多的挥发性化合物的生成（竹尾忠一 1984)[23]。加温萎凋加摇青可大幅度提高这些物质的含量，从而为青茶香气奠定了基础（表7-12）。

表7-12　青茶萎凋与摇青中挥发性化合物含量

化合物	萎凋	加热萎凋	加热萎凋+摇青	化合物	萎凋	加热萎凋	加热萎凋+摇青
1-戊烯-3-醇	0.05	0.05	0.26	1-乙基吡咯-2-醛	0.49	0.40	0.49
反-2-己烯醛	0.05	0.05	0.33	苯乙醇	—	0.30	0.61
顺-2-戊烯-1-醇	0.12	0.12	0.51	甲基水杨酸酯	0.53	0.74	1.64
乙烯醇	0.03	0.06	0.07	牻牛儿醇	0.35	0.36	1.63
顺-3-己烯醇	0.40	0.38	1.03	苯甲醇	0.54	0.86	3.27
氧化里哪醇	—	—	—	2-苯乙醇	0.79	1.25	2.88
反-呋喃型	0.23	0.22	0.45	β-紫萝酮+顺茉莉酮	—	0.09	0.58
顺-呋喃型	0.21	0.20	0.57	橙花叔醇	0.20	0.52	1.38
苯甲醛	0.08	0.06	1.44	茉莉酮内酯	0.11	0.29	0.73
里哪醇	0.07	1.24	2.48	吲哚	0.51	0.85	0.41

晒青使内含物除芳樟醇外，几乎所有化合物浓度都有所增加，尤其是橙花叔醇、茉莉内酯、苄基氰、吲哚和α-法尼烯都有明显增加，因而晒青叶青气减少，并产生晒青特有的香气。

2. 淀粉的酶促转化

糖类物质在晒青与摇青工序及炒青初期阶段的变化主要是酶促作用，而后由随炒青和烘焙的高温作用，酶彻底破坏，糖类的转化以非酶促作用为主。

青茶鲜叶含有大淀粉粒，在青茶制造过程，淀粉的水解生成葡萄糖，是青茶内糖的主要来源，为青茶的香气与滋味提供一定的物质基础。

青茶在制过程，各种糖含量变化的情况不同。在晒青和做青过程，芽叶失水，酶由结合态转变为游离态，活性增强。鲜叶中的淀粉在淀粉酶的作用下，水解成糊精、麦芽糖，麦芽糖在麦芽糖酶的作用下，水解为葡萄糖（还原糖），这是还原糖增加的主要原因。摇青过程，叶组织局部损伤，酶与底物接触，及叶温的升高，促进化学变化加快。当淀粉水解加快，产生的还原糖多于糖与儿茶多酚类（及其氧化物）、氨基酸结合时，糖含量有所累积。而当还原糖分解为有机酸，或与氨基酸、儿茶多酚类结合形成制茶香味物质的速度加快时，还原糖即减少。因此，做青过程糖的含量呈现时增时减现象，这主要是受制茶条件的影响。做青中后期，茶叶香气的大量形成，还原糖大量消耗，糖含量总趋势呈波动性下降（表7-13）[24]。

表7-13 做青过程各种糖的变化（以鲜叶为100）

工 序	还原糖	非还原糖	可溶性糖	粗淀粉
晒青与晾青	121.80	89.23	106.16	94.53
做青4小时	80.37	82.25	89.32	83.95
做青8小时	69.95	79.91	82.36	69.70

3. 蛋白质酶促降解

在晒青温度条件下，叶组织失水，基质与酶浓度提高，酶促作用是蛋白质水解为氨基酸的重要过程，据DevChoudhury M.N等研究，在室温18℃~20℃下萎凋，氨基酸立即增加。天冬氨酸、谷氨酸、丝氨酸、谷酰胺、丙氨酸、酪氨酸、苯丙氨酸、亮氨酸、异亮氨酸、缬氨酸、苏氨酸、赖氨酸等氨基酸增加。天冬酰胺也在萎凋中大量增加。而茶氨酸因降解为谷氨酸和乙胺而减少[25]。青茶在做青过程，在机械的强烈作用和肽酶的作用下，叶组织水分丧失，蛋白质分解加强，可使氨基酸增加，但氨基酸也参与香气的形成，因此，做青过程和做青结束时氨基酸总量比晾青时减少20.83%。但各种氨基酸变化不同，在做青过程，赖氨酸、组氨酸、天冬酰胺、精氨酸增加，而丝氨酸、天冬氨酸、茶氨酸、丙氨酸等大量减少。但做青结束时，丝氨酸、天冬氨酸、茶氨酸、丙氨酸等比做青过程均有不同程度的增加（表 7-14）。可见堆青过程对蛋白质的降解和氨基酸的增加有重要作用。

表 7-14　做青过程各种氨基酸含量变化　　（干重%）

工　序	总量	赖氨酸	组氨酸	天冬酰胺	精氨酸	丝氨酸	天冬氨酸	茶氨酸	丙氨酸
鲜叶	0.7844	0.0163	微量	0.0025	0.0048	0.1490	0.1190	0.3920	0.0314
晾青	0.7702	0.0218	0.0131	微量	—	0.1530	0.0722	0.3066	0.0066
做青	0.6912	0.0294	0.0258	0.1506	0.0936	0.0322	0.0214	0.0214	0.0418
做青结束	0.6098	—	—			0.1546	0.0910	0.2588	0.0458

4. 叶绿素的酶促降解

青茶做青过程，叶绿素及其各组分大量减少，这主要是叶绿素酶催化降解和醌类化合物氧化降解的结果。主要是在酸性条件下，叶绿素中的镁被氢所取代，生成脱镁叶绿素。

据陈椽（1983）研究，做青结束，叶绿素总量比鲜叶减少 4.1%。叶绿素 a 减少约 2.7%，叶绿素 b 减少 7.6%。张杰等测定（1989）[10]，仅摇青过程叶绿素总量就比鲜叶减少了 14.08%，叶绿素 a 和叶绿素 b 分别减少 13.44% 和 9.83%（表 7-15）两者测定结果趋势是一致的。至于减少的量则与做青条件和摇青程度有关。

表 7-15　青茶做青过程叶绿素含量变化　　（干物量%）

项　目	鲜叶	晾青	晒青	摇青 第 1 次	摇青 第 2 次	摇青 第 3 次	摇青 第 4 次	晒青与鲜叶	摇青与晒青
叶绿素 a（%）	0.506	0.488	0.484	0.467	0.420	0.413	0.399		
占鲜叶%	100	96.44	95.65	92.29	83.00	81.62	78.85	−4.35	−13.44
叶绿素 b（%）	0.318	0.310	0.304	0.298	0.263	0.253	0.273		
占鲜叶%	100	97.48	95.60	93.71	62.70	79.56	85.85	−4.40	−9.83
叶绿素总量（%）	0.824	0.798	0.788	0.765	0.683	0.666	0.672		
占鲜叶%	100	96.84	95.63	82.80	82.89	80.83	81.55	−4.37	−14.08

晒青过程，在红外线的作用下，叶温升高，而在紫外线和叶绿素酶作用下，叶绿素受到破坏的程度较轻，总量比鲜叶减少4.37%，而摇青使叶绿素大幅度减少。

摇青过程，由于叶缘细胞大量损伤，多酚类初级氧化产物-邻醌具有很强的氧化能力加剧了叶绿素的氧化降解，叶绿素大量减少，与晒青叶比较，约减少14.08%（表7-15）。

做青过程细胞液呈弱酸性（pH值从鲜叶的6.44降至做青叶的5.87）。在酸性条件下，叶绿素的镁被两个氢原子所取代，形成褐色的脱镁叶绿素。

做青过程，叶的各部位叶绿素均有不同程度变化，除叶绿素总量显著减少外，叶绿素a在叶心和叶缘均呈极显著变化，降解明显，而叶绿素b只在叶缘部位降解明显（表7-16）[10]，这是由于叶绿素b受邻醌氧化破坏的结果。而叶的中部因损伤少，邻醌产生也少，因而叶绿素降解也少。

表7-16　做青过程叶片不同部位叶绿素含量的变化　　（干物量%）

| 项　目 | 鲜叶 | 晾青 | 晒青 | 摇　青 | | | | 晒青与鲜叶 | 摇青与晒青 |
				第1次	第2次	第3次	第4次		
叶绿素a (%)									
叶缘	0.564	0.548	0.546	0.542	0.425	0.441	0.399	−3.19	−26.92
叶心	0.539	0.538	0.534	0.531	0.506	0.448	0.400	−0.93	−24.68
叶绿素b (%)									
叶缘	0.349	0.336	0.340	0.331	0.282	0.278	0.285	−2.58	−33.72
叶心	0.339	0.334	0.329	0.327	0.336	0.293	0.313	−2.95	−4.86
叶绿素总量 (%)									
叶缘	0.913	0.884	0.886	0.875	0.707	0.718	0.684		
叶心	0.878	0.872	0.863	0.858	0.842	0.741	0.713		

据吴雪源[26]对武夷肉桂中叶绿素的衍生物测定，其叶绿素组分（峰面积相对%）为：叶绿酸（蓝黑色）45.1%，脱镁叶绿素a（蓝黑色）、b（灰褐色）分别为32.2%和10.6%，叶绿素a（蓝绿

色）、b（黄绿色）各为 1.1%，脱植基叶绿素 a（蓝绿色）、b（黄绿色）分别为 3.0% 和 6.8%。并发现青茶叶绿素衍生物与其他茶类差异最大，其叶绿素不是以转化成脱镁叶绿素为主，而是转化成大量的脱镁叶绿酸，叶绿酸 b 约占叶绿素 b 总量的 46.6%。另外有 30.6% 的叶绿素 b 转化为脱镁叶绿素 b，有 19.6% 转化为脱植基叶绿素 b，保留量仅 3.2%。而在六大茶类对比试验中，只有武夷肉桂茶样检出叶绿酸 b。叶绿素 a 向叶绿酸 a 的转化率高达 69.3%，向脱镁叶绿 a 的转化率为 24.7%，向脱植基叶绿素 a 的转化率为 4.6%，仅保留 1.7%（表 7-17）。在除去水溶性色素和脂溶性色素后，肉桂叶底呈浅橙黄色，黄棪叶底呈淡黄色。

表 7-17　武夷肉桂制造过程叶绿素转化率（%）

项　目	叶绿素总量	叶绿素 a(b)	叶绿素 a(b)	脱植基 a(b)	保留量
叶绿素 a	100	69.3	74.7	4.6	1.7
叶绿素 b	100	46.6	30.6	19.6	3.2

青茶制造工艺复杂，叶绿素转化产物最多，由于长时间的摇青静置，在叶绿素水解酶的作用下，叶绿素 a、b 脱植基而开成叶绿酸 a、b。在炒青和干燥过程，未水解的叶绿素 a、b 和叶绿酸 a、b 高温脱镁，转化为脱镁叶绿素 a、b 和叶绿酸 a、b。在制造过程，叶绿素降解的结果，生成大量的叶绿酸 b，并形成青茶特有的叶绿素组分，其相对含量以叶绿酸 a、b 最高，脱镁叶绿素 a、b 次之，脱植基叶绿素再次之，叶绿素保留量较少。这就是青茶呈黄绿色叶底的原因所在。

5. 类胡萝卜素变化

具有共轭双键的多烯烃，在光、热作用下，受光敏氧化作用，双键过氧化饱和后裂解，断裂后碳链的最后一个碳原子被氧化成醇（挥发性成分），其部分双键留在紫罗酮中。

Dev Choudhury M. N. 等[27]提出，胡萝卜素在茶叶加工中由亮氨酸衍生而来，又部分地氧化成沉香醇。Nikolashyilli 进一步发现，

256

传统的红茶制法较细胞损伤充分的 CTC 制法其胡萝卜素的降解少，但香气却较高，可能传统制法保留更多的紫萝酮和沉香醇及其氧化物等重要芳香组分的结果。

青茶初制过程的晒青与摇青工序促进细胞的局部损伤、类胡萝卜素有控制的氧化，是青茶高香的重要因素。

6. 挥发性成分的变化

茶鲜叶有 145 种以上的香气成分，多数具有挥发性。萎凋过程，鲜叶脱水，顺-2-戊烯醇、顺-3-己烯醇、反-2-己烯醇、沉香醇氧化物（顺和反 5 环、顺和反 6 环）、橙花醇、牤牛儿醇、苯乙醇和苯甲醇明显地增加。此外，除乙醇外，顺-3-己烯醇和反-2 己烯醇在发酵过程继续增加。这些挥发性成分的增加主要来自氨基酸的转化（如萎凋期间苯乙醛、甲基丁醇、正乙醇的增加都是由于氨基酸转化而成的）、脂类降解和糖苷类的水解（前已述）。这些香气成分的形成，使青茶的香气成分具有更多的优势。如青茶的芳樟醇及其氧化物、香叶醇、苯甲醇、2-苯乙醇含量高。而包种茶则以橙花叔醇、茉莉内酯、茉莉酮酸甲酯和吲哚则等香气成分为优势。

Pendey S[29]认为，在红茶制造，强烈损伤的 CTC 茶由于氧化还原酶的活性抑制了水解酶的活性，使得靠水解酶释放的芳樟醇及其氧化物、水杨酸甲酯等，含量较少，导致使 CTC 茶的香气不及传统红茶。

（二）酶促氧化

1. 多酚类化合物酶促氧化

儿茶多酚类的氧化产物茶黄素、茶红素是青茶茶汤浓度的主体，是青茶品质的重要因子。儿茶多酚类的转化，是以多酚氧化酶的酶促作用为主导。红茶萎凋 18 小时后，多酚氧化酶活性增加，并达到明显高峰。而青茶在晒青和晾青过程，多酚氧化酶活性增强，在整个做青过程，多酚氧化酶活性呈曲线波动式减弱（表7-18）。

表 7-18　青茶初制中多酚氧化酶活性变化

项　　目	鲜叶	晒青	晾青	做青	做青后
多酚氧化酶	0.2196	0.2266	0.4140	0.4213	0.0704
相对百分数（%）	100	103.23	188.61	126.40	32.16

据 ПруИДЗе Г.Н.[19]研究，鲜叶在萎凋过程多酚氧化酶的分子量有所变化，因而引起酚氧化酶活性的改变，进而对不同基质催化活性也有所改变。

茶幼嫩鲜叶中，存在低分子态酚氧化酶（分子量 28390~58625）和高分子态酚氧化酶（分子量 116840~253620）。萎凋过程，由于水分蒸发，细胞液浓度提高，酚氧化酶可能发生单体聚合而成二聚体，进而形成四聚体。于是低分子态酚氧化酶含量减少，总活性降低，而高分子态的酚氧化酶含量随之增加，总活性也随之升高（表 7-19）[31]。

表 7-19　萎凋叶分子态酚氧化酶总活强度的变化

酚氧化酶分子量	鲜　　　　叶		萎　　　凋　　　叶	
	活性	占总活性%	活性	占总活性%
253620±3840	2.3±0.1	10.7±0.5	2.5±0.1	13.0±0.4
116840±685	2.2±0.1	10.2±0.5	10.6±0.5	55.2±2.4
58825±690	5.0±0.2	23.3±1.1	5.6±0.3	29.2±1.4
28390±530	12.0±0.8	55.8±3.8	0.5±0.1	2.6±0.2

（相对单位：ΔA/g 叶子 min）

（1）低分子态酚氧化酶　在鲜叶中，低分子态酚氧化酶含量高。如分子量为 28390 的酚氧化酶活性为 12.0%，占总活性的 55.8%，经萎凋，其活性降至 0.5%，占总活性的 2.6%。由此可见，萎凋开始，儿茶素由低分子态酚氧化酶所催化，其作用基质主要是含有焦性儿茶酚核的酚类化合物（即儿茶酚基）。随萎凋的进展和高分子酚氧化酶的逐渐形成，酚氧化酶组成在分子量上发生了变化，其活性也随之变化。

（2）高分子态酚氧化酶　随萎凋的进展，低分子态酚氧化酶聚合为高分子态，从而高分子态酚氧化酶活性也随之增强。如分子量为 116840 的高分子态酚氧化酶，在鲜叶中活性仅为 2.2%，只占总活性的 10.2%。而在萎凋叶中，其活性增加至 10.6%，占总活性的 55.2%，高分子态酚氧化酶的相对活性及其在总活性中的比例比在鲜叶明显提高。其作用基质主要是 3,4,5 三羟取代基（即没食子酚基团）的酚类化合物，而对 3,4-二羟基取代基（即焦性儿茶酚）的催化作用较小。若将氧化天然组分作茶素的速度作 100% 计，它们在天然组分儿茶素混合物中的催化速度分别约为（L）-表没食子儿茶素为 96.2%、没食子酚 90.4%、（L）-表儿茶素 32.7%，（L）-表儿茶素没食子酸酯为 13.5%、焦儿茶素为 53.8%。

叶子在萎凋过程中，酚氧化酶活性最适向性偏移，pH 为 5.6~5.8，如在萎凋叶中分离到分子量为 116840 的酚氧化酶，在以没食子酚为基质时，其催化作用最适 pH 为 5.8。它在 3 小时内都能强烈地催化儿茶素氧化。

至于高分子态酚氧化酶的热稳定性，研究结果表明[31]，在 25℃下酶活性比较稳定（表 7-20）。

表 7-20　酚氧化酶不同温度、时间处理条件下的酶活性保持率（%）

项　　目	25℃	45℃	60℃
1 小时	—	—	24
2 小时	100	81	14
7 小时	90	45	12
24 小时	24	钝化	—

青茶做青期间最适温度为 25℃，做青历时短者 6 小时，长者可达 24 小时，因此，在做青过程多酚氧化酶均有一定活性催化多酚类化合物的氧化，以形成青茶的色泽与滋味。其酶活性的减弱是由于多酚类化合物及其氧化产物对它的抑制作用。

据张杰等测定（1980），青茶初制全程多酚类化合物减少 33.45%，以摇青过程减少最多，约减少 21.53%，其次是晾青至晒青，共减少 5.69%。多酚类化合物的主体是儿茶素，初制全程其下降率为 43.22%，下降幅度大小依次为 L-EGCG（55.43%）、L-EGC（50.87%）、L-ECG（44.11%），而 D，L-GC 变化很小（表 7-21）。

表 7-21 青茶做青过程儿茶素含量变化

项　　目		鲜叶	晾青	晒青	摇　　青			
					第 1 次	第 2 次	第 3 次	第 4 次
L-EGC	mg/g	46.18	45.28	44.40	44.68	41.73	35.83	28.64
	占鲜叶%	100	98.05	96.15	96.75	90.36	77.59	62.02
D，L-GC	mg/g	8.77	8.90	9.02	9.89	8.14	8.35	8.06
	占鲜叶%	100	101.48	102.85	112.77	92.82	95.21	91.90
L-EC+D，L-C	mg/g	16.99	14.12	13.94	11.99	11.33	11.03	11.54
	占鲜叶%	100	83.11	82.05	70.57	66.69	64.92	67.92
L-EGCG	mg/g	78.56	76.91	74.16	70.73	64.52	60.40	55.51
	占鲜叶%	100	97.90	94.40	90.03	82.13	76.88	70.66
L-ECG	mg/g	9.73	9.73	8.90	7.36	6.97	6.51	5.98
	占鲜叶%	100	91.10	83.33	68.91	65.26	60.96	55.99
儿茶素	mg/g	161.18	154.94	150.42	144.65	132.69	127.12	109.73
	占鲜叶%	100	96.13	93.32	89.74	82.32	78.87	68.08
	简单占%	44.63	44.08	44.78	46.01	45.12	47.36	43.96
	复杂占%	55.37	55.92	55.22	53.99	53.88	52.64	56.04

吴雪源[26]用薄层凝胶层析从武夷肉桂中分离出 3、4 个淡橙黄色的略有重复的斑点，在颜色最深处的 370~700nm 的光谱扫描表明，它们在 380nm~460nm 附近均有吸收峰。从色谱分出 6 条谱带，其低分子量 TR 比例较大，中分子量 TR 居中，高分子量 TR 较少。武夷肉桂茶汤中，非透析性色素很少，其非透析率为 0.866%。黄栐为 1.30%，而黑茶则很高〈普洱茶 7.820%），红茶居中（红碎茶 4.370%）。

与红茶发酵相比，青茶在做青中，多酚类氧化程度较轻，多酚类化合物与多酚氧化酶接触的叶缘损伤部位供氧良好，有利于形成低分子量 TR，而较少形成高分子量 TR 和非透析性色素（表

7-22），从而形成金黄明亮的汤色。

TF 从晾青至炒青迅速上升，TR 除在第二次摇青后有所下降外，在做青过程基本呈上升趋势，TF、TR 在做青中增加幅度较大，TB 在做青过程稍有增加，但增加幅度不大。

表7-22　青茶做青叶茶多酚氧化物的变化

项　目	鲜叶	晾青	晒青	摇　　青			
				第1次	第2次	第3次	第4次
TF（%）	0.051	0.053	0.059	0.069	0.097	0.116	0.099
占鲜叶%	100	103.92	115.69	135.29	190.20	227.45	194.12
TR（%）	3.040	3.576	3.782	3.712	3.828	3.896	3.947
占鲜叶%	100	124.41	124.41	122.11	125.92	128.16	129.84
TB（%）	2.467	2.517	2.517	2.341	2.730	2.630	2.847
占鲜叶%	100	101.78	102.03	110.66	110.66	106.61	115.40

2. 脂肪酸氧化降解

顺-3-己烯醇（青叶醇）和反-2-己烯醛（青叶醛）是青茶制造过程产生的香气成分。做青期间，叶组织受到机械损伤，释放类脂降解酶，破坏了脂肪-蛋白结构的细胞膜，并促使类脂释放出脂肪酸，脂肪酸又进一步降解。业已证明，鲜叶中的聚不饱和脂肪酸是 C_6-醛和醇的先导物质。西条了康发现顺-3-己烯醇（青叶醇）和反-2-己烯醛（青叶醛）等成分并非大量存在于鲜叶中，在萎凋叶中也极少，而在机械损伤后，顺-3-己烯醇明显增加，并推论出顺-3-己烯醇由脂肪酸生物合成的形成途径（图7-1）[30]。

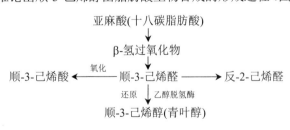

图7-1　青叶醇生物合成途径

Owuor. P. O.（1986）进一步提出，不饱和脂肪酸在 C_6-醇是由类脂衍生的，鲜叶中的磷脂被脂酰水解酶水解，生成游离脂肪酸 C_{13} 处受氧和脂氧合酶的氢过氧化作用，形成 13-L-过氢羟基脂肪酸，过氧化氢裂解酶将过氧化氢物裂解为 C_6-醛和 C_{12}-含氧酸。醛类在异构化前后，被脱氢酶还原成 C_6-醇。

亚麻酸的氢过氧化物的生成[30]，是由于亚麻酸分子里有两个 1，4-戊烯结构。C_{11} 和 C_{14}（邻近双键的每个活泼亚甲基）上的氢的脱落，产生两个戊二烯游离基。

氧攻击每个游离基的末端碳，产生一个 9-、12-、13- 和 16-氢过氧化异构体混合物。其中 12- 和 13-氢过氧化物倾向于通过 1，4 环化生成氢过氧化基环状（过氧化），它易分解。

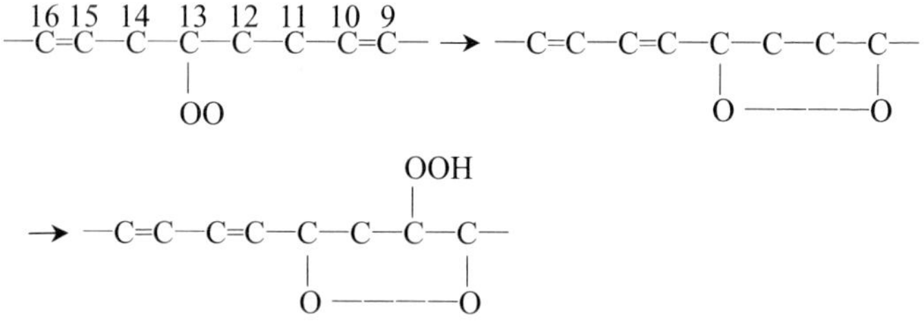

氢过氧基环状过氧化物

氢过氧化物的降解过程：第一步是 O—O 键被打开，得到一个烷氧基和一个羟基游离基。

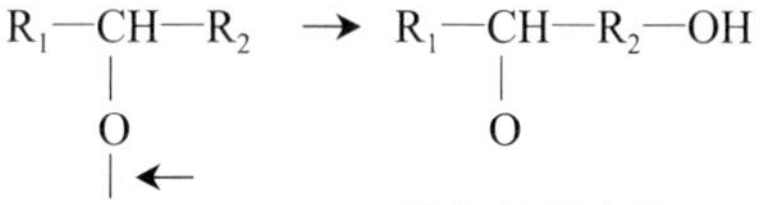

烷氧基游离基

第二步是烷基游离任一侧的 C—C 键裂解。酸侧（含羟基或酯侧）的裂解，产生一个短链醛和一个酸（或酯）；烃侧（或甲基侧）的裂解，产生一个烃（或甲基）和一个氧代酸或氧代酯。当烃侧的裂解产生一乙烯基游离基时，仍可生成醛。

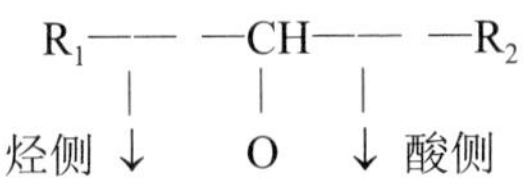

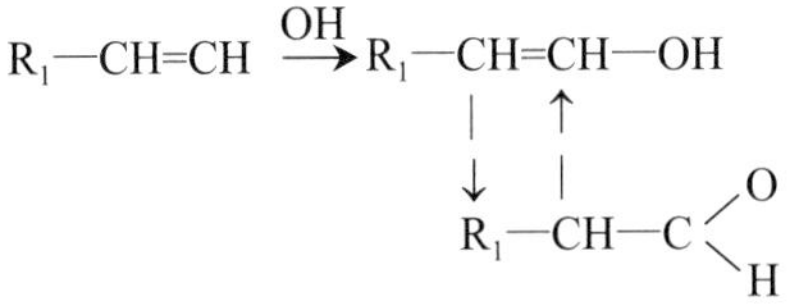

$$R_1 \longrightarrow CH \longrightarrow R_2 \qquad\qquad R_1-CH=CH \xrightarrow{\ OH\ } R_1-CH=CH-OH$$

烃侧 ↓　　O　　↓ 酸侧

$$R_1-CH-C\begin{smallmatrix}O\\ \\H\end{smallmatrix}$$

醛是脂肪氧化的一大类产物。饱和醛易氧化生成相应的酸。在加热和氧分压较低的条件下，它们可通过加成反应、游离基结合、游离基加合到双键上等聚合方式形成环状或非环状二聚物。例如，亚油酸在热氧化过程中产生一共轭双键，可与另一个分子的亚油酸（或油酸）反应生成环状二聚物。

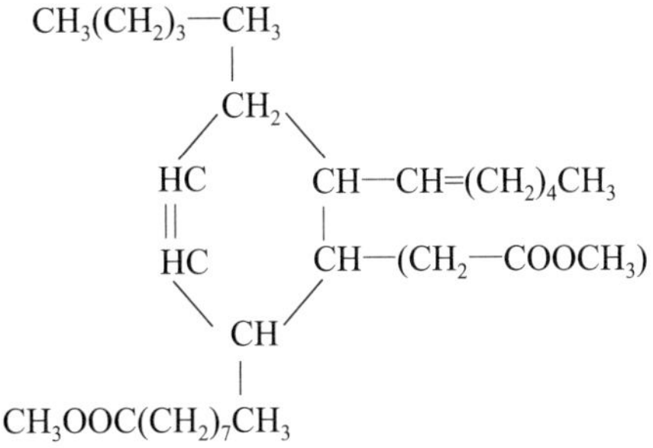

在萎凋过程中酰基水解酶和磷脂酶提高，催化脂类的分解。在高温条件下酶的活化加速。萎凋也提高脂肪氧合酶的活性，茶叶的过氧化物随脂肪氧合酶活性提高而增加。

脂氧合酶是一类同功酶，它的底物是含有顺-1，4-戊二烯双键系统，这些双键位于从甲基末端算起的6~10碳之间。产物为具有旋光活性的过氧化氢物，如亚油酸的氧合产物，是具有旋光性的9-和13-过氧化氢物异构体。这两种异构体的比例取决于同功酶的类型。

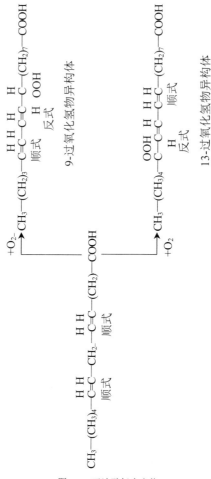

顺式
顺式
顺式
反式
9-过氧化氢物异构体
反式
顺式
13-过氧化氢物异构体

图 7-2　亚油酸氧合产物

E—Fe+++
LH　H+
E—Fe++L−
LOO
O2
E—Fe+++LOO−
E—Fe++LOO

图 7-3　亚油酸氧化机制

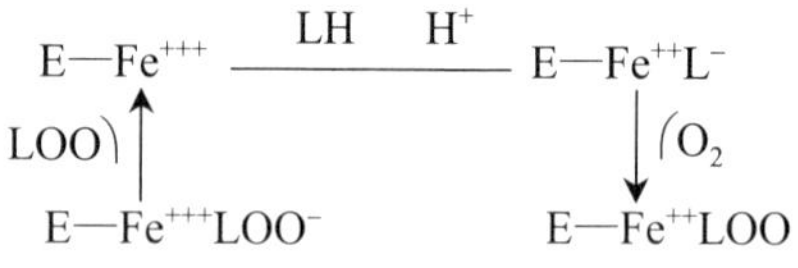

脂氧合酶催化亚油酸和亚麻酸氧化，形成过氧化物。过氧化物在过氧化物酶的作用下，使过氧化物从电子供体（如抗坏血酸、酚、胺）中获得氢而还原，而电子供体被氧化，其反应式如下[30]：

$$ROOH + AH_2 \longrightarrow H_2O + ROH + A$$
（过氧化物）　（电子供体）

Hatanatin.A.试验证实亚麻酸是合成己烯醛的先质，顺-3-己烯醛和正己醛等醛类，分别通过亚麻酸和亚油酸 C_{12} 和 C_{13} 之间的双键加氧裂解产生的，其生成途径如图 7-4[29]。抗坏血酸在抗坏血酸氧化酶作用下，氧化生成脱氢抗坏血酸。过氧化物酶催化抗坏血酸氧化的速度较抗坏血酸氧化酶慢。

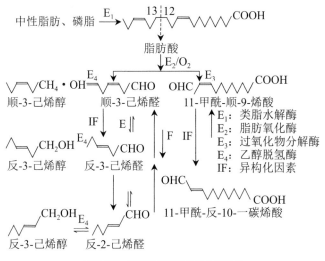

图 7-4[30]　青叶醇和青叶醛的生成途径

二、热化学作用

非酶性热化学作用是茶叶香气和滋味形成的重要过程。特别是干燥阶段，热化学作用对黄烷醇类及其组分的影响，它使黄烷

265

醇类发生异构、聚合和热分解作用；糖氨反应（Maillard反应）和焦糖化作用，则使氨基酸与糖作用生成吡嗪、吡咯和吡啶一类的挥发性物质。糖的焦化则产生焦糖香味。这些热化学作用在青茶制造过程对青茶品质的形成的影响具有重要的意义。

（一）氧化还原作用

1. 氨基酸的氧化

热处理对氨基酸残基的破坏作用。蛋白质加热至100℃以上，常引起氨基酸残基的破坏，如半胱氨酸和胱氨残基脱硫，生成硫化氢、二甲硫化合物和磺基丙氨酸；谷氨酸和天冬氨酸残基脱酰胺。在有氧条件下，热处理还部分破坏色氨酸。

2. 多酚类的氧化

茶多酚在热作用下，进行一定程度的自动氧化，呈黄色，是构成茶汤黄色的成分之一。氧化产物与蛋白质结合成不溶性物质，构成黄绿明亮的叶底。

据宛晓春研究[33]，不同的干燥方法与条件对绿、红茶中的黄烷醇总量的影响，结果绿茶干燥过程黄烷酮总量略有减少，但温度高低影响不大，而组分却发生变化。在湿热作用下，L-EGCG、L-ECG、L-EGC都有减少，D，L-GC、L-EC和D，L-C则有增加趋势（表7-23）[31]。红茶在干燥前期加热未能使酶立即钝化，短时间的酶促氧化使多酚类化合物大量减少，其减少幅度可达40%~80%（表7-24）[31]。

表7-23　热化学作用对绿茶儿茶素含量的影响（mg/g）

项　　目	高温烘干	低温烘干	高温炒干	低温炒干	红外高温	红外低温
L-EGC	43.25	39.63	37.95	40.39	39.51	39.40
DL-GC	6.05	4.37	3.74	6.93	6.27	5.23
L-EC+D，L-C	14.82	15.63	13.52	16.04	15.15	14.43
L-EGCG	84.83	81.59	84.24	84.58	84.56	84.80
L-ECG	17.49	18.51	19.54	19.30	19.18	18.82
总量	165.26	159.10	162.99	166.58	162.74	162.90

表 7-24　热化学作用对红茶儿茶素含量的影响（mg/g）

项　目	高温烘干	低温烘干	高温炒干	低温炒干	红外高温	红外低温
D，L-GC	3.69	2.87	2.62	2.79	2.77	2.10
L-EC+D，L-C	2.46	2.63	2.33	1.98	2.12	0.91
L-EGCG	4.52	4.96	5.23	4.75	0.17	3.88
L-ECG	7.86	7.56	7.07	7.96	7.31	7.73
总量	18.53	18.13	17.25	15.48	16.36	14.62

　　青茶炒青过程，兼有绿茶与红茶的热化学作用。炒青后，多酚类酶性氧化的初级产物-邻醌来源中断，已形成的邻醌由于热化学反应，自动氧化生成 TF 和 TR，并呈波动性上升，但其增速较做青时为慢。TR 则因部分转化为 TB，致使在炒青后的初制工序中增幅较小。热化学作用对 TR 向 TB 转化是极好的条件，因此，在炒青后 TB 在波动性上升中，增幅较大。

　　青茶初制，在炒青、揉捻（热揉）、初包工序，热化学作用明显，TF 迅速达到峰，复烘后呈下降趋势。TR 在热化学作用阶段，由 TF 转化而来，同时也可转化为 TB。制茶工艺中热化学作用对 TR、TB 的变化有着重要的影响。

　　在正常条件下做青有利于茶黄素的生成与积累，做青后 TF 明显增加。由于工艺不同，茶黄素增加的幅度也不同。岩茶（肉桂）晒青较重，多次短时摇青，做青时间短，做青中茶黄素氧化较少，累积较多，做青叶茶黄素增加了 51.48%。而闽南制法（铁观音）晒青较轻，4 次摇青时间较长，做青时间长，做青中茶黄素氧化较多，累积较少，仅增加 10.63%。但通过足火，闽北制法青茶 TF 大量减少，而闽南制法 TF 降低较少，这可能与足火时烘温高低有关。最后两者毛茶茶黄素含量接近（7-25）。

　　（二）湿热水解作用

　　1. 叶绿素水解

　　叶绿素不溶于水，加热后使质体基粒内的蛋白质分解，叶绿

表 7-25　青茶在制中茶黄素、茶红素的变化（%）

项　　目		茶黄素	茶红素	褐色物
鲜叶	闽北制法（肉桂）	0.1690	8.1695	4.1911
	闽南制法（铁观音）	0.1326	5.5349	3.5971
做青	闽北制法（肉桂）	0.2560	8.5047	5.5783
	闽南制法（铁观音）	0.1467	6.5518	4.7772
足火	闽北制法（肉桂）	0.1846	7.3280	5.4427
	闽南制法（铁观音）	0.1998	6.3761	5.1679

素暴露，并水解成水溶性的叶绿酸、叶醇和甲醇，各工序叶绿素变化如表 7-26[10]。

$$叶绿素—\Delta + H_2O \longrightarrow 叶绿酸 + 叶醇 + 甲醇$$

表 7-26　青茶炒青后各工序叶绿素含量变化（干物量%）

项　目	鲜叶	炒青	揉捻	初烘	初包揉	复烘	复包揉	足火
叶绿素 a(%)	0.506	0.364	0.361	0.309	0.247	0.254	0.221	0.121
占鲜叶%	100	71.94	43.81	61.07	48.81	50.20	43.68	23.91
叶绿素 b(%)	0.318	0.250	0.255	0.211	0.181	0.198	0.161	0.108
占鲜叶%	100	78.62	80.19	66.35	56.92	62.26	50.63	33.96
叶绿素总量(%)	0.824	0.614	0.616	0.520	0.428	0.452	0.382	0.228
占鲜叶%	100	74.51	74.76	63.11	51.94	54.85	46.36	27.67

表中说明，叶绿素极易在湿热作用下降解，叶绿素 a 较叶绿素 b 更不稳定，在炒青之后各工序中，叶绿素 a 的下降幅度大于叶绿素 b。同时，炒青后，茶叶内部酸性增强，（从 pH5.87 降至 pH5.71），叶绿素脱镁反应增强，生成褐色脱镁叶绿酸和黑色的脱镁叶绿素，叶色从黄绿转为黄褐。足火过程湿热对叶绿素的破坏作用大于初烘或复烘过程，这是因为足火时间较长的缘故，说明湿热作用时间长短较温度高低对青茶色泽的影响更大。

2. 甲基蛋氨酸锍盐的水解

甲基蛋氨酸锍盐在水解过程形成二甲硫，是新茶香气的重要成分。

$$(CH_3)_2S^+CH_2 \cdot CH_2 \cdot CH \cdot COOH \longrightarrow \overset{H_3C}{\underset{H_3C}{>}}\overset{OH}{\underset{NH_2}{S^+CH_2 \cdot CH_2 \cdot CH \cdot COOH}}+H^+$$

$\qquad\qquad$ 甲基蛋氨酸锍盐 $\qquad\qquad$ 二甲硫 $\qquad$ 高丝氨酸

3. 蛋白质水解

据黄天福(1990)[9]对铁观音和肉桂的测定，表明在炒青之后的各工序，氨基酸变化有增有减。炒青前期，强烈的酶促作用和后期的高温，使蛋白质大量分解成氨基酸，但因时间短，氨基酸来不及消耗而积累。揉捻过程由于酶已失活，揉叶温度不高，蛋白质失去热水解作用，氨基酸来源切断，却因氧化作用消耗而减少。肉桂在炒清与揉捻中氨基酸的增减规律与铁观音相近。此后，在复炒与毛火过程，氨基酸含量明显增加，这是高温使蛋白质或肽类物质热解的结果。足火阶段，氨基酸与糖生成香气成分或与多酚类物质氧化缩合成香味物质，是热化作用的结果，致使氨基酸在足火中减少。铁观音在包揉过程，氨基酸均减少，而在初、复烘过程均增加，说明加热使蛋白质水解成氨基酸的量大于氨基酸参与其他化学作用的消耗（表7-27）[24]。但各种氨基酸在湿热作用下的增减表现不同（表7-28）[24]。

表7-27 青茶炒焙过程氨基酸含量变化（mg%）

项目	做青	炒青	揉捻	复炒	复揉	毛火	足火	
肉桂	2365.85	2758.73	1663.93	1997.98	1778.41	2659.17	2402.29	
工序				初烘	初包揉	复烘	复包揉	足火
铁观音	2034.10	2312.94	1966.96	2188.34	1940.60	2160.66	1947.35	1960.71

表7-28 青茶炒焙过程各种氨基酸含量的变化（干重%）

工序	总量	天冬氨酸	精氨酸	丝氨酸	天冬酰胺	茶氨酸	丙氨酸
初炒	0.4738	0.0293	0.0230	0.0986	0.0828	0.1938	0.0331
初揉	0.5160	0.0174	0.2296	0.1268	0.7480	0.2346	0.0419
复炒	0.6012	0.0.168	0.1508	0.1072	0.2864	0.0518	
初焙	0.3530	0.0306	0.0132	0.1166	0.1094	0.3210	
复焙	0.3236	0.0164	0.0154	0.0692	0.0471	0.1032	
吃火	0.2640	0.0152	0.0254	0.0640	0.0416	0.0802	

4. 淀粉的水解

淀粉加热水解而成葡萄糖。青茶在长时间的做青过程，淀粉在酶的作用下水解，或在炒青的热作用下分解为糊精，糊精在热的作用下水解成麦芽糖和葡萄糖，并参与香气的形成。因此，可溶性糖的含量在炒青后减少。据黄天福[9]测定，青茶在炒青后各工序可溶糖变化如表 7-29。

表 7-29　青茶炒青后各工序可溶性糖的变化（%）

项目	做青	炒青	揉捻	复炒	复揉	毛火	—	足火
肉桂	3.0157	3.2563	3.1108	3.0139	2.8677	3.2617		2.7346
工序				初烘	初包揉	复烘	复包揉	足火
铁观音	3.9869	3.7587	3.3332	3.7559	3.4299	3.6703	3.4649	2.8713

青茶因工艺不同，糖在炒制过程的变化也不同。肉桂炒青过程在热的作用下，可溶性糖增加，后参与热化学变化而减少。接着毛火工序，在热的作用下，参与香气的形成等化学变化过程，消耗大于累积，因而足火后可溶性糖又减少。铁观音炒青至揉捻可溶性糖均下降，说明在炒青热的作用下，糖的转化消耗大于生成，初烘加热后，可溶性糖增加。初包揉中糖参与热化学转化而减少，复烘后，糖参与香气的形成，可溶性糖大幅度降低。

5. 果胶的水解

青茶鲜叶中的果胶，在做青过程，是由果胶酶的作用而水解，而炒青后，酶受破坏，转为高温作用下水解，形成半乳糖醛酸，并在烘、炒的高温作用下进行焦糖化。

原果胶素（不溶于水）$\longrightarrow$ 果胶素 $\xrightarrow{\text{原果胶酶}}$ 果胶酸 $\longrightarrow$ 半乳糖醛酸

$\mid \longleftarrow$ 溶于水 $\longrightarrow \mid$

6. 糖苷的水解

茶叶中的糖苷类物质除在酶的作用下水解外，在热的作用下也进行水解，形成苷元配质的糖，对青茶的香味起重要作用。

7. 酯型儿茶素的水解

酯型儿茶素加热水解生成非酯型儿茶素和没食子酸，随温度的提高和时间的延长，变化愈显著。其水解产物如表 7-30。

表 7-30　儿茶素热转化

原有儿茶素		热转化产物（120℃）			
		1 小时	2 小时	3 小时	4 小时
D-C	D-C	0.886	0.445	0.276	0.238
D-EC		0	0.142	0.102	0.097
L-EC	L-EC	0.824	0.210	0.137	0.098
L-C		0	0.323	0.336	0.245
D-GC	D-GC	1.080	0.784	0.386	0.156
D-EGC		0	0.154	0.146	0.076
L-EGC	L-EGC	0.946	0.266	0.109	0.095
L-GC		0	0.210	0.171	0.055
L-ECG	L-ECG	0.768	0.266	0.076	0.012
没食子酸		0	0.022	0.055	0.018
斑点 3		0	0.072	0.094	0.098
L-EGCG	L-EGCG	0.785	0.356	0.156	0.065
没食子酸		0	0	0.117	0.134
斑点 4		0	0.080	0.134	0.081

儿茶素热分解使复杂儿茶素含量下降，使苦涩味减弱，茶汤滋味变得醇和爽口。据张杰等研究（1989）[10]，青茶制造全程儿茶素总量共减少 43.22%。其变化是简单儿茶素呈增加趋势，而复杂儿茶素呈减少趋势。简单儿茶素从炒青至初包揉增加较多，而复烘至足火则呈波浪式增减；复杂儿茶素减少的变化趋势与简单儿茶素相似（表 7-31），后简单儿茶素增加最多，约 6.89%，而复杂儿茶素减少也最多，达 5.41%。

表 7-31　湿热作用过程儿茶素的变化（mg/g）

项目	做青	炒青	揉捻	初烘	初包揉	复烘	复包揉	足火
L-EGC	28.64	27.48	25.19	23.63	25.93	22.89	22.47	22.69
DL-GC	8.06	7.94	8.52	8.45	8.50	9.21	8.92	
L-EC+D,L-C	11.54	11.21	10.66	10.68	9.67	10.23	10.77	11.16
L-EGCG	55.51	651.14	47.46	45.69	44.78	45.31	44.76	43.91
L-ECG	5.98	5.37	4.71	4.60	4.97	5.20	4.97	4.76
儿茶素总量	109.73	103.14	96.54	93.05	93.85	92.84	91.89	91.51
简单儿茶素%	43.96	45.21	45.96	46.95	46.99	45.59	45.88	46.81
复杂儿茶素%	56.04	54.79	54.04	54.05	53.01	54.41	54.12	53.19

（三）互变异构转化

1. 儿茶素的异构转化

在热的作用下，儿茶素的环状结构中的两个不同原子或基团产生异构化作用。绿茶炒制中就增加了 4 种异构物。如 D-C→L-C，D-GC→L-GC，L-ECG→L-CG，L-EGCG→L-GCG。异构化改变了空间结构，使茶涩味减少，是茶汤鲜爽的重要因素。

2. 萜烯醇的异构转化

香叶醇、橙花醇和芳樟醇在炒制过程含量增加，一级铁观音以橙花叔醇增加最多，而三级铁观音则以具百合花香或玉兰花香的芳樟醇增加较多。具玫瑰花香的香叶醇铁观音一级明显高于三级。芳樟醇氧化物在铁观音的两个等级中均增加。特别是具百合香的芳樟醇大量增加。烘焙过程，在热的作用下，芳樟醇、香叶醇、橙花醇和香茅醇产生异构化。以下是铁观音在吃火过程中萜烯醇含量的变化（表 7-32）[32]。

表 7-32　铁观音吃火过程萜烯醇含量变化

项　　目	铁观音（一级）			铁观音（三级）		
	第 1 阶段	第 2 阶段	第 3 阶段	第 1 阶段	第 2 阶段	第 3 阶段
香叶醇	1.65	0.24	1.42	0.90	0.98	1.00
橙花叔醇	5.60	20.60	14.68	6.97	6.27	6.30
橙花醇	0.04	0.08	0.08	0.07	0.07	0.06
芳樟醇	1.24	1.42	1.39	0.98	1.11	1.26
芳樟醇氧化物 I	0.32	0.42	0.66	0.30	0.40	0.47
芳樟醇氧化物 II	0.24	0.27	0.35	0.21	0.28	0.35
芳樟醇氧化物III	0.14	0.26	0.24	0.09	0.10	0.14
芳樟醇氧化物IV	—	—	—	—	—	—

注：成分色谱峰面积与内标峰面积之比

3. 青叶醇异构

青叶醇具有强烈的青草气，它在鲜叶芳香油中占 60%。属低沸点香精油。由于结构中含有双键，遂有顺式和反式两种异构体。

青茶在做青过程，产生大量青叶醇，在加工中顺式（去青臭气）异构化，形成具有清香的反式青叶醇。

4. 茉莉酮酸甲酯异构

茉莉酮酸甲酯存在半发酵茶中的重要香气成分，据 Wang D.M., Kubota K.[32]等研究，茉莉酮酸甲酯（甲基-3-氧-2-（2-（顺）戊二烯基）环戊烷-1-醋酸酯）有 4 种光学异构体，即 Ⅰ：（-）-（1R，2R）、Ⅱ：（+）-（1S，2S）、Ⅲ：（+）-（1R，2S）和Ⅳ：（-）-（1S，2R），其中Ⅲ、Ⅳ为表型光学异构体。表型茉莉酮酸甲酯型阈值低，香气高，具有比前者（Ⅰ、Ⅱ非表型）更强的香气。以（2,3,6-三-0 甲基）β-环糊精作为手性化合物分离固定相，用减压蒸气蒸馏法，结合气谱和色-质联用技术分析了铁观音和黄金桂，结果是：铁观音表型和非表型茉莉酮酸甲酯分别为 0.04 与 0.38，黄金桂分别为 0.15 和 0.89。其转化率为：Ⅲ转变为Ⅰ的转化率为 85.1%；Ⅳ转变为Ⅱ的转化率为 88.1%。

Wang D.M., Kubota K.[33]等为进一步研究两种表型茉莉甲酯酮酸（表-MJ）异构体的热异构化作用及评价其对茶叶香气的贡献，采用 2,3,6-三-0-甲基β-环糊精作为手性毛细管气相层析相，将茉莉酮酸甲酯的四种光学异构体的直接立体分化，用来阐明茶叶中茉莉酮酸甲酯的绝对构型以及其异构化途径。表-MJ 在青茶香气中的作用大于 MJ，因而表-MJ 热异构化成 MJ 对茶叶香气不利。表型茉莉酮酸甲酯不稳定，所以加工中应避免温度过高而转变为非表型化合物。

（四）取代作用

叶绿素在酸条件下镁核被氢所取代，形成脱镁叶绿素，使叶色从绿色转为褐绿色。

（五）糖氨反应

葡萄糖与氨基酸溶液共热时，形成褐色色素（类黑精），为氨基羰基反应机理，称羰氨反应（即黑色素反应）。这一类反应，氨基包括游离氨基酸、肽类、蛋白质和胺类等；羰基包括单糖、醛、酮以及因多糖分解或脂质氧化生成的羰基化合物。只要是活性醌、二酮、不饱和醛酮等羰基化合物，即便单独存在，也可发生褐变。而与氨基酸、蛋白质共存时更有促进作用。

（六）焦糖化作用

茶叶焦糖化作用是在无氨基化合物存在、少水和高温条件下，发生氧化脱水闭环，形成羟甲基糖醛类衍生物（黑色素的前体物），羟甲基糠醛又与氨基化合物经缩合与聚合反应生成含氮的复杂化合物——黑色素。

轻微的焦糖化，能产生愉快的焦糖香或火功香，而失水过度的焦糖即炭化，产生焦煳味与苦味，使茶叶品质变劣。

青茶鲜叶嫩梢较成熟，所含淀粉较多，长时间的做青使淀粉水解为糖，糖苷类物质水解后（配糖体部分）也生成糖，其先导物丰富。在初制干燥阶段，初期由于在制叶含水率较高，氨基化合物与糖的含量较多，以 Maillard 反应为主，而干燥后期，水分含量少，叶温迅速升高，糖氨反应被抑制，使焦糖化反应得以进行，并成为反应的主导。尤其在精制焙火阶段，茶坯水分少，烘温达 150℃以上，且烘焙时间长，此间，焦糖化作用成为青茶非酶性褐变的主导。

三、热物理作用

1. 蛋白质破坏

青茶在炒青时，高温加速分子运动的结果，使水分子和物质分子或离子间的联系减弱，水化程度降低。加热时，盘曲的肽键能被破坏，肽链展开，疏水基暴露，蛋白质结合水分子的能力降低，脱去水膜，从溶胶变为凝胶，蛋白质变性，酶活性钝化。

2. 有机物脱水炭化

炒制时适当高温能产生甜香或焦香。当糖氨反应生成 N-葡基胺时，葡基胺在酸的催化下，进行 Amadori 重排，生成单果糖胺。

$$N\text{-}葡基胺 \xrightarrow{-H_2O} 烯醇式\text{-}果糖胺 \xrightarrow{重排} 酮式\text{-}果糖胺 \longrightarrow 环式$$

果糖胺 $\xrightarrow{\text{还原}}$ 双果糖胺+葡萄糖

果糖胺具还原能力，与葡萄糖作用，生成双果糖胺。双果糖胺不稳定，当失去 1 个果糖时，形成单果糖胺和 3-脱氧葡萄糖酮醛。葡萄糖酮醛结构中，醛基与酮基相邻，很不稳定，易脱水生成不饱和 3,4-脱氧葡萄糖酮醛，进一步脱水生成羟甲基糠醛。

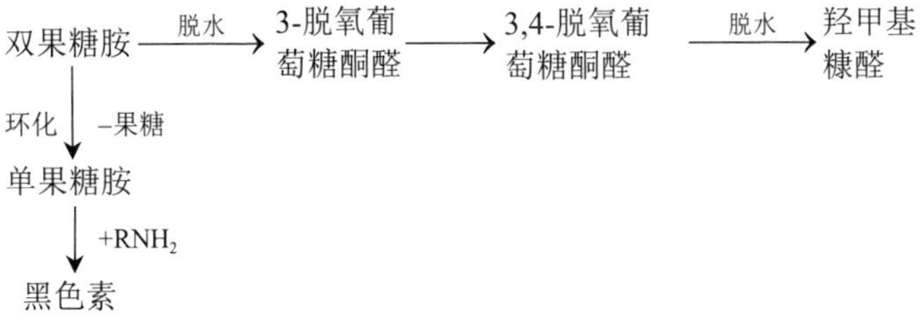

双果糖胺 $\xrightarrow{\text{脱水}}$ 3-脱氧葡萄糖酮醛 $\longrightarrow$ 3,4-脱氧葡萄糖酮醛 $\xrightarrow{\text{脱水}}$ 羟甲基糠醛

环化 ↓ −果糖

单果糖胺

↓ +RNH$_2$

黑色素

经测定，在吃火过程，二甲基吡嗪明显增加。但如果在复炒或复烘和吃火过程，温度过高或时间过长，有机物脱水成炭，糖和氨基酸脱水形成芳香物质，并进一步炭化而焦烟，其反应如下式[38]：

$$糖（己糖）\xrightarrow[\Delta]{-2H_2O} 羟甲基糠醛 \xrightarrow{\text{灰化}} 6C+3H_2O$$

$$氨基酸 \xrightarrow[\Delta]{2H_2O} 二酮吡嗪 \xrightarrow[\Delta]{\text{灰化}} XC+2NH_3+nH_2O$$

吴雪源（1988）[26]在模拟试验中证实，糖与氨基酸共热时产生色变和香气（表 7-31），且随温度和时间的增加，颜色越来越深，香气的产生和变化也越来越显著，至温度达 140℃时，即出现较深的棕黄色和焦糖香。而在未加入氨基酸的糖溶液，则需加热至 140℃时才开始稍有变化。由于茶叶干燥时的温度一般在 140℃以下，因此，加工中以非酶性褐变的糖氨反应（即 Maillard 反应）占主导地位，而焦糖化作用是很微弱的（表 7-33）。

表 7-33　迈德拉反应与焦糖化作用模拟试验结果

组　合	处　理	颜色	香气
迈德拉反应 （Ⅰ）	氨基酸＋葡萄糖＋淀粉＋蔗糖＋纤维素 a：毛火　100~120℃　15min b：足火　80~85℃　60min c：复火　110~130℃　15min d：高温干燥　140℃　10min	 浅黄色 浅棕黄色 棕黄色 较深棕黄色	 有甜香 甜香较低 明显烘烤的糖香 焦糖香
焦糖化反应 （Ⅱ）	葡萄糖＋淀粉＋蔗糖＋纤维素 a：毛火　100~120℃　15min b：足火　80~85℃　60min c：复火　110~130℃　15min d：高温干燥　140℃　10min	 无变化 无变化 无变化 浅棕色	 无香 无香 略有甜香 略有焦糖香
对　照 （Ⅲ）	纤维素 a：毛火　100~120℃　15min b：足火　80~85℃　60min c：复火　110~130℃　15min d：高温干燥　140℃　10min	 无变化 无变化 无变化 无变化	 无香 无香 无香 无香

3. 萜类物质环化脱水

萜烯醇（如香叶醇和橙花醇）在酸性条件下环化成α-萜品醇，萜品醇在热的作用下脱水形成柠檬烯和异萜品油烯。

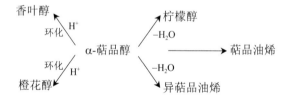

青茶在做青过程由于糖苷类物质水解，产生大量的单萜烯类物质如香叶醇等，增加了茶叶的香气。

据最近研究认为，青茶的特殊香气除与品种有关外，主要的是在加热萎凋（晒青）和摇青工序中产生，期间酶促作用促进叶内物质的分解、氧化，是形成青茶色、香、味的重要过程。

据骆少君[48]等研究认为，青茶香气是以橙花醇成分含量最高为特征，并有相当高的顺茉莉内酯和法呢烯等。在检出的 30 多个香气成分中，大多数是带有鲜花香的香气成分。但品种间香气组分含量的比例不同，如铁观音，中、高沸点与低沸点的香气组分均丰富，因而香气持久，黄旦低沸点的香气成分特别高，毛蟹则单一组分的比例偏高，而武夷水仙香气组分丰富，中沸点香气组分含量特多，构成馥郁的花果香气。

第四节　青茶的品质化学

青茶以其天然的花果香和独特韵味而负盛名。其品质的形成是各种理化因子的作用下，鲜叶内部成分以化学作用为主的理化变化的结果，其品质表现是茶叶中诸化学成分的适量与适比的综合结果。青茶品质重香（香气与香型）、味，其影响因素复杂，在诸多因素中，鲜叶原料是决定因素，是品质形成的物质基础。优良的适制青茶的茶树品种，在特定的制茶（环境）条件下，采用合理的初制工艺，方可形成青茶的优良品质。

一、鲜叶的内含成分与青茶品质

据福建省安溪县茶科所研究，水仙、铁观音等 13 个品种的主要成分，其含量差异为：水浸出物 8.59%，氨基酸 0.95%，茶多酚 9.57%，儿茶素总量 57.91mg/g。可见内含物的差异是造成青茶品种间品质差异的重要因素。

杨伟丽（1993）[39]进一步研究了这些成分含量与青茶品质的相关性，其相关系数如下：茶多酚 $r=9.6128^{**}$（$^{**}p<0.01$），儿茶素 $r=-0.3182$，氨基酸 $r=-0.0446$，黄酮类 $r=0.3407$，叶绿素 $r=0.2426$，TF $r=0.1747$，TR $r=-0.3927$，TB $r=-0.6378$。结果说明青茶品质与多酚类呈极显著正相关，与儿茶素、黄酮类和茶红素有一定相关性，而与氨基酸、叶绿素、茶黄素和茶褐素的相关性不甚显著。

青茶重香气，竹尾忠一[35]研究了铁观音、水仙、色种、黄金

277

桂、文山的香气成分，结果表明，不同品种的青茶其香气成分不同。从萜烯醇的组成看，色种、水仙、铁观音香气中的芳樟醇组分比较高，而文山、黄金桂等则是牻牛儿醇含量较高，这种差异乃品种间的特性的表现，见表 7-34。

表 7-34　五个品种香气成分的组成比较（%）

成　　分	铁观音	水仙	色种	黄金桂	文山
1-戊烯-3-醇	3.4	5.2	4.1	1.6	0.6
正乙醇	1.3	1.6	2.5	0.7	0.7
顺-2-戊烯-1-醇	2.1	2.7	3.0	1.7	0.8
正乙醇	1.1	0.5	0.8	1.1	0.2
顺-3-己烯醇	0.4	0.5	0.5	4.3	0.7
氧化芳醇（Z-呋喃型）	1.7	1.3	3.6	9.0	3.7
氧化芳醇（Z-呋喃型）	1.0	0.9	2.2	2.1	7.6
反，反′-2,4-庚二烯醛	1.0	2.1	3.8	1.9	0.5
苯甲醛	3.2	3.6	4.5	1.2	1.6
芳樟醇	2.9	3.1	2.0	4.9	2.9
1-乙基吡咯-2-醛	4.7	7.6	4.0	5.4	8.8
α-萜品醇	1.7	1.2	2.2	痕量	1.8
氧化芳醇（吡喃型）	0.9	0.9	1.7	13.0	0.9
水杨酸甲酯	1.0	0.4	0.7	2.6	2.8
己烯醇	6.3	7.4	13.8	2.1	7.3
牻牛儿醇	1.4	3.9	2.7	7.5	19.9
苯甲醇	4.7	3.3	1.7	3.1	9.3
2-苯乙醇	11.8	5.2	0.8	3.9	12.3
苯甲基氰化物	11.1	4.7	0.9	—	—
β-紫萝酮+顺-茉莉酮	3.9	2.1	3.7	2.0	0.9
橙花叔醇	3.2	1.0	0.7	3.5	
茉莉内酯	2.0	—	1.0	31	
吲哚	3.9	4.2	1.4	3.5	—

　　鲜叶的化学成分还与新梢的成熟度有关。青茶鲜叶多开面采，一般来说，"开面"程度越大，蛋白质含量相对降低，还原糖、淀粉、纤维素和叶绿素含量相对增加，由于叶绿素含量的增加，叶

色加深。据对黄棪品种鲜叶的测定结果（林心炯 1991）[2]，除总糖外，氨基酸、茶多酚、儿茶素、全氮、全磷、全钾和全碳等 7 种成分与成茶品质均达显著正相关。

二、制茶工艺与青茶品质

青茶香气幽雅，韵味独特，这是鲜叶内含物在加工工艺条件下，经酶促作用或热化作用，引发非挥发性物质转化为挥发性成分或在热作用下氧化、聚合和分解形成多种香气成分。

1. 萎凋与青茶香气形成

各种萎凋方法对青茶香气成分产生影响。萎凋的比不萎凋的香气成分多，加温萎凋的青茶香气比不萎凋或室内自然萎凋的多。萎凋采用晒青或加温萎凋。晒青即日光萎凋，是利用日光促进鲜叶水分蒸发，激发酶的活化。据竹尾忠一、山西贞等[23][41]研究结果，采用日光萎凋的，叶中苄基氰、吲哚含量较鲜叶增加，而采用加温萎凋处理的，这两种成分均减少。日光萎凋的除芳樟醇、香叶醇外，其他 32 种成分均有增加。日光萎凋还使氧化沉香醇（吡喃型）、三烯辛醇、香叶醇、苯甲醇等香气成分呈线性增加。但若晒青过度时，部分叶张红变，红中橙花叔醇、茉莉内酯、吲哚、苯乙醇、苯乙腈等香气成分减少，致使过度萎凋叶香气不良。

加温萎凋的青茶其香气成分比不萎凋（或室温萎凋）的多，人工光照或不同光质混合照射萎凋的，其香气成分与加温萎凋者相近。

日光萎凋使氨基酸和芳香醇随萎凋进展而增加，其他醛、酸、酯类也有随之增加（杨贤强 1991，周巨根 1986）[37]，并增加了 11 种挥发性成分，其中对香气贡献十分重要的萜烯醇、脂肪族醇、乙烯酯大量增加，从而提供了青茶香气形成的先质。光照对高档茶中的 1-戊烯-3-醇、乙酸、反-2-己烯酯、苯甲酸甲酯、法呢烯、橙花叔醇、β-紫萝酮、苯乙腈、吲哚、甲基吡嗪的含量影响最大。因此，可以说晒青是诱导，它激发了青茶香气前导物的形成或直接产生香气成分。

2. 摇青对青茶香气形成的影响

摇青是青茶制作特有的工序，摇青使香气成分显著增加，如乙酸-顺-3 己烯酯、苯甲酸-3-己烯酯、顺茉莉酮、苯乙腈、α-法呢烯、橙花叔醇、茉莉内酯、异丁子香酚、苯乙酸和吲哚均明显增加，日光萎凋和摇青对青茶香气的发展均有积极作用，但只有摇青才使茉莉酮和茉莉内酯大量增加，而二者是青茶香气的重要成分。

若在不晒青条件下摇青，叶中乙烯酯、沉香酯、沉香醇氧化物、苯乙醛、倍半萜类、顺茉莉酮、茉莉内酯、苯甲基腈化物和吲哚明显增加。而在标准晒青条件下摇青，香气成分随摇青次数增加而增加，尤其对氧化沉香醇、橙花叔醇、茉莉内酯的增加有一定效果。α-法呢烯、苄基腈和吲哚也随摇青次数增加而增加。

摇青程度的轻重，直接影响青茶的内含物的氧化程度，并导致香气成分的差异。竹尾忠一比较了福建安溪铁观音和台湾文山乌龙茶的香气成分，结果是：安溪铁观音的特异成分有橙花叔醇、吲哚、茉莉内酯、2-苯乙醇、苯甲基氰化物，这些成分含量高，非特异成分的己烯酸含量也较高；台湾文山乌龙茶香气成分较多，其特异成分氧化芳樟醇、牻牛儿醇和非特异成分的苯甲醇、2-苯乙醇含量与比例也高，水杨酸甲酯、己烯酸含量较高。而橙花叔醇、茉莉内酯、吲哚则未检出。茉莉内酯和吲哚在全发酵的红茶香气中也未检出（表 7-36）。因此，可以认为，做青方法不同，是形成青茶品质风格的主要工艺措施。做青轻的所含香气成分种类较多，能产生橙花叔醇、茉莉内酯、吲哚等特异成分，而做青重的乌龙茶，其高沸点的香气成分含量高，而橙花叔醇、茉莉内酯、吲哚未检出，品质接近红茶。摇青、发酵轻重影响青茶香气成分的种类、数量与比例[38]，从而产生不同的香型。摇青、发酵较轻的（如包种）香气成分是橙花叔醇、茉莉内酯、茉莉酮酸甲酯、吲哚占优势；摇青、发酵中等的（如安溪铁观音）则以橙花叔醇及茉莉花香类物质含量较高，呈栀子花香；摇青、发酵较重（如武夷水仙）以芳樟醇及其氧化物含量较高，香叶醇、苯甲醇、2-苯乙醇的含量也高于包种茶；发酵更重的（如台湾红乌龙），芳樟醇及其氧化物含量较多，近似红茶香气。

表 7-36　铁观音和文山乌龙茶的香气成分含量

成　分	铁观音	文山	成　分	铁观音	文山
1-戊烯-3-醇	0.6	0.2	氧化芳醇（吡喃型）	0.1	0.3
正戊醇	0.2	0.2	水杨酸甲酯	0.1	0.6
顺-2-戊烯-1-醇	0.4	0.1	己烯醇	1.1	2.4
正乙醇	0.2	0.1	牻牛儿醇	0.2	6.6
顺-3-己烯醇	0.1	0.2	苯甲醇	0.8	3.1
氧化芳醇（Z-呋喃型）	0.3	1.2	2-苯乙醇	2.0	4.1
氧化芳醇（Z-呋喃型）	0.2	2.5	苯甲基氰化物	1.9	0
反, 反′-2, 4-庚二烯醛	0.2	0.1	β-紫萝酮+顺-茉莉酮	0.7	0.3
苯甲醛	0.5	0.5	橙花叔醇	0.5	0
芳樟醇	0.5	1.0	茉莉内酯	0.3	0
1-乙基吡咯-2-醛	0.8	2.9	吲哚	0.6	0
α-萜品醇	0.3	0.6	——		

以内标物的峰面积为 1，标出各成分的面积比

3. 萎凋、摇青和揉捻综合工艺与青茶品质

青茶制造中萎凋、摇青和揉捻过程，糖苷类物质酶促水解是产生香气的重要途径。这是青茶独特的制茶工艺，使其产生的香气有别于红茶，并高于茉莉花茶。红茶香气具有鲜香和花香，它含有较多的顺-2-己烯醛、反-3-己烯醇、顺-2-己烯甲酯、芳樟醇及其氧化物、香叶醇和水杨酸甲酯。主要是脂类（如顺-2-己烯醛、反-3-己烯醇及其酯类）氧化降解产物，以及糖苷类水解产物——单萜烯醇（如芳樟醇及其氧化物和香叶醇）等含量高；而青茶具有浓郁的花香，它是反-茉莉酮、橙花叔醇、茉莉内酯和水杨酸甲酯及吲哚含量较高。橙花叔醇、氧化沉香醇、香叶醇等芳香醇类香气明显增加（表 7-37）[39]，这些香气成分甚至高于茉莉花茶的含量，它构成青茶幽雅馥郁的香气。

表 7-37　包种茶与茉莉花茶香气比较（峰面百分率%）

出峰顺序	化　　合　　物	包种茶	茉莉花茶
A	顺-3-己烯乙酸酯	—	5.4
a	2-甲基庚烯-2-酮[4]	0.5	0.3
b	顺-3-己烯醇	1.0	3.1
c	沉香醇氧化物（顺 5-环）	5.3	0.6
d	沉香醇氧化物（反 5-环）	2.0	1.2
e	沉香醇	0.6	19.5
f	3,7-二甲基辛三烯–1,5,7-醇[3]	3.2	3.0
g	顺-3-己烯基己酸酯	3.9	6.2
B	乙酸苯甲酯	—	29.9
b	沉香醇氧化物（6-环）	8.5	—
C	乙酸苯乙酯	—	2.3
i	牻牛儿醇	3.1	痕量
j	苯甲醇	1.5	12.5
k	苯基乙醇	3.5	1.2
i	苯甲基氰化物	4.8	0.1
m	顺-茉莉酮	2.1	0.1
n	橙花叔醇	17.2	0.1
D	顺-3-己烯基苯甲酸酯	1.5	6.9
o	茉莉内酯	3.6	痕量
p	茉莉酮酸甲酯	1.0	痕量
q	吲　哚	20.6	2.7

　　研究表明[40]，萎凋或揉捻可以诱导脂蛋白膜的降解和具有青草气的顺-2-己烯醛、反-3-己烯醇及其酯类的形成。C-6 醛和醇的前体物是鲜叶中脂类释出的高分子饱和脂肪酸。揉捻可以加速香气的形成。揉捻（机械损伤）使芽梢中顺-3-己烯醛呈爆发性的形成，良好的通气可加速其形成。在良好通气条件下，还可使反-3-己烯醛（是鲜叶中脂肪的氧化产物）可转化为反-3-己烯醇。反-3-己烯醛是由鲜叶中的脂肪形成的（经一系列酶促反应，如水解作用、氧化作用、氧化产物的降解和还原作用）。而顺-2-己烯醛则由反-3-己烯醛转化来。

　　在受机械伤的新梢中产生单萜烯醇，它是非挥发性的β-D 葡

282

萄糖苷经酶促水解后形成的（如形成芳樟醇和香叶醇）。

由于日光萎凋、室内萎凋和初揉（铁观音茶）工艺综合影响的结果。23 种香气成分除极少数外都有所增加，增加最明显的是 α-法呢烯、橙花叔醇、茉莉内酯、苯乙腈和吲哚，而沉香醇则是减少的[41]。

4. 热效应对青茶香气的影响

青茶在做青之后，经炒（青）、烘（初烘、复烘）、干燥等工序，在高温热效应作用下，低沸点香气成分进一步挥发和异构化，香气不断纯化。加热过程，香气成分发生变化，产生大量吡嗪、吡咯类和呋喃类等具有焙炒香味的挥发性物质，如 1-乙基-3,4-脱氢吡咯酮、1-乙基-吡咯环-2-醛，其含量越高，火功香越强。这可能是氨基酸直链降解、环化、脱水形成的。儿茶素与氨基酸共热，则生成微量挥发性物质——苯酚、间-甲酚或对-甲酚。

5. 不同品种、不同等级青茶的品质化学

不同花色品种的青茶其品质有所不同，这主要是成茶的化学成分不同，而成茶的化学成分不同原于鲜叶品种的化学成分及其比例、产地及加工工艺不同综合作用的结果。据骆少君[34]等分析了铁观音、黄棪、毛蟹、武夷岩水仙挥发油主要组成成分，它们中挥发油含量，约占干物质总量的 0.03%~0.05%，已鉴定的组分有 40 种化合物，大都带有鲜花香的气味，如橙花叔醇、顺-茉莉内酯、顺-茉莉酮、β-紫罗酮、苯乙腈、苯甲醇、2-苯乙醇、法呢烯（带有沉香醇氧化物Ⅳ）、乙酸苄酯、苯乙醛、沉香醇及其氧化物、苯甲酸（Z）-3-己烯酯、吲哚等。品种间的挥发油组分种类基本相同，但组分比例的差异是导致品质差异的主要原因。各品种香气成分特点如下：

铁观音：橙花叔醇的含量最高，达 21%~36%。茉莉内酯和吲哚含量丰富，酚、2-苯乙醇、苯甲基氰化物含量较高。其特点是香气种类丰富，低沸点成分之间与高沸点成分之间的含量都比较均匀。极品茶中顺-茉莉内酯、法呢烯含量较多。

黄旦：橙花叔醇含量最高，达 34%~58%，茉莉内酯和吲哚含量丰富，芳樟醇及其氧化物、香叶醇含量较高。特点是低沸点组分相当高，组分之间含量差异较大。

毛蟹：橙花叔醇含量最高，达 34%~50%，高沸点成分中顺-茉莉内酯、法呢烯、苯乙腈含量较低。特点是香气成分各类较少，特别低沸点的成分含量很少，有些几乎没有。

水仙：橙花叔醇的含量较低，约 5%~14%。苯甲酸、顺-3-乙烯酯含量比其他品种高。顺-茉莉酮和β-紫罗酮含量较高而均匀。特点是低沸点成分比铁观音、黄枝略少。在高级茶中顺-茉莉内酯、乙酸苄酯、法呢烯含量高。

武夷奇种：特点是香叶醇、茉莉醇酸甲酯和二苯胺含量高于铁观音和武夷水仙。

台湾包种：茉莉内酯、橙花叔醇、吲哚、茉莉酮酸甲酯含量高，丁子香烯、β-倍半水芹萜、薄荷醇、顺-茉莉酮、苯乙醛、沉香醇、2-苯基乙醇和苯基氰化物、牻牛儿醇 3,7-二甲基辛三烯 1,5,7 醇含量丰富，其他香气成分：苯酚、对-甲苯酚、间-甲苯酚、愈创木酚、4-乙烯基愈创森酚、4-乙烯基苯酚、2,6-二甲基苯酚、异丁子香酚、水杨甲酯、香草醛含量较高。特点是茉莉内酯、茉是酮酸甲酯含量高于茉莉花茶。

台湾青茶：沉香醇及其氧化物、顺-2-戊烯-1-醇较高。橙花叔醇、吲哚未检出。

6. 鲜叶受小绿叶蝉危害的青茶的特殊品质

由小绿叶蝉危害的鲜叶制成的青茶在台湾称为"膨风茶"，其香气特高，具有独特的麝香葡萄味，被视为珍品。据高见千岁报道[42]，从膨风茶中分析出香气成分 69 种，其中 51 种为确定成分，18 种为暂定成分。主要香气成分有芳樟醇、芳樟醇衍生物和香叶醇，芳樟醇及其衍生物占精油总量的 41.9%，为一般青茶的 3~5 倍，为红茶的 5~12 倍。其芳樟醇与芳樟醇衍生物之比值明显高于红茶及普通青茶，这可能是由于受危害的鲜叶其酶体系与正常鲜叶不同所致。进一步分析其成分，正常芽叶中，2,6-二甲基-3,7 辛二烯-2,6 二醇一般占香气总量的 0.6%~0.7%，但被小绿叶蝉危害的鲜叶，该成分含量高达 21.3%~22.3%。同是受危害鲜叶，在印度该成分则为 6%~7%，是正常芽叶的 10 倍。2,6-二甲基-3,7-辛二烯-2,6 二醇通过脱水形成 3,7-二甲基-1,5,7-三烯-3-醇，后者具有海参味，可能使茶具有特殊的风味。

主要参考文献

[1] 严学成. 茶叶形态结构与品质与品质鉴定[M]. 北京：农业出版社，1990.

[2] 林心炯，郭专，姚信恩. 青茶鲜叶原料成熟度的生物生化特征[J]. 茶叶科学，1991,11(1): 85—86.

[3] 阮建云，吴洵，Hardter R. 钾和镁对于茶产量和品质的影响[J]. 茶叶科学，1997,17(1): 9—13.

[4] 张文锦. 青茶鲜叶酚氨比与品质的关系及其调控[D]. 福建省茶叶学会第三届青年学术研讨会论文.

[5] 林正奎. 茶鲜叶挥发性油化学成分的研究[J]. 植物学报，1982,24(2):23—28.

[6] 曾晓雄. 茶叶香气中萜烯物质的生物合成及其与茶树无性系分类[J]. 福建茶叶，1988, (2):21.

[7] 施兆鹏. 茶叶加工学[M]. 北京：农业出版社，1997.

[8] 蔡建明. 安溪铁观音品质形成的生化原理初探[J]. 福建茶叶，1994, (1):8.

[9] 黄天福. 武夷肉桂和安溪铁观音对比试验研究[D]. 安徽农业大学硕士学位论文，1990.

[10] 张杰，朱先明，施光鹏. 青茶色泽开成机理研究[J]. 福建茶叶，1989, (3):23.

[11] Moon J.H., Watanabe N., Ijmn Y. 顺-和反-芳樟醇 3,7 氧化物、水杨酸甲酯糖苷和顺-3-己烯基β-D 吡喃糖苷是青茶香气的先质[J]. 茶叶文摘，1997,(6):17.

[12] Enalhardt U.H. 茶叶黄烷醇 C 糖苷（FCG）的测定[J]. 茶叶文摘，1994,(3):16.

[13] Ogawa K., Ijima Y, Gwo W. 水仙种制作青茶叶与醇类香气有关的β樱草糖苷酶[J]. 茶叶文摘，1997,(6):16.

[14] Guo W.F. 樱草糖苷酶——一种与茶叶醇类有关的主要糖苷酶[J]. 茶叶文摘，1996,(3):18.

[15] 王冬梅. 茶叶中糖苷酶的底物特异性[J]. 茶叶文摘，1997,(6):17.

[16] Mahanta P.M. 茶树新梢不同部位中的香气组分及其类脂物[J]. 国外农学——茶叶，1986,(4):36.

[17] 李名君. 茶叶酶学研究进展[J]. 国外农学——茶叶，1983,(2):1.

[18] Hatanaka Akikazu, Kaziwara, Tadahiko, Matsui Kenji. 茶叶氢过氧化物裂解酶的底物特异性[J]. 茶叶文摘，1993,(6):13.

[19] ПруИДЗе Г.Н. 茶萎凋叶的酚氧化酶[J]. 国外农学——茶叶，1986,(2):11.

[20] Hashumoto F. 单宁和相关化合物 XC 青茶中的 8-C 抗坏血酸基-(-)-表没食子儿素-3-没食子酸酯和新二聚黄烷-3-醇、乌龙双黄烷 AB[J]. 茶叶文摘，1991,(1):29.

[21] 小林彰夫. 茶叶香味. 作为香气前体物质的配糖体[J]. 茶叶文摘，1994,(6):14.

[22] Tadakazu Takeo. 青茶和红茶的食品化学[J]. 福建茶叶，1986,(3):40.

[23] 竹尾忠一. 萎凋对青茶香气形成的影响初探[J]. 福建茶叶，1984,(4):48.

[24] 陈椽. 制茶技术理论[M]. 上海：上海科技出版社，1984.

[25] Dev Choudhnry M.N.. 茶树芽梢萎凋过程的生化变化[J]. 国外农学——茶叶，1981,(2):19.

[26] 吴雪源. 茶叶色泽组成及实质的研究[D]. 硕士学位论文，1988.

[27] Dev Choudhnry M.N. 茶叶绿素、氨基酸和糖的作用[J]. 国外农学——茶叶，1981,(2):22.

[28] 李铭君. 茶叶香气研究进展[J]. 国外农学——茶叶，1985,(1):1.

[29] Pendey S. 香气—茶叶品质的关键因子[J]. 茶叶文摘，1994,(5):26.

[30] 商业部茶叶畜产局商业部茶叶加工研究所. 茶叶品质理化分析[M]. 上海：上海科技出版社，1989.

[31] 宛晓春. 制茶干燥过程中热化学的作用[D]. 硕士学位论文，1985.

[32] Wang D.M, Kubota K. 茶叶香气中的茉莉酮酸甲酯光学异构体[J]. 茶叶文摘，1996,(6):18.

[33] Wang D.M., Kubota K. 茉莉甲酯异构体的热异化——青茶的重要香气组分[J]. 茶叶文摘，1996,(3):18.

[34] 骆少君，何娟，郭雯飞. 不同青茶香气特征及其品质的相关性[J]. 福建茶叶，1987,(2):11.

[35] 竹尾忠一. 不同产地青茶香气的特征[J]. 福建茶叶，1985,(2):44.

[36] 杨伟丽，何文斌，张杰，等. 论适制青茶品种的特殊性状[J]. 茶叶科学，1993,13(2)：93—99.

[37] 周巨根. 茶叶新梢不同部位的挥发性香气和脂类[J]. 福建茶叶，1987,(1):41.

[38] 张木树. 青茶香气与品质审评[J]. 福建茶叶，1988,(2):43.

[39] 山西贞. 包种茶香气成分与茉莉花茶香型的比较[J]. 国外农学——茶叶，1981,(2):29.

[40] Tadakazu Takeo. 青茶和红茶的食品化学研究[J]. 福建茶叶，1986,(3):40.

[41] Yukiko Tokitomo. 萎凋和初揉对包种茶等半发酵茶香气成分的影响[J]，国外农学——茶叶，1985,(1):39.

[42] 高见千岁. 膨风青茶的香气成分[J]. 茶叶文摘，1991,(4):3.

第八章 红茶制造化学

红碎茶是国际市场销量最大，销路最广的茶叶。在国际茶叶贸易中，红茶销量占90%以上，其中主要是红碎茶。红碎茶又是世界多年生产的商品，品质的可比性和市场的竞争性十分激烈。我国是红碎茶的生产国和出口国之一，1988年红茶出口量10.15万吨，为我国茶叶出口总量的51.17%，仅占世界市场总销售量1500万担的3%。长期以来，我国红茶出口疲软，产品品质始终处于国际市场的中、下水平。自90年代以来，我国红茶出口量迅速减少，1996年国营商业供应出口红碎茶降至3万吨，同时国内一些红碎茶出口的主要生产基地，如广东、云南、海南、广西、四川等地，红碎茶生产逐步萎缩，有的已很少生产或几乎停止生产。

面临我国目前茶业的新情况，我国的红茶（主要是红碎茶）生产和出口，当前在保证一定数量的同时，把重点放到讲求质量、提高经济效益上来。为提高我国出口红碎茶品质，改进出口工作，增强我国红碎茶在国际市场上的竞争力而努力工作。

第一节 红茶的品质特征

一、红碎茶的外形、内质特征

红碎茶包括外形与内质两方面，内质的优劣是由茶叶中各种化学成分的种类、含量与比例所决定，外形主要由其特殊的制茶工艺形成的不同物理性状所决定。因此，各种化学成分是形成茶叶品质的物质基础，而且是各种品质成分的综合反应，其中还有含量的综合协调问题。

红碎茶在国际上产品的统一规格分为叶茶、碎茶、片茶、末茶四个类型，主产品是碎茶类。外形要求色泽乌润或棕红，叶茶类条索紧结、挺直，碎茶类颗粒紧结重实，片茶类皱折蜷缩，末茶呈沙粒状，叶、碎、片、末分清。内质要求滋味浓、强、鲜爽、汤色红艳明亮，香气高锐持久，叶底红匀明亮。

根据我国红碎茶的生产、销售实际，规定初制红碎茶的加工验收标准样共有四套，其中大叶种和小叶种各两套。第一套红碎茶初制加工标准样只适合于云南省的云南大叶种制成的红碎茶，第二套适合于广东、广西和贵州引种云南大叶种的部分地区，第三套适合于贵州、四川、湖北、湖南涞江等地区，第四套适合于浙江、江苏、湖南等省的小叶种地区。

二、化学成分与茶叶品质的关系

色、香、味是构成茶叶品质的三大主要因子，各因子都有其相应的化学物质基础。

（一）构成红碎茶品质的化学基础

红碎茶的品质注重于内质，内质是化学物质的客观反映。一般具有正常水平的红碎茶其水浸出物中含有：10%~20%的多酚类物质、5%~11%的茶红素、3%~9%的茶褐素、0.4%~2%的茶黄素、0.2%~0.5%的氨基酸、3%~5%的咖啡碱、2%~4%的可溶性糖、1%~2%的水溶性果胶、1%左右的有机酸、0.02%左右的芳香油，此外还有盐及其他物质。

红碎茶的品质虽然是由多种化学成分决定的，但各种化学成分对品质的影响程度是各不相同的，根据研究，主要化学成分与红碎茶品质之间的相关系数分别为：茶多酚 0.920，茶黄素 0.875，茶红素 0.633，氨基酸 0.864，咖啡碱 0.645，茶褐素与汤色之间的相关系数为-0.797。除茶褐素外，其余成分都与品质呈正相关，其中尤其是多酚类物质、茶黄素、氨基酸对品质的影响最大。

（二）色泽的形成

红茶的干茶色泽一般呈乌黑或棕褐色，这种色泽是由叶绿素的降解产物、果胶质、蛋白质、糖以及多酚类物质的氧化产物等，干燥后呈现出来的。一般叶绿素的降解产物脱镁叶绿素呈黄褐色，脱镁叶绿酸酯呈褐绿色，干燥后的果胶质呈黑色，各种多酚类物质的氧化产物也呈现棕红或黄褐的颜色，糖类物质与氨基酸在热的作用下发生的"迈德拉"反应产生的褐色物质等等。因此，干茶色泽是各种化合物色泽的综合反映。

红碎茶叶底色泽的深浅、明暗主要是不同氧化程度的多酚类物质（包括茶黄素、茶红素、茶褐素）与蛋白质等结合的产物。以茶黄素、茶红素为主与蛋白质的结合的产物，色泽较红亮，常常呈鲜明的橘红色或红色，而以茶褐素为主的结合产物色泽较深暗，叶底往往呈暗褐色，有时甚至会出现乌条暗叶。加工过程叶绿素破坏不充分时，叶底常常"花青"。

红茶的汤色主要由多酚类物质的氧化产物茶黄素、茶红素和茶褐素三者的组成比例决定。茶黄素呈橙黄色，是决定茶汤明亮度和鲜爽度的主要成分，优质红茶茶汤有明显的"金圈"，就是由茶黄素形成的，茶红素是红色，是形成红茶汤色的主体物质；茶褐素呈暗褐色，是红茶汤色发暗的主要成分。研究表明，茶黄素、茶红素与红茶汤色呈显著的正相关，茶黄素、茶红素含量越多，汤色显得红艳明亮；而茶褐素与红茶汤色呈显著的负相关，茶褐素含量越高，汤色越暗，茶汤品质越低。

过去只笼统地把红茶汤色物质归纳为茶黄素和茶红素两大类，并用茶红素与茶黄素值来区别茶汤品质。但自70年代末期，茶叶研究者从茶红素中分离出茶褐素以后，就将原来所指的茶红素一分为二了，一部分为茶褐素，与茶汤比值呈负相关。因此，现在以茶红素与茶黄素的比值来表示茶汤品质的优劣已不十分确切了。优良的红碎茶品质，茶黄素与茶红素都应达到很高的水平，并且避免产生过多的茶褐素。

红茶茶汤冷却以后（约40℃以下）常产生乳凝状混浊，这种现象俗称为"冷后浑"。红茶茶汤的冷后浑其物质基础是茶黄素、茶红素与咖啡碱的络合产物。这种络合物的溶解度随温度的高低而变化，温度高时溶解，温度低时（40℃以下）呈乳凝沉淀状态。冷后浑的程度、色泽往往与红茶品质具有一定的相关性。是否产生冷后浑，以及冷后浑的颜色如何主要决定于茶黄素含量的高低。只有当茶黄素含量较高时，才容易产生冷后浑，而且浑后呈亮黄浆色至橘黄浆色[1]。茶黄素含量过低，不容易产生冷后浑，即使产生，其颜色常呈暗黄浆色。

因消费者的生活和食用习惯不同，国外一般饮用红碎茶冲泡后喜兑奶加糖，并要求茶色显、茶香露、茶味浓，这样的红碎茶认为是好的。因此，红茶茶汤加牛乳以后的乳色常常是判断汤色优劣的又一品质感官指标。乳色的颜色与茶黄素含量密切相关[2]，凡是茶黄素、茶红素含量高的，乳色就较为红艳，反之，乳色就显得褐黄，甚至灰暗。

根据我国红碎茶产品的现状和特点，在茶汤色上大体可划分为棕红、粉红、姜黄和灰白四大类型。一般而言，棕红和深粉红是好品质的标志，姜黄、灰白者品质较差。儿茶素氧化产物茶黄素、茶红素和茶褐素物质确定了茶汤乳色的本质。

三、香气的形成

红茶一般具有熟苹果或橘子的甜香，有的具有季节性花香和蜜糖香。它们的香气特征主要由鲜叶中的香气成分或香气成分的前体形成，其香气成分主要是沉香醇及其氧化物、牻牛儿醇、2-苯乙醇、苯甲醇、水杨酸甲酯等。众所周知，中国的祁门红茶以高锐的玫瑰花香和蜜糖香为其特征，而斯里兰卡的乌瓦茶以甜润浓厚的茉莉花香为其特征。所以产生以上香型的不同，是在于前者以香叶醇、苯甲醇、2-苯乙醇等含量丰富，而后者以芳樟醇、茉莉内酯、茉莉酮甲酯等化合物的含量丰富。1978 年山西贞等发表了中国祁门红茶和斯里兰卡海勃脱尔和格雷纳诺尔茶场的红茶香气成分分析结果[3]，指出祁门红茶中牻牛儿醇、牻牛儿酸、苯甲醇、2-苯乙醇的含量比斯里兰卡红茶多，而沉香醇及其氧化物的含量却比斯里兰卡红茶少（表 8-1）。印度阿萨姆最好品质的红茶中含有大量的沉香醇和沉香醇氧化物以及少量的牻牛儿醇和 2-苯乙醇。

表 8-1　祁门红茶和斯里兰卡红茶香气成分比较 （山西贞等，1978）

峰号	各个峰中的主要成分	峰 面 积（%）		
		祁红	高香茶（斯）	非高香茶（斯）
19	苯甲醇	11.4		
20	苯乙醛		1.9	5.1
22	反-氧化沉香醇（呋喃型）	3.3	5.0	3.2
23	顺-氧化沉香醇（呋喃型）	13.3	31.7	33.1
24	2-苯乙醇	6.3	1.2	2.0
26	氧化沉香醇（吡喃型）	8.6	5.1	6.9
29	牻牛儿醇	20.0	3.3	7.1
2	己醛	2.1	2.2	5.4
3	1-戊烯-3-醇	0.3	1.9	1.4
5	反-2-己烯醛	3.1	5.4	8.5
6	顺-2-戊烯-1-醇	0.1	2.0	1.7
7	己醇	0.3	0.5	1.3
8	顺-3-己烯-1-醇	1.3	5.9	4.0
9	反-2-己烯-1-醇	0.3	1.3	1.3
10	反-氧化沉香醇（呋喃型）	2.8	3.8	3.2
11	顺-氧化沉香醇（呋喃型）	7.2	19.7	16.3
12	苯甲醛	0.4	0.4	0.3
13	沉香醇	6.8	33.1	27.9
14	3,7-二甲基-1,5,7辛三烯-3-醇	0.9	0.7	0.3
15	苯乙醛	4.6	1.2	1.6
17	2-萜品醇	0.9	1.1	0.7
18	反-氧化沉香醇（吡喃型）	2.1	0.5	0.4

峰号	各 个 峰 中 的 主 要 成 分	峰 面 积（%）		
		祁 红	高香茶（斯）	非高香茶（斯）
19	顺-氧化沉香醇（吡喃型）	4.3	1.9	3.3
20	水杨醇甲酯	1.5	9.1	3.9
21	橙花醇	0.4		0.2
22	牻牛儿醇	29.6	3.1	10.5
23	苯甲醇	11.0	1.8	1.7
24	2-苯乙醇	7.1	0.4	0.9
25	β-紫罗酮	5.2	1.9	2.0
26	环氧-β-紫罗酮	0.4	0.2	0.3
27	橙花叔醇	0.3	0.7	0.3
32	反-牻牛儿酸	6.0	1.2	1.4

1981 年，林正奎等对四川碎茶香气成分的研究结果认为，四川红碎茶的主要成分是 2-苯乙醇、苯甲醇、苯甲醛、芳樟醇、香叶醇、正己醇、水杨酸甲酯等。因此其香气类型属于百合花香与玫瑰花香的综合花香型。另外，有机酸也参与红碎茶香气的形成；有些成分虽无美好的香气，但起增效剂和定香剂的作用，如正十六酸甲酯等；还有些微量酯带酒香气[4]（表 8-2）。

表 8-2　红碎茶的主香成分含量　（林正奎等，1981）

香气类别	成 分	含 量（%）	
		四川中叶种	云南大叶种
清甜	丁酮、正戊醛	5.49	5.29
青草气	正己醇	2.29	2.19
花香	芳樟醇——百合花香 β-苯乙醇——玫瑰花香 香叶醇——蔷薇花香 α-紫罗兰酮——紫罗兰花香 β-紫罗兰酮——紫罗兰花香 苯乙醛——玉簪花香	16.91	18.25
果实香	苯甲醇——苯果香 苯甲醛——苦杏仁香 水杨酸甲酯	11.58	10.69

在红茶香气中已发现有325种挥发性物质。目前已鉴定的红茶香气成分大致包括以下各类：芳香烃类、醇类、醛类、酮类、醚类、羧酸类、胺类、酯类、酰胺、酚类、萜烯类及其衍生物和杂环化合物等。其中以饱和与不饱和的脂肪族醇类、饱和与不饱和的脂肪族醛类、脂肪族酸类、脂肪族和芳香族酯类；特别是内酯，萜烯类及其衍生物和杂环化合物占红茶香气成分的大多数。

当然，红茶的香气特征并不是单由某一种香味所决定，而是由多种香味化合物的综合结果，是十分复杂的，究竟哪些成分显示出红茶的香气特征，哪些成分决定红茶的品质，尚需进一步研究。

四、滋味的形成

红碎茶滋味要求浓、强、鲜爽。滋味的浓度、强度和鲜爽度都是客观物质的反映。浓度主要决定于水可溶性物质的多少，如多酚类物质及其氧化产物、氨基酸、咖啡碱、可溶性糖及其他可溶物，但其中多酚类物质与茶红素是浓度的决定性成分。这些成分多者浓，反之则淡薄。强度主要是能给味觉器官以收敛感和刺激感的儿茶素和茶黄素，特别是酯型儿茶素的保留量高且茶黄素含量多的茶叶。茶汤的鲜爽度主要来自氨基酸、茶红素、咖啡碱含量高，且配合协调。氨基酸中，尤其是茶氨酸、谷氨酸、天门冬氨酸的影响最大。茶黄素与咖啡碱形成的络合物具有鲜爽性。茶汤的甜味主要来自水溶性糖和部分游离氨基酸。

红碎茶中主要成分对品质的影响程度是各不相同的，我国若干典型的红碎茶样品进行分析的结果表明，除茶褐素外，其余化学成分基本随着品质的降低而减少（表8-3）。

表 8-3　　　若干红碎茶化学分析和感官审评结果　　（程启坤，1979）

茶样号	感官审评品质给分	茶多酚（%）	茶黄素（%）	花红素（%）	茶褐素（%）	氨基酸（%）	咖啡碱（%）
1	85.5	31.45	1.01	8.36	4.53	3.25	4.82
2	80.7	25.25	1.30	10.65	6.87	3.21	3.81
3	80.5	25.92	1.31	11.03	8.62	2.55	3.88
4	78.0	21.12	1.26	10.48	7.52	2.99	4.14
5	73.5	26.48	1.24	8.93	9.25	2.71	4.80
6	71.2	21.73	1.09	10.95	5.69	2.88	3.74
7	70.1	23.04	0.89	9.54	8.78	1.71	3.27
8	68.4	20.31	0.81	9.54	7.38	1.88	3.95
9	66.8	16.09	0.63	8.26	8.17	2.08	3.54
10	64.7	17.51	0.57	7.92	7.70	2.39	4.15
11	62.6	13.41	0.51	7.56	7.67	1.71	3.33
12	61.0	16.39	0.47	7.27	6.92	1.57	3.10

　　我国红碎茶由于不同地区的气候、品种、采制技术和机具的差异，1~4 套样的品质水平差异是显著的，1979 年全国出口红碎茶品质座谈会评选出的一、二、三、四套样 36 只品质优良的红碎茶可以代表国内红碎茶的品质水平[5]（表 8-4）。我国红碎茶与国外的红碎茶相比较，品质差距比较明显，国外的红碎茶的品质总分一般较高（表 8-5）。特别是肯尼亚茶的茶黄素与氨基酸含量水平高，茶汤的红艳程度和滋味的鲜爽度较突出，肯尼亚一般较好的红碎茶其茶黄素含量均在 1.5%以上，最高竟达 2.15%。而我国红碎茶一、二套样茶黄素一般只含 1.0%左右，三、四套样更低。与国外红碎茶品质比较，我国的一套红碎茶样似乎浓度有余而鲜爽度不足，品质相当于国际中档水平，二套样嫩度虽好，但缺乏鲜爽、强烈的风格，品质总水平略低于国际中档水平，三套样鲜、强、浓水平不够，特别是鲜爽度不足，品质总水平略低于国际普通级水平，四套样香低、味淡、还有不同程度的粗、青、涩气味，缺乏鲜度，品质总水平低于国际普通级。因此，必须采取有力措施，努力提高茶黄素含量，增进茶汤的红艳程度和滋味的鲜爽度，

尽快达到国际品质水平。

表8-4　　国内红碎茶化学成分与品质比较　　（陆松候，1980）

样品名称		一套样（碎二、碎五）	二套样（碎二、碎五）	三套样（碎二、末茶）	四套样（碎二、末茶）	肯尼亚茶（PF）
化学成分	茶多酚（%）	25.34	26.92	17.02	18.06	17.62
	TF（%）	0.601	0.696	0.527	0.567	0.970
	TR（%）	13.58	12.70	12.44	12.40	16.20
	TB（%）	6.77	5.76	5.87	6.24	6.61
	氨基酸（mg/g）	296.3	391.8	390.0	283.2	471.0
	咖啡碱（%）	4.56	4.52	3.74	4.15	3.65
化学鉴定	鲜爽度得分	42	43	32	30	63
	浓强度得分	49	46	31	33	35
	品质总分	91	89	63	63	98

表8-5　　国外部分红碎茶品质化学鉴定的结果　　（程启坤，1979）

P 国别与花色		TF（%）	汤色与鲜爽度得分	滋叶浓强度得分	内质总分
肯尼亚	毛茶	2.15	79.5	41.3	120.8
肯尼亚	BP	1.69	72.5	41.5	114.0
肯尼亚	PF₁		61.0	38.5	99.5
卢旺达	PF		71.0	37.5	108.5
印 度	PF		62.5	37.7	100.2
印 度	PD		63.5	37.7	101.2
马拉维	F₁		55.0	36.0	91.0
坦桑尼亚	PF₁		59.3	32.0	91.3
斯里兰卡	BOPF		46.7	38.7	85.4
孟加拉	BOP		44.7	37.8	82.5
阿根廷	BOP		34.0	30.0	64.0

第二节　　制茶原料与茶叶品质的关系

鲜叶是制茶的原料，是红茶品质的物质基础。在正常的制茶工艺条件下，红碎茶的品质主要依赖于鲜叶的自然品质。当然，不可否认，良好的制造工艺可以提高制茶品质，这是对相同原料潜力的发挥而言的。

鲜叶的自然品质受茶树的品种，原料老嫩、不同季节以及鲜叶的物理性状等因子决定。

一、茶树品种与红碎茶品质的关系

研究表明，多酚类物质及其氧化产物——茶黄素的含量与品质的关系最为密切。多酚类物质与红碎茶品质的相关系数高达0.92，茶黄素的相关系数高达0.875。同时，进一步研究还表明，从红茶中已分离出的茶黄素有九种，其中六种茶黄素是由儿茶素中 L-EGC、L-EGCG 和 L-ECG 的参与所形成。显然，多酚类物质及其氧化产物茶黄素、茶红素生成物的多少决定于它的物质的含量。多酚类物质含量多的，特别是酯型儿茶素和没食子儿茶素含量多的，能在制造过程中生成较多的茶黄素、茶红素。且有较多的不被氧化的多酚类物质保留下来，这对形成汤的滋味浓、强、鲜爽有积极意义。因此，适制红茶的品种不仅要求多酚类物质、儿茶素总量要高，而且其中尤为重要的是酯型儿茶素和没食子儿茶素的含量要多[6]。与中、小叶品种相比较，一般大叶茶品种具有较优越的物质基础，即多酚类物质、儿茶素不但总量较高，并且酯型儿茶素的比例也高，适宜制造红碎茶。

云南大叶种茶是我国广泛栽种的适制红茶的品种，但与肯尼亚品种比较，尚存在一个缺陷，就是没食子儿茶素组分较低，肯尼亚品种鲜叶中含有较多的 L-EGC，这是二者的差异所在（表8-6）。因此肯尼亚品种制成的红碎茶汤色红艳明亮，滋味浓、强、鲜爽，叶底红匀明亮，茶黄素含量高达 2%以上，这是我国大叶茶品种无法比拟的。因此，在育种工作中测定鲜叶中儿茶素总量，尤其是 L-EGC 的含量，对预测茶黄素含量是一个较为可靠的生化指标。

表 8-6　云南大叶种与肯尼亚品种鲜叶中儿茶素含量比较

(程启坤，1980)

儿 茶 素	云南大叶种		肯尼亚品种	
	含量（mg/g）	占总量（%）	含量（mg/g）	占总量（%）
L-EGC	21.67	9.64	63.17	27.91
D、L-GC	10.65	4.74	19.04	8.41
L-EC+D、L-C	18.68	8.31	20.53	9.07
L-EGCG	112.16	49.91	100.63	44.46
L-ECG	61.57	27.40	22.98	10.15
儿茶素总量	224.73	—	226.35	—

　　一个优良的茶树品种，有时还具有独特的优良个性，比如具有花香、甜香，发挥这些品种的品质潜力，对于制造各种独特风格的红茶品质是十分有利的。品种不同，红茶的香气类型往往有很大的差异。西康了康（1967）曾对日本栽培的红誉、红富士、初枫和三好等品种进行香气的组分分析，结果表明，红誉含有较多的 2-苯乙醇，而三好品种的 2-苯乙醇含量显著较少。竹尾忠一（1982）的研究结果表明，阿萨姆种制造的红茶中沉香醇的比例较大，而中国种中牻牛儿醇比例较大，中国种还含有较多的水杨酸甲酯，因此具有玫瑰花香，与斯里兰卡的高地茶香型类似。如祁门的红茶具有独特的香型，它是由安徽槠叶群体种作为原料制造的。安徽 7 号是从槠叶群体中选育出的一个单株，适制绿茶。如以安徽 7 号鲜叶为原料制成红茶，其精油经分析得知，一般香气形成含量与祁门槠叶群体制成的红茶无明显差异，唯后者香叶醇含量比安徽 7 号高出 30 倍以上，使两个品种制得的红茶风味迥然不同[7]。槠叶群体与其小叶种红茶比较，虽萜烯指数十分接近，但香叶醇的含量也明显高于其他小叶种。表明香叶醇可能是影响祁红香气的主要因素，并说明品种差异最终影响红茶品质（表 8-7）。

表8-7　小叶种红茶中主要萜烯成分含量及其萜烯指数　（王化夫等、1993）

名　称	楮叶群体	大方贡茶	太平柿大茶	休宁牛皮茶
芳樟醇氧化物Ⅰ	0.86	0.61	0.42	0.43
芳樟醇氧化物Ⅱ	2.29	0.92	1.04	1.09
芳樟醇	5.26	1.61	1.64	1.27
芳樟醇氧化物Ⅲ	0.14	0.17	0.10	0.24
芳樟醇氧化物Ⅳ	0.10	0.43	0.19	0.27
香叶醇	25.75	11.09	9.05	7.95
萜烯指数	0.25	0.25	0.26	0.29

注：含量单位：各化合物峰面积/内标峰面积；萜烯指数＝$\dfrac{芳樟醇及其氧化物}{芳樟醇及其氧化物 + 香叶醇}$

品种不同，制成红碎茶香精油得率和香气组分的含量悬殊，四川种制的红碎茶，其香精油得率显著高于云南种红碎茶（表8-8）。至于香气成分含量高低和香精得率多少与红茶香气特征的关系，尚待进一步研究。

表8-8　不同品种红碎茶香气浓缩物得率比较　（林正奎等，1981）

茶　样	茶样重（克）	香气浓缩物得率（ppm）
云南大叶传统红碎茶	1650	167
云南大叶花香红碎茶	1635	341
四川品种传统红碎茶	1750	178
四川品种花香红碎茶	1697	360

另外，一个好的红茶品种，既需要多酚类物质，儿茶素含量高，也要求多酚氧化酶的催化活性强。多酚氧化酶活性较高的品种，其制成的红茶中常常含有较多的茶黄素，因而品质也比较好。

二、鲜叶老嫩度与红碎茶品质的关系

鲜叶老嫩度是决定成茶品质最基本、最重要的条件之一。相对嫩度越高，决定浓、强、鲜品质的有效成分含量越多[8]。随着叶片的逐渐成熟老化，叶内有效成分含量急剧下降。多酚类物质、氨基酸，咖啡碱等成分到第四叶显著减少。仅以多酚类物质为例，若以第一叶的含量为100，则第四叶只有64.8，也就是说比第一叶约低35%。相反，与成茶品质呈负相关的粗纤维则随新梢的成熟老化而明显上升。

多酚类物质的主体物质儿茶素也与老嫩度有密切关系，一般而言，嫩者可溶部分含量高，老者可溶部分含量低，结合部分含量高。茶叶的老嫩度不仅从儿茶素总量高低可以看出[9]，随着叶子的老化，L-EGCG、L-ECG不断减少，反之，L-EGC所占比例有不断增高的趋势。老叶和嫩叶的可溶性儿茶素含量竟相差一倍之多。这就是鲜叶幼嫩者制茶品质好，粗老者制茶品质差的主要原因。众所周知，鲜叶的级别是由采摘嫩度决定的，不同的级别鲜叶主要化学成分的变化与老嫩度有相似的趋势。对夏茶各级鲜叶分析结果表明，多酚类物质、水浸出物、儿茶素总量随鲜叶级别的降低而逐渐减少，游离氨基酸、咖啡碱的含量以一、二、三级鲜叶较高，其中以三级鲜叶最高，四、五级鲜叶就显著降低。酯型儿茶素的含量以一、二、三级鲜叶高，占总量的比例也高；简单儿茶素的含量及所占比例则是四、五级鲜叶高[10]。

随着鲜叶级别和老嫩度的下降，红碎茶的内质也随之明显下降。当然，鲜叶也并非越嫩越好，过嫩鲜叶原料制成的红碎茶，由于蛋白质含量较高，多酚类物质总量低，特别是酯型儿茶素L-EGC含量芽比一叶、二叶低，在制造过程中蛋白质易与儿茶素类物质结合，形成不溶性物质和茶黄素类物质，形成量减少。因此，过嫩的鲜叶原料制成的红碎茶外形虽好，汤色不深，缺乏强烈刺激感和愉快感，不能发挥浓、强特点。据报道，肯尼亚、斯里兰卡对鲜叶嫩度要求十分严格，鲜叶并不分级，全年只有一个标准，即一芽二叶，这是产品质量具有较高水平的物质基础。

三、不同季节鲜叶与红碎茶品质的关系

春、夏、秋不同季节气候条件差异很大，直接影响茶树新梢

化学成分的形成与积累，因此不同季节鲜叶化学成分的含量是不尽相同的。

　　不同季节，茶树鲜叶儿茶素各组分的含量不同，一般春茶含量较低，夏茶最高，秋茶次之[11]。就各组成比例而言，在茶树整个年生长周期，L-EGCG 的变化趋势与总量基本一致，即三、四月份含量较低，六、七月份含量较高，秋季含量又逐渐下降。L-EGC 春茶初期含量较低，随着生长期的延长，有不断增高的趋势。儿茶素总量和各组分的这种季节性变化，也正是夏茶能制出汤浓味强，富有活力的上档红茶的重要物质基础。从春茶和夏、秋茶红碎茶的化学鉴定结果也可看出，各档次品质化学鉴评得分都是夏、秋茶高于春茶，一般夏、秋茶品质总分要比春茶高 10 分左右[12]（表 8-9）。

表 8-9　不同季节红碎茶品质比较　（湖南茶叶所，1981）

名称		汤色鲜爽度得分	滋味浓强度得分	品质总分
春茶	上　档	24.30	25.80	50.10
	中　档	22.63	24.97	47.60
	下　档	21.39	24.90	46.29
夏秋茶	上　档	29.92	30.54	60.46
	中　档	28.04	28.55	56.59
	下　档	24.60	25.62	50.22

　　在鲜叶原料中，除儿茶素外，其他化学成分含量的协调配比也是十分重要的。游离氨基酸的季节变化规律是春高、秋低、夏居中。其中茶氨酸、谷氨酸与总量有相似变化规律，丝氨酸与天门冬氨酸的含量变化则呈现春高、夏低、秋居中的趋势；精氨酸则呈现出秋高、春低、夏居中的趋势[13]。氨基酸是红茶鲜味的主要来源，与红茶滋味关系密切。春茶初期，氨基酸含量虽高，但由于儿茶素含量太低，制出的红碎茶浓、强度差，汤色姜黄，品质不理想。但夏茶鲜叶原料中氨基酸含量比春茶低，对红碎茶品质显然是个不利因子，同时夏茶鲜叶持嫩性差，因此在采摘上必

须特别强调嫩采、早采、及时采，以增加游离氨基酸等内含物质的相对含量，提高鲜叶原料的品质。

四、鲜叶原料物理性状与红碎茶品质的关系

鲜叶原料的物理性状主要包括叶形、叶质和叶色等，这些性状的差异主要受茶树品种的植物学特征、特性所决定，也受外界环境因子和肥培管理等条件影响。它们与化学成分之间有一定相关性，直接影响制茶的种类与品质。

（一）叶形的大小与制茶品质

叶型大小与多酚类物质含量一般呈正相关。生产实践表明，茶树叶型较大的品种，多酚类物质、儿茶素的含量较高。云南大叶种叶型大，儿茶素含量高，龙井种叶型小，儿茶素含量也较低。所以要想制出品质好的红碎茶，就必须选择那些叶型较大的品种。

（二）叶色的深浅与制茶品质

一般而言，浅绿色叶含水浸出物和多酚类物质高于深绿色叶，而深绿色叶含氮量比浅绿色叶多。含氮量的差异主要决定于蛋白质含量的不同。蛋白质在红茶发酵过程能与一部分多酚类氧化产物结合成棕色不溶解物，从而使水浸出物含量降低。因此，认为含氮量较低的浅绿色叶有利于提高红茶品质。浅绿色叶变红时，色泽几乎立刻显露出来，深绿色叶则因其绿色掩盖黄色，开始色泽不容易显露。因为浅绿色叶含有较高的多酚类物质，能产生红浓的汤色，明亮的叶底，茶汤色、味都比深绿叶好。

深绿色叶中蛋白质和叶绿素的含量高，多酚类化合物、水浸出物、咖啡碱的含量低；紫色叶各种成分的含量在两者之间（表8-10）。因此，深绿色鲜叶制成红茶，品质不好，香味低淡，有青草味，汤色浅，叶底褐暗；浅绿色叶制成红茶，品质优良，香气纯正、清高，滋味甜和醇厚，汤色叶底红亮；紫色或带浅黄色的鲜叶制成红茶，品质中等，香气正常，滋味清苦涩，叶底不如浅绿色叶的鲜明（表8-11）。

表 8-10　不同叶色芽叶中的儿茶素含量　（程启坤，1963）

儿茶素（mg/g）	深绿芽叶	黄绿芽叶	紫色芽叶
L-EGC	19.76	29.61	24.61
D、L-G C	6.12	8.58	5.82
L-EC+D、L-C	10.78	14.69	10.33
L-EGCG	65.15	63.91	68.28
L-ECG	31.63	43.62	31.56
总　　量	133.44	160.41	140.60

表 8-11　不同色泽鲜叶制成红毛茶品质成分比较　（湖南茶叶所）

	名　称	深绿色叶	浅绿色叶	紫色叶
化学成分(%)	多酚类物质	12.22	15.67	15.11
	水浸出物	37.16	38.98	38.10
	咖啡碱	2.27	2.29	2.27
	粗蛋白质	31.73	30.74	30.87
感官品质	香气	青草气	纯　正	略有青草气
	汤色	尚红明	红　亮	浓　红
	滋味	苦　涩	尚醇不浓	平淡微苦涩
	叶底	乌暗花青	尚红不匀齐	乌暗花青

　　此外，制红茶的鲜叶要求叶质柔软，叶肉疏松。叶质柔软程度和持嫩性与化学成分之间也有一定的相关性。持嫩性强的品种，内含物质含量丰富，纤维素含量少，可提高叶底的嫩度，有利于增进茶叶品质。

第三节　红茶制造过程主要化学成分的变化

一、多酚类物质、儿茶素的变化

　　多酚类物质及其氧化产物与红茶品质的色、香、味密切相关，因此制造过程多酚类物质，儿茶素的变化，是影响红茶品质的主要因素。红茶初制过程，由于酶促和自动氧化的结果，多酚类物质大部分变成了氧化产物，含量显著减少（表 8-12）。儿茶素是茶多酚的主要成分，约占多酚类总量的 60% 左右，对红茶品质起主要作用，初制过程与茶多酚有相似的变化趋势[14]（表 8-13）。

表 8-12　祁门红茶初制过程茶叶多酚类物质的变化　（陈椽，1980）

名　称	鲜　叶	萎凋叶	揉捻叶	发酵叶	毛　茶
含水率(%)	76.50	67.10	66.20	66.45	6.55
多酚类物质(%)	27.68	24.72	20.88	16.16	15.46

表 8-13　红碎茶初制过程儿茶素组分的变化　（陆锦时，1994）

儿茶素含量单位：mg/g

名　称	L-EGC	D、L-GC	L-EC + D、L-C	L-EGCG	L-ECG	总量	T F (%)	T R (%)	T B (%)
鲜　叶	33.42	6.52	13.21	81.99	9.63	144.77			
萎凋一时	32.40	5.89	13.86	80.49	8.90	141.54			
萎凋二时	29.78	5.06	13.33	79.09	8.87	136.13			
萎凋三时	28.61	4.56	12.95	79.07	7.91	133.10			
萎凋四时	26.82	4.63	11.88	78.21	7.73	129.27			
萎凋五时	26.21	5.06	11.44	77.60	7.29	127.60			
揉　切	10.70	5.24	10.45	65.44	6.57	98.40	1.02	7.36	5.10
发　酵	6.13	4.22	8.81	41.97	4.63	65.76	0.93	8.72	6.53
干　燥	3.93	2.65	4.04	34.98	6.37	51.97	0.86	9.22	6.53

在鲜叶细胞里，儿茶素存在于茶叶细胞液泡内，而多酚氧化酶主要存在于原生质中的叶绿体和线粒体内，两者基本上互不接触，因此，萎凋初期，茶多酚，儿茶素变化较为平稳，含量减少较少。但随着萎凋过程水分的散失，细胞壁透性逐渐增大，多酚氧化酶的活性增强，儿茶素含量减少幅度随之增大，至萎凋结束，多酚类物质由鲜叶的 27.68% 减少至 24.72%，儿茶素由鲜叶的 144.77mg/g 减少到 127.6mg/g，与鲜叶相比，减少幅度分别为 10.69% 和 11.87%。进入揉捻、使细胞液与多酚氧化酶等相互混合接触，儿茶素的氧化、聚合作用加强，使其含量急剧下降，至发酵结束，多酚类物质下降至 17.68%，儿茶素下降至 65.76%mg/g，

分别较鲜叶减少 10% 和 79.61mg/g，减少幅度达 36.13% 和 54.58%。干燥过程，多酚类物质、儿茶素的含量仍有一定减少，这是因为发酵叶进入干燥工序，在干燥开始的短暂时间内，叶温尚未升高到足以钝化酶活性之前，酶促氧化仍在继续进行，有时甚至还很激烈。同时，即使在酶的活性钝化以后，在高温、高湿条件下，非酶促自动氧化仍能进行，这些都能使多酚类物质、儿茶素含量进一步减少。

儿茶素氧化聚合形成茶黄素的过程是相当迅速的。在有氧的情况下，特别在揉切、发酵工序，儿茶素类迅速发生酶促氧化，氧化的结果首先产生儿茶素邻醌。邻醌物质很快又发生氧化聚合，逐步产生了茶黄素，茶黄素进一步氧化的结果产生茶红素，茶红素进一步氧化并与氨基酸等物质聚合，最后形成茶褐素（图 8-1）。

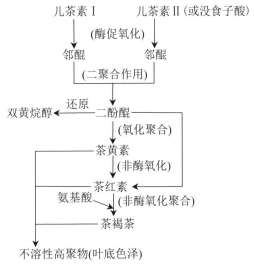

图 8-1　儿茶素氧化聚合示意图

发酵过程，随着儿茶素的氧化，茶黄素会迅速出现高峰。与此同时，由于茶黄素要迅速向茶红素转化，因此高峰以后，茶黄素含量逐渐下降，而茶红素含量接着出现峰。但因茶红素不是反应的最终产物，而是要迅速向茶褐素类高聚物转化，因此当茶红素含量逐渐下降后，茶褐素类高聚物便逐渐积累起来，而且随时间延长，茶褐素类高聚物的增长越来越大[15]（表 8-14）。

表 8-14　红茶发酵过程茶黄素、茶红素、茶褐素含量的变化

（阮宇成等，1979）

名　称	多酚类物质（%）	儿茶素总量（%）	TF（%）	TR（%）	TB（%）
萎凋叶	21.89	134.32	/	/	/
揉切叶	18.55	107.02	0.41	6.42	4.83
发酵 20 分	16.01	60.05	0.86	6.95	5059
发酵 40 分	12.86	62.21	0.98	7.03	6.59
发酵 60 分	11.35	33.19	0.91	7.13	6.77
发酵 100 分	10.08	41.08	0.78	6.16	7.71
发酵 140 分	9.91	20.29	0.64	5.90	8.01

二、酶活性的变化

酶的催化对红茶制造起着重要的主导作用，多酚氧化酶和过氧化物的酶的活性更是促进红茶化学变化的主要动力。红茶初制过程自萎凋开始，酶的活性逐渐加强，至揉切（或揉捻）过程达到最高峰，进入发酵工序又明显下降，干燥后酶活性基本钝化（表8-15）。

表 8-15　氧化酶在红茶制造中的活性变化　（A.π.KypcaHOB，1961）

酶　类	酶　活　性（%）			
	鲜　叶	萎凋叶	揉捻叶	发酵叶
多酚氧化酶	100	193.8	197.3	121.1
过氧化物酶	100	129.9	162.8	92.7

萎凋初期，因 80%的多酚氧化酶处于结合状态而活性受到抑制，但随着萎凋的进展，萎凋叶逐渐失水，细胞汁浓缩，被原生质控制的酶逐渐释放出来，处于自由状态，同时细胞内部也逐渐向酸性方向变化，为酶类活性提供了最适宜的 pH 值，因而萎凋

过程酶的活性呈现上升的趋势。在揉切工序，由于叶细胞组织受到机械破坏，茶汁溢出与空气充分接触，使氧化酶类能获得更多的氧气而催化作用加强。同时因叶子在揉桶中摩擦而使叶温升高，因此多酚氧化酶和过氧化物酶在揉切工序达到高度活性。活性随细胞破坏率的增加而增加。但进入发酵阶段，随着作为氧化基质的茶多酚因氧化聚合而减少，其氧化后的醌型化合物又会与一些酶蛋白发生结合产生沉淀，加上发酵过程有机酸增高，改变了pH值的最适条件，使发酵过程酶的活性逐渐降低。干燥工序由于高温的作用，使酶类发生的自体分解和酶蛋白的变性，多酶氧化酶等受到不可逆破坏。干燥过程酶能否全部破坏，取决于干燥时温度的高低、时间长短和干燥的程度。

三、蛋白质和氨基酸的变化

红茶初制过程，蛋白质是处于逐步水解的状态，在各种蛋白酶的催化作用下，水解形成多种游离氨基酸。因此，在通常情况下，游离氨基酸含量是随着萎凋时间的延长而增加。在发酵过程，蛋白质继续进行缓慢的水解作用，转化成氨基酸，但发酵加速了部分蛋白质与多酚类物质及其氧化产物结合；部分氨基酸进一步参与了茶叶香气的形成，同时氨基酸自身的分解、消耗也相应加快，因此发酵过程两含量均有下降。干燥过程中部分蛋白质在热裂解作用下继续分解，一些氨基酸被氧化转变为某些香气和有色物质，使含量继续下降。

红茶初制过程氨基酸组分变化与总量有相似的趋势。萎凋过程，由于蛋白质的水解，大部分氨基酸，如天门冬氨酸、谷氨酸、丝氨酸、谷酰氨、丙氨酸、酪氨酸、苯丙氨酸、亮氨酸、异亮氨酸、缬氨酸、苏氨酸和赖氨酸的含量都明显增加。但鲜叶中含量最多的茶氨酸在萎凋过程有降解作用，产生谷氨酸和乙胺，因此茶氨酸含量明显下降，这也是萎凋过程谷氨酸含量显著增加的原因。发酵、干燥工序，大部分氨基酸含量呈明显减少趋势（表8-16）。

表 8-16　红茶制造过程氨基酸组分的变化　（Der ChoudhuryM.N 等）

氨基酸（毫克%）	鲜　叶	萎凋叶	发酵叶	毛　茶
丝氨酸	24.3	60.8	52.1	48.0
赖氨酸	8.2	28.1	24.9	21.8
苏氨酸	14.8	34.0	26.9	22.9
天冬酰胺	/	333.7	310.1	272.7
谷氨酰胺	46.8	120.3	99.4	88.2
丙氨酸	20.7	36.9	32.4	26.9
酪氨酸	13.3	37.2	33.8	28.9
亮氨酸+异亮氨酸	14.9	123.3	107.0	96.7
苯丙氨酸	17.3	140.1	124.9	112.6
缬的氨酸	16.2	141.9	129.7	119.3
茶氨酸	1323.3	1112.2	991.4	900.8
天冬氨酸	140.4	265.6	268.6	228.1
谷氨酸	265.4	335.9	253.8	306.4
总　量	1905.6	2770.0	2455.0	1172.3

四、咖啡碱的变化

咖啡碱含量在红茶初制过程呈现下降的趋势，特别在干燥工序，咖啡碱因受热升华而减少（表 8-17）。红茶中咖啡碱与茶黄素等多酚类氧化产物产生的络合物是形成茶汤冷后浑的原因。"冷后浑"与茶汤的鲜爽度和浓强度有关，可以间接地用来判别红茶茶汤品质，如茶汤冷后浑出现较快，黄浆状较明显，乳状物颜色较鲜明，则说明茶黄素含量较高，茶汤滋味鲜爽，品质较好。

表 8-17　红茶制造过程咖啡碱的含量变化　（安徽农学院，1977）

名　称	鲜　叶	萎凋叶	揉捻叶	发酵叶	干　燥
含量（%）	3.30	3.07	2.85	3.08	2.77

五、叶绿素等色素的变化

叶绿素在红茶制造过程中破坏是十分显著的。叶绿素的分解破坏，一是由于酶性或非酶性的破坏，二是由于脱镁作用而转化成脱镁叶绿素。

萎凋过程叶绿素的破坏主要是酶促水解。叶绿素在叶绿素酶的作用水解成脱植基叶绿素,叶色由鲜绿转化暗绿,叶绿素的含量出现明显减少（表8-18）。通常减少是为鲜叶的12%~15%;在揉切、发酵过程,由于酸度增大,氢离子浓度增高,脱植基叶绿素经过脱镁以后形成脱镁叶绿酸。揉切愈充分,叶绿素破坏愈彻底。所以揉切、发酵工序,叶绿素含量出现迅速而大幅度的下降,下降幅度达25%~50%;干燥过程在高温高湿作用下,叶绿素因产生热酯解而继续破坏,含量进一步减少。红茶干燥中叶绿素转化为脱镁叶绿酸和脱镁叶绿素。两者比例的多少影响着红茶的色泽。

表8-18 红茶制造过程叶绿素含量的变化 （安徽农学院,1980）

工序 叶绿素含量% 揉切方法	鲜 叶	萎凋叶	发酵叶	干燥叶
传统制法	0.314	0.274	0.178	0.015
转子机制法	0.314	0.273	0.240	0.012
C.T.C制法	0.314	0.272	0.237	0.027

叶绿素的破坏程度与叶底色泽关系较大,叶绿素破坏较少者常常出现青片、叶底花杂,甚至乌条,因此红茶初制中叶绿素破坏得越多越好。以形成红茶的"红汤、红叶"的品质特征。

类胡萝卜素是红茶最重要的香气先质。初制过程被氧化降解成各种挥发性和非挥发性产物,其含量逐渐减少。萎凋过程紫黄质与新黄质减少比较明显,发酵过程四种类胡萝卜素均有较大幅度下降（表8-19）。发酵过程类胡萝卜素的降解转化是伴随着儿茶素的氧化作用而实现的,干燥过程则因热的作用,使类胡萝卜素进一步降解转化。发酵、干燥过程,类胡萝卜素被氧化还原后形

表8-19 红茶初制过程类胡萝卜素的降解 （HazarikaM.等,1983）

项 目	鲜叶 （微克/克）	萎凋叶 （微克/克）	发酵叶 （微克/克）	干燥叶 （微克/克）
β-胡萝卜素	104.96	100.67	69.74	61.50
叶黄素	183.73	182.56	142.84	73.50
紫黄质	47.71	29.89	24.23	15.00
新黄质	37.49	33.91	25.91	23.50

成β-紫萝酮、α-紫萝酮、茶螺烯酮和二氢海葵内酯等芳香物质，从而增进了红茶香气。

六、可溶性糖总量的变化

可溶性糖包括一切单糖、双糖及少量的其他糖类。在初制过程，在淀粉酶的催化下淀粉逐步水解成麦芽糖，又在麦芽糖酶的催化下最后水解成葡萄糖，双糖也在转化酶的催化下水解成单糖。所以在初制过程，淀粉和双糖的含量逐渐减少，而单糖的含量增加。但干燥过程虽淀粉和双糖部分热解为单糖，而单糖又能在热的作用与氨基酸等结合或转化，生成香气等物质。因此在干燥工序，单糖稍有减少[16]（表8-20）。一般来说，成品茶中可溶

表8-20　祁红初制过程可溶性糖的变化　（林鹤松，1963）

名　称	鲜　叶	萎凋叶（%）	揉捻叶（%）	发酵叶（%）	干燥叶（%）
还原糖	0.166	0.201	0.581	0.705	0.555
非还原糖	0.328	0.464	0.123	0.136	0.017
总糖量	0.494	0.665	0.704	0.841	0.572

性糖总量比原鲜叶有所增加。可溶性糖增加的部分主要是单糖。但红茶初制过程可溶性糖的变化是复杂的，由于制茶的外界条件等的差异往往造成含量变化的不同，若可溶性糖的来源多于消耗和转化，则表现增加，反之则呈现减少[17]（表8-21）。表明制茶初期，由于单糖的氧化大大超过了淀粉等多糖类的水解速度，水

表8-21　红碎茶初制过程水溶性糖总量的变化　（陆锦时，1994）

名　称	含　量（%）	比鲜叶减少（%）
鲜　叶	5.41	
萎凋一时	4.49	0.92
萎凋二时	4.65	0.76
萎凋三时	3.73	1.68
萎凋四时	3.99	1.42
萎凋五时	4.16	1.25
揉　切	4.74	0.67
发　酵	5.07	0.34
干　燥	4.77	0.63

溶性糖量呈递减趋势。一小时萎凋叶可溶性糖含量较鲜叶下降0.92%。随着制茶时间的推移，淀粉酶等开始活跃，多糖、双糖等水解进程加快，增加了水溶性糖总量，使含量又逐渐回升，至发酵阶段，从三小时萎凋叶含量的3.73%回升至5.07%，增加1.34%。

茶叶的果胶物质也是一类具有糖类性质的高分子化合物，属杂多糖。这类物质包括不溶于水的原果胶和水溶性果胶物质两类。水溶性果胶物质与茶叶品质有着密切的关系，在红茶初制中，果胶物质产生了显著的变化。萎凋过程，由于原果胶物质的酶促水解，使原果胶物质部分转化成水溶性果胶，所以萎凋中原果胶含量减少，水溶性果胶明显增加。但整个萎凋过程，果胶物质的总量是下降的（表8-22）。揉切、发酵阶段，一方面由于发酵中向酸性方向发展，使水溶性果胶物质产生凝固，另一方面部分水溶性果胶还能在果胶酶和果胶酸等的催化作用下，进一步水解成半乳糖醛酸、甲醇和半乳糖等，因此含量出现较大幅度下降。干燥过程水溶性果胶又因受热而不断凝固，部分还能热解成甲醇和半乳糖醛酸等，因此烘干后含量明显减少。

表8-22 红茶制造过程中果胶物质的变化 （B.T.柯捷娅，1950）

名 称	鲜 叶	萎 凋 叶	发 酵 叶	毛 茶
水溶性果胶（%）	1.8	2.5	1.3	0.6
原 果 胶（%）	8.8	7.1	8.1	7.9
总 量（%）	10.6	9.6	9.4	8.5

七、芳香物质的变化

红茶的香气，是红茶品质的重要组成部分，在红茶制造中过程中形成。通常鲜叶中芳香物质仅50余种，但制成红茶后香气成分都增至300余种。这些香气成分，一部分来自鲜叶，一部分是萎凋，发酵过程酶促反应的结果，一部分是烘焙干燥过程热化学反应形成。红茶香气种类组合与配比千变万化，错综复杂，红茶的香气是众多香气成分的综合表现。

鲜叶中香气成分除以游离状态存在外，还有一部分香气成分

311

是以配糖体的形成存在。随着萎凋的进展，糖苷酶、脂酰酶、磷脂酶等活性逐渐提高，配糖体可在糖苷酶的作用下分解，游离出香气成分，参与茶叶香气的形成。同时类脂发生酶促水解，释放出高级脂肪酸，在脂肪氧化酶等作用下发生氧化降解生成各种醇、醛、酸等化合物。揉切损坏了叶细胞组织，不仅使多酚类物质与多酚氧化酶接触，同时也使存在于鲜叶液泡中的一些香气前导物（如萜烯类等），与细胞质中相应的酶类接触，发生作用，形成香气物质。发酵与红茶香气的形成关系密切，据研究，红茶发酵过程的香气形成与转化主要通过三种方式进行：第一、氨基酸氧化，脱氨形成的化合物，第二、类胡萝卜素的氧化降解形成β-紫萝酮、二氢海葵内酯、茶萝烯酮等芳香物质，第三、不饱和脂肪酸氧化降解形成顺-3-己烯醛、顺-3-己烯醇、反-2-己烯醛。这些变化，都与多酚类中的儿茶素的偶联氧化有关。干燥过程，由于受到高温作用，有些挥发性物质随水蒸气逸散，约有60%的香气散失。但同时，由于热化学作用，进一步促使多酚类，邻醌的偶联氧化，可使氨基酸、儿茶素、可溶性糖等物质产生热化学反应和热分解作用，生成吡嗪类、吡咯类、吡喃类的衍生物。形成挥发性香气成分，更进一步提高红茶品质。

就不同类型芳香物质中的醇类和酚类，在萎凋中含量明显减少，发酵过程增加，烘干阶段又显著少了，毛茶中总量不及鲜叶。羰基类和羧酸类化合物，发酵工序结束以前含量均成倍增长，干燥过程才出现明显减少，但总量仍远远高于原来的鲜叶（表8-23）。

表8-23　红茶制造过程芳香物质组分的变化　　（山西贞等，1966）

名　称	鲜　叶	萎凋叶	发酵叶	干　燥
醇　类	25.90	18.60	21.20	10.20
羰基类	1.00	2.20	4.60	1.90
羧酸类	3.00	3.60	7.90	6.70
酚　类	1.02	0.69	1.17	0.14
总　和	30.92	25.09	34.87	18.94

注：含量单位：毫克/千克

就具体香气成分而言，山西贞等（1966）曾用气体层析法做了研究，在萎凋时，乙醇、橙花醇、反-2-己烯酸、反-2-己烯醇、沉香醇氧化物（顺味喃型）、正-戊醛、己醛、正-庚醛、反-2-辛烯醛、苯甲醛、苯乙醛、正-丁酸、异戊酸、正-己酸、顺-3-己烯酸、水杨酸及邻一甲苯酚等均有所增加，特别是前三者大量增加。同时，顺-2-戊烯醇、沉香醇、牦牛儿醇、苯甲醇、苯乙醇和乙酸则显著减少。在发酵过程中，几乎全部组分均有增加，1-戊烯-3-醇、顺-2-戊烯醇、苯甲醇、反-2-己烯醛、苯甲醛、正-己酸、顺-3-己烯酸和水杨酸等特别显著，烘干时，大多数醇类、羰基和酚基化合物显著减少，同时乙酸，丙酸和异丁酸大量增加（表8-24）。

表 8-24　红茶制造过程香气成分的变化　（Akio Kobayashl 等，1966）

峰点号	芳香成分	峰点面积百分率（%）			
		鲜叶	萎凋叶	发酵叶	干燥
1	异丁醇	痕迹	0.4	0.5	0.6
5	正丁醇	痕迹	0.2	痕迹	1.3
6	1-戊烯-3-醇	0.3	0.4	3.1	2.4
8	异戊醇	0.4	0.8	1.0	1.2
9	正戊醇	0.2	0.3	0.7	0.9
10	顺-2-己烯醇	7.2	6.2	12.8	5.5
11	正乙醇	2.2	6.1	5.9	2.4
13	顺-3-己烯醇	9.9	13.3	13.4	7.2
14	反-2-己烯醇	0.6	2.8	5.0	3.3
16	沉香醇氧化物	2.1	3.1	3.1	2.1
17	沉香醇氧化物（顺呋喃型）	4.1	7.5	7.6	3.9
19	沉香醇	8.4	9.2	7.0	3.5
26	沉香醇氧化物（反吡喃型）	0.9	0.9	1.1	2.1
27	沉香醇氧经物（顺呋喃型）	1.5	0.5	1.7	1.6
30	橙花醇	痕迹	5.1	0.6	0.9
31	牦牛儿醇	29.4	12.4	11.6	15.0
32	苯甲醇	13.4	5.8	9.3	17.1
33	苯乙醇	7.2	2.5	4.0	17.3

峰点号	芳香成分	峰 点 面 积 百 分 率 （%）			
		鲜 叶	萎凋叶	发酵叶	干 燥
5	正丁醛	14.7	5.8	3.7	0.5
6	异戊醛	10.6	5.2	3.2	8.9
8	正戊醛	2.0	1.8	1.0	1.0
13	己 醛	2.1	11.4	9.3	6.3
18	正庚醛	1.6	1.2	1.2	1.5
19	反-2-己烯醛	2.3	8.9	1.7.5	10.4
25	反-2-辛烯醛	1.6	2.9	1.9	3.9
27	苯甲醛	19.8	20.2	21.2	20.1
33	苯乙醛	1.5	2.0	2.4	6.6
38	顺-茉莉酮	痕迹	痕迹	3.7	2.5
1	乙 酸	36.8	1.00	2.67	30.20
2	丙 酸	10.20	/	2.52	12.94
3	异丁酸	2.98	1.41	0.83	12.11
4	正丁酸	0.16	0.49	0.86	2.43
5	异戊酸	0.32	5.19	3.59	3.69
6	正戊酸	0.98	0.67	1.16	3.05
7	异己酸	痕迹	痕迹	痕迹	痕迹
8	正己酸	4.33	13.15	15.50	20.70
9	顺-3-己烯酸	8.94	13.28	17.62	1.46
10	反-2-己烯酸	5.14	32.21	10.79	6.19
11	辛 酸	0.14	0.40	0.63	6.06
12	水杨酸	29.60	32.21	43.82	1.21
1	未知酚类化合物 I	/	1.2	0.6	16.5
2	水杨酸甲酸	91.1	89.5	89.7	31.3
3	未知酚类化合物-II	/	2.2	4.9	/
4	苯 酚	5.2	4.0	3.7	33.8
5	邻-苯甲酚	/	2.1	1.1	痕迹
6	间-苯甲酚	3.7	0.9	痕迹	痕迹
7	未知酚类化合物III	/	/	/	18.5

第四节　红茶制造技术对茶叶品质
化学成分的影响

一、萎凋技术的影响

萎凋程度的轻重，对红碎茶的外形，内质都有重要的影响。研究结果表明，萎凋叶含水率低于60%以下，茶黄素就大幅度减少，鲜爽度得分就迅速降低。适度轻萎能防止多酚类物质过多消耗，有利于多酚氧化酶的活性，同时，叶片中保留较多的水分，水分是化学反应不可缺少的介质，因此能获得较多的茶黄素[18]（表8-25）。因此，掌握萎凋中含水量65%~70%是较为理想的。试验还表明，萎凋12小时，含水量达到68%左右，发酵叶的多酚氧化酶活性也最高，萎凋过重，发酵叶的酶活性下降（表8-26）。

表8-25　不同萎凋程度对红碎茶品质的影响　（胡松柏，1980）

萎凋程度 成分含量	74.51(%)	70.32(%)	64.37(%)	59.40(%)	53.51(%)	50.49(%)
TF（%）	0.92	0.90	0.89	0.75	0.74	0.57
鲜爽度分	42.61	42.57	41.07	35.45	34.96	29.75
品质总分	68.51	69.33	68.84	61.48	62.84	57.55

表8-26　不同萎凋程度对发酵过程中多酚氧化酶活性的影响

（刘维华，1980）

萎凋程度（含水%）	萎凋时间（小时）	发酵叶的酶活性
77.65	0	368.25
73.97	6	405.05
68.27	12	613.07
58.73	18	477.89
47.81	24	212.41

注：酶活性单位：每克酶粉繁每小时耗氧立方毫米数。

萎凋温度是影响萎凋过程化学物质转化的另一个重要原因。温度越高，水分蒸发量越大，萎凋速度越快。过高温度会使多酚类物质氧化损失过多，茶黄素的形成减少，对红茶品质不利。萎凋叶温保持在22℃~27℃较为理想，加温萎凋的温度一般掌握在25℃~35℃的范围内，这时茶黄素积累量较高，多酚类物质、儿茶素的保留量也较多。当萎凋温度超过35℃时，茶黄素的形成和积累就受到影响，温度愈高，影响愈大（表8-27）。

表 8-27　不同萎凋温度对萎凋叶和毛茶成分的影响

（湖南茶叶所，1980）

萎凋温度（℃）		25	30	35	40	45	50
萎凋叶	多酚类物质（%）	21.40	21.96	21.74	18.76	18.74	18.15
	儿茶素（%）	18.56	17.25	17.58	17.37	16.72	13.48
	氨基酸（%）	3.07	2.91	2.85	2.93	2.83	2.68
	水浸出物（%）	38.17	38.11	36.40	36.36	34.61	34.69
毛茶	茶黄素（%）	0.80	0.83	0.82	0.71	0.75	0.54
品质化学鉴定得分		61.20	60.84	58.11	51.20	54.38	44.95

萎凋过程，实质上是鲜叶化学成分的化学变化初级过程，诸如提高多酚氧化酶的活性，使蛋白质水解形成更多的氨基酸，淀粉和原果胶的水解产生可溶性糖和可溶性果胶等等，这些化学变化都必须经历一定的时间。但如时间太长，又会损耗基础物质。生产实践表明，鲜叶萎凋时间，从化学变化的要求说，8~18小时是需要的。萎凋时间过短，化学变化就难以完成。

萎凋的方式多种多样，有自然萎凋，人工萎凋和日光萎凋等。因为自然萎凋时鲜叶水分的散失及叶内各种物质的化学变化是在自然状况下进行，所以从理论上说，采用自然萎凋的制茶品质应优于其他萎凋方式。但在生产实践中，往往受气候条件的影响，如天气潮湿，空气中温度过低，致使鲜叶水分不易蒸发，叶组织的脱水作用不能正常进行，化学变化缓慢，严重影响萎凋质量。因此，为克服不利气候影响，提高萎凋工序的效率和质量，一般采用人工萎凋，在控制一定风温的前提下，采取鼓吹冷、热空气交替的方式进行。人工萎凋过程的理化变化一般较自然萎凋充分，可溶性氮和咖啡碱的含量也较自然萎凋叶高。并经试验，人工萎凋前鲜叶先期摊放三小时较人工萎凋后摊放两小时品质更为优良，成茶的茶黄素含量也明显高于后者[19]（表8-28）。

表8-28　不同萎凋方式对萎凋叶化学成分含量的影响

（UIIah.M.R，1985）

萎凋方式	总时间（小时）	可溶性氮（%）	咖啡碱（%）	水浸出物（%）	TF（%）	TR（%）
鲜　叶	0	1.89	3.46	48.39	0	0
自然萎凋	16	2.11	4.16	48.13	1.34	15.26
人工萎凋/摊放	18	2.11	4.30	46.03	1.31	15.52
摊放/人工萎凋	18	2.13	4.47	47.14	1.40	15.72

注：人工萎凋/摊放即先用萎凋糟人工萎凋16小时，再摊放2小时；摊放/人工萎凋即鲜叶摊放2小时后人工萎凋16小时。TF、TR系指成茶中的含量。

二、揉切技术的影响

揉切的目的要求萎凋叶组织能够获得充分而均匀的破碎和混合，为发酵化学变化创造条件。由于揉切叶摩擦生热，叶温升高，因此要尽量避免已破碎的叶组织在揉切过程中产生氧化反应，所以揉切速度要快，揉切时的叶温要低。

从某种意义上说，揉切的质量实际上就是揉切机的质量和性能问题。传统的长时揉切，叶细胞破损先后不一，多酚类物质的氧化也就迟早不同，氧化产物进展程度差异较大，造成品质形成的高峰不突出，不利于提高多酚类物质的有效氧化率而影响原料品质的发挥。因此，揉切机具的性能要求强烈、短时、快速。我国揉切机具从盘式揉制法发展到转子机制法，由转子机制法发展到 C.T.C 制法，最近又向 L.T.P 制法发展，使揉切机具越来越趋向强烈和快速。目前 L.T.P 揉切机和锤击式揉切机基本达到揉切工艺要求。为弥补 L.T.P 单机制茶的不足，往往与 C.T.C 和转子机组合进行揉切，会取得更好效果[20]（表 8-29）。

表8-29　不同揉切机械对红碎茶品质的影响　（梁启祥，1978）

揉切机组	水浸出物（%）	TF（%）	TR（%）	TB（%）	汤色鲜爽度得分	滋味浓强度得分	总　分
L.T.P	41.46	1.11	7.01	5.91	51.6	44.4	96
L.T.P+C.T.C	41.44	1.15	7.60	6.25	56.4	49.2	105.6
转子+L.T.P	40.63	0.23	7.18	6.30	54.6	45.2	99.8
平揉+转子	39.77	1.05	6.49	4.62	46.0	46.2	92.2

三、发酵技术的影响

发酵工序始终以多酚类物质的酶促氧化为中心，是形成红碎茶色、香、味品质特征的关键工序。只有良好的发酵，才能形成较多茶黄素和茶红素，才能形成更多的香气物质，才能保证优良的制茶品质。良好的发酵环境条件应该具备茶多酚酶性氧化所需的适宜温度，湿度和氧气量。

发酵环境要求保持高湿（90%以上湿度），有利于提高酶的活性，有利于茶黄素的形成。如果发酵环境湿度过低，则发酵叶含水量减少，往往使多酚类物质的自动氧化加速，茶褐素积累过多，造成制茶品质汤色和叶底较暗，滋味淡薄。

温、湿度条件中的温度是主要因素，一般认为，在发酵前期要求稍高的温度，以利于提高酶的活性，促进多酚类物质的酶性氧化，形成较多的茶黄素和茶红素。发酵中、后期必须逐渐降低温度，以减少多酚类物质的损耗，减缓茶黄素和茶红素向茶褐素转化速度，有利于茶黄素的积累。如果发酵温度太高，会加速茶黄素向茶红素的自动氧化，所形成的茶红素能与氨基酸类结合，形成色暗、味淡的茶褐素，发酵时间延长，茶褐素将进一步转化成水不溶性物质，造成多酚类物质氧化量增多，茶黄素不仅难于增加，而且趋于减少，使茶叶品质失去了鲜爽，强烈的基础[21]。实践表明，发酵温度在 20℃~30℃范围内，以偏低为好（表 8-30）。

表 8-30　不同发酵温度和时间对红碎茶品质的影响　（胡松柏等，1980）

温度	项目＼时间	0	30分	60分	90分	120分	150分	180分	210分
20℃	TF（%）	0.654	0.956	/	0.990	0.940	/	0.940	0.980
	鲜爽度	26.43	41.41	/	46.92	45.74	/	44.26	43.67
	浓强度	42.8	34.19	/	32.14	31.24	/	28.50	28.83
	品质总分	67.61	75.60	/	79.06	75.66	/	72.76	72.50
30℃	TF（%）	0.654	0.968	0.995	0.919	0.785	0.713	0.620	0.613
	鲜爽度	26.43	41.96	42.52	41.14	40.80	38.28	33.24	32.85
	浓强度	42.8	34.34	32.75	30.51	29.92	29.48	25.41	25.31
	品质总分	67.61	76.30	75.27	71.65	72.04	67.76	58.65	58.16
40℃	TF（%）	0.654	0.933	0.912	0.851	0.623	0.499	0.444	0.453
	鲜爽度	26.43	41.23	40.55	38.05	32.49	29.36	30.40	29.87
	浓强度	42.8	33.84	30.30	28.09	24.75	21.97	22.05	21.64
	品质总分	67.61	75.07	70.85	66.14	57.24	51.32	52.49	51.51

红碎茶发酵需要大量氧气，试验研究的结果表明，制造一公斤的干茶，发酵过程中平均每小时耗氧大约为4~5升。发酵时的耗氧量比揉切、萎凋和鲜叶都大得多[22]（表8-31）。根据现行的工艺流程推算，制造一公斤干茶从鲜叶到发酵结束，大约需耗氧35升左右，而且供氧量必须大大超过耗氧量，另外，呼吸和发酵过程中产生大量的二氧化碳废气，也必须增加通气量来进行排除，萎凋过程还要排湿，风量必须更大。所以在萎凋、揉切、发酵过程中充分通气供氧是非常必要的。

表 8-31　红茶制造过程中的耗氧量　（程启坤，1980）

工　序	制造一公斤干茶平均每小时耗氧量
鲜　叶	1.0升左右
萎　凋	1.5升左右
揉　切	3.0升左右
发　酵	4~5升左右

四、干燥技术的影响

干燥的目的，不仅仅是去除水分，而且是为了进一步巩固发酵过程形成的成果，调整、协调品质成分，完善红碎茶的品质特征。因此，良好的发酵条件所形成的优良品质，如不及时干燥，将会前功尽弃。干燥应分两段进行，先在高温充分排湿情况下迅速停止酶的活性，使有效的品质成分固定下来；然后在稍低的温度下充分干燥至含水量达 3%~4%，以达到保持优良品质的目的。

干燥过程中最忌茶叶处于闷蒸状态，因为在这种闷蒸条件下多酚类物质的自动氧化非常迅速，茶黄素和茶红素向茶褐素的转化也十分激烈，因此对品质极为不利，常常使良好的发酵叶烘出了品质低劣的红碎茶（表 8-32）。因此，鼓风在干燥工序中是保证质量的又一手段[23]。鼓风的作用主要是使叶温均匀，加速排湿，以缩短干燥时间，不致因水气排散过慢，使茶叶产生闷味，使品质化学成分受到损失。同时鼓风必须掌握好风量与风压。

表 8-32　低温排湿不良的干燥条件造成的结果　　（程启坤，1979）

名　　称	茶黄素（%）	茶多酚（%）	品质化学鉴定得分		
			汤色鲜爽度	滋味浓强度	内质总分
发酵叶	1.06	22.30	40.5	24.4	64.9
毛　茶	0.69	16.96	30.4	17.6	48.0

烘干温度和干燥方式，对于发挥茶叶品质，发展茶叶香气影响是密切的。与低温干燥（叶温 55℃~60℃）比较，适当的高温干燥（平均叶温 65℃~70℃）有利于儿茶素的保留和茶黄素、茶红素的积累，对品质有利[24]（表 8-33）。同时较高温度的干燥，也有利于氨基酸被氧化转化为某些香气物质，也可以与糖发生热化学反应形成香气物质，以促使红茶香气的进一步形成和发挥，这也是茶氨酸减少的重要原因[25]（表 8-34）。冷冻干燥与加热干燥比较，虽能保留较多的化学物质，但许多化学物质转化不充分，叶绿素破坏少，同时冷冻干燥一些低沸点的芳香物质保留较多，高沸点芳香物质没有得到充分的转化和发挥，这些都是对品质不利因素，因此，认为冷冻干燥不适宜红茶干燥。

表8-33 红碎茶不同干燥方式化学成分含量比较（宛晓春，1988）

名称	叶绿素			儿茶素总量(mg/g)					可溶性糖(%)	咖啡碱	TF(%)	TR(%)	TB(%)
	总量	a	b	总量	GC	EC+C	EGCG	ECG					
冷冻干燥	100	100	100	27	4.3	4.7	8.7	9.3	3.47	4.14	0.44	5.15	5.29
高温烘干℃（叶温65~70）	65.9	78.6	50.9	18.5	3.7	2.5	4.5	7.9	2.41	3.96	0.36	5.02	6.01
低温烘干℃（叶温55~60）	84.4	94.7	72.3	18.1	3	2.6	5.0	7.5	2.91	4.06	0.32	3.6	6.84

注：叶绿素含量以冷冻干燥为100。

表8-34 红碎茶不同干燥方式游离氨基酸含量的变化 （宛晓春，1988）

名称	丝氨酸	谷氨酸	甘氨酸	丙氨酸	半胱氨酸	缬氨酸	蛋氨酸	亮氨酸	异亮氨酸	酪氨酸	苯丙氨酸	赖氨酸	精氨酸	天冬氨酸	茶氨酸	苏氨酸	组氨酸	脯氨酸	色氨酸	总量
冷冻干燥	88.6	182	3.1	42.5	13.2	35.5	3.0	34.8	24.8	52	53.9	32.5	42.9	176.6	997	49.8	4	24.4	25.2	1885.4
高温干燥（叶温65~70℃）	74.2	153.4	2.6	38.1	11.6	31.7	2	32.9	24.6	56.7	49.3	25.9	39.7	152	820.4	40	2.7	23.1	22	1603
低温干燥（叶温55~60℃）	79	165.2	2.8	41	12.8	34.4	2.6	34.9	25.1	53.2	52	28.1	40.7	164.1	882.6	44.2	2.8	23.6	22.5	1771.15

注：游离氨基酸含量 mg/100g。

第五节　红茶品质形成的机理与途径

"发酵"作用是红茶品质形成的基础，而多酚类的氧化、聚合、缩合反应又是发酵的实质。制茶过程中的化学变化是十分复杂的，但主要是多酚类物质的氧化变化。在多酚氧化酶催化下形成邻醌，邻醌又进一步氧化缩合形成 TF、TR 等有色物质，并伴随外表叶像的由绿变红的变化。同时，其他各种化学成分也进行着相应的酶化学反应，氧化还原、水解、降解成各种香气及滋味物质等。这些反应是相互联系的，并以儿茶素类酶催化氧化还原反应为中心（图 8-2）。

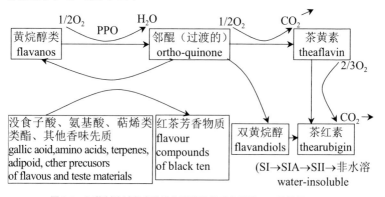

图 8-2　红茶制造过程多酚类物质等化学反应图解　（桑德松，1972）

由各种儿茶素氧化聚合形成的茶黄素等物质，都不是单一的物质，通过前人的一系列研究，到目前为止，在红茶中已发现并分离、鉴定出 9 种茶黄素，它们的名称、分子式、分子量列表（表 8-35）所示。其中 TF_1a、TF_1b、和 TF_1C 互为异构体，统称为茶黄素（即 TF_1；TF_2A 和 TF_2B 统称为茶黄素单没食子酸酯；TF_3

是茶黄素双没食子酸酯；（+）TF₄、（-）TF₄ 和（-）TF₄G 是由没食子酸和儿茶素及其没食子酸酯形成的茶黄素，属茶黄酸类）。

桑德松（1977）将前人研究的结论进行归纳，提出了茶叶在"发酵"中儿茶素类的氧化途径。儿茶素在有氧和多酚氧化酶的催化作用下形成中间产物——邻醌，这些中间产物又以四种途径进行缩合反应：

（1）（-）—EC 和（-）—EGC 反应生成 TF₁；（-）—EC 和（-）—EGCG 反应生成 TF₂A；（-）—ECG 和（-）—EGC 反应生成 TF₂B；（-）—ECG 和（-）—EGCG 反应生成 TF₃。

（2）（-）—EC 和没食子酸反应生成（-）—TF₄；（-）—ECG 和没食子酸反应生成（-）TF₄G。

（3）（-）—EC、（-）—EGC、（-）—ECG 和（-）—EGCG 分别以 4、8 位连接生成聚合物。

（4）上述之类生成物以及各种儿茶素的氧化中间产物（邻醌）都有可能进一步氧化聚合生成茶红素类物质。

Collier（1973）综合了许多前人研究结果，归纳出各种茶黄素的合成先质（表 8-35），由此不难看出，TF₂ 和 TF₃ 所占比例最大，其次是 TF₁，TF₄ 含量最少（表 8-36）。因为合成 TF₂ 和 TF₃ 的儿茶素主要是 L-EGCG、L-ECG 和 L-EGC，因此，这三种儿茶素是决定红茶品质的主要儿茶素。

表8-35 红茶中的茶黄素及其合成先质 （P.D.CoIIier 等，1973）

茶黄素种类			分子式	分子量	合 成 先 质
序号	名 称	代号			
1	茶黄素 a	TF₁a	$C_{29}H_{24}O_{12}$	564	L-EGC+L-EC
2	茶黄素 b（异茶黄素）	TF₁b	$C_{29}H_{24}O_{12}$	564	D-GC+L-EC
3	茶黄素 c	TF₁c	$C_{29}H_{24}O_{12}$	564	L-EGC+D-C
4	茶黄素单没食酸酯 A	TF₂A	$C_{36}H_{48}O_{16}$	716	L-EGCG+L-EC
5	茶黄素单没食酸酯 B	TF₂B	$C_{36}H_{48}O_{16}$	716	L-EGC+L-EGC
6	茶黄素双没食子酸酯	TF₃	$C_{43}H_{32}O_{20}$	868	L-EGCG+L-ECG
7	茶黄酸	(+)TF₄	$C_{21}H_{16}O_{10}$	428	L-EC +没食子酸
8	表茶黄酸	(-)TF₄	$C_{21}H_{16}O_{10}$	428	D-EC +没食子酸
9	茶黄酸没食子酸酯	TF₄G	$C_{28}H_{20}O_{14}$	580	L-ECG +没食子酸

表 8-36 红茶中各类茶黄素的含量及其比率 （P.D.CoIIier 等，1973）

茶 黄 素	含 量	占总量的 %
TF$_1$（包括 TF$_1$a、TF$_1$b、TF$_1$c）	0.2~0.3	10~13
TF$_2$（包括 TF$_2$A、TF$_2$B、）	1.0~1.5	48~58
TF$_3$	0.6~1.2	30~40
TF$_4$	0.05~0.1	0.2~0.3

儿茶素氧化成邻醌（ECG、EGCG）后，同时存在向 TF 和 TR 的转化途径。但形成 TF 的条件是严格的，它要求 ECG 与 EGCG 等克分子相结合，但由于茶鲜叶中 EGC 与 EGCG 含量比 EC 和 ECG 高得多，氧化还原电位低，所以 EGC 与 EGCG 优先氧化，这使 EGC 和 EC 的氧化速度和比例不同，EC 即使在多酚氧酶作用下发生氧化，但因氧化还原电位高，故又夺取其他氧化还原电位较低的酚类物质的 H$^+$，其自身被还原，故使其较难于顺利结合形成 TF。

与 TF 相比较，TR 的形成却活跃得多。TR 是红茶中一类分子差异极大，性质不同的多种成分所组成，是结构中酸性物质占优势的酚质化合物，它包括了儿茶素酶促氧化聚合产物和儿茶素及其聚合物与蛋白质、氨基酸，原花色素和糖类等非酶促氧化产物。TR 的形成并非必经 TF 转化的唯一途径，任何一种儿茶素或几种儿茶素组合的氧化聚合均能形成 TR，儿茶素组合不同，形成的 TR 也不同。总之，TR 形成的途径较多，产物复杂、易变、多样化（图 8-3）。因此，目前具体的种类尚难于鉴定确定。

茶褐素通常认为由 TF、TR 进一步氧化聚合，缩合形成和红茶制造中，糖类物质在热的作用下形成的类黑素物质，它们是一种非透析性的高聚化合物，非透析性质的主要组分是多糖、蛋白质、核酸和多酚类物质等。茶褐素是茶汤发暗的因素。

如上所述，多酚类物质的氧化产物——TF、TR、TB 形成后，它们都可能有一部分要与蛋白质结合形成水不溶性物质，沉积于叶底之中，这就是形成各种叶底色泽的原因。此外，茶黄素类物质可与咖啡碱综合形成鲜爽的滋味物质。另外，儿茶素的初级氧化物——邻醌还能与某些氨基酸结合形成具有芳香的物质，从而增进茶叶香气。

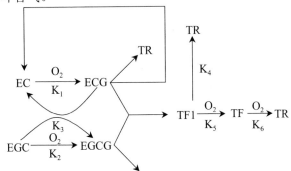

图 8-3　红茶制造过程儿茶素形成 TF、TR 图成　（罗伯逊，1983）

当然，茶叶中的多酚类，除了儿茶素类物质以外，黄酮类物质也能在多酚氧化酶作用下氧化聚合，其氧化产物呈橙黄至棕红色，对红茶的汤色、滋味也有一定影响。

主要参考文献

[1] 黄梅丽，等. 食品化学[M]. 北京：中国人民大学出版社，1986.

[2]、[4] 陈椽. 制茶技术理论[M]. 上海：上海科学技术出版社，1984.

[3] 潘文毅. 关于茶叶吸附理论的探讨[J]. 茶业通报，1988.

[5]、[7]、[8]、[13]、[14] 陆锦时，等. 绿茶贮藏过程主要品质化学成分的变化特点[J]. 西南农业学报，1994, (6).

[6]、[9] 陆锦时，等. 茶叶贮藏保鲜技术研究报告，茶叶贮藏保鲜技术成果，渝科委鉴字[1988]第 129 号.

[10]、[11] 霍学文，等. 绿茶的陈化及其防止途径[J]. 食品科学，1987.

[12] 吴小崇. 绿茶贮藏中质变原因的分析[J]. 茶叶科学，1989, (2).

[15]、[18]、[21] 陆锦时，等. 贮藏条件与红碎茶品质的关系[J]. 西南农业学报，1994, (7).

[16]、[20] 陆锦时，等. 不同贮藏和包装条件对绿茶的保质效应研究[J]. 西南农业学报，1994, (7).

[17] 程启坤. 茶化浅析[D]. 浙江印刷发行技工学校印刷厂，1982.

[18] 汪有钿. 茶叶贮藏保鲜技术试验初报[J]. 安徽茶叶科技，1987, (1).

[19] 增泽武雄,等. 茶的品质保存问题[J]. 福建茶叶，1980, (3).

[22] 伍文棋. 成品茶的霉菌分析[J]. 中国茶叶，1993, (6).

第九章　茶叶贮藏化学

　　茶叶是一种质地疏松和多孔隙的饮料商品，容易受周围环境因素影响，具有很强的吸湿和感染异味的特点。同时，茶叶从生产到消费，有一个较长的贮藏、流通过程，如果贮藏和包装不当，在短期内就会发生质变，失去茶叶应有的风味，严重影响茶叶的饮用价值和商品价值。因此，了解茶叶的变质原因及其影响因素，同时采取相应科学、合理的贮藏技术是十分必要的。

　　我们在讨论茶叶贮藏化学时，必须区分茶叶后熟作用和陈化的概念。一般而言，陈茶是不受欢迎的，但也有的茶叶越陈越好，如普洱茶，只有具有"陈香"，品质才算正路。另外，一般茶叶都有后熟作用。所谓后熟作用，是指茶叶品质略生变为良好这段过程的品质变化。后熟作用表现在"生青气"消失，显现正常茶香，刺激性很强的青气味经后熟作用变得比较醇和，茶汤浓度增大，叶底变得明亮。而后熟过程长短往往受环境因素的影响。不同茶类对后熟要求不同，如祁门红茶要求熟味较重，有独特的祁门香，而红碎茶则要求较生，特点是浓、强、鲜。西湖龙井刚制成时带"生青气"，经 1~2 个月的石灰缸贮藏，"生青气"消失，香高馥郁。

第一节　茶叶吸附的特点和原理

　　吸附是一相组成物质的分子或原子附着在另一相物质表面上的现象。根据范德华力分子间的作用原理，由于固体表面分子或原子和液体一样受周围分子或原子吸引力的作用是不平衡的，所以存在着表面张力和表面能，这就意味着固体向空间一面作用力未饱和，有剩余价力，这种力使固体与密度比它小的气体分子或原子间发生一定类型的结合，使整个体系趋于稳定状态，这时就产生了吸附现象。吸附的物质称为吸附剂，被吸附的物质称为吸附质[1]。茶叶是一种疏松多孔的固体，这就决定了它同一般固体一样具有吸附性能。茶叶作为一种吸附剂，能吸附香气，也能吸附各种异味，还能吸附空气中的水蒸气。

一、茶叶的吸附特性

茶叶的吸附特性是由它的植物学特性和生化特性决定。茶叶海绵组织相当发达，鲜叶含水量又高，因此干燥后的茶叶孔隙率很高，质地疏松而分散，是一种疏松而多孔隙的结构体，它不但有外表的形态结构，而且有错综复杂的内表面微孔结构，这些孔隙贯通整个茶叶，又与外界相通，许许多多的孔隙管道内壁的表面加起来，总有效面积很大，这些固体表面的"空悬键"对密度比它小得多的气体具有很大的吸引力，这就决定了茶叶具有很强的吸湿和吸收异味的特征。

茶叶之所以能成为一种良好的吸附物质，还与茶叶内所含的某些化学物质有关。茶叶中含有相当量的柔水胶体，如淀粉和蛋白质，都容易吸附水分，茶叶中多酚类物质、咖啡碱等主要品质成分，也是一种水溶性很大，吸湿性很强的物质。脂肪族中的棕榈酸、萜烯类和邻苯二甲酸二丁酯等化学成分均属高沸点物质，能吸附空气中易挥发性气体物质，并能固定。同时，这些物质分子量大，结构复杂，分子间的作用力大，吸附能力强，也属于范德华力作用产生吸附的范围。

按照固体表面分子或原子与气体分子结合力本质的不同，固体吸附可以分为物理吸附和化学吸附两种，前者物质借一般分子间吸引力如范德华力和剩余价力等而形成的吸附，所需吸附热较低，约 5 千卡/克分子或更小，在较低温度下即可进行，后者是固体与气体分子间形成了化学键的吸附，需要吸附热较高，至少10 千卡/克分子，需要较高的温度[2]。由此可知，物理吸附较易发生，而化学吸附需要特定的条件，如在吸附质与吸附剂之间要形成化学键，旧键的断裂，新键的形成，需要一个活化过程和一定的活化能量，这都需要较高的温度环境条件，因而可以认为，茶叶贮藏过程化学吸附的可能性较小，茶叶的吸附一般以物理吸附为主。

二、茶叶吸附的原理与途径

物理吸附决定了茶叶吸附的无选择性和可逆性。茶叶能吸附水汽、香气、臭气，以及汽油、烟气、农药气味等各种异味物质。它既能吸附非极性分子，也能吸附极性分子。茶叶在吸附的同时进行着解吸，在解吸的同时进行着吸附[3]。总之，吸附与解吸的过程往往是交叉进行的，双向和可逆的。吸附是个放热过程，解吸是个吸热过程。

茶叶的吸附作用依靠外在与内在的扩散作用来进行。首先水蒸气或气体分子从茶叶的孔隙表面经过相连的最外层进行扩散作用，称为外扩散，然后沿着茶叶孔隙向孔内表面扩散，称为内扩散。最后这种气体或水汽被茶叶孔隙内表面所吸附。外在和内在的扩散作用的速度不同，其决定条件是：温度、蒸汽的相对压力和蒸汽的移动速度，而内在扩散的作用速度是与茶叶组织结构和化学成分有关。茶叶吸一层气体分子后，被吸附的分子与未被吸附的气体分子之间依然有分子引力，在第一层分子上还可以发生第二层吸附，在第二层上可发生第三层吸附……即多分子层吸附。但各层吸附力和吸附热不同，随吸附层次的增加各层吸附量依次减小，这时由于体系温度的不断升高，解吸的速度也逐渐加快。

三、茶叶的嫩度与结构对吸附的影响

茶叶的等级与嫩度，决定茶叶内外的几何结构，直接影响茶叶的吸附能力[4]。高等级茶叶嫩度好，内表面细孔结构比表面大，孔径细，孔隙率大，吸附量多；孔径短，气体分子与孔壁碰撞接触的机会多，易发生毛细管"凝聚"，故吸附量大。低档粗老茶嫩度差，内表面细孔结构比表面较少，孔隙的孔径大而少，因此毛细管"凝聚"作用较弱，吸附量较少。

烘青与炒青由于制造工艺不同形成内外表面的结构差异，吸附作用亦不尽相同。前者组织结构较疏松，孔隙和管道的表面积较大，所以吸附性和渗透性都很强，而炒青由于在锅中做形炒干，表面层组织受破坏，茶条组织结构紧密而表面光滑，部分孔隙堵塞，因而吸附能力降低。

茶叶自身含水率和环境湿度会影响茶叶的吸附。茶叶在高湿条件下，会很快吸附空气中的水汽，相反，当茶叶处于低湿条件下，茶叶内的水汽就会逐渐向空间蒸发扩散而减少，一直到取得动态平衡为止。茶叶含水量与吸附总表面积有直接关系，茶叶含水量大，一方面组织膨胀，孔隙被挤压减缩，其次孔隙被水分堵塞，剩余吸附空间减小，从而使吸附性能减弱，茶叶含水量达到18%~20%，基本上达到吸收的饱和程度，其吸附能力几乎等于零。

温度对茶叶吸附也有很大影响。环境温度增高，使体系温度升高，从而提高了空间气体分子的动能，使分子活动区域增加，内表面层的碰撞次数增加，从而提高了茶叶的吸附能力。但如果环境温度过高，已被吸附的气体分子动能将会增加，克服自由力场恢复气相，发生解吸和蒸发。

第二节 贮藏过程中茶叶陈化现象和
化学品质成分的变化

茶叶贮藏运销过程，受外界各种环境条件影响，内含品质化学成分发生一系列复杂的化学反应，并产生出各种不利于茶叶色、香、味的物质，从而导致茶叶陈化变质。茶叶陈化变质的感官表现为干茶色泽由鲜变枯，汤色由亮变暗，滋味由浓变淡，香气由爽变陈。这是由于与色、香、味等感官品质相应的化学成分如多酚类物质、氨基酸、脂类、色素、芳香物质等有机物质性质大多不太稳定，在空气中氧的作用下极易发生自动氧化，使茶叶品质发生劣变，失去原有的色、香、味的缘故。

一、多酚类物质

多酚类物质和儿茶素是构成茶叶滋味的主要成分，它与氨基酸、糖等呈味成分相互协调、配合，使茶汤滋味浓醇、鲜爽，并富有收敛性。但多酚类物质，特别是占茶多酚总量70%左右的儿茶素贮藏过程很容易自动氧化。这种氧化的速度虽然是缓慢进行的，并非像酶性氧化那样激烈而迅速，但长时间的贮藏，这种变化还是很显著的，尤其在茶叶含水量高、贮藏温度高、空气湿度大的情况下，多酚类物质下降的速度十分显著。

多酚类物质中儿茶素的变化途径，首先是脱氢形成醌，进一步氧化聚合形成褐色物质。儿茶素及其氧化中间产物还与氨基酸、蛋白质等结合，形成暗色的高聚化合物，从而破坏茶汤滋味结构的相互协调，使茶汤滋味变得淡薄而缺乏收敛性和鲜爽感，茶汤色泽变深、变暗，逐渐从固有的本色逐渐向橙黄、红和褐色方向转化。

根据绿茶贮藏 12 个月的试验结果：贮藏初期，茶叶多酚类物质呈现明显下降趋势，贮藏至第四个月份，含量开始回升，然后稳定在一个水平上，三个月后又逐渐缓慢下降，成单峰曲线变化[5]（图 9-1）。贮藏过程多酚类物质单峰的出现，这一方面可能由于少量不溶性多酚类物质在含水量增加的情况下，被转化成可溶性多酚类物质，另外，部分多酚类物质的氧化中间产物因难于进一步聚合而被还原，使可溶性多酚类物质含量呈回升趋势。12 个月贮藏结束，多酚类物质由贮藏前的 23.71% 降至 21.12%，减少幅度 10.92%。

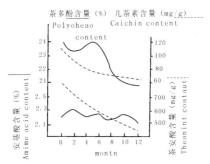

图 9-1   多酚类物质、氨基酸在绿茶贮藏过程中的变化（陆锦时，1994）

由图 9-1 看出，作为多酚类物质的主体物质儿茶素，在贮藏过程始终呈现明显下降趋势，其含量由贮藏前的 102.71mg/g 下降至 61.64mg/g，减少幅度达 39.99%。贮藏过程多酚类物质的减少幅度和氧化速率，与茶叶自身含水量和空气相对湿度有密切关系。

红碎茶贮藏过程多酚类物质总趋势是下降的[6]。贮藏头三个月，下降幅度相对较小，含量由贮藏前的 12.60% 下降至 11.68%，绝对值减少 0.92%，下降幅度为 7.30%；贮藏至第六个月，含量急剧下降至 10.45%，绝对值减少 2.15%，下降幅度达 17.06%。随后基本稳定在一个相同的水平，逐渐缓慢减少，至 12 个月贮藏结束，多酚类物质绝对值减少 2.44%，减少幅度 19.37%（表 9-1）。

表 9-1　红碎茶贮藏过程茶多酚、茶黄素、茶红素和茶褐素的变化

（陆锦时，1994）

项　目	七　月（贮前）	九　月	十一月	翌年一月	三　月	五　月	七　月
茶多酚（%）	12.60	11.68	11.81	10.45	10.76	10.65	10.16
茶黄素（%）	0.80	0.80	0.88	0.68	0.68	0.65	0.66
茶红素（%）	6.27	5.74	5.88	6.18	6.12	6.00	5.95
茶褐素（%）	6.60	6.84	6.73	8.16	8.53	8.87	10.10

茶黄素是多酚类物质的氧化初级产物，也是红碎茶品质的重要指标，它与汤色明亮鲜艳程度、滋味鲜强度密切相关。头两个月，茶黄素变化平稳，含量基本保持在贮藏前的水平，贮藏 5~6 个月，含量由贮藏前的 0.80% 上升至 0.88%，绝对值增加 0.08%，增加幅度达 9.10%，贮藏六个月后含量急剧下降至 0.68%，绝对值下降 0.12%，下降幅度达 15%，并稳定在相同水平上，逐步缓慢下降。至贮藏结束，含量绝对值下降 0.14%，下降幅度达 17.50%。

以上不难看出，茶黄素含量剧增的月份，恰似多酚类物质含量剧减时期，说明红碎茶保留的多酚类物质在贮藏过程中能自动氧化生成茶黄素，从而说明短期贮藏有利于红碎茶品质的转化。

茶红素头三个月含量略有下降，贮藏 16 个月时含量出现高峰，以后又平稳下降。至贮藏结束，含量由贮藏前的 6.72% 下降至 5.95%，绝对值减少 0.32%，下降幅度达 5.10%。茶红素出现高峰的月份与茶多酚类物质含量剧减、茶黄素含量剧增的时期大体吻合。在茶黄素含量增加的情况下，茶红素含量的相应增加，有利于红碎茶的品质的提高。

茶褐素的含量是随着贮藏时间的延长而增加，贮藏头三个月增加幅度较小，贮藏至六个月含量由贮藏前的 6.6% 急增至 8.16%，绝对值增加 1.56%，增加幅度 15.56%。至贮藏结束，含量增加至

10.10%，绝对值增加 3.50%，增加幅度为 53.03%。茶褐素呈棕褐色，是茶汤发暗的主要成分，含量过高，味淡、汤暗，影响红茶品质。

二、氨基酸

氨基酸是茶叶重要的滋味物质，对茶叶品质十分重要。贮藏过程变化十分激烈。氨基酸能与茶多酚的自动氧化产物醌类结合形成暗色聚合物，影响绿茶的色泽和茶汤的明亮度；在红茶中氨基酸还能与茶黄素、茶红素作用形成深暗色的聚合物。另外，氨基酸在一定温、湿度条件下自身会发生降解和转化，如对茶汤鲜爽味起主要作用的茶氨酸易水解生成乙胺和谷氨酸，从而使游离氨基酸的含量不断减少。

绿茶贮藏过程氨基酸的变化成波浪形曲线[7]。贮藏头两月，含量明显上升，绝对值较贮藏前增加 0.16%，上升幅度达 7.51%，贮藏四个月后含量则明显回落。以后始终呈高低起伏的变化状态（图 9-1）。

研究认为，贮藏前阶段，由于茶叶自身含水量的急剧增高和空气温湿度的升高，所以在氨基酸氧化、降解的同时，部分水溶蛋白质也开始水解，并且后者的转化速度明显高于前者，使游离氨基酸积累增加，出现回升现象。随着贮藏时间的延长，水溶蛋白质水解速度逐渐减缓，而游离氨基酸本身的氧化降解速度则逐渐加强，使氨基酸的回升势头趋减弱。但在贮藏的最后两个月（11、12 两月），由于贮藏环境的相对干燥和茶叶自身含水量的减少，使氨基酸的降解速度减缓，至贮藏结束，氨基酸含量仍达到 2.15%，与贮藏前的 2.13% 含量大体持平。在整个贮藏过程，氨基酸绝对值的升降度值为 0.05%~0.16%，变化幅度达 2.27%~7.51%。

茶氨酸是游离氨基酸中的主要氨基酸，对茶汤的滋味品质具有特殊意义。在贮藏过程呈直线下降趋势[8]，其含量由贮藏前的 770.18mg/100g 下降至 404mg/100g，绝对值减少 366.18mg/100g，减少幅度为 47.54%（表 9-2）。

表 9-2　绿茶贮藏过程氨基酸的变化　（陆锦时，1993）

项　目	七　月（贮前）	九　月	十一月	翌年一月	三　月	五　月	七　月
氨基酸（%）	2.13	2.29	2.13	2.25	2.09	2.20	2.15
茶氨酸（mg/100g）	770.18						404.00

　　游离氨基酸总量贮藏前后虽大体相等，但在其组成及比例上却已发生了深刻变化。首先，约占 50% 左右的茶氨酸已大量降解，其次，对品质起主要作用的谷氨酸、天门冬氨酸和精氨酸等也被大量氧化。显然，贮藏结束后的游离氨基酸保留量，多数来源于水溶蛋白质的水解产物。但这部分氨基酸的增加，不能改善茶叶品质。

　　氨基酸也是构成红碎茶滋味鲜爽度的主要成分。其含量基本上是随着贮藏时间的增长而减少的[9]。贮藏 12 个月，含量由贮藏前的 1.95% 下降至 1.66%，绝对值减少 0.29%，减少幅度达 14.87%（表 9-3）。

表 9-3　红碎茶贮藏过程氨基酸的变化　（陆锦时，1993）

项　目	贮　前	二个月	四个月	六个月	八个月	十个月	十二个月
氨基酸（%）	1.95	1.96	1.90	1.75	1.80	1.74	1.66

三、香气物质

　　随着贮存时间的延长，茶叶香气逐渐减弱，鲜爽度逐渐丧失，陈味开始显露，直至品质完全劣变、陈化，失去饮用价值。茶叶中含有较多的脂类物质，特别是一些游离的不饱和脂肪酸，它们都是构成茶叶香气的重要化学基础，但又是一些很不稳定的成分。在温度较高和有氧的条件下，脂类会发生水解生成游离脂肪酸。

　　绿茶贮藏过程中脂类物质呈明显的下降趋势，据资料介绍，贮藏三个月，绿茶总脂含量由贮藏前的 3.96% 下降至 3.52%，减少幅度达 11.11%，六个月，含量下降至 3.07%，减少幅度达 22.47%，十八个月贮藏结束，含量下降至 3.03%，绝对值较贮藏前减少 0.93%，减少幅度达 23.48%（表 9-4）。

表 9-4　绿茶在 25℃条件下贮藏脂类含量的变化

（阿南正丰等，1982）

脂 类	含 量（%）			
	贮藏前	三个月	六个月	十八个月
总 脂	3.96	3.52	3.07	3.03
糖 脂	1.76	1.50	1.24	1.20
甘油酯	0.78	0.71	0.66	0.65
磷 脂	1.42	1.30	1.17	1.16

贮藏过程亚油酸、亚麻酸等游离脂肪酸的变化与脂类物质基本相似。绿茶贮藏三个月，游离脂肪酸总量由贮藏前的 3.14% 下降至 2.84%，绝对值减少 0.3%，下降幅度达 9.55%，十八个月贮藏结束，绝对值减少 0.53%，减少幅度达 16.88%（表 9-5）。以上这些游离脂肪酸的进一步氧化分解，会产生具有不良气味的低分子醛、酮、醇等挥发性物质，这是引起贮藏茶叶香气变化的重要原因之一。

表 9-5　绿茶在 25℃条件下贮藏游离脂肪酸的变化

（阿南正丰等，1982）

游离脂肪酸	含 量（%）			
	贮 前	三个月	六个月	十八个月
总 量	3.14	2.84	2.61	2.61
软脂酸	0.64	0.58	0.55	0.53
硬脂酸	0.45	0.05	0.04	0.04
油 酸	0.24	0.22	0.21	0.20
亚油酸	0.67	0.61	0.57	0.56
亚麻酸	1.52	1.36	1.22	1.26

目前普遍认为，绿茶具有"新茶香"的成分主要是二甲硫、正

壬醛、顺-3-己烯乙酸酯和其他一些未知成分，这些成分在贮藏过程下降趋势十分明显[10]，贮藏两个月，二甲硫较贮藏前减少 43%，正壬醛减少 80%，顺-3-己烯乙酸酯减少 39%；贮藏四个月，又分别较贮藏前减少 46%、82% 和 49%。而与此相反，贮藏过程新产生出 1-戊烯-3-醇、顺-2-戊烯-1-醇、2,4 庚醛、3,5-辛二烯-2-酮和丙醛等。贮藏中这些物质逐渐产生，并随着贮藏时间的延长，含量逐渐增加。这些物质在贮藏前（即新茶中）未曾发现过（表 9-6）。以上化合物具有青草气和油臭味，由于它们的阈值很小，即使产生的数量极微，也会感到有不愉快的陈化气味，因此认为这些物质与贮藏茶叶的陈气味有关。粗老低级茶贮藏过程以上四种新产生的物质含量较高级绿茶高，这是由于粗老茶叶中脂类物质含量较幼嫩高级茶叶含量高的缘故。

表 9-6　绿茶在 25℃ 条件下贮藏香气成分的变化

（原利男等，1979）

香气成分	贮 藏 前	二 个 月	四 个 月
二 甲 硫	59	16	13
正 壬 醛	104	24	22
顺-3-己烯乙酸酯	85	46	36
1-戊烯基-3-醇	——	32	94
顺-2-戊烯-1-醇	——	15	45
2,4-庚醛	——	——	16
3,5-辛二烯-2-酮	——	12	17
沉 香 醇	100	100	100

注：表中香气成分含量以沉香醇的气相色谱峰为 100 的相对数值。

另外，类胡萝卜素也易被氧化，绿茶贮藏过程 2,6,6-三甲基-2-羟基环己酮，β-环柠檬醛，α-紫萝酮，5,6-环氧紫萝酮，二氢海葵内酯等类胡萝卜素的氧化产物也有一定的增加。这些化合物与绿茶的陈味也有很大关系。

红茶贮藏过程香气变化更为复杂，随着脂类物质的水解和自动氧化，除了一些陈味物质的含量增多外，红茶中很多具有花香和果味的香味物质如苯乙醇、橙花叔醇、牦牛儿醇以及对品质有利的异丁醛、异戊醇，芳樟醇等含量显著减少（表9-7）。这种变化使茶叶显示陈味和酸败味。

表9-7 红茶在17℃贮藏六周后香气成分的变化

（G. V. STASTAGG，1974）

香 气 成 分	贮 藏 前	贮 藏 后
苯 乙 醇	2	0
橙花醇+牦牛儿醇	2	0
苯 乙 醛	51	29
反 己 醇	31	15
顺 戊 烯 醇	57	32
反 己 醛	278	143
异 戊 醇	82	10
甲醇、乙醇、丁醇	1820	961
甲酸乙酯、乙酸乙酯	160	753
正 戊 醇	2	55
其他香气成分	641	584
香气物质总量	3126	2582

四、维生素C

维生素C是人体所需要的营养成分之一，在绿茶中含量较为丰富。在茶叶贮藏过程，会因发生氧化还原、水解、褐变等一系列化学变化而减少，从而降低了茶叶的营养价值。由于维生素C氧化产生的2,3-二酮古罗糖酸极易与氨基酸发生羰氨反应；同时，2,3-二酮古罗糖酸脱水、脱羧后会产生褐色的羟基糖醛聚合物[11]。褐变的绿茶色泽和汤色变深、变暗，丧失茶叶应有的新鲜感，从而降低了茶叶品质。

据研究，绿茶贮藏四个月，维生素C由贮藏前的306.75mg/100g下降至191.59mg/100g，下降幅度为37.54%，贮藏八个月，含量下降至173.57mg/100g，下降幅度为43.42%，贮藏12个月含量下降至166.10mg/100g，下降幅度达45.85mg/100g。原利男（1979）

指出，贮藏过程维生素 C 保留量为 80%以上时，品质变化较小，当保留量下降至 60%以下时茶叶已显著变质。认为维生素 C 保留量的高低可以作为反映贮藏过程茶叶陈化变质程度的依据。国内也有学者赞同维生素 C 保留量可作为绿茶品质变化的重要化学指标[12]。

贮藏过程维生素 C 含量虽随着品质的下降而减少，但由于其化学特性很不稳定，还原性强，较茶叶中其他品质化学成分更易变化，因此贮藏过程中维生素 C 保留量的下降率大于品质下降率，两者之比并不是一个定值，并且根据实验，只有在维生素 C 保留量下降率达到 10%~15%以上时，感官才能辨析出品质的变化，所以贮藏过程维生素 C 含量的变化并不一定能直接反映品质变化情况，这是一个有待继续研究的问题。

五、叶绿素等化学成分

叶绿素是绿茶色泽的主要成分，其变化会对色泽产生很大影响。叶绿素是很不稳定的物质，贮藏过程在水、光和温度的作用下容易发生脱镁反应：

叶绿素（a、b）————→ 叶绿素酸酯（a、b）

脱镁叶绿素（a、b）————→ 脱镁叶绿素酸酯（a、b）

绿茶经过 12 个月的贮藏，叶绿素总量由贮藏前的 0.477%减少到 0.416%，绝对值减少 0.061%，减少幅度达 12.76%。在叶绿素组成中，叶绿素 A 减少幅度为 11.11%，叶绿素 B 为 13.79%，后者的含量损失较前者大[13]（表 9-8）。显然，经过较长时间贮藏，不仅会使绿茶的翠绿色泽消退，而且会使色泽变暗、变褐，这与叶绿素的脱镁反应有很大关系。据研究，绿茶中叶绿素转化成脱镁叶绿素的转化率在 40%左右时，茶叶色泽仍能保持翠绿，如果脱镁叶绿素的比例超过 70%时，茶叶色泽就会显著变褐。

咖啡碱也是茶叶中的一种重要滋味物质，它在贮藏过程中呈逐渐递减趋势，但变化较为平缓。贮藏一年，含量仅减少 0.25%，

减少幅度为 7.58%

表 9-8　绿茶贮藏过程叶绿素等相关化学成分的变化

（陆锦时，1994）

项目名称	叶　绿　素（%）			水浸出物（%）	咖啡碱（%）
	总　量	a	b		
贮藏前	0.477	0.216	0.261	43.26	3.30
四个月	0.457	0.204	0.254	42.50	3.18
八个月	0.454	0.205	0.249	39.49	3.11
十二个月	0.416	0.192	0.225	36.00	3.05

水浸出物是茶叶水溶物质的总和，它包括单糖、果胶、儿茶素、咖啡碱和氨基酸等，是茶汤滋味的综合体。由表 9-9 看出，贮藏前期，水浸出物减少幅度较小，但随着贮藏时间的延长而大幅度递减，至贮藏结束，含量由 43.26% 下降至 36.00%。

表 9-9　不同含水率绿茶贮藏过程水分变化　（陆锦时，1993）

项目名称	贮藏前	二个月	四个月	六个月	八个月	十个月	十二个月
低水分(%)	2.68	6.09	7.05	7.88	8.34	8.46	8.23
中水分(%)	5.32	7.12	8.03	8.76	8.96	8.83	8.43
高水分(%)	8.40	8.94	9.03	9.37	9.80	9.72	9.45

第三节　茶叶贮藏环境的影响

贮藏过程茶叶陈化变质的主要原因是茶叶中的一些化学成分，在一定条件下发生一系列化学变化的结果。影响这些化学变化的条件虽然很多，但导致这些变化的主要因素是温度、湿度、氧气、光线和包装等。

一、水分

绿茶在常温条件下贮藏，含水率变化具有明显的规律性。在年贮藏过程，含水量呈上升趋势 。贮藏头两个月，低含水量的茶叶吸湿速度极快,含水率由2.68%迅速上升至6.99%,较贮藏前增加2.27倍,中等水分含量的茶叶由5.32%上升至7.12,高含水率的由8.40%上升至8.94%,增加幅度分别为25%和6%。贮藏一年后,低含水量的茶叶水分上升至8.23%,中等水分含量的茶叶上升至9.45%,高水分含量的茶叶上升至9.45%,分别比贮藏前增加5.55%、3.11%和1.05%[14](表9-9)。茶叶含水越低,贮藏前期两个月份增加越快。

红碎茶贮藏期间含水量变化与绿茶基本相似,只是吸湿的速度要比绿茶大得多。头两月,含水量几乎成直线上升,低含水量的红碎茶由2.5%上升到7.9%,比贮藏前增加近三倍,中等含水率的从5.59%上升到8.62%,增加近一倍。以后,茶叶吸水的速度随着贮藏时间的延长逐渐变缓。贮藏一个对年,低含水率红碎茶增至9.55%,中等含水率增至10.08%,分别比贮藏前增加6.75%和4.56%。含水率高的茶叶在贮藏过程中的变化相对较小,贮藏一个对年后,含水率由7.69%上升至9.72%[15](表9-10)。

表9-10 不同含水率红碎茶贮藏过程水分变化 (陆锦时,1994)

项目名称	贮藏前	二个月	四个月	六个月	八个月	十个月	十二个月
低水分率(%)	2.50	7.90	8.29	8.90	9.05	9.36	9.55
中水分率(%)	5.59	8.62	9.12	9.38	9.33	9.71	10.08
高水分率(%)	7.69	9.07	9.97	9.98	9.67	9.73	9.72

上述结果说明,贮藏过程茶叶的变化和吸湿能力的强弱,不仅与自身的起始含水率有关,还随环境湿度的变化而变动。如果茶叶周围环境干燥、湿度低,则茶叶内的水分会逐渐向空间蒸发而减少。反之,环境湿度高,则干燥的茶叶就会吸湿而增加水分含量,无论是吸湿或蒸发,最终两者达到平衡为止(表9-11)。由此可见,茶叶是一个十分典型的吸湿体,它也符合一般的物理规律,即吸湿量的大小,同周围的相对湿度和温度有关。在同一温度下,吸湿量同周围环境的相对湿度成"S"型等温吸湿曲线(图

9-2）。相对湿度在 10%~45%之间，增湿最小。

表 9-11　茶叶含水量的变化与相对温度的关系　　（陈以义，1979）

含水量(%)　天数 相对湿度(%)	0	1	2	4	7	10
90	5.7	9.6	11.4	13.7	15.7	16.8
80	5.7	7.4	9.1	10.9	11.7	11.8
57	5.7	7.1	8.1	8.6	8.6	8.4
42	5.7	6.0	6.3	6.6	6.6	6.5
19	5.7	4.9	4.7	4.6	4.6	4.6
2.5	5.7	3.0	2.3	2.0	2.0	2.0

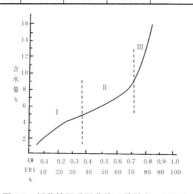

图 9-2　绿茶等温吸湿曲线（霍学文，1987）

　　茶叶贮藏品质的变化，实质是茶叶化学成分变化。水分是化学反应的溶剂，水分含量越高，物质的变化就越显著。试验证明，品质劣变程度与茶叶的贮藏含水量有关。在相同的贮藏条件下，高水分的茶叶，尽管水分增湿量较低，但在整个贮藏过程中，水分却自始至终处在较高的含量水平，从而使氧化速度加快，品质显著下降。相反，低含水量的茶叶，尽管增湿量成倍增加，但由于贮藏过程含水率水平仍相对较低，所以叶内有机物质的氧化还原速度也相对缓慢，从而减轻了茶叶品质的劣变程度（表 9-12、9-13）。

表 9-12 不同含水率绿茶贮藏过程品质成分变化 （陆锦时，1994）

项目名称		茶多酚（%）	氨基酸（%）	咖啡碱（%）	水浸出物（%）	品质总分（%）
低水分率（2.15%）	贮前（%）	24.99	1.44	3.18	42.58	100
	贮后（%）	23.60	1.45	3.08	39.77	79.3
	减少（%）	5.56	0.69	3.14	6.60	20.70
中水分率（5.75%）	贮前（%）	26.29	1.52	3.17	42.58	100
	贮后（%）	22.32	1.55	3.06	35.87	70.1
	减少（%）	15.10	1.97	3.47	15.76	29.90
高水分率（7.99%）	贮前（%）	27.17	1.56	3.17	42.58	100
	贮后（%）	22.83	1.54	3.02	33.90	63.4
	减少（%）	15.97	1.28	4.73	20.39	36.60

表 9-13 不同含水率红碎茶贮藏过程品质成分变化 （陆锦时，1994）

项 目 名 称			品质总分	茶黄素（%）	茶多酚（%）	氨基酸（%）
贮 藏 前			100	0.76	12.72	1.94
贮藏后	低水分率	含 量（%）	79.1	0.61	11.74	1.87
		含少幅度（%）	20.9	19.71	7.72	3.61
	中水分率	含 量（%）	63.5	0.58	10.29	1.79
		减少幅度（%）	36.5	23.68	19.10	7.73
	高水分率	含 量（%）	45.1	0.39	9.58	1.54
		减少幅度（%）	54.9	48.68	24.69	20.62

一般而言，贮藏过程茶叶品质随含水率的增高而不断下降，在相同贮藏和条件下，含水率越低，品质劣变的速度越慢，反之则越快，因此，在茶叶贮藏流通过程，控制茶叶含水量是保持茶叶品质的重要条件。但干燥食品理论认为，茶叶含水率不是越低越好，而以单分子层时的含水量最好。在这种情况下，水分子以氢键和茶成分分子结合，在茶成分分子周围，水分子形成一个单分子层，就好像表面蒙上一层水膜，将茶成分和空气中的氧隔绝，这样物质的氧化就困难得多，因此这种含有单分子层的茶叶就不易氧化变质，是较为稳定的。据多数研究认为，茶叶单分子层含水量一般为 4%~5%，幼嫩高档茶叶要比粗老低档茶叶含水量高。

故在生产实践中要求茶叶含水量控制在 3%~5%，最高不超过 6%。名优高档绿茶可适当提高。

二、温度

茶叶贮藏过程，随着温度的升高，茶叶内含物质自动氧化速度加强，茶叶陈化劣变进程加快。在一定条件下，温度每升高10℃，反应速度要加快 3~5 倍。温度低，茶叶内含化学成分变化缓慢，有利于品质保持。据实验，10℃ 以下的冷藏就可抑制褐变的进程，-20℃ 的冷藏几乎能完全防止品质劣变。温度越低，保质效果越好，茶叶冷藏的经济适宜温度 0℃~5℃。

茶叶在较低温度（5℃~0℃）条件下贮藏一年后，品质变化较小，品质评分为 86.71，多酚类物质含量仅减少 1.53%，水分含量也仅增加 0.23%；而常温贮藏的茶叶，贮藏一年后，多酚类物质含量减少 2.45%，下降幅度比低温贮藏高 66%，水分含量增加1.41%，增加幅度比低温处理高 6 倍以上。反映在品质得分上，二者差距竟高达 18 分之多（表 9-14）。以品质得分和贮藏前后的

表 9-14　不同温度条件绿茶贮藏过程茶叶品质成分变化

（陆锦时，1994）

贮藏温度	成分含量	贮藏前	四个月	八个月	十二个月
低温（5℃~0℃）	水　分	8.33	8.40	8.35	8.56
	茶多酚	23.91	23.82	22.85	22.38
	品质总分	100	95.0	90.0	86.7
室温	水　分	8.33	8.69	9.51	9.74
	茶多酚	23.91	23.79	22.31	21.37
	品质总分	100	85.7	75.9	68.7
定温（25℃±2℃）	水　分	8.33	8.44	8.55	8.59
	茶多酚	23.91	23.34	22.06	21.15
	品质总分	100	78.3	68.1	61.5

化学成分变化看，定温处理茶叶贮藏品质要差于常温处理，这是

由于定温处理使茶叶长期处在持续的 25℃ 的较高温度环境下，从而加速了叶内化学成分变化，使茶叶质变加快，而常温贮藏的茶叶，全年月平均气温仅达 19.4℃（当地当年月最高温度 27.10℃，最低 8.5℃），比定温处理的要低[16]。由表 9-15 还看出，绿茶在 5℃ 和 25℃ 条件下，贮藏头两个月，正壬醛等"新茶香"成分前者较贮藏前减少 35.59%，后者减少 72.88%，较前者多减少一倍以上，而像 1-戊烯-3-醇等几种"陈化"成分，贮藏头两个月内，5℃ 的同贮藏还未有发现，四个月后才有少量形成，而 25℃ 的，在贮藏头两个月就已经存在，并且四个月后含量成倍增加[17]。

表 9-15　煎茶（绿茶）贮藏过程中香气成分的变化

（原利男，1979）

香气成分	贮藏前	5℃ 贮藏		25℃ 贮藏	
		二个月	四个月	二个月	四个月
1-戊烯-3-醇	/	/	55	32	94
二 甲 硫	59	38	33	16	13
顺-2-戊烯-1-醇	/	/	26	15	45
顺-3-己烯-1-醇	16	17	29	26	60
正 壬 醛	104	69	51	24	22
2,4-庚二烯醛	/	/	17	/	16
3,5-辛二烯-2-酮	/	/	14	12	17
沉 香 醇	100	100	100	100	100
1-辛醇	95	88	86	86	85
顺-3-己烯-己酸酯	85	68	65	46	36
橙花叔醇	130	123	125	133	130

注：表中数值均以沉香醇的气相色谱峰为 100 的相对值。

温度对红碎茶贮藏品质影响也很大，茶叶在较低温度（0℃~5℃）条件下贮藏一年，品质成分变化较小，水分也仅增加 2.11%；而常温处理的茶叶，经过一年贮藏，茶黄素含量减少幅度竟高出低温处理 18 倍之多，茶褐素含量的增幅也比低温处理高 2.76 倍；感官审评，前者仍基本保持红碎茶"浓、强、鲜爽"的品质特征，品质总分仍高，而后者汤色变褐，香味变钝，已全然失去新鲜感，品质总分仅及低温处理的半数[18]（表9-16）。这是由于贮藏过程中茶黄素含量大大减少，茶褐素呈显著增加的缘故。以上结果说明，在低温条件下贮藏，能够减缓多酚类物质和茶黄素等化学物质的转化速度，并减少茶褐素的生成，从而减缓茶叶变质的速度。

表 9-16　不同贮藏温度红碎茶的茶黄素、茶红素和茶褐素变化

（陆锦时，1994）

项　目　名　称		品质总分（%）	茶黄素（%）	茶红素（%）	茶褐素（%）
贮　藏　前		100	0.80	6.27	10.81
低温（5℃~0℃）	含量	87.5	0.79	4.85	11.18
	±%	12.5	0.01	1.42	+0.37
定温（25℃±2℃）	含量	60.1	0.64	5.98	11.72
	±%	39.9	0.16	0.29	+0.92
室温	含量	52	0.62	5.29	11.83
	±%	48	0.18	0.98	1.02

三、氧气

在没有酶促作用情况下，物质受分子态氧的缓慢氧化，称为自动氧化。茶叶在贮藏过程中的变质主要以这种氧化作用为主。氧气在空气中约占21%，化学性质十分活跃，具有氧化茶叶中多酚类物质、叶绿素、维生素、酯类、酮类、醛类等物质的作用。反应生成的各类氧化物大都对品质不利。氧气还能促进微生物的生长繁殖，使茶叶发生霉变。

根据研究，在含氧1%的条件下，绿茶贮藏四个月，汤色几乎不变，含氧量上升至5%以上贮藏四个月，汤色便有较大变化。说明在一定条件下，含氧量高，会促使茶叶自动氧化加剧。

要防止贮藏茶叶的自动氧化，只有使茶叶隔绝氧气。通常采用的办法是茶叶包装在密封前，先抽气真空，抽气充氮或抽气充二氧化碳，以达到去除包装容器中氧气的目的。实验表明，采用

以上不同方式除氧，它们之间的差异并不明显，其茶叶有效成分保存率均比对照好，平均保存率比对照高 2.02%~3.29%。但鉴于抽气充氮等方法所需设备昂贵，操作烦琐，目前较普遍采用的是除氧剂的保鲜方法。它是通过化学除氧、除湿等气调途径，使茶叶包装容器内气体形成相对稳定的小环境。具有操作简便、成本低、保鲜效果显著的特点[19]（表 9-17）。除氧保鲜剂通常采用铁系列制剂，其除氧、除湿原理是：

$$Fe+2H_2O \longrightarrow Fe(OH)_2+H_2\uparrow$$

$$3Fe+4H_2O \longrightarrow Fe_3O_4+4H_{2+}\uparrow$$

$$2Fe(OH)_2+1/2O_2+H_2O \longrightarrow Fe_2O_3.3H_2O$$

表 9-17　不同保鲜方式绿茶含水率及生化成分比较

（汪有金田等，1990）

项目名称		贮藏前	四个月		八个月		一年后	
			含量	±%	含量	±%	含量	±%
水分（%）	除氧剂	5.07	6.89	35.89	6.90	36.09	6.98	36.67
	充　氮		5.70	12.43	5.81	14.60	5.86	15.58
	铁　听		8.02	58.19	8.20	61.17	8.22	67.13
氨基酸（%）	除氧剂	3.18	2.71	−14.78	2.75	−13.52	2.75	−13.52
	充　氮		2.80	−11.95	2.74	−13.84	2.69	−15.41
	铁　听		2.61	−17.92	2.74	−16.98	2.63	−17.30
维生素（mg/100g）	除氧剂	306.75	343.66	−12.03	289.43	−5.6	174.13	−10.63
	充　氮		284.21	−7.3	271.58	−11.46	263.44	−14.12
	铁　听		297.9	−2.9	265.44	−13.47	215.27	−29.82

四、光线

光不仅是一种热能，也是一种化学能，茶叶对光的反应也很敏感。在贮藏过程中，茶叶色素和脂类物质等会因受光的照射而发生光化学反应，绿茶会逐渐失去绿色而变为暗褐色。茶叶贮放在玻璃容器或透明塑料薄膜袋受光的照射，日光中的紫外线能使空气中的部分氧气形成臭氧，生成不愉快的"日晒味"，臭氧又使茶叶中某些物质氧化，从而影响茶叶品质。据资料介绍，绿茶采用透明容器包装，在透光的环境下放置 10 天，维生素 C 减少 10%~20%，在 25℃环境中如果用 1700 勒克司照度的荧光灯照射 30 天，茶叶颜色变褐，香气、滋味明显变差，维生素 C 全部消失，氧化物含量增加，"日臭气"显露。又据曾泽武雄（1979）等研究，装于透明容器内煎茶（绿茶中的一种）经光线照射 30 天后，茶的香气及滋味有显著恶化，难闻的臭味道和变质味很大，已不宜饮用[20]。但汤色和色泽没有像香味变得那么厉害。香气分析表明，光线照射使沉香醇大量氧化，减少，与日光臭有关的一些未知的新成分增加。因此，贮藏茶叶要求包装材料不透光，并避免强光和光线直射十分重要。

五、茶叶包装

茶叶贮藏流通过程，品质变化的程度受包装容器的影响很大。对绿茶在相同环境条件下不同包装材料包装的试验比较，贮藏一年的品质鉴评和化学成分测定结果表明，铝、塑复合袋包装的成茶品质变化较小，色泽绿润，汤色黄绿，香味尚清纯醇和，其总分平均为 86.7；其次是白铁筒装的，其品质总分为 70.6；聚乙烯袋由于密闭性差、透氧、透湿性大，贮藏过程中品质变化很大，成茶色泽黄暗，香、味平淡欠纯，品质显著下降，其品质总分为 62.8。几种不同包装材料贮存结果对茶叶品质成分的影响亦很显著，贮存一年后，复合袋包装的茶叶，水分仅比贮藏前增加 1.98%，而白铁筒和聚乙烯袋包装的，水分却分别增加 7.33% 和 7.86%，为复合袋的 3.7~3.96 倍。水分的大幅度增长，加速茶叶的质变和水浸出物的减少。复合袋包装茶叶，内含化学成分比白铁筒和聚乙烯袋包装的减少幅度小[20]（表 9-18）。目前大部分茶区用布袋贮运绿毛茶，造成茶叶含水量的增加和品质化学成分的大幅度下降，这种做法必须及时克服。在当前的生产条件下，临时贮运绿毛茶采取涂塑麻袋或锡箔衬箱是可行的（表 9-19）。

表 9-18　不同包装材料对绿茶贮藏前后品质成分的影响

（陆锦时，1994）

项目名称		水分（%）	茶多酚（%）	氨基酸（%）	咖啡碱（%）	水浸出物（%）	品质总分
复合袋	贮前	2.15	24.99	1.44	3.18	42.58	100
	贮后	4.13	23.04	1.44	3.00	34.62	86.70
白铁筒	贮前	2.15	24.99	1.44	3.18	42.58	100
	贮后	9.48	22.48	1.35	2.92	33.98	70.60
聚乙烯袋	贮前	2.15	24.99	1.44	3.18	42.58	100
	贮后	10.01	22.39	1.34	2.88	30.74	62.80

表 9-19　不同包装绿毛茶常温贮藏品质成分的变化

（王月根等，1980）

包装材料		布袋装	涂塑麻袋装	锡箔衬箱装
品质总分		66.8	76.5	80
水分（%）	贮前	7.07	7.07	7.07
	贮后	10.07	8.87	8.81
	增减	+3.00	+1.80	+1.74
水浸出物（%）	贮前	39.06	39.06	39.06
	贮后	35.68	35.88	37.11
	增减	−3.38	−3.18	−1.95
茶多酚（%）	贮前	19.00	19.00	19.00
	贮后	15.43	15.75	16.79
	增减	−3.57	−3.25	−2.21
叶绿素（%）	贮前	0.219	0.219	0.219
	贮后	0.099	0.110	0.116
	增减	−0.120	−0.109	−0.103

　　包装材料与红碎茶贮藏品质的关系，得出与绿茶包装基本相仿的试验结果。对在常温条件下不同包装材料的贮藏试验比较，品质审评和化学成分测定的结果表明，以铝、塑复合袋包装的成茶品质变化较小，色泽乌润，汤色红明，香味尚鲜爽，品质总分最高，其次是白铁筒包装。聚乙烯袋和硬质纸盒包装，由于密闭性差，且有较大透气性，故贮藏一年后，品质显著下降，品质总

分比前两者均低。化学成分的测量结果亦与审评结果相吻合[21]
（表 9-20）。从表中看出，茶叶贮藏一年，复合袋包装的茶叶，
贮藏效果最好，水分含量增加比其他几种容器低，而多酚类物质、
氨基酸和茶黄素的减少又较其他包装材料低。这充分说明，包装
材料的密封性能和防潮性能对保持茶叶贮藏品质的重要性。实践
证明，目前我国生产的各种铝箔聚乙烯复合袋都能很好地保藏茶
叶，各地可根据具体情况选择应用。

表9-20　不同包装材料的红碎茶贮藏过程品质成分变化

（陆锦时，1994）

项目名称		品质总分	水分（%）	茶黄素（%）	茶多酚（%）	氨基酸（%）
贮藏前		100	4.26	0.80	14.56	2.01
贮藏后	复合袋 含量	83	5.88	0.77	11.23	1.95
	复合袋 ±%	17	+1.62	−0.33	−3.33	−0.06
	白铁筒 含量	65	9.41	0.71	10.74	1.78
	白铁筒 ±%	35	+5.15	−0.09	-3.82	−0.27
	聚乙烯袋 含量	52	9.51	0.62	10.28	1.70
	聚乙烯袋 ±%	48	+5.25	−0.18	-4.28	−0.35
	硬质纸盒 含量	49.5	9.80	0.58	9.70	1.71
	硬质纸盒 ±%	50.5	+5.54	−0.22	-4.85	−0.30

六、微生物

茶叶贮藏过程如果保管不当，严重时会引起茶叶霉变。霉变的
茶叶含有霉菌等生长、繁殖的各种代谢产物，即各种毒素，有害人
体健康。引起茶叶霉变的微生物大致有细菌、霉菌和酵母菌三种。
水分、温度、氧气、营养物质是微生物赖以生存的基本条件。

（一）微生物生长繁殖的影响因素

1. 水分

水分是微生物生命活动的必需条件。各种微生物所需的水分
并不相同，细菌和酵母菌只有在水分含量 20%~30% 的食品上生
长，同时它的芽孢发芽也需要大量水分。因此可以认为，这两种

菌类在茶叶上几乎是难以繁殖的，因为茶叶吸收水分的饱和程度也仅为 18%~19%。而霉菌则在含水量 12% 的食品上就能生长，同时只要条件适宜，多数霉菌甚至在低于 5% 含水量条件下仍能生长。所以十分显然，霉菌是引起茶叶变质的主要微生物。这从祁红霉变茶中各种微生物所占比例就可以证明，祁红春季三号霉变茶每克中有微生物 82198 个，其中霉菌 79142 个，占 96%，而细菌、酵母菌仅为 2571 个和 485 个，分别占微生物总数的 3% 和不足 1%，与霉菌相比，显然是微不足道的。

2. 氧气

微生物和其他生物一样，需要进行有氧呼吸，新陈代谢才能正常进行。干燥食品上的微生物绝大多数是好气性的，氧的存在有利于它们的生长繁殖，密封断氧，就会使它们窒息而死。但也有对氧气要求不高的霉菌，如灰绿曲霉菌在 0.2% 氧浓度下也能正常生长繁殖。而酵母菌则是兼性厌氧菌，在有氧和无氧条件下都能正常生长。因此，茶叶的隔氧贮藏，不仅可以防霉，而且可以延缓茶叶陈化，可以在较长贮存期间保障茶叶品质不变。

3. 温度

温度也是微生物生长繁殖的重要条件之一。一般微生物在 37℃±2℃ 条件下最适于生长。如果温度过高，繁殖力减退，一般温度在 70℃~80℃ 时，微生物会因蛋白质凝固而死亡。而低温只能暂时迫使其停止生命活动，抑制微生物的分裂繁殖，如温度适宜，又会重新恢复活动。

4. 养料

茶叶中含有多酚类物质、氨基酸、维生素、蛋白质和糖等化学营养成分，特别是碳、氮物质，更是微生物最喜欢的养料。含水量高的茶叶，霉菌需要的水分和养料齐全，成为霉菌生长繁殖的良好基质。

（二）微生物污染茶叶的途径和特征

霉变茶叶微生物的污染主要来源于三个方面：一是在温、湿度适合的空气中飞散着大量霉菌孢子，一经飞到茶叶上，便形成新的霉菌细胞，即以群体构成絮状或绒毛状的有色菌丝；二是有时包装容器存放时间过久，包装材料潮湿，产生陈霉味，装茶后陈霉味会带至茶叶；三是茶叶的加工方法与霉菌污染有一定关系，炒青茶实行高温炒制，高温下霉菌孢子基本都能杀死，而晒青茶由于在日光下晾晒，容易受空气中微生物污染，花茶在窨花过程中茶叶含水量升高，也容易遭致微生物污染（表9-21）。另外，茶叶加工，包装车间，由于环境卫生和操作人员个人卫生等原因，也会使茶叶受霉菌污染。

表9-21 成品茶霉菌带菌情况检测结果 （任文棋，1989）

项目名称		陕炒青	陕晒青	花 茶	铁观音
受检茶样数（个）		8	8	23	1
每克茶样带菌落数（个）		59	1860	1757	420
茶样数（个）带有霉菌的	青 霉	8	4	5	0
	黑曲霉	3	8	22	1
	黄曲霉	1	0	0	0
	芽枝霉	4	0	1	0
	交链孢霉	0	1	10	1
	镰孢霉	0	0	5	0
	根 霉	0	1	2	0

霉菌菌丝体分为两类，一旦条件适合，营养菌丝体即伸入到茶叶体内分泌蛋白酶、淀粉酶和其他酶类，在水和酶作用下，把茶叶的碳、氮、氨基酸、多酚类等有机物质分解吸收，使其生长繁殖，同时放出热量，散发霉菌味，同时，气生菌丝体伸入到空气中吸收氧气，并在其顶端形成繁殖的孢子囊，孢子囊破裂，孢子到处飞散，繁殖速度很快。孢子一经飞到茶叶上，只要温、湿度适宜，五天之内即可看到霉点。

用含水量7%茶叶置于15℃~24℃、相对湿度80%以上的库房中，一昼夜茶叶含水量上升至8.5%,第三天水分上升至10%，第五天水分上升至 11%，即有霉点出现；同样用 7%含水量茶叶置于温度 23℃~30℃、相对湿度 90%以上库房中，一昼夜水分上升到 9.5%，第三天水分上升到 11%，第五天水分上升至 12%，霉点即大量出现。由此可见，霉菌在温度 10℃~35℃、相对湿度 80%左右就能生长繁殖，温度在 20℃以上、相对湿度在 90%以上，霉菌生长繁殖旺盛。

（三）贮藏茶叶中检测到的微生物

茶叶贮藏中目前已检测到的霉菌有青霉菌、曲霉、芽枝霉、交链孢霉、镰孢霉、木霉、根霉等七种。据伍文棋（1989）对陕西汉中和安康两地区市场上经销的 40 个茶样进行检测，其中 13 个茶样带一种霉菌，占受检样的 32.5%，19 个样带有 2 种霉菌，占受检样 47.7%，8 个样带 3 种以上霉菌，占受检样的 20%[22]。说明茶叶贮藏运销过程污染和带菌是一个十分普遍的现象，是一个影响茶叶品质的不可忽视因素。所以国家有必要像其他食品一样，尽快制定出茶叶霉菌允许量标准。

主要参考文献

[1] 黄梅丽，等. 食品化学[M]. 北京：中国人民大学出版社，1986.

[2]、[4] 陈橼. 制茶技术理论[M]. 上海：上海科学技术出版社，1984.

[3] 潘文毅. 关于茶叶吸附理论的探讨[J]. 茶业通报，1985.

[5]、[7]、[8]、[13]、[14] 陆锦时，等. 绿茶贮藏过程主要品质化学成分的变化特点[J]. 西南农业大学学报，1994, (6).

[6]、[9] 陆锦时，等. 茶叶贮藏保鲜技术研究报告[R]. 茶叶贮藏保鲜技术成果，渝科委鉴字[1988]第 129 号.

[10]、[11] 霍学文，等. 绿茶的陈化及其防止途径[J]. 食品科学，1987,(6).

[12] 吴小崇. 绿茶贮藏中质变原因的分析[J]. 茶叶科学，1989,(2).

[15]、[18]、[21] 陆锦时，等. 贮藏条件与红碎茶品质的关系[J]. 西南农业大学学报，1994, (7).

[16]、[20] 陆锦时，等. 不同贮藏和包装条件对绿茶的保质效应研究[J]. 西南农业大学学报，1994, (7).

[17] 程启坤. 茶化浅析，浙江印刷发行技工学校印刷厂，1982.

[18] 汪有钿. 茶叶贮藏保鲜技术试验初报[J]. 安徽茶叶科技，1987,(1).

[19] 增泽武雄，等. 茶的品质保存问题[J]. 福建茶叶，1980,(3).

[22] 伍文棋. 成品茶的霉菌分析[J]. 中国茶叶，1993,(6).

第十章 茶叶综合利用的化学

茶的利用,从神农时代的药用、祭品和菜食进而发展为皇孙贵族养身之妙药,到文人雅士把饮茶看做高雅的精神享受和陶冶情操、表达心愿之形式。客来敬茶,已成为几千年来中国人的文明风俗。举行茶话会,是中国民间交流和协作常采用的形式。评品香茗,是近代国际流行的科技文化交流的交际方式。在"回归大自然"的呼声日趋强烈的今天,茶已更加深入人心;不但成为种类繁多、丰富多彩的世界性饮料,且茶叶里一些生理活性物质又快步进入医药、食品、轻工业等行业,为人们默默地做出奉献。高山茶和名山胜景地区的茶叶又以绿色食品和有机茶的身份悄悄地保护着人们的健康。茶的废弃物又在污水处理,饲料加工,轻工化工等方面发挥着积极的作用。茶——将在未来更加广泛地造福于人类。

第一节 茶 的 饮 用

中国人饮茶自古以来以清饮为主,在边区和少数民族地区以混合饮用为主。清饮选用白色有盖瓷杯(或玻璃杯),取茶叶3~5克,以200ml~250ml沸水(如上等名茶以90℃~95℃水温为最佳)冲泡,加盖3~5分钟,揭盖,眼观其形:只见杯中有亭亭玉立的幼嫩茶芽翩翩起舞。鼻闻其香:只觉得清香花香扑鼻,使人心旷神怡。口品其味;甘甜鲜爽,回味无穷。人们在深思熟谋之时，饮清茶一杯，不但口舌生津，而且思路清晰，心灵眼明，提高工作效率。如若工作一天之余，饮清茶一杯；幽雅闲逸，清除疲劳，洒脱自然，真可谓是艺术欣赏和文明享受。

清饮首先要选茶，茶各具特色，人各有所好，不同国家和地区的人们饮茶习惯不同：中国南方人爱喝红茶、中原地区人喜饮绿茶、福建和台湾人崇尚乌龙茶、四川和北方的人们认为花茶更有引花香之美。在外国也有不同的饮茶习惯，如英国人爱喝祁门红茶，美国人爱饮速溶茶和冰茶，俄国人爱喝红碎茶，日本人喜饮绿茶和乌龙茶等。故饮茶不但要遵循各自的习惯和爱好，还应根据各自身体状况和不同季节而选用不同种类的茶叶。科学合理饮茶，才能充分发挥茶的"有百利而无一害"之功效。春天，冰雪消融，万物复苏，应选用香气清高，滋味鲜醇的新茶和味浓香雅，顺气暖胃的玳玳花茶和清雅去湿的珠兰花茶。夏天，气候炎热，暑气逼人，应选用香高味浓的绿茶和香气芬芳、解温生津的茉莉花茶。秋天，秋高气爽，人们心旷神怡，宜用香味浓烈，去痰止咳的白兰花茶。冬天，大地冰封，寒气袭人，应选用暖胃生津的红茶和散寒祛瘀的桂花茶。此外，人们更应该根据各自的身体状况选茶而饮之，例如，年轻气盛可饮浓绿茶，年老体弱宜饮淡红茶，睡眠不良者不宜晚饭后饮茶等等，只有科学合理饮茶，才能充分发挥茶的保健作用。

俗话说"蒙顶山上茶，扬子江中水（指上游水）"，"龙井茶、虎跑水"、"黄山茶、山泉水"，好茶得用好水泡。所谓名茶伴以美泉，亦称之谓锦上添花。以前认为水太普通了，太容易得到，因而在营养和保健作用上没有被人们重视。科学发达的今天，人们对营养和保健上有了新的要求，才开始认识到水对人类的重要性，认识到水质对人类的健康和疾病有着十分密切的关系，认识到水是人体真正的营养物质。一般来讲天然水主要可以分为软水和硬水二大部分，软水主有雪水、天落雨水、江水、湖水、河水等，其经过消毒处理也可以饮用和泡茶。硬水主要有井水和地下水，内含大量的碳酸氢钙和碳酸氢镁，经高温煮沸，除去沉淀，变成软水，即能饮用或泡茶，近年，各地推出了许多既具有营养、又有保健作用的矿泉水（天然矿泉和人工矿泉水）、纯净水（蒸馏水、去离子水、太空水）。所谓天然矿泉水，是由地表水渗入地下过程中，经过岩石层过滤、浸泡后形成的一种自然水，它溶解了岩石中的矿物质，在水中形成了多种自然矿物质中的微量元素，加上岩层的过滤作用，使原来的地表水变得清洁，无污染，这种水里除了水分子以外，还含有氧气，是具有活性的水，对人体健康有利，是泡茶的好水，一般的山泉水就是此种水。所谓纯净水是将水经过机械过滤，活性炭净化，超滤或离子交换，反渗透，臭氧杀菌和微粒过滤出来的水，此种水含有氧，对细胞亲和力强，有促进新陈代谢的功效，能消除人体内未消化的油腻和清除血管上的血脂，此种水也称活化性水，用它来泡茶可谓是一种好水。前面所提的江水、湖水、河水和浅井水等都称为地表水，近年因大地中土壤污染和工业发达区内，工厂排污等原因，致使水中带有多种细菌，如痢疾菌、甲肝菌、伤寒菌、沙门菌等。工厂排出的有毒物质，化肥中的硝酸盐，家庭清洁剂中的有机磷，还有农用农药，杀菌杀虫剂，养殖业饲料中的激素等物质，使地表水被极大的污染，这类水虽经处理，却无法清除其化学物质，而且在处理过程中可能还要受二次污染，这样的水在饮用和泡茶中都不是好水。目前的自来水，往往用加氯来杀灭细菌，但余氯与水中的有机物结合生成二氯甲烷等有害物质，且因自来水中有多余氯气而影响茶汤的香味，故必须用延长煮沸时间或放置 24 小时，使氯气挥发后，再饮用和泡茶，较为合理。蒸馏水是用蒸馏方法除去水中原本含有的重金属离子、细菌和病毒，而对于非金属离子如氯等的放射性物质和部分化学物质和有机物难以全部清除。同时，高温下水中溶解氧气全部除掉，使水失去活性，加之此水成本太高，故也不是提倡的泡茶和饮用水源。故清饮无论在茶的色、香、味上和营养、保健的需要上，对泡茶的水质都有着较高的要求。

随着人们生活水平提高，生活节奏也逐渐加快，传统的清饮冲泡方式在诸多场合下不能适应，于是卫生、保健、方便的速溶红茶，速溶绿茶，速溶乌龙茶，快速进入市场，随之，各种保健茶如抗衰茶、戒烟茶、减肥茶、清音茶、醒酒茶也陆续上市，液体茶饮料如软包装调味茶水、时尚的罐装茶水、茶可乐、茶汽水及夏季清暑佳品如茶冰棒、茶雪糕、茶冰淇淋等色泽悦目、滋味香醇的纯天然风味特色的饮品陆续上市，并很快受到人们青睐，琳琅满目的固体和液体茶饮料的推出，既丰富了饮料市场，又活跃了茶叶市场，给人们带来了良好的经济效益和社会效益。

饮茶从中国开始，现已成为世界潮流。如英国女王爱饮祁门红茶，英国人民爱饮加味茶，即茶中加橙片、玫瑰、茉莉等调成所谓的伯爵红茶、玫瑰红茶、果酱红茶和蜂蜜红茶等。美国人喜欢饮天然果味的冰茶、凉茶。俄罗斯人专饮中低档红碎茶，且边吃面包边饮茶。日本人喜饮红茶、乌龙茶和蒸清绿茶。

第二节　茶　的　食　用

茶作食用，自古有之。春秋战国时期，有"茗粥"和"茗菜"，元朝有"枸杞茶"，明朝有"擂茶"等，都是茶与其地食物相伴相熬制成糕点或其他食品，至今我国滇西北的"打油茶"、西藏的"酥油茶"、蒙古的"奶子茶"都是当地人们的主食之一。风靡江南的"五香茶叶蛋"是家喻户晓，人人爱食的副食，闻名全国的"采石矶茶干"，融豆香茶味于一体，配以鲜虾滋味，食后令人难忘。闻名中外的杭州名菜"龙井虾仁"由嫩绿清秀的龙井茶，配以粉红明亮的鲜虾仁，食时鲜美绝世，被誉为中国一绝。广州名菜"香茶鸡，"

集乌龙茶与烤鸡香味之长，食而不腻，令人大饱口福，此外还有上海的"碧螺腰果"，"红茶凤爪"、福建的"武夷岩茶扣鲍鱼"、"茉莉香片炒海米"等都陆续坐稳了高档餐厅。深受人们喜爱。

随着人们生活水平提高、保健意识增强，人们越来越注重食品的营养特征、感官品味和对人体的生理调节机能、保健机能的研究，食谱组合与健康长寿联系越来越密切。人们认识到，茶叶食用可营养滋补保健强身，是人们健康长寿的法宝。近年，把茶的浓缩汁液和细茶末子（抹茶）掺进食品，在中外都很流行，如：中国的茶糖、茶饼、茶蛋糕及各种中式茶点，日本的茶粥、茶面、茶豆腐及各种和式茶点，西方各国的各类西式茶点。茶叶中多种生理活性物质，如多酚类物质、咖啡碱、茶黄素、茶红素、叶绿素、茶叶脂多糖等被一一提取出来，作为纯天然食品添加剂（抗氧化剂，防腐剂和着色剂）添加到食品、饮料、化妆品中造福于人类。

第三节　茶 的 药 用

茶是我国最早发现能治病的中草药之一。茶为药用，从西汉开始就有大量记载[1]，到唐代宗（公元 779 年）大历十四年间，王园题写的"茶药"里就有详细记载，红、绿茶为药用的各种单方、复方、验方，唐代陆羽"茶经"中，宋代苏东坡的"物类相感志"中，元朝王好古的"汤液本草"中，明朝张时彻的"摄生妙方"中，清朝张璐的"本草逢源"中及李时珍的"本草纲目"中都已辩证地说明了饮茶与疾病的关系和用茶治病的各种单方、验方和复方。

中草药是我国医药的国宝，从中草药角度来看，绿茶性苦寒，以清热解毒、去火降暑、利尿消炎、消毒杀菌、止渴生津。红茶味甘性温可健胃驱寒、化食消积、止痛、止泻治痢、饮后能养人之阳气。乌龙茶有生津消食，化积去腻、清除余热、滋润肌肤之功效。花茶有鲜花和茶叶的双重保健作用，例如菊花茶具有疏风清热、平肝明目、利咽止痛消肿的作用。茉莉花茶有清热解暑、健脾安神、宽肺理气、化湿止痢的作用。桂花茶有提神解渴、芳香辟异、解除口臭、治疗牙痛、消炎祛痰、舒经活血的作用。金银花茶具有清热解毒、提神解渴、凉血止痢、利尿养肝、清咽利喉、抗病防病等作用。砖茶具有解渴去腻、消食防晒的作用。普洱茶具有清胃生津，消食化痰，刮肠通泄，解毒解腻的作用。武夷岩茶有提神消食下气、和胃醒酒的作用。安徽松萝茶有清火下气、消积除腻，可治头痛、羊角疯、顽疮不收等作用。故茶作为中药配方的重要组成，治疗疾病。经历代相传相承，传播推广，遂为不可缺的药物。

茶叶成药，自古有之。"午时茶"是民间用于治疗伤风感冒的良药，"川芎茶"是主治头痛鼻塞的常用药，"茶叶止痢片"主治赤白痢和肠炎，"绿茶丸"是治疗肝炎病，促进肝功能恢复正常良药，7369是茶叶中提取物（脂多糖和粗多酚类物质）制成的药物，主治放射性元素对人体的伤害，可提高人体白细胞数量，"冠心一号片"是以茶根为主要原料制成的，对冠心病有良好疗效的药物。此外，福建的"减肥茶、"浙江的"益寿茶"、上海的"醒酒茶"、安徽的"药茶"等经过验证，确实能预防诸多常见病和多发病。

茶叶治病，有几千年历史，古人夸张和赞美的说法："诸药为各病之药，茶为百病之药"。如现代名医蒲辅周认为："茶叶微甘微寒，而兼芳香辛散之气，清热不伤阳，辛开不伤阴，芳香微甘，有醒胃悦脾之妙"。中药学家中桔泉用决明子茶健身延年的经验得到传播。北京著名老中医耿鉴庭《瀚海颐生十二茶》方在群众中广为采用。周潜川撰《气功药饵疗法与救汉偏差手术》书中，收集薄荷茶、菖蒲茶、柏子仁茶等多种处方，并详备制作方法。香港太平洋有限公司根据中医古方采用电脑配制药茶成品，如桑菊感冒茶、参和茶、八珍茶等[2]。综观古今，茶作为中药配方，治疗疾病，经历代相承相传，传播推广，遂成为不可缺少的药物。因此，积极进行对中国茶为药用的整理和研究，使这一古老而又独特的瑰宝更放光彩。

茶叶治病与中药治病相似，是显示其特异的综合作用，这综合作用是由各种内含化学物质所致。今天，人们利用高新技术把茶叶中重要活性物质——分离提纯。在茶与人类健康长寿的关系上，做了许多深入研究，得到了许多科学数据和结论，现概述如下：

1. 茶与心血管疾病的关系

资料证明[3]茶叶中儿茶素 ECG 和 EGCG 具有降脂作用，能防治动脉粥样硬化和脂肪肝，抑制血栓形成。红茶中的茶黄素（游离茶黄素、茶黄素单没食子酸酯，茶黄素双没食子酸酯）对血管紧张素 I（简称 ACE）具有显著的抑制作用[4]。这种血管紧张素 I 经肺循环转化酶的作用形成血管紧张素 II，并可进一步转化为血管紧张素 III，它具有很强的使遍身细小动脉收缩的作用，从而使血压升高，血管紧张素 II 能刺激肾上腺皮质，加重钠在人体内滞留，使血压升高巩固并加重。故茶黄素类对高血压病有控制和缓解作用。茶叶中的咖啡碱是一种中枢神经系统的兴奋剂，可使血管平滑肌松弛，增大血管有效直径，增强血管壁的弹性对心脏有阳性收缩能效应，促进血液循环。茶叶中的儿茶素（维生素 P 群，芸香苷）具有松弛血管壁作用，可增加血管有效直径，增加血流量，它们都能使血压下降。

2. 茶叶与癌病

随着对茶叶中所含活性物质的进一步了解；人们对茶与癌病的关系也进行了研究和探讨，有大量资料表明饮茶在防癌、抗癌方面具有特别引人注目的作用，主要从以下几方面探讨研究：

（1）茶能抑制和阻断致癌物质的生成

茶叶中的多酚类物质具有阻断 N-亚硝基吗啉合成作用，研究表明[5]阻断人体内 N-亚硝化作用其阻断率绿茶为 85%~90%，故绿茶可以防止由多种原因在人体内形成致癌物质 N-亚硝胺和对二乙基亚硝胺，许多研究也证明了绿茶对黄曲霉致肝癌作用有显著的阻断作用，绿茶对苯并芘致突变具有明显的阻断作用。N-亚硝胺、黄曲霉、苯并芘等物质，在环境和食物中常接触的致癌物质，故经常饮茶，可以预防这类致癌物对人体的伤害。这些阻断和抑制作用以占多酚类物质中 70%的儿茶素为最强，其活性又以酚性羟基多的儿茶素为最强，其排列 EGCG＞ECG＞EGC＞EC。

（2）提高抗癌酶类的活性

绿茶提取物（简称 GTE）能提高谷胱甘肽硫转移酶和超氧化物歧化酶的活性，其效率谷胱甘肽硫转移酶为 36%，超氧化物歧化酶为 25%。这两种酶是抑制癌细胞活性的重要酶类，因而绿茶提取物可以抑制癌细胞分裂和增生。另一方面绿茶提取物有抑制鸟氨酸脱羧酶的作用，这种酶在机体内是起促进癌细胞增生的作用的[5]。

（3）抗氧化活性，增强机体免疫特性

茶叶中含有许多生物类黄酮，维生素 C 和维生素 E 及锌元素，含量分别是 30%，100mg%~300mg%、30mg%~70mg%、35PPm。它们都有抗氧化活性，能抑制机体内脂质过氧化作用，具有较强的抗自由基作用，且较高含量的 Vc、V_E 和 Zn，能增强机体非特异性的免疫力，起到防衰老，防癌抗癌的效果[8]。

3. 茶叶有防辐射、降血糖的作用和消炎杀菌作用

茶叶中含有脂多糖，它是一种用热水可以浸出的多糖物质，不溶于丙酮和冷的酸性乙醇、冷的稀醋酸。它是集类脂、多糖和蛋白质于一体的一种大分子物质，不能通过透析膜。在茶叶内含量约为 2%（粗脂多糖），这类物质有保护人体肝脏造血功能的作用，可增强机体非特异性免疫力，主要起抗辐射作用[5]。

362

另据资料报导[6]绿茶中含有 2%左右的二苯胺，其降血糖的效果优于常用糖尿病降糖药丙磺西胺，一般茶汤中含量约为 0.013%～0.02%[6]。除此之外，茶叶还有消炎抑菌作用，50 年代，日本就用茶治疗鼠疫，苏联用茶治疗痢疾和肠伤寒，茶叶中的 EGC 和 EGCG 对伤寒杆菌，副伤寒杆菌、金黄同色葡萄球菌、乙型溶血性链球菌、白喉杆菌、炭疽杆菌、绿脓杆菌等有抑制作用[7]。

除此之外，茶叶中的咖啡碱和黄烷醇（儿茶素类）可使消化道松弛，因此，也有助于食物的消化，预防消化器官的疾病发生，茶对人体吸收的有害物质及肝、肾、胃中产生的有害化学物质，有清除能力，例重金属汞、隔等。茶叶中还含有多种维生素（V_C、V_E、V_A、V_B族、V_K、V_D 等），它们经冲泡以后，不同程度的进入茶汤，故茶汤被誉为含有丰富的维生素群[6]。茶叶中无机微量元素最少有 42 种；其中包括人体必需常量元素例：Na、Mg、P、Cl、K、Ca 等和人体必需微量元素：Mn、Fe、Cr、Cu、Zn、Se、Mo，也包括人体生理功能有重要作用的痕量元素，例溴、铷、锶、锗[7]。这些维生素和无机微量元素，在人体虽微，却十分重要，是酶的辅基，例 Cu 是多酚氧化酶的辅基，Zn 是 DNA 和 RNA 聚合酶的辅基，Se 是谷胱甘肽过氧化物酶的辅基，Fe 是细胞色素氧化酶的辅基等，无机微量元素与某些蛋白质能形成激素、维生素等物质，在机体内产生特殊的生理功能、特殊的生物学作用和高度生化效应。微量元素的存在，能维持人体正常的酸碱平衡。故我们认为，古人饮茶的利弊和茶为药用是依据感觉、体会和传闻，现代对茶与健康的关系的论述，都是有其科学依据的。

第四节　茶的工业再利用化学

在茶树栽培和茶叶初制和精制过程中，将会有许多茶废物，例如茶梗、茶灰、茶末、茶渣和修剪残枝树叶等，含有大量能再利用的活性物质，利用物理方法：浸提净化、过滤、离心和化学方法：溶解、转溶、蒸馏、分馏、升华、重结晶萃取、浓缩纯化后，变废为宝，最大限度地提高经济效益，造福于人类。废茶中可提取的物质主要有茶色素（红、橙、褐、绿），天然抗氧化剂和防腐剂、兴奋剂、硒蛋白、脂多糖及纤维素原料、环保中重金属吸附剂和冰箱除臭剂等。近年国内外专家研究，废茶中含有高达 20%～30%的蛋白质，在土壤中微生物作用下，可转化成氮元素，既能供茶树根系吸收，又可作为土壤改良剂。废茶还可净化污水，捕集污水中的 Ag^+、Ca^{2+}、Co^{2+}、Cu^{2+}、Fe^{3+}、Mn^{2+}、Ni^{2+}、Pb^{2+}、Zn^{2+} 和 Ce（铈）、Gd（钆）、Yb（镱）、Cr（铬）、等金属、重金属、稀土元素。其原理是多酚类物质经甲醛处理后发生了酚醛缩合反应，通过 $-CH_2-$ 桥形成了大量笼状的不溶性的高分子结构，增强了对金属离子和稀土离子的配位（或络合）能力，经电镜检查是为网块小、眼多而大的网状结构，具有很强的聚捕离子能力。废茶叶中的多酚类物质被氧化后生成醌式结构骨架，它们与 H_2S 气体相遇，可将 S^{2-} 氧化成为硫原子，使醌式结构骨架又被还原成为多酚类物质，此反应就进行得十分彻底（达 99%），此法可用于制氨工业中产生 H_2S 废气处理，回收硫黄，有极高的经济价值。我们深知茶树周身是宝，进一步研究，开发新产品，最大限度提高茶的经济和社会效益。

下面介绍几种茶深度加工产品的加工原理和方法，供茶业工作者和茶区人们应用和参考。

（一）速溶茶

1. 概述

现代科学技术的高度发展，对人们生活习惯和职业活动产生着巨大而深刻的影响，改革食品结构、节约社会劳动已经成为工业化社会日益迫切的共同要求，方便食品工业因此得以迅速发展，速溶茶就是顺应这时代潮流，在传统茶基础上发展起来的新型茶类，速溶茶集中了茶叶的精粹部分，商业价值较高，速溶茶不苛求原料，只重内质，叶茶碎片、茶末、茶衣均可加工，为茶叶资源的综合利用和机械采茶打开了方便之门，且有重量轻、体积小、冲饮方便等优点，它适用于家庭调饮，旅游携带，高空野外作业。还可因各人口味不同而调节浓度和加进其他副食，例糖、奶和咖啡等。速溶茶几乎不含汞、铅一类重金属元素和农药残留，以纯净环保营养保健为特色，速溶茶还可以制成各种不失茶风味的保健食品、各种点心和膳食，深受消费者信赖和青睐。

速溶茶与其他六大茶类一样，始创于中国，早在 18 世纪欧洲茶商曾经从中国进口过一种利用茶的提取物制得的深色茶饼，每块约重四分之一盎司（相当于 0.65g 弱）冲开后，就足够一家早餐用茶，这种茶饼就是今天速溶茶的雏形。工业规模生产速溶茶，是从 20 世纪 40 年代中期开始，首先在英国显露锋芒，引起国际饮料工业界的强烈反响，以后一些技术先进的非产茶国也纷纷投入力量研制，大约经过三十年的探索、试验和总结，终于博得消费者的了解和欢迎。今天速溶茶已深深扎根于非传统饮茶和产茶的国家，美国和瑞士、英国、荷兰、德国、日本、印度、斯里兰卡等都广泛流行，美国是世界上最大的速溶茶消费国和速溶茶生产国，速溶茶国际贸易十分兴旺，一些跨国公司也竞相在亚洲的印度、斯里兰卡和非洲的肯尼亚、乌干达等著名产茶国投资建厂，也大量进口中国的茶片茶末及其他低档茶，加工成为速溶茶，从中获取高额利润。

2. 工艺流程

速溶茶制造是现代茶叶科学技术与食品工程原理结合的产物，加工方法自成体系，完全不同于传统茶叶制造和传统食品饮料加工方法。其固体速溶茶制造一般工艺如下：

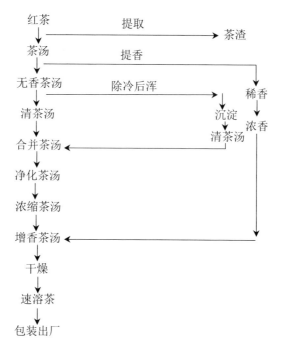

3. 制造原理

速溶茶加工工艺主要是拼配，轧碎、提取、净化、浓缩、干燥、包装。当今的速溶茶是现代科学技术和食品工程原理相结合的产物，加工方法自成体系，完全不同于传统的茶叶制造，速溶茶制造的关键工艺是萃取，净化和浓缩。现分别介绍如下：

拼配：精选原料是加工的基本环节，不同地区的茶叶不同季节的茶叶，不同品种的茶叶，不同级别的茶叶，其内含成分都有差异，只有恰当配合，才能保持品质的稳定，每批速溶茶滋味、香气、汤色都基本一致，且拼配过程中，在保证品质的前提下，还能拼配一定下脚茶，能降低成本。

轧碎：又称为切碎。干茶经过轧碎以后，表面积增大。原料在提取时可大大增加与溶剂的接触面积，加速和增加了茶叶内可溶物的浸出。但不能过细，因过细的茶末吸水之后，容易结块，溶剂的渗透性差，反而降低提出速度。且溶液提取液过度浑浊，给净化带来困难。如再采用增加溶剂的方法，会增加速溶茶的成本和加重净化的负担。

萃取：是取全叶之精华，去原料之糟粕，常采用浸提萃取和淋洗萃取方法，两种方法基本原理是：加溶剂于茶叶中，使其可溶物溶出，从而使混合物得到完全或部分分离，称为溶剂萃取。茶叶用水萃取，称为固—液溶剂萃取，在化学上也称为浸出、提取或浸沥。由于不同茶类，其浸出率和浸出时间不同。为了提高浸出率和速度，并达到机械化操作，在茶叶萃取前必须对茶叶进行预处理拼配和轧碎。

萃取系统一般来讲，是由以下三种组分组成：溶剂、溶质和固体物料。茶叶经过浸泡后，溶质（即水浸出物）分别在固相（茶叶片）和液相（水）中，固相中的溶质浓度和液相中溶质浓度之间存在着一定的平衡关系，可以用直角三角形组成表示，见图10-1。

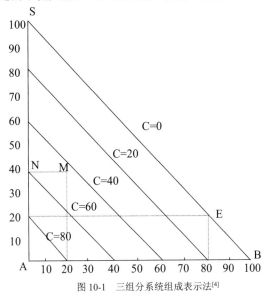

图 10-1　三组分系统组成表示法[4]

三角形三个顶点 A、B、S 分别表示 100%的固体物料，溶质和溶剂。三角形三条边分别表示两种组分的混合物的组成。AS 线上任意一点代表茶叶和水的组成比例：例如 N 点表示 40%的溶剂（水）和 60%的茶叶的混合物。BS 线上任意一点代表溶剂（水）和溶质（能浸出物质）混合物的组成：例 E 点，表示含 80%浸出物和 20%的水，混合物组成，三角形中任意一点 M，则为含有三个组分的系统：溶剂（水）40%，溶质（浸出物）20%固体物料（茶叶）40%总计为 100%。如若固体物料与溶剂经过充分长时间接触后，溶质完全溶解，且固体空隙间的液体浓度等于周围液体的浓度，这时达到平衡关系，液体的浓度不随更长的浸出时间而改变，也称为理想效果。固体浸出过程一般包括以下三个步骤：①溶剂的浸润而进入茶叶内，同时溶质（水浸出物）溶解。②溶解的溶质从茶叶内部的液体中扩散到达茶叶表面。③溶质继续从固体表面扩散而到达外部溶剂中，故浸出操作实际上是扩散作用的结果，且时间影响较大，因此，在茶叶中萃取茶汁的过程应考虑到溶剂对茶叶浸出物的浸出度和亲和力，固体物料体积大小，时间和温度等诸多综合因素的作用，才能选定实用参数。

　　净化：清澈明亮的新鲜茶汤，是保证速溶茶品质的重要前提，净化就是充分排除提取液的机械杂质和降低浑浊程度，一般采用物理净化和化学净化两种方法。物理净化：采用过滤和离心处理，除去机械杂质和茶乳酪（降温到 40℃以下可除出乳酪物）。化学净化：把离心后的下层（茶乳酪物），用碱法转溶；即茶乳酪在荷性碱（KoH、NaoH、NHoH）作用下，咖啡碱和茶黄素、茶红素之间的氢键结构被极性羟基所断裂，茶黄素，茶红素重新获释，以盐类形式溶于水中，减少了茶乳酪絮凝作用，达到转溶的目的。如若用 NaoH 转溶，会使速溶茶中大量增加 Na 离子，影响健康，且茶黄素、茶红素因有 Na 盐存在而汤色发暗，茶味发涩。如若以 K 盐形式存在，此类副作用会明显减小。另一种化学净化法是除去部分咖啡碱，因为咖啡碱有三个甲基，能掩蔽四个极性基团

（羟基和羧基），故咖啡碱的存在，能使分子量增大，缔合度随之加大，当咖啡碱与茶黄素、茶红素形成的茶乳酪粒径达到$10^{-7}cm\sim10^{-5}cm$时，茶汤温度下降到40℃以下时，茶汤即变浑浊，表现出胶体特征，如若粒径继续加大，茶乳酪的絮凝作用越强烈，故除去部分咖啡碱，会减少乳酪的形成。除咖啡碱方法一般采用在茶汤中加液态CO_2，被称为液-液萃取，再经离子交换树脂吸附咖啡碱，或用纯净的红花油、玉米油、咖啡油一类与水互不混溶的植物油直接萃取咖啡碱。这种经过深度脱咖啡碱的速溶茶其滋味和香气上均稍淡，国外称为安全茶。由于解除了咖啡碱的刺激性，这种速溶茶可供高血压和冠心病患者饮用，也可配制成为疗效速溶茶。另外，也可在茶汤中当添加单宁酶，能有效切断没食子酸酯键，促进大分子茶乳酪解体，由此释放的没食子酸又与茶黄素、茶红素竞争咖啡碱，重新缔合成水溶性的小分子物质，茶汤得以恢复澄清，此法对茶汤香气滋味不会带来不良的影响。近年有在红茶汤中添加适量的甘油，玉米糖浆作为分散剂或助溶剂，来提高速溶茶的冷溶能力，也可借於稳定剂和其他物质如角叉藻聚糖胶等也可以起到防止冷后浑形成。

浓缩：茶属于高热敏性物质，如温度高和受热时间长，其内含物会发生复杂的化学变化，结果导致色香味劣变，故茶对浓缩设备有苛刻的要求，目前使用较普遍的是各种结构的真空膜蒸发装置：如瑞典的阿尔法-拉伐尔公司的离心式真空膜浓缩锅，是根据碟式离心机和薄板式浓缩器相结合的原理制造的，最适合于经不起高温和长时间热处理的物料的浓缩，例茶、蜂乳、激素和酶制剂等。另外，冷冻浓缩也是一种保护速溶茶风味的有效方法。

干燥：脱水干燥是保存食品的通用并十分有效的方法，速溶茶也不例外，目前，用于速溶茶干燥的方法主要有喷雾干燥和冷冻升华干燥二类，它们必须使茶香损失小，干燥效率高，速溶性能好。

喷雾干燥：有以下优点：①干燥速度快、时间短、由于料液被雾化成几至几十微米大小的液滴，所以液体的表面积很大，故所进行的热交换和质交换非常迅速，一般只需要几秒到几十秒钟就能完成，具有瞬间干燥的特点。②干燥温度低，喷雾干燥时虽然采用了较高温度干燥解质，但液滴有大量水分存在时，它们干燥温度一般不超过热空气的湿球温度，因此，非常适用于热敏性的物料干燥，能保持产品的营养，色泽和香味。③产品纯度高并具有良好的分散性和溶解性，产品可成粉末状或空气球状，产品的疏松性，分散性和溶解性都良好。这种设备生产过程简单，控制管理方便，适宜于连续化生产。但是，喷雾干燥设备的单位耗热量大，设备热效率低，设备体积庞大，基建费用较高。

冷冻干燥：又称冷冻升华干燥，真空冷冻干燥。先将湿物料冻结到冰点以下，使变为固态冰，然后在较高的真空度下，将冰直接转化为蒸汽而除去，即被干燥，其优点是保持原有的物理、化学、生物学以及感官性质不变，但其设备成本高，投资和操作费用较高，对于速溶茶生产上，除了造型只能是片状和粉状以外，其各种内合物保留和色香味保留都较好。近年又研制出一种冷冻喷雾干燥方法，即将浓茶汤直接向冷风喷雾，骤然冻结成小冰珠，再经升华干燥，其风味和营养成分几乎不受损失，是一种值得推广的新颖设备。

速溶茶的包装：商品速溶茶可分为片状、颗粒状（空心或实心）、细粉状、四种剂型，它们都有一个共同特点容易吸潮结块，氧化变质，使速溶茶香味淡薄，汤色变深，甚至细菌滋生成形如沥青不能食用。故包装是速溶茶生产中不容忽视的重要环节。包装应选用密封性好的，无污染的玻璃瓶小包装，塑料复合薄膜及铝薄膜等软包装，也可采用防潮充氮和热封。

速溶茶分为热溶型与冷溶型两大类，冷溶型速溶茶适用于加工冰茶或者放置冰箱备作冷饮之用，这种茶用冰水溶解也是澄清的明亮的，但其香气较低，茶味较淡。热溶型速溶茶不完全溶于冷水，必须要用少量开水溶化之后，再冲冷水，如速溶红茶，在

40℃以下较低温度下，会出现乳状浑浊被称为茶乳酪或冷后浑，影响汤色清澈明亮，直接影响风味，近年，随着冰茶消费量急剧上升，研制冷溶型高香速溶茶便成为当前速溶茶工业界迫切解决的重大课题。研究认为，加工冷溶型高香速溶茶，除了以上基本工艺环节以外，还要辅以特殊的"转溶"和"增香"措施，难度高于普通速溶茶。

速溶茶的香气：香气是一切食品和饮料商品价值高低的关键因素，速溶茶也不例外，但速溶茶加工过程中，茶中的挥发性香气成分在提取，浓缩、干燥等工艺环节大量被消耗，特别是冷溶型的速溶茶，几乎是只有茶味，没有茶香，所以速溶茶的保香和增香，是值得研究的重要难题。

保香和增香是角度不同、目标相同的两种提高速溶茶香气的方法。保香：速溶茶加工过程中，其香气大量消耗，通过加工工艺改进，设备的改装，新型设备选用等办法，尽量保留茶中原有的挥发性物质，并使这些物质在加工中形成速溶茶新的香气物质。这个问题主要在温度（温度高低和控温时间）上做文章，例干燥工艺喷雾干燥的温度高低，对保留茶中原来挥发物质和形成新的香气物质都有很大的关系，冷冻干燥只能保留茶中原有挥发物质不能形成新的香气等。又例在浓缩过程中，给茶提取液添加适量的低 DE 值的葡萄糖浆，可以保护茶香，并提高速溶茶的冷溶能力。增香：茶叶的天然香气，是有许多不同沸点的挥发性物质组成，它们对高温和受温时间长短十分敏感，处理不当，会造成香气散失，因此单靠保香是不够的，必须通过人工增香加以提香，且通过调香还能赋予茶以特殊优美的香型来满足不同口味的消费者需要，例瑞士人喜爱桃仁香型和杏仁香型，英国人喜爱玫瑰香型、茉莉香型、柠檬香型、柑橘香型，摩洛哥人嗜好薄荷香型和苦艾香型，斯里兰卡人喜爱肉桂、槟榔、豆蔻等花香型，按照风味化学观点，复杂的茶香成分可分为清香型、醛香型、果香型、花香型、酯香型、甜木香型、干草香型、冬青香型等八种细致区别。同类香型又由许多不同香气单体来组成，诸如：芳樟醇、橙花醇、牻牛儿醇、顺型和反型青叶醇、茉莉酮、β-紫罗兰酮等，这些香气并非茶所专有，也散见于各种香花和肉果之中。增香所用香料物质，主要来源是针对性的引进外源香料，例如玫瑰窨制红茶，色艳香甜，茉莉窨制绿茶，清新高雅，栀子花窨香能除茶烟味，玳玳花香解茶的涩味，甘菊、锦葵、野蔷薇、菩提树花、接骨木花配茶，既增香，又调味，还有"饮食疗法"的效用。香蕉的芳香油能加强绿茶的清香特征，苹果干的香气抽提物与红茶的甜木香型非常吻合，新鲜柠檬的冷榨油精可以给茶增添新鲜的果香风味，山楂汁既给予茶以别致的鲜果风味，又使得茶味变得醇和适口，鲜姜汁与速溶茶配调，拌以红糖增甜饮料不但辛辣爽口，更有暖胃解表作用。总之，调香范围不受限制，根据消费需求，可随时创新，提高速溶茶商品价值。

（二）罐装茶叶水

1. 概述

罐装（或瓶装）茶叶水系由中国人习惯饮茶方法"大碗"茶发展而来的。经日本人总结、改进、包装成为罐装茶叶水，这一举措正好吻合了当代人们对饮料的新要求：天然、保健、低热量、快速的欲望，于是在日本、美国和欧洲一些喜食生、冷食品的国家得到了迅速的发展，在日本，从1985年到1990年，罐装茶叶水以42.3%的年平均增长率增长，到1992年占非酒精饮品市场总值18亿美元的14.9%。在美国，罐装茶水也成为90年代的时髦饮料，93年销售额达到3.06亿美元，发展速度引人注目，超过牛奶和咖啡，是各种瓶装水8倍的销售量，以后有所下降。我国茶叶水在80年代中期即1985年就开始生产，制造并销售，主要有安徽宣城皖南农学院研制的茶叶汽水、浙江临安的茶叶鲜汁汽水、杭州茶叶研究所的茶可乐、四川茶研所的康尔寿等。后因中国人有喜爱热饮的习惯，茶饮料在国内市场销路始终不能畅通。近年，随着年轻一代生活习惯的变化和旅游事业的发展茶饮料的消费也逐渐扩大，品种也逐渐增多。例"康师傅冰红茶"和"统一茶水"等。

2. 制造化学

罐装茶水，主要解决以下四个问题，第一、每批茶水品质（色香味）要求一致，第二、解决茶汤的沉淀问题，第三、灭菌消毒工作，第四、罐内壁抗茶蚀能力等。下面分别叙述：

罐装茶水的品质，包括色、香、味三方面，必须每批次品质要求量化，有一定的质量标准。例红茶水，一般滋味要求浓、强、鲜、色泽要求红艳、明亮、澄清、香气要求甜香，花香和愉快的红茶香，茶黄素与茶红素的比例恰当等。但各地产的茶叶包括品种、地区、季节上的区别，使茶叶内质上有较大差异，这对作为一种有稳定品质受市场欢迎的产品来讲，必须采用拼配工序，以保证茶水色、香、味品质稳定，具有独特的风格，在主要化学成分例茶红素和茶黄素、咖啡碱和多酚类的含量上有稳定的量化指标。只有产品质量衡定，才能为消费者接受，茶叶拼配是罐装茶水具有恒定品质的重要工作。

关于罐装茶水的沉淀消除问题，必须要了解其沉淀物是何物，据多年试验研究总结，认为主要是以下两种物质：茶多酚及其氧化聚合物与咖啡碱类物质生成的大分子螯合物，咖啡碱类物质的分子结构中有两个酮基（-C=O）它能与茶多酚及其氧化聚合物结构中含有的羟基（-OH）形成氢键，而形成了大分子物质，减少了它们在溶液中的分散度，增加了沉淀的可能，同时，咖啡碱中的极性基团酮基形成氢键后，使咖啡碱的非极性基团（-CH$_3$）的比重明显增大，因而出现了沉淀，每一个咖啡碱分子可以抵合两个茶多酚及其氧化聚合物的分子，故适当降低咖啡碱含量，能降低茶水沉淀。茶水中第二种沉淀物是茶汤中一些可溶物，例水溶性蛋白和进入茶汤的脂质糖类和粘胶物质等在茶汤中慢慢地与含量较高的性质极其活泼的多酚类物质发生化学反应，亦即极性基团形成氢键而非极性基团逐渐外露，产生沉淀。这些沉淀物质生成都具有其一定条件，采用促使加速形成，再用超滤法，除去沉淀。或加入单宁酶和其他分散剂如乳糖使它们不产生沉淀。称为酶转溶法：

$$R{-}\overset{\overset{O}{\|}}{C}{-}O{-}R \xrightarrow{\text{单宁酶}} R{-}\overset{\overset{O}{\|}}{C}{-}OH{+}R$$

灭菌消毒：就是除去对人体健康有害的细菌、大肠杆菌等杂菌。茶叶中含有丰富的营养成分，例蛋白质、氨基酸、糖、维生素都是细菌、大肠杆菌、霉菌等滋生的必需营养物质。但茶叶是热敏性食品，对温渡十分敏感，高温时间过长，会导致茶水品质劣变，例出现熟汤味，茶汤颜色变深变暗而直接影响茶水品质，因而要采用超滤和巴氏灭菌法相结合，除去杂质和细菌。超滤就是利用半透膜的微孔过滤，截留住溶液中的大分子和杂菌通过，其传递物质的基本机理是以毛细流动占优势，滤膜的传递特性主要靠膜的物理结构，工业用超滤膜是具有不对称的微孔结构，膜的支撑层含有超细小孔，孔径在 10 埃~200 埃范围。茶叶水的超滤，选用 0.3μm 超滤膜超滤，能除去茶汤中的细菌和较大分子物质。制超滤膜的原料是有多种热塑性塑料，例聚氯乙烯、聚苯乙烯、聚丙烯、尼龙等，它们具有在高压力下抵抗破坏性，高温度下抗变性、在酸和碱及氧化环境下抵抗腐蚀等特点。所谓巴氏灭菌法（pasteurization），是采用 100℃ 以下的温度和比较短的时间加热处理；例如 95℃ 加热 2 分钟，75℃ 加热 10 分钟，63℃ 加热 30 分钟等方法，均可达到灭菌效果，具体应视微生物种类对温度的忍耐性。为了保持绿茶水的黄绿明亮，可以适量添加微量核黄素。为保持茶水不出现或减少沉淀，可以添加适量茶水澄清剂，如丙二醇、甘油等，它们可与水以任何比混溶，起到增溶作用。为价廉物美茶水所用的水是中性去离子水。据 S.Nagalakshmi 等报导，如在红茶揉切中加入不同浓度糖类物质，例木糖、山梨糖醇、葡萄糖、乳糖、蔗糖、麦芽糖和糊精等，随经不同时间发酵，结果在很大程度上使茶乳酪转溶，其机理主要是形成单宁-糖-蛋白酶的络合物。在超滤中除去。

罐装茶水中因含糖、多酚类物质和有机酸，故其 pH 偏酸，对罐壁有较强的腐食性特别是铁皮制品。应该采用 L 型薄钢板镀锡制罐，其次纯铝和铝镁合制的罐也很好，且还应该在罐壁涂上一层抗腐性能好的有机涂料。

罐装茶叶水制造工艺大致如下：

茶叶 $\longrightarrow$ 拼配 $\longrightarrow$ 浸提 $\longrightarrow$ 灭菌 $\longrightarrow$ 罐装 $\longrightarrow$ 出厂

（三）奶茶

1. 概述

我国是多民族国家，北方的蒙古族、西北新疆的维吾尔族和哈萨克族、西藏的藏族等少数民族，自古以来，奶茶与他们三餐融为一体，是牧区人们一日不可缺少的生活必需品，他们"宁可三日无米，不可一日无茶"，他们认为一日无肉，只不过腹饥乏力，而一日无奶茶，则疼痛难忍。故茶是男婚女嫁，会友交际的必备之物。奶茶熬制方法是锅中放水，加入捣碎的砖茶（蒙古族喜食青砖茶、新疆少数民族喜食茯砖和黑砖茶），烧开熬煮、弃去茶渣，再加入牛奶（或羊奶、马奶等），加入从奶类中提取出来的奶油或酥油（也可以其他动物油），温火煮沸或搅或撩不停翻动，再加食盐或油炒面粉，频加频搅，直到熬煮成咸香可口的奶茶，饮用时各自根据不同口味，把炒米、酪蛋子、酥油等泡在奶茶里食用。奶茶可暖胃、祛寒、助消化、增加营养，此种饮茶方式，世传不选，延续至今。随着人生活水平提高生活节奏加快，已不可能花费太长时间熬制奶茶，于是奶茶生产逐渐走上了机械化，方便化和即饮化的轨道。用高新技术，制成色、香、味和外形具美的新型食品——固体速溶咸奶茶。在中外文化交流中，此饮茶方式传到国外，经英国人倡导和规范逐渐发展成国外最普遍的调饮茶；在茶汤中加调味品，咸味、辣味、甜味、果味、也可以加入营养品、奶类和油脂类，还可以加入调配品；鲜果和干果制品、蜂蜜、果酱等共同熬制或冲泡后饮用。此类调饮茶甜爽可口方便快捷，是适应现代生活节奏的营养、保健方便饮料。

当今，是商品经济繁荣发展的时代，饮茶方式也要发展，拓宽茶叶饮用领域，才能扩大茶叶消费，并从饮茶有益于人体健康的科学道理中，把当代年轻人追求时髦与趣味，引向消费茶叶的规道上，扩大饮茶人群的队伍。当今人群的发展，主要看不断成长的年轻一代，人们生活习惯可塑性很大，往往以饮咖啡为时髦，故只有应顺这种时髦的口味，才能得到他们的欣赏，红茶调饮法与咖啡调饮法相似，都是在茶汤（或咖啡）中加牛奶和白糖，是当今流行于美洲和欧洲，大洋洲的调味茶，这种调味茶是近二十年来发达国家人们从多食肉类转向多食素食类方向发展中逐渐流行的健康饮料，它们特点是：（1）改变了一味常规的甜、酸、咸为主体的传统滋味，茶的滋味是涩、苦、鲜、甜、酸、咸六味结合的特殊滋味，加上其特有的茶香，给人以一种特殊的全新感觉。（2）低钠、低糖、不使用任何化学添加剂，保持大自然的原汁原味。茶是一种低糖低钠饮料，其本身含有多酚类物质是一种纯天然的抗氧化剂和防腐剂，它们的氧化聚合物茶黄素（TF）、茶红素（TR）是两种天然的橙色素和红色素。近年来，因高糖能使人肥胖，高钠易使血管硬化，加重心脏和肾脏负担，化学添加剂有害于人体健康等道理已众所周知。天然化食品饮料为人们所追求。（3）营养、保健、卫生、对环境无污染，茶叶中含有多种维生素，例 Vc、V_E、V_A、V_K、和 B 族维生素。茶叶中还含有多种微量元素，例 K、Zn、Se、Mn、F 等，还含有高水平的咖啡碱和多糖。牛奶中含有丰富的蛋白质，乳糖，磷酸和钙，故奶茶是具有极高的营养价值和保健作用的饮料，加之茶香奶味融为一体，饮用之时，是一种全新的感觉是一种美的享受。奶茶的流行，将为我们八小时之外的娱乐和旅游提供了方便。

此外，也应当看到，当今咖啡，可口可乐和其他新型饮料的巨大商品宣传攻势，对社会饮茶习惯提出了前所未有的挑战，挤占饮茶市场，企望保持茶叶饮料的地位和扩大饮茶人群，仅依靠清饮法，单枪匹马去对垒，显得势单力薄，因此面对红茶调饮法与咖啡调饮法相似，都在汤中加牛奶和糖，研制和开发固体即溶性红茶奶茶是十分有意义的。

2. 奶茶的品质化学

奶茶的品质是由色、香、味三位一体所组成：

（1）奶茶的色泽

奶茶的色泽是指汤色，包括奶茶汤色的艳度和亮度。决定奶茶汤色的艳度和亮度主要物质是茶叶中的多酚类物质及其氧化聚合物 TF（茶黄素）、TR（茶红素）、TB（茶褐素）、咖啡碱和牛奶的乳色。TF 是金黄色十分明亮艳丽的色素物质，具有与奶蛋白结合的作用，在奶茶汤中，一部分结合成 TF 蛋白盐，一部分以游离状态出现在奶茶汤中，呈现艳度和亮度，TF 是奶茶艳度亮度的主体。TR 是红艳带亮的色素物质，也具有与奶蛋白结合的作用，在奶茶汤中，除一部分与奶蛋白结合成 TR 蛋白盐以外，其余以游离状态存在于茶汤中，呈现茶汤的红色色度。TF 和 TR 共同组成了奶茶的红艳明亮的主体物质，对奶茶汤的乳色亮度、色度、彩度有着显著的正相关。TB 是暗褐色物质，它的含量越高， 奶茶汤色越暗，能掩盖 TF 和 TR 对茶汤的良好程度，明显使乳色发暗，因而 TB 与奶茶汤色的乳色亮度，色度彩度呈负相关。多酚类物质未被氧化部分本身是无色的，但它对 TR 和 TR 有协和作用，特别是构成茶汤滋味的刺激性，这部分多酚类能与奶蛋白发生络合作用，故保留多酚类越多，能使 TF 和 TR 有较多的是游离态存在而呈现其本身的色度和亮度，奶茶的乳色亮度、色度、彩度也越好，此外，TF 与咖啡碱的螯合物是橙黄色的，TR 与咖啡碱的螯合物是棕红色的，它们均被称为冷后浑，对奶茶汤色也有一定的影响。

（2）奶茶的香气

奶茶的香气是由红茶的香气和牛奶的香气组合而成的，红茶的香气主要有带有花香果香的醇、醛、酯类物质和带有甜香的酮类物质及带有清香的脂肪族类物质组成的。奶的香气习惯上又称为奶腥气，主要是由 $C_4 \sim C_6$ 之类低碳数脂肪酸和由它们所形成的各种甘油三酸酯所组成的香气（腥气），这些酯类随乳牛的品种、年龄、季节、饲料不同而含量不等，例棕榈酸在牛乳中含量是夏季低于冬季，油酸的含量是冬季低于夏季，维生素 A 含量是夏季高于冬季等，虽有数量上的变化，总体给人的嗅觉反映出为奶腥气。茶的香气和奶的香气综合结果是茶香掩盖了奶腥，亦即是茶香奶味的感觉，给人以一种清新的美的感觉。

（3）奶茶的滋味

红茶中的 TF 是水溶性很强的物质，其本身是一种有辛辣滋味的物质，进入口中对口腔有收敛和刺激作用，是红茶滋味中浓和强的感觉物质，进入口腔有收敛和刺激的作用，它和蛋白质结合，形成 TF 蛋白盐，减弱了 TF 对口腔的刺激作用。TF 与咖啡碱螯合后，形成大分子物质（称为冷后浑）能降低 TF 的刺激性和咖啡碱的苦味，使滋味变醇且浓。另外，红茶中还有近 10%（占干物质总量）的多酚类物质，它也是茶汤刺激性和涩味的组成部分，加入牛奶后，这部分多酚类物质与奶蛋白形成较大分子物质的结合物，减弱了茶汤的涩味和刺激作用。除此以外，还有一定数量的添加糖和牛奶本身的乳糖参与奶茶滋味，故奶茶的滋味和香气应该是融茶香奶味为一体，营养丰富，保健效果明显的新世纪饮品，其口感和价值可以与雀巢咖啡媲美。

3. 奶茶的制造化学与工艺

奶茶原料选择是十分重要的，只有好的原料，配以先进设备科学的制造工艺，才能加工出质量优良的产品。茶叶中各成分在奶茶的色、香、味中，也因地区、品种、加工方法不同而引起茶中内含成分上的差异，为保持品质的衡定性，必须选择茶叶并相互拼配，以降低成本，并发挥出最佳效果。

一般来讲，祁红具有鲜明的蜜糖香和甜香，其 TF 和 TR 相对稍低；TF 在 0.8%以下，TR 含量在 10%左右，咖啡碱含量在 3%左右。而广东、海南和云南的红茶具有花果香和青草香，其 TF 和 TR 含量均比祁红高；TF 在 1%左右，TR 在 12%~14%，咖啡碱含量约在 3.5%。如若两种茶进行恰当的拼配，就能得到既具甜香，又辅有花香和果香，且 TF 和 TR 含量都较高的拼配红茶，这种拼配红茶制成奶茶，具有色泽乳红，亮度、彩度、香气均好的奶茶，滋味醇浓带甜，并稍带刺激。

乳奶的品质对奶茶质量的影响也是较大的，乳奶要求：外表色泽上要求稳定的乳白色，含杂率低。内质上要求维生素 A 含量较高和含有多种微量元素，农药残留和其他污染力争符合国家绿色食品的要求。糖是一种既可作为食品，又可作为甜味添加剂的食料，制奶茶的糖必须是把蔗糖添加 2%转化糖后制成的绵白糖；洁白如雪，入口易化，其香味是香醇可口。绵白糖的甜度大于纯蔗糖，可适量少加达到同样甜度效果。

（四）茶叶糖果

把茶叶和糖果结合起来，使糖果既甜又带茶香，食后无"尾酸"，又增加了茶叶中的营养物质和保健作用。

根据人们的食用习惯，可制成红茶奶糖，绿茶水晶糖，茶口香糖，茉莉茶糖等茶叶系列糖果。这些糖果俱茶叶天然色素和香味，是风味独特的特色糖果，下面介绍两种茶糖配方供参考。

1. 105 斤红茶奶糖原料配方

固体白糖	42.5 斤	液体葡萄糖	42.5 斤
奶 油	10 斤	奶 粉	7 斤
可 可 糖	0.1 斤	蛋 白 粉	0.8 斤
明 胶	0.4 斤	红 茶	9 斤

2. 100 斤绿茶水晶糖配料

固体砂糖	37.5 斤	液体葡萄糖	56 斤
琼 脂	1.4 斤	绿 茶	6 斤

（五）低档茶和废弃茶中的多酚类物质和咖啡碱的综合提取

茶叶多酚是一种天然抗氧化剂，其氧化机理是其 B 环上 3′、4′位置上的羟基和 C 环上 C_3 位个的羟基，C_4 位置上的羰基基团上发生（见下列结构式）。

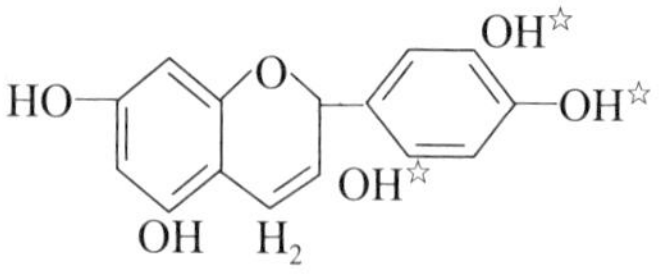

儿茶素类 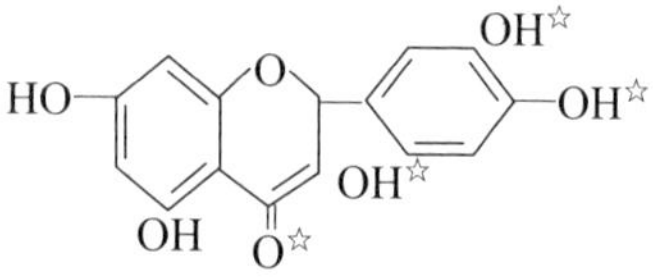　　　　　　黄酮类

在浓度 $0.4 \sim 2.5 \times 10^{-5}M$ 范围内都是很有效的抗氧化剂，尤其是对脂类的抗氧化作用最为有效，它的抗氧化能力比丁基茴香醚（BHA）和二丁基羟基甲苯（BHT）、Vc、V_E 都强，且安全性好，无毒副作用，已被认定为新颖的纯天然的抗氧化剂和防腐剂，列入国标 GB2760-86 食品添加剂补充品种。目前已被应用于防止火腿、腊肉、干鱼、油脂、带油糕点等食品的酯变和霉变，近年在航海和其他轻工业上也开始用作抗氧化剂。

茶多酚类物质是一系列具有相似结构和性质的物质、含量较多，约占茶干物质含量的 25%~35% 不等，近年国内外科技工作者都用低档茶、废茶、茶灰、茶末进行提取，提取率约 5% 左右，纯度达 96% 以上，下面介绍一种茶多酚类和茶咖啡碱综合提取方法。

茶叶 → 浸提 → 萃取 ⎰ 上层液 → 分离去杂 → 回收浓缩 → 干燥 → 茶多酚类物质
　　　　　　　　　 ⎱ 下层液 → 分离去杂 → 二次萃取 → 浓缩干燥 → 粗咖啡因 → 氧化去杂 → 精萃去 → 半精品 → 去杂 → 精品咖啡因

浸泡：操作在浸出器内进行，茶叶与水接触达一定时间以后，可溶物溶解，当茶叶空隙中液体浓度等于周围液体浓度，可以采用离心式挤压方法，使茶渣和茶汁充分分离，回收茶汁待用（方法同速溶茶）。

萃取：用醋酸乙酯液—液分离方法，将茶叶中的多酚类物质萃取出来。此时茶汁已分成两部分，酯层（上层）内含有茶叶多酚类物质。水层（下层）内含有咖啡碱和其他类脂等物质。

去杂：除去不需要部分，留下需要部分，上层液去杂是除去已被氧化的多酚类，使其纯度提高色泽变浅。下层液中去杂主要除去色素和类脂物，采用二氯甲烷或三氯甲烷萃取和活性炭去色素类脂方法。

主要参考文献

[1] 陈椽. 茶药学[M]. 北京：中国发展出版社，1987.

[2] 苏州医学院中医教研室. 药茶史简述[J]. 文献综述未发表.

[3] 中茶所编. 茶叶文摘，1995,（1、4、6）.

[4] 无锡、天津轻院. 食品工程学原理[M]. 北京：轻工业出版社,1985.

[5] 中茶所编. 茶叶文摘，1990,（4）.

[6] 中茶所编. 茶叶文摘，1995,（6），1996,（1、3、4、10）.

[7] 高宣亮，秦洁贞. 食物、药物、毒物[M]. 北京：人民卫生出版社，1988.

[8] 陈宗懋. 茶叶文摘，1994,（1）.